高炉高效低耗炼铁
理论与实践

项钟庸　王筱留　张建良　徐万仁　编著

北　京

冶 金 工 业 出 版 社

2023

内 容 提 要

本书深入讨论了高炉高效低耗炼铁的理论基础与生产实践，概括了影响高炉冶炼过程诸因素的14个关系，提出在以降低燃料比为核心、提高高炉产量的操作中，如何处理好各因素、各参数间的关系，找到恰当的平衡点，以期拓宽高炉的操作范围、求得高产的解决方法。

本书可供高炉炼铁领域相关科研、生产、设计、教学和管理人员阅读参考。

图书在版编目（CIP）数据

高炉高效低耗炼铁理论与实践/项钟庸等编著 . —北京：冶金工业出版社，2020.11（2023.3 重印）

ISBN 978-7-5024- 8376-0

Ⅰ.①高⋯ Ⅱ.①项⋯ Ⅲ.①高炉炼铁—生产工艺—研究 Ⅳ.①TF53

中国版本图书馆 CIP 数据核字（2020）第 264703 号

高炉高效低耗炼铁理论与实践

出版发行 冶金工业出版社		**电 话**	（010）64027926
地 址 北京市东城区嵩祝院北巷 39 号		**邮 编**	100009
网 址 www.mip1953.com		**电子信箱**	service@ mip1953.com

责任编辑 刘小峰 曾 媛 美术编辑 郑小利 彭子赫
版式设计 孙跃红 责任校对 李 娜 责任印制 禹 蕊

北京建宏印刷有限公司印刷
2020 年 11 月第 1 版，2023 年 3 月第 2 次印刷
710mm×1000mm 1/16；23.75 印张；464 千字；366 页
定价 200.00 元

投稿电话 （010）64027932 投稿信箱 tougao@cnmip.com.cn
营销中心电话 （010）64044283
冶金工业出版社天猫旗舰店 yjgycbs.tmall.com
（本书如有印装质量问题，本社营销中心负责退换）

序 言

　　我国是世界上炼铁技术发展最早的国家之一，古代生铁冶炼技术体系对世界文明的发展做出重要贡献。但封建统治末期的保守政策和百余年帝国主义侵略，使得近代中国炼铁技术发展长期滞后于西方发达国家。新中国成立70年来，随着国家的繁荣昌盛和社会经济的发展，我国炼铁工业取得了巨大的进展和成就，2019年我国生铁产量达到8.09亿吨，占世界生铁产量的60%以上。改革开放40年来，通过不断探索创新，总结出了一系列具有中国特色的炼铁理论和实践经验。在追求绿色高质量发展的新时代，炼铁工作者也需要进一步解放思想，转变观念，由先进的科学理念指引，改进操作制度，以推动炼铁工业绿色高质量发展。

　　本书的作者经历了新中国炼铁工业从起步到快速发展，再到转型升级和高质量发展的各个阶段，见证和参与了我国现代炼铁技术和理论的发展历程。本书正是顺应了新时代对炼铁工业的新要求，结合作者几十年从事高炉设计以及炼铁研究的工作经验，抓住降低高炉燃料比的关键，对国内外先进高炉操作的一些理论和实践进行深入浅出的讲解和简明扼要的剖析。本书特点在于理论紧密联系高炉生产的实际，引用分析了国际上最新的研究成果，通过物理化学、传输原理以及经验统计模型，总结提炼出了一些具有重大意义的理论或经验模型，可以为炼铁工业节能减排和资源综合利用提供新思路。

　　本书逻辑清晰，资料翔实，重点突出，着重介绍了作者提出的新理念。第1章系统介绍了评价高炉生产效率的新方法，其中提出的炉缸面积利用系数、炉腹煤气量指数和吨铁炉腹煤气量等新指标，可以避免过去只参考有效容积利用系数带来的片面性。第2章介绍了一套高炉能量分析技术，读者可参考本章提出的经济操作模型，分析不同高炉的利用效率。第3章详细阐述了高炉冶炼过程的气体力学，重点围绕作者提出的"炉腹煤气量控制"理念，对高炉风口回旋区的反应及气体动力学进行了深入分析。第4章围绕铁氧化物的还原机理，结合高炉布料操作，介绍了提高煤气利用率和降低燃料比的一系列有效措施。第5章分析了渣铁的形成过程及其对燃料比和炉缸寿命的影响，为实现高炉高效长寿奠定基础。近年来，几位编者身体力行，炼铁界同仁已经逐渐采用本书提出的一些新理念和新指标，比如更加理性地考虑高强度冶炼，如何在高产和低燃料比两者间找到新的平衡；高炉操作上重视运用控制炉腹煤气量指数，以降低燃料比来强化高炉冶炼，这些都取得了良好的效果。

项钟庸和王筱留两位前辈以鲐背之年，总结多年积淀的思想精华，又有张建良和徐万仁两位中坚力量，贡献多年研究的心得。通读本书，可以感受到作者们对于高炉炼铁事业的热爱、深厚的理论功底和丰富的实践经验。高炉作为世界上最大的反应器，其内部的反应以及工业实践是一个非常复杂的系统工程，希望读者通过本书能对高炉冶炼过程有更加全面深入的了解，不断创新，推动炼铁工业绿色高质量发展，为节能减排和资源综合利用作出贡献。

北京科技大学　杨天钧　谨识

2020 年 5 月

前　言

随着我国工业、农业、交通运输等行业以及城乡建设现代化进程的加快，人民生活水平的不断提高，对钢铁材料的需求迅速增长。2019 年中国粗钢年产量近 10 亿吨，占全球钢产量的 53%，钢铁工业在今后较长时期仍将是国民经济的重要支柱产业。未来，中国经济仍将保持较高的增长速度，钢铁行业将向绿色化、智能化、精品化和高质量发展转型升级。

改革开放以前，我国一直处于钢铁匮乏的状态，提高铁水产量在很长一段时间内是炼铁生产者的主要任务之一。20 世纪 50 年代初借鉴苏联高炉的生产理念，把"冶炼强度"作为评价和考核炼铁生产效率的重要指标，在当时特定的条件下对提高高炉产量起到了一定的积极作用。然而"冶炼强度"是一个统计算式，并没有与高炉炉内过程发生任何联系。因此，在新的历史背景下，必须进一步充实和发展高炉的强化理论，从而科学指导炼铁生产的高质量发展。近年来，为践行科学发展观和绿色发展理念，炼铁工作者从技术、工艺、生产和操作等多方面不断创新，围绕提高产量和降低燃料比展开工作，通过贯彻"高效、优质、低耗、长寿、环保"方针，追求在低燃料消耗水平上的高效生产。

由于高炉炼铁是非常复杂的系统工程，要实现既高产又低燃料比，必须把过去长期形成的粗放型的生产模式，转变为集约型、精细化的生产模式，克服片面、局限性的观点，寻求高产与低耗两者的均衡、协调、统一和最优化。《高炉炼铁工程设计规范》（GB 50427—2015）采用炉腹煤气量指数等高炉生产效率评价指标，并基于此建立了我国现代高炉炼铁设计体系，解决了高炉炼铁设计中各系统的合理配置及各系统重要设备能力的选择问题。以该研究成果为核心的"高效低耗特大型高炉关键技术及应用"项目在 2016 年获得国家科技进步奖二等奖。本书提出的控制炉腹煤气量指数以降低燃料比来强化高炉冶炼的观点，已经在高炉生产中被广泛采纳，并取得了良好效果。

高炉内部存在诸多矛盾的现象和关系，高炉能够稳定顺行和持续改善指标，其中必然有一种矛盾起着主导的、决定性的作用。解决高炉强化过程中出现的问题，有多种方法或途径，作者认为，可行且有效的方法是降低吨铁炉腹煤气量、提高煤气利用率。在强调"精料"的同时，更要求炉内气流的合理分布和稳定，并给予高度的重视。只有合理的煤气流分布、炉料分布，才能有合理的热流比、合理的软熔带分布，才能实现提高生产效率的同时又降低燃料比。本书所阐述的炉内诸多现象和过程，需要读者结合、连贯本书各章的相关内容，以便深入了解过程和现象的矛盾关系、因果关系。

本书以高炉冶炼物质-能量平衡为基础，从气固还原反应动力学、渣铁形成和炉缸寿命的角度分析高炉冶炼参数选择的合理性，系统、全面分析了炉腹煤气量指数在高炉强化冶炼中的应用。

本书主要包括以下内容：

第 1 章，根据实际生产统计数据，研究了炉腹煤气量指数等新指标与高炉高产、低燃料比的关系，并由此提出选择合理强化的建议。本章综合论述了新指标是符合高炉炼铁基本原理的，并指出降低燃料比是炼铁节能减排和降低成本的根本。

第 2 章，以高炉冶炼过程的物质-能量平衡理论为基础，应用 Rist 操作线图法说明降低风口耗氧量是提高煤气利用率和低燃料比的前提。本章论证了当前我国高炉降低燃料比最有效的方法是选择合适的炉腹煤气量指数，降低吨铁炉腹煤气量、风口耗氧量和高温区热量的消耗。

第 3 章，紧密结合高炉实际，研讨了炉内固、气、粉、液等气体力学方面的规律，包括循环区参数和炉内一次煤气的分布的规律，炉腹煤气量指数与软熔带分布，上部装料制度与料柱透气性的关系，高炉下部渣铁滞留、液泛、流态化等。

　　第4章，根据生产统计数据，从高炉炉内铁矿石还原热力学和气固两相反应动力学的基本原理出发，分析了炉腹煤气量指数与煤气在炉内的停留时间、煤气利用率的关系。本章论述了高炉块状带、热储备区铁碳平衡及矿石的还原效率、煤气利用率关系，提出了提高炉身还原反应效率、降低燃料消耗的一些技术途径。

　　第5章，重点阐述了铁矿石在软熔层中初渣的生成、熔融还原、渣铁的滴落及其分布规律，讨论了其对炉缸死料堆透液状态、铁水流动，特别是碳素不饱和铁水流动模式及炉缸寿命的影响。本章分析了炉缸保护凝结层的形成与消蚀的条件，指出侧壁凝结层的形成和稳定存在是炉缸长寿的关键。

　　高炉炼铁需要处理好如下几个关系：

　　（1）炉腹煤气量指数与高产、燃料比之间的关系；

　　（2）炉腹煤气量指数与吨铁炉腹煤气量、煤气利用率的关系；

　　（3）鼓风动能与循环区焦炭粉化、炉缸活跃程度之间的关系；

　　（4）炉腹煤气量与料柱透气性的关系；

　　（5）炉腹煤气量指数与高炉下部热量消耗的关系；

　　（6）炉腹煤气量指数与软熔带形式的关系；

　　（7）布料制度、煤气利用率与炉腹煤气量指数的关系；

　　（8）块状带和热储备区的体积与煤气利用率的关系；

　　（9）控制热储备区温度与煤气利用的关系；

　　（10）软熔带渣铁形成与滴落量分布的关系；

　　（11）矿石还原率与初渣中 FeO 含量的关系；

　　（12）死料堆透液性与渣中 FeO 含量、死料堆温度之间的关系；

　　（13）死料堆结构、炉缸内铁水流动与炉缸寿命之间的关系；

　　（14）炉缸凝结保护层的形成、消蚀与渣铁进入炉缸的状态、与铁水流动的关系。

　　高炉炼铁是一个复杂的过程，高炉的毛病全靠操作者及时去发现、调理和医治。在抓住主要矛盾的同时，用整体的、全面的、发展的、平衡的、辩证的观点，用矛盾的同一性证明各种关系共处的范围。使用本质现象去解释各项指标，从而把炉腹煤气量指数提升、配套成完整的体系，希望能对我国的高炉生产起到"清浊、小大、短长、疾徐、刚柔、迟速、高下、出入、周疏，以相济也"的作用。在以降低燃料比为核心、提高高炉产量的操作中，必须深入认识炉内过程，处理好各因素、各参数间的关系，找到恰当的平衡点，以期拓宽高炉的操作范围，求得高产。

本书不追求内容全面，而着重讨论如何处理好以上这些关系，对于与上述各项的关系内涵或不甚密切的因素，如提高原燃料质量已经在讨论炉内过程中涉及，以及优质、环保等其他重要的方面也没有列入或单独讨论。本书的主要目的是提高读者对科学炼铁的认识、加深对高炉过程规律的理解，能够利用书中内容指导处理操作中的问题，对实现精细化管理提供帮助。

本书根据我国各类高炉的大量生产数据，采用统计学的方法寻找内在的规律，并参考了许多国内外学者的研究成果，以揭示高炉炉内现象和过程，阐明高炉生产效率指标的内涵，及其与炉内过程之间的关系。本书只是在当代炼铁科研与生产成果的基础上，做了一点规律性、系统化、指标化的工作。在本书编写和内容安排上，评价高炉生产效率的新指标起着脉络主线的作用。本书旨在解决采用单个指标分析问题时容易发生偏颇的问题，而采用相互平衡、相互制约的指标构建成新的体系，有益于对高炉高效冶炼进行全面的评价，并能阐释生产实践中遇到的各种问题。

感谢本书编著者所在单位中冶赛迪工程技术股份有限公司、北京科技大学和宝山钢铁股份有限公司的支持。此外，邹忠平参加了第1、5章的编写工作，祁成林参加了第2章的编写工作，王广伟参加了第2、4章的编写工作，欧阳标参加了第5章的编写工作。对他们的帮助和所做的工作表示衷心感谢。

　　北京科技大学杨天钧教授在序言中对本书提出的理论和模型给予了肯定，希望炼铁同仁理性地考虑冶炼强度、在高产和低燃料比之间找到新的平衡、在高炉操作中重视运用炉腹煤气量指数等，将有助于推动我国炼铁工业绿色高质量发展。在此，对杨教授表示衷心的感谢。

　　由于作者水平所限，而高炉过程过于复杂、因素众多，书中不妥之处，欢迎广大读者批评指正。

项钟庸　王筱留　张建良　徐万仁

2020 年 5 月

目　录

1 评价高炉生产效率的新方法

钢铁工业是高资源消耗、高能源消耗的产业，尤其是，焦化、烧结、球团和高炉生产工序组成的炼铁系统的碳排放量约占整个钢铁企业的 90%；而资源消耗、能源消耗和污染物的排放量约占整个钢铁企业的 70%。炼铁系统在钢铁工业节能减排中有举足轻重的地位。长期以来，由于历史的原因，我国对高炉强化的认识存在误区，重产量、轻能耗；重系数、轻焦比，导致燃料比长期居高不下，至今仍未得到改变，因此，应大力推行高炉炼铁节约资源和能源。

高炉炼铁必须积极推行可持续发展和循环经济的理念，节能降耗。以"减量化、再利用、再循环"为原则，以节能降耗、减少排放为目标，积极采用降低能耗和清洁的生产技术，减轻对环境的不良影响。高炉炼铁要积极应对绿色经济的挑战，除了采取"精料"以外，大力推行降低燃料比和焦比是实现"减量化"的有效手段。

我国高炉炼铁长期生产实践总结出了"高产、优质、低耗、长寿"的"八字"方针。在相当长的时期内，全面贯彻执行了"八字"方针，高炉炼铁技术获得了进步。在新的时期，在"八字"方针的基础上将"高产"改为"高效"更为全面，此外，增加了"环保"成为**高炉炼铁应以精料为基础，全面贯彻高效、优质、低耗、长寿、环保的炼铁技术方针**[1~4]。全面贯彻"十字"方针是具体落实钢铁产业发展政策和能源政策的要求。

以精料为基础，以节能减排为核心，持续降低焦比和燃料比；以大型化为方向，优化高炉结构组成；以长寿为依托，保持钢厂持续经济运行；以提高资源、能源和设备利用效率为目标，持续稳定地低成本生产优质生铁，走可持续发展的道路。"高效"应该定义为高效利用资源、高效利用能源、高效率和高效益生产等[2~4]。高效益包括高的生产效益、高的社会效益；高效率生产应以提高产量，并持续高产以及长寿为主。高效利用资源、高效利用能源应以节约燃料为主。焦煤是高炉赖以生存的燃料。20 世纪 70 年代，世界发生石油危机的同时发生过焦煤危机，至今焦煤仍然是世界上稀缺的能源品种，我国优质焦煤资源也日益紧张。因此，炼铁生产应将节约焦煤资源作为最重要的任务。

从总体上看，在企业家眼里应该正确评估高炉的生产能力，炼铁工序只是钢铁厂生产的一道工序、一个环节。高炉产量由整个钢铁企业的生产规模和销售状况决定。对企业来说，要求铁水供应能满足全厂的需要，满足下工序的需要，满足产品销售的需要。高炉炼铁的重点应该是降低消耗、降低排放，从而降低成本。炼钢、轧钢等工序的主要任务是提高产品附加值和质量，生产适销对路的产品。这样才能从根本上降低成本，具有强劲的竞争力。"高效"不等于高产，过高的利用系数没有实际意义，反而加剧生产链的不平衡，增加了成本，增加了排放。因此，企业家们必须改变追求高炉的高产、高利用系数的观点，这是钢铁企业转型的重点之一。

"十字"方针的核心是降低焦比和燃料比，这已经成为当代高炉炼铁的一个最重要课题。因此，本书作者对多年来沿袭的高炉强化理念和强化方式，以及沿用的评价高炉的方法进行分析，提出适应 21 世纪高炉技术进步的新观点、新评价方法、新评价指标，以期对我国炼铁工业的发展起到正确的导向作用，使高炉炼铁走既高产，又节能、减排和低燃料比的途径。

1.1 科学合理的高炉生产效率评价方法

评价高炉生产效率的方法[5,6]应符合国民经济可持续发展的要求：符合节能减排、环保的要求，符合低成本生产和长寿要求，实现高效利用资源、能源，促进炼铁技术发展。这些都与企业的自身利益休戚相关。

高炉炼铁是非常复杂的系统，包含着气、固、液、粉体等多相间的物理、化学反应的变化过程。要提升某个参数作为指标必须抓住其中的主要矛盾和矛盾的主要方面，从多角度、多方面证论其合理性。

高炉内强化的主要矛盾是上升煤气流和下降炉料之间的传热、传质和动量传递，以及还原过程的矛盾。抓住高炉炉腹煤气，就是抓住高炉一次煤气，抓住上述矛盾的源头，现代高炉生产必须以此为纲。分析认为，高炉强化冶炼的限度不仅受气体力学的制约，而且受矿石还原动力学的限制。亦即，高效高炉首先应该是能够高效地利用还原煤气、高效地利用燃料产生的热量，其次才是能够多通过些煤气、多生产些铁水。除了炉缸面积利用系数 η_A 以外，从气体力学角度能够代表这些矛盾的有炉腹煤气量指数 χ_{BG} 和透气阻力系数 K 等；而从还原动力学角度有吨铁炉腹煤气量 v_{BG}，精料程度、矿石的还原性、原燃料粒度和空隙率，以及煤气与矿石的接触条件，特别是间接还原区气体和固体的接触条件，包括接触时间等。

炉腹煤气是由高压、高温的热风在风口前通过燃料燃烧所产生的高温、高压，具有强烈还原性和动能的煤气。它是冶炼生铁所需化学能和热能的源泉和载体，是炉内能量流的源头，是推动炉内所有炉料下降、传热、传质过程的动力源。为了更好地利用资源和能源，降低燃料比，必须抓住高效利用炉内煤气这个纲。

炉腹煤气是两个方面的技术指标：炉腹煤气量指数 χ_{BG} 是燃烧带产生煤气在

标准状态下的空塔流速；吨铁炉腹煤气量 v_{BG} 反映炉内还原过程还原剂和热能、化学能的供应量。在充分利用能量方面，最根本的是降低燃料比，为此要充分利用煤气的热能和化学能，必须提高煤气利用率 η_{CO}。在满足炉料还原动力学对煤气需求量的基础上，降低吨铁耗氧量和吨铁炉腹煤气量 v_{BG}，也就是降低炉腹煤气的供给量，提高炉内煤气利用率和热效率，是强化高炉冶炼和降低燃料的重要手段。两者存在着矛盾和统一的辩证关系。炉腹煤气量几乎决定了与炉内所有传热、传质和动量传递的过程，与炉内现象的关联简略地表示成图 1-1。

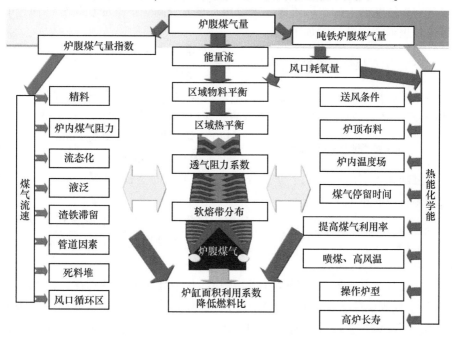

图 1-1　炉腹煤气量与炉内现象的关联

高炉炼铁是火法冶金过程，把高效利用资源和能源放在评价高炉生产良莠的首要位置。高效利用资源和能源最重要的是降低燃料比，同时控制好热量和还原剂的需求，既满足炼铁过程热量和还原剂的需要，又保证炼铁过程的顺利进行。降低燃料比要比单纯地提高利用系数的难度大得多，必须更加从技术细节上加以掌控。

1.1.1 科学的评价指标

高炉炉腹煤气量与焦炭、煤粉燃烧量密切相关。焦炭、煤粉在风口循环区燃烧后的产物进入焦炭床后，形成的还原煤气，即为炉内的一次煤气。它对高炉冶炼过程具有决定性作用。我们推荐的评价高炉生产效率的新指标有：炉缸断面积利用系数 η_A、炉腹煤气量指数 χ_{BG}、吨铁炉腹煤气量 v_{BG}、吨铁风口耗氧量 v_{O_2} 和

煤气利用率 η_{CO}。以上 5 个参数用来表征高炉强化以及燃料和热量消耗[5~9]。本章用到其中前三个指标，它们有如下的关系。

高炉炉缸面积利用系数：高炉日产量与高炉炉缸面积之比。即以每平方米高炉炉缸断面积一昼夜的合格生铁产量表示。计算式如下：

$$高炉炉缸面积利用系数 \eta_A[t/(m^2 \cdot d)] = \frac{高炉日合格产量 P(t/d)}{高炉炉缸面积 A(m^2)} \quad (1-1)$$

炉腹煤气量指数：高炉每分钟产生的炉腹煤气量与高炉炉缸面积之比，即炉腹煤气在炉缸断面上的空塔流速，可以用每平方米高炉炉缸面积每分钟通过的炉腹煤气量表示[6]。计算式如下：

$$炉腹煤气量指数 \chi_{BG}(m/min) = \frac{炉腹煤气量 V_{BG}(m^3/min)}{高炉炉缸面积 A(m^2)} \quad (1-2)$$

吨铁炉腹煤气量：每吨生铁消耗的炉腹煤气量。每分钟的炉腹煤气量乘以 1440min，得到高炉日产炉腹煤气量以后，除以日产量即可求得。计算式如下：

$$吨铁炉腹煤气量 v_{BG}(m^3/t) = \frac{1440 \times 炉腹煤气量 V_{BG}(m^3/min)}{高炉日产量 P(t/d)} \quad (1-3)$$

炉缸断面积利用系数 η_A、炉腹煤气量指数 χ_{BG} 和吨铁炉腹煤气量 v_{BG}，三者之间的关系可以表示成下式：

$$高炉炉缸面积利用系数 \eta_A[t/(m^2 \cdot d)] = \frac{1440 \times 炉腹煤气量指数 \chi_{BG}(m/min)}{吨铁炉腹煤气量 v_{BG}(m^3/t)}$$

$$(1-4)$$

从表征的含义来看，炉腹煤气量指数 χ_{BG} 代表高炉强化的程度，而吨铁炉腹煤气量 v_{BG} 代表能耗、能量利用的指标，炉缸面积利用系数 η_A 代表高炉设备的生产效率。当吨铁炉腹煤气量 v_{BG} 等于 1440m³/t 时，炉缸面积利用系数 η_A 与炉腹煤气量指数 χ_{BG} 的数值相等。

燃料比是国际上用来衡量高炉生产技术水平的综合指标，同时也反映了炼铁过程的资源、能源消耗水平和环境影响水平，还与高炉生产成本密切相关。为什么提出正确使用燃料比呢？这是由于还有许多企业采用过去的综合冶炼强度、与综合冶炼强度配套的综合焦比，以及其他燃料的折算系数。这不仅是对高炉生产不公正、不科学、不合理的评价，更引起了思想、观念的混乱。

关于炉腹煤气量 V_{BG}、炉腹煤气量指数 χ_{BG}、吨铁炉腹煤气量 v_{BG}、吨铁耗氧量 v_{O_2} 和煤气利用率 η_{CO} 的物理意义和计算方法还将在第 3 章和第 4 章中叙述。

1.1.2　评价方法的运用

1.1.2.1　有效容积利用系数与炉缸面积利用系数的比较

高炉强化受炉内煤气的通过能力、通过量的制约，以降低燃料比、降低吨铁炉腹煤气量为中心，用炉腹煤气量指数 χ_{BG} 来对高炉合理强化程度进行定量分析，对高炉合理强化进行科学的解释，这一观点已经得到炼铁专家们的广泛认同。因此，用炉缸面积利用系数 η_A 比用有效容积利用系数 η_V 来衡量高炉设备的利用效率更为合理。2009 年国内 150 座高炉炉缸面积利用系数、有效容积利用系数与有效容积之间的关系，如图 1-2 所示[7~9]。图中下面的曲线为容积利用系数 η_V，它受炉容的影响很大。

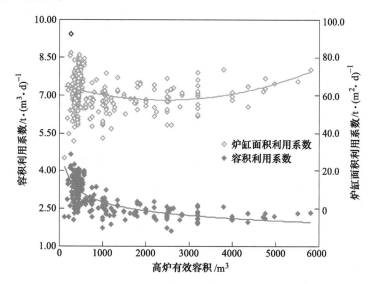

图 1-2　高炉有效容积与炉缸面积利用系数及有效容积利用系数之间的关系

由图 1-2 可知，大小高炉的容积利用系数 η_V 虽然有较大差距，而炉缸面积利用系数 η_A 却相差不大。小高炉的容积利用系数 η_V 表面上很高，达到 3.65t/($m^3 \cdot$ d)；而炉缸面积利用系数 η_A 也仅有 71.7t/($m^2 \cdot$ d)，仍没有大型高炉的炉缸面积利用系数高。由于高炉炉容 V_u 是直径的 3 次方关系，炉缸断面积 A 与直径是平方关系，大高炉的有效容积与炉缸面积之比 V_u/A 远比小高炉大。在高炉生产率一定的条件下，容积利用系数和冶炼强度与 V_u/A 成反比。

由图 1-2 可知，不论高炉容积的大小，单位面积上炉内煤气的允许的流量和通过的能力相差不大，因此，小高炉的有效容积利用系数高只是一种假象。从炉缸面积利用系数来看，大小高炉就没有明显的差别。大型高炉的炉缸面积利用系数 η_A 稳定在 65t/($m^2 \cdot$ d) 左右，有相当一部分小型高炉的炉缸面积利用系数低于大型高炉。片面强调以高容积利用系数来衡量高炉生产效率，造成错误的强化观念，致使形成小高炉生产效率优于大型高炉的假象。

1.1.2.2　两种高炉增产的方式

由于使用容积利用系数和冶炼强度作为指标，没有与炉内的基本现象和煤气流速相关联，造成煤气流速过高、停留时间不足，致使一些高炉的燃料比相当高，特别是小高炉。我们在 2010 年统计了一批国外高炉的生产指标，1000m³ 级高炉 33 座，2000m³ 级高炉 27 座，3000m³ 级高炉 14 座，4000m³ 级高炉 13 座，5000m³ 级高炉 6 座，它们的平均燃料比分别为 489kg/t、491kg/t、494kg/t、498kg/t 和 493kg/t。国外中小型高炉的燃料比还比大中型高炉低一些，主要是煤气利用率 η_{CO} 平均高达 49.06%。我国有的小型高炉，如天津铁厂、太钢高炉合理强化炉腹煤气量指数 χ_{BG} 较低的条件下，燃料比 FR 也能够做到 510kg/t 左右。邯郸 6 号高炉和沙钢宏发 3 号高炉的吨铁炉腹煤气量 v_{BG} 也能低于 1440m³/t。我国中小型高炉过度强化是燃料比普遍较高的主要原因之一，而所谓小型高炉效率高也只是一种假象。

图 1-3 为 2009 年我国约 150 座按高炉容积分为七个级别，其炉腹煤气量指数 χ_{BG}、吨铁炉腹煤气量 v_{BG} 与炉缸面积利用系数 η_A 的关系。图中的一组斜线表示等吨铁炉腹煤气量线，当吨铁炉腹煤气量 $v_{BG} = 1440m³/t$ 时，即为图中斜率等于 1 的对角线。当燃料比上升时，吨铁炉腹煤气量随之升高（图中斜率更小的直线），如果炉腹煤气量指数不变，随着吨铁炉腹煤气量的减少，炉内煤气利用率的改善，燃料比下降，炉缸面积利用系数上升[8,9]。

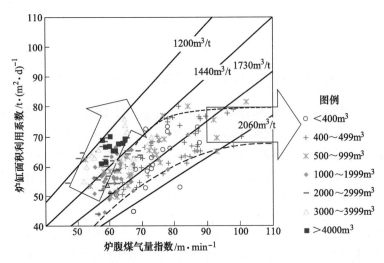

图 1-3 炉腹煤气量指数、吨铁炉腹煤气量与炉缸面积利用系数的关系

由图 1-3 可知，大部分 <400m³、400~499m³ 和 500~999m³ 高炉受高冶炼强度的影响比较大，导致吨铁炉腹煤气量很大，炉腹煤气量指数很高，而煤气利用率却很低，有一些高炉的燃料比超过了 560kg/t，个别高炉超过了 620kg/t，可是炉缸面积利用系数却不高。亦即，如图 1-3 右边的箭头，在炉腹煤气量指数 60m/min 的初始阶段，中小型高炉与左边的大型高炉并没有多大的差距。大型高炉炉腹煤气

量指数一直保持 66m/min 以下，以降低吨铁炉腹煤气量，使左边代表炉缸面积利用系数的箭头高高升起。可是，小型高炉随着炉腹煤气量指数进一步提高，箭头向炉腹煤气量指数高的方向越来越偏转，向增加吨铁炉腹煤气量偏转，而高炉利用系数却没有多大的提高。高炉强化没有取得所期望的效果，适得其反，导致燃料比上升，成本提高，而炉缸面积利用系数上不去，产量仍然停留在低的水平，碳排放升高，资源和能源浪费。

采用炉缸面积利用系数来评价高炉生产效率，对于两种不同的强化途径，就有两种不同的效果。我们认为，对于那些在生产途径上仍旧采取多烧燃料，而炉腹煤气量指数很高，吨铁炉腹煤气量随之升高，炉缸面积利用系数却偏低的高炉应该转变观念、调整技术思想。

图 1-4 为宝钢三座高炉自 1999 年至 2009 年 11 年间月平均操作数据，得到炉腹煤气量指数 χ_{BG}、吨铁炉腹煤气量 v_{BG} 与炉缸面积利用系数 η_A 之间的关系[9]。图中斜线的斜率为 1，吨铁炉腹煤气量等于 1440m³/t。宝钢高炉依靠提高原燃料质量、稳定炉况，以降低燃料比、减少吨铁炉腹煤气量来提高利用系数。那时，宝钢的原燃料条件较好，可是仍认为炉腹煤气量指数以不高于 70m/min 为宜。只有宝钢 3 号高炉有个别月平均炉腹煤气量指数超过 70m/min。

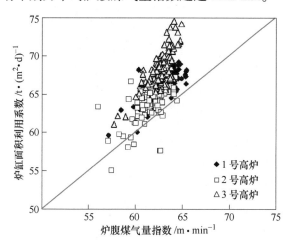

图 1-4 宝钢三座高炉炉腹煤气量指数与炉缸面积利用系数的关系[9]

由图可知，炉腹煤气量指数大致由 57m/min 提高到 65m/min 相差 8m/min，吨铁炉腹煤气量由 1400m³/t 降低至 1250m³/t，炉缸面积利用系数就由 55t/(m²·d) 提高到 75t/(m²·d) 相差 20t/(m²·d)，即提高炉腹煤气量指数对提高利用系数的贡献率仅仅 40%左右。也就是说，炉缸面积利用系数提高约 12t/(m²·d) 是降低吨铁炉腹煤气量的结果。

炉内气流速度是高炉现象最基础的参数，与炉容无关，炉腹煤气量指数能够表征炉内一次煤气的流速，吨铁炉腹煤气量能够表征炉内化学能和热能载体的单位消耗。因此，控制合适的炉腹煤气量指数，控制炉内的煤气流速在合理的范围内，尽量降低吨铁炉腹煤气量至 1400m³/t 以下或者更低，才能提高利用系数，才能使还原剂的需要量达到较低的水平。

图 1-5 为 2016 年 22 座 >4000m³ 高炉的炉腹煤气量指数 χ_{BG} 与炉缸面积利用系数 η_A 和吨铁炉腹煤气量 v_{BG} 之间的关系[10]。图中粗虚线为综合 22 座高炉数据炉腹煤气量指数与炉缸面积利用系数呈倒 "U" 形的回归曲线。当炉腹煤气量指数提高到 58m/min 左右时，高炉产量不再提高；炉腹煤气量指数 62m/min 处，曲线达到了顶点；进一步提高不升反降。粗实曲线为控制炉腹煤气量指数不超过 58.87m/min 的 B1~B5 高炉的回归曲线，在此区间内曲线一直保持上升的态势。五条直线为等吨铁炉腹煤气量线，分别为 1200m³/t、1300m³/t、1440m³/t、1600m³/t 和 1700m³/t。如果把 >4000m³ 高炉与图 1-3 中的中小型高炉比较也能发现有相同的趋势，也表现出两种不同的强化途径。虽然 B1~B5 的炉腹煤气量指数不高，可是当炉腹煤气量指数提高时，始终保持吨铁炉腹煤气量在原有甚至降低的情况下运行，而炉缸面积利用系数始终向上提高。

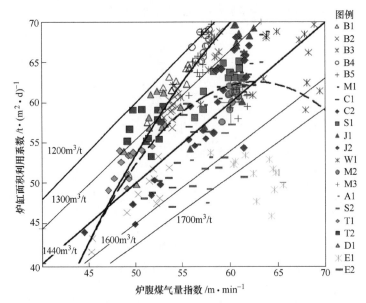

图 1-5　>4000m³ 高炉炉腹煤气量指数与炉缸面积利用系数和吨铁炉腹煤气量的关系[10]

如果再把图中 B1~B5 与图 1-4 比较，则还可以发现，2016 年宝钢高炉不及 1999~2009 年宝钢三座高炉炉腹煤气量指数高；随着炉腹煤气量的上升，炉缸面积利用系数当年能上升到接近 75t/(m³·d)，而今只上升到 70t/(m³·d)。但是，应该指出宝钢高炉增产的途径，仍然遵循以降低吨铁炉腹煤气量、降低燃料比来增产的力度没有改变。2016年不能达到过去的水平，只能说是受原燃料等生产条件的制约。

图1-6为2017年14座3000m³高炉月平均炉腹煤气量指数χ_{BG}与炉缸面积利用系数η_A的关系。图中还表示了这些数据的回归曲线呈倒"U"形。由曲线可知，当炉腹煤气量指数提高时，炉缸面积利用系数也随之提高，可是当炉腹煤气量指数提高到59m/min左右时，高炉产量不再提高，而在63m/min处出现顶点，超过则高炉产量下降。图中表示出产生这种现象的原因是由于炉腹煤气量过高数据点越来越分散，高炉炉况的稳定性、操作性能变差，有些高炉的产量还不如炉腹煤气量指数低、强化程度低的高炉。

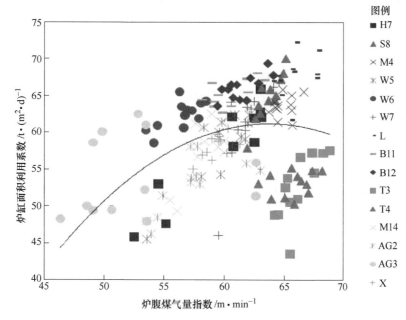

图1-6　3000m³高炉炉腹煤气量指数与炉缸面积利用系数

表1-1为不同容积高炉的生产实绩，进行数理统计分析得到高炉的炉腹煤气量指数与炉缸面积利用系数和燃料比的关系[11]。

表1-1　不同容积高炉的炉腹煤气量指数与炉缸面积利用系数的关系

炉容/代号	座数	回归式	实际数据的范围 χ_{BG}/m·min⁻¹	最高炉缸面积利用系数区间	
				最高点 /t·(m²·d)⁻¹	χ_{BG}的范围 /m·min⁻¹
>4000	22	$\eta_A = -0.06440\chi_{BG}^2 + 8.0614\chi_{BG} - 189.73$	44.47~69.37	65	60~65

续表 1-1

炉容/代号	座数	回归式	实际数据的范围 χ_{BG}/m·min^{-1}	最高炉缸面积利用系数区间	
				最高点 /t·(m^2·d)$^{-1}$	χ_{BG}的范围 /m·min^{-1}
B1~B5	5	$\eta_A = -0.03428\chi_{BG}^2 +$ $5.416\chi_{BG} - 131.64$	49.25~58.87	—	—
3000	14	$\eta_A = -0.06259\chi_{BG}^2 +$ $7.948\chi_{BG} - 191.13$	46.31~68.74	61	60~65

1.1.2.3　高炉炉腹煤气量指数与燃料比和产量的关系

我们在编制国家标准 GB 50427—2015[9]时，对 2012~2014 年近 30 座 1000~4148m^{3}高炉的炉腹煤气量指数与容积利用系数的日生产统计指标进行了回归，得到的曲线也都呈倒"U"形，这也说明高炉强化用提高炉腹煤气量指数是有限度的，并不是越强化产量就越高。图 1-7 为这些高炉的炉腹煤气量指数 χ_{BG} 与燃料比 FR 和利用系数 η_V 进行回归分析的结果[8]。

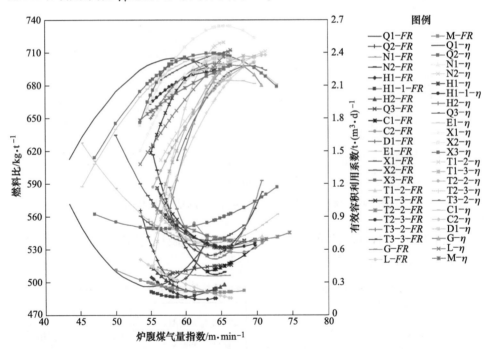

图 1-7　汇总炉腹煤气量指数与燃料比和有效容积利用系数之间的关系

由图 1-7 可知，高炉炉腹煤气量指数与燃料比均呈"U"形的关系，与容积利用系数呈倒"U"形关系。所有炉腹煤气量指数与燃料比的关系曲线都存在最低点。其中炉腹煤气量指数较低或最低点在 56m/min 左右的高炉，其燃料比都比较低。高炉炉腹煤气量指数与容积利用系数的关系曲线，与前述与面积利用系数的关系一样都呈倒"U"形的关系，可是由于受容积的影响，它们的最高点不在炉腹煤气量指数的同一位置上。总之，炉腹煤气量指数高的高炉利用系数也不一定高。也就是说，保持合适的炉腹煤气量，用降低燃料比的办法可以达到既高产、又低耗的效果，以低的代价换取最大的效益。因此，追求高利用系数靠提高炉腹煤气量指数是没有作用的，反而多消耗了燃料，增加了各项消耗。我们也统计了开始时间均为 1999 年 1 月，结束时间分别为 2008 年 8 月、2006 年 8 月和2009 年 12 月的月平均数据，在这个期间宝钢 1~3 号高炉炉腹煤气量指数与燃料比也呈"U"形关系。宝钢 1 号高炉回归曲线的最低燃料比位置在炉腹煤气量指数为 59.43m/min 处，该处的燃料比为 493.67kg/t。宝钢 2 号高炉回归曲线的最低燃料比位置在炉腹煤气量指数为 60.56m/min 处，该处的燃料比为 495.55kg/t。宝钢 3 号高炉回归曲线的最低燃料比位置在炉腹煤气量指数为 57.37m/min 处，该处的燃料比为 490.74kg/t。最低燃料比在 500kg/t 以下的高炉，上述曲线更平坦，也就说明当条件许可、保持低燃料比操作的情况下，更能达到提高产量的目的。结合图 1-4 可知，若能保持合适的炉腹煤气量指数，降低吨铁炉腹煤气量，就能降低燃料比的目标。

对 2016 年 22 座 >4000m³ 高炉和 2017 年 14 座 3000m³ 级高炉的月平均炉腹煤气量指数与燃料比进行了统计分析，如图 1-8 所示。由图可知，宝钢 1~4 号高炉和湛江 1 号高炉（B1~B5）的数据比较集中，说明高炉操作制度合理，炉况稳定，燃料比稳定在低的水平；而另一部分高炉的数据相当分散，月平均指标变化大，操作不稳定。有的高炉月间燃料比变化达到 50kg/t，即使个别月份燃料比很低，但年度燃料比也不可能低。因此，要获得良好的操作指标必须加强日常的工作，改进操作制度。

由图 1-8 可以得到，>4000m³ 高炉的炉腹煤气量指数与燃料比的"U"形的关系。由图可知，B1~B5 高炉的燃料比较低，而且数据点比较集中。这就说明这 5 座高炉操作稳定。即使如此，仍然可以用 5 座高炉炉腹煤气量指数和燃料比的数据进行统计分析，得到几乎与所有 >4000m³ 以上高炉曲线平行的"U"形关系，如图中虚线所示。只是随炉腹煤气量指数上升，其燃料比的上升要平缓得多。5 座高炉燃料比的炉腹煤气量指数控制得比较集中，在 $\chi_{BG} = 49.25 \sim 58.87$m/min 范围内，并且最高炉腹煤气量指数在比较低的水平。

由图可知，当前选择合理的高炉冶炼参数，高炉稳定顺行，仍然是提高大型高炉整体水平的重要保障。

为了能够说明这个规律也适合较小容积的高炉，我们又将图 1-5 中的 9 座2000m³ 级高炉炉腹煤气量指数与燃料比的关系汇集在图 1-9 中。

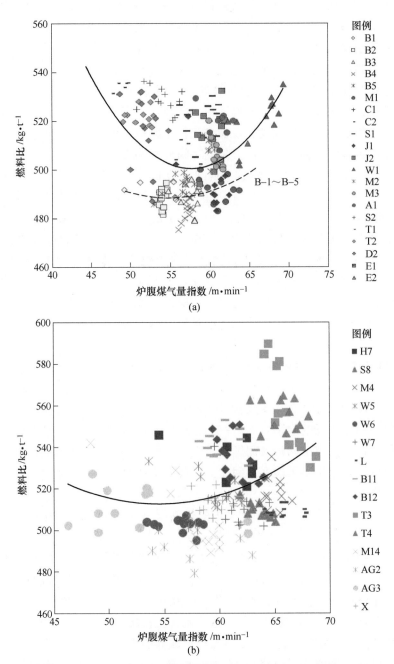

图 1-8　>4000m³高炉（a）和 3000m³级高炉（b）月平均炉腹煤气量指数与燃料比的关系

由图 1-7 和图 1-9 可知，各高炉的炉腹煤气量指数与燃料比均呈"U"形的关系，并且存在最低点。由操作数据的分析可知，形成"U"形的两翼中的左

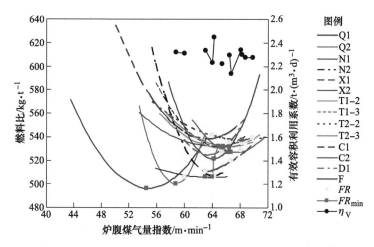

图 1-9 炉腹煤气量指数与燃料比和容积利用系数的关系

翼，即炉腹煤气量指数较低燃料比上升的那侧，其主要原因是由于炉况波动造成燃料比的上升所致，有一定的偶然性。曲线的右翼，即炉腹煤气量指数较高的那侧是由于炉内煤气流速上升，含铁原料与煤气的接触条件变差引起燃料比的上升。因此，我们对不同容积高炉的炉腹煤气量指数与燃料比的最低点进行分析，综合成表 1-2 的相似回归式。

表 1-2 不同容积高炉的炉腹煤气量指数与燃料比的关系[11]

炉容/m³ 或代号	座数	回归式	实际数据的范围 X_{BG}/m·min^{-1}	最低燃料比区间	
				最低燃料比 /kg·t^{-1}	X_{BG} 的范围 /m·min^{-1}
>4000	22	$FR=0.3343 X_{BG}^2-37.83 X_{BG}+1576.4$	44.47~69.37	500	55~58
B1~B5	5	$FR=0.0986 X_{BG}^2-10.82 X_{BG}+785.4$	49.25~58.87	488	53~56
3000	14	$FR=0.1438 X_{BG}^2-15.69 X_{BG}+940.9$	46.31~68.74	513	53~56
2000	9	$FR=0.1143 X_{BG}^2-12.046 X_{BG}+817.65$	43.50~79.59	500	52~54

表 1-2 的各级别高炉的回归式都非常接近，最低燃料比均在炉腹煤气量指数 55m/min 附近。其中还要说明的是，2000m³ 级高炉采用的数据是由图 1-9 中回归曲线的最低点求得的燃料比回归曲线，因此 2000m³ 级高炉的最低燃料比比 3000m³ 级、4000m³ 级低。虽然不同时期不同容积的高炉操作条件相差甚远，而由所得到的"U"形曲线来看，当燃料比最低时的炉腹煤气量指数范围几乎相同，说明回归统计具有相当高的价值。这就可以为我们研究制订合理的操作参数创造条件。同时，由此在调整高炉指标的同时兼顾冶炼过程的节能、减排、"减量化"生产是可能的。

因此，并不是炉腹煤气量指数越高产量越高，应该在保证高炉稳定顺行的前提下，控制适当的炉腹煤气量指数，力求通过降低吨铁炉腹煤气量、提高煤气利用率、降低燃料比来提高产量。

1.1.3　合理选择高炉强化范围

1.1.3.1　炉腹煤气量指数与高炉高效生产

高炉生产中最关心的两个指标：高炉利用系数是代表设备利用率的重要指标，燃料比代表能耗、成本。燃料比还与资源和能源利用、CO_2 排放、环保密切相关。两者既有一致的地方，也有相互矛盾的地方。正因为如此，自新中国成立就一直对这个问题展开了争论，到目前为止尚未完全解决。我们试图寻求两者统一，寻求两者能够兼顾的操作区间。

图 1-10 综合了不同容积高炉炉腹煤气量指数与炉缸面积利用系数、燃料比的关系。图中上部为表 1-1 中各级高炉炉腹煤气量指数与炉缸面积利用系数的关系曲线；图中下部绘出了表 1-2 中炉腹煤气量指数与燃料比的关系。图 1-10 采用的是生产的原始数据，只是对 W1 高炉做了特殊处理，由于它的吨铁耗风量太

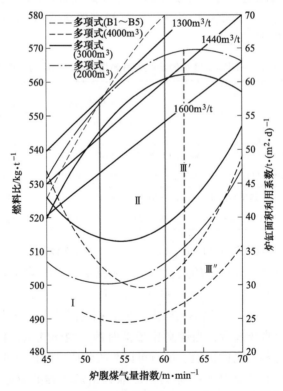

图 1-10　以炉腹煤气量指数来划分各级高炉的生产效率

大，统计时在吨铁耗风量中减掉耗氧量，使之比较符合其他高炉的规律。

图 1-10 中的一组斜直线为吨铁炉腹煤气量，其中吨铁炉腹煤气量为 1440m³/t 的斜线的斜率为 1。在不同炉腹煤气量指数时，4000m³ 级高炉的容积利用系数较 3000m³ 级高炉的高。这是由于 4000m³ 高炉吨铁炉腹煤气量较低的缘故。

采用炉缸面积利用系数就避免了炉容大小对高炉强化指标的影响，从而就能得到各级高炉基本一致的合理强化范围。2000m³ 级高炉燃料比的最低点为 500kg/t，燃料比较低时对应的炉腹煤气量指数区间为 52~58m/min；3000m³ 级高炉为 513kg/t，炉腹煤气量指数区间为 53~60m/min；>4000m³ 高炉为 500kg/t，炉腹煤气量指数区间为 55~62m/min；B1~B5 高炉为 488kg/t，炉腹煤气量指数区间为 53~60m/min；除了 B1~B5 炉腹煤气量指数始终不高以外，其他级别高炉都在炉腹煤气量指数提高到一定程度以后，炉况不稳定，燃料比上升，炉缸面积利用系数反而下降。因而，可以将图中按炉腹煤气量指数统一划分成三个区域：区域 I 为低产高燃料比的低效率区；在炉腹煤气量指数 52~60m/min 的区域 II 为高产低燃料比的高效率区；在炉腹煤气量指数大于 60m/min 的区域 III 为高燃料比的低效率区域，比区域 I 和 II 的资源、能源的利用效率都低。虽然区域 III 资源、能源的效率低，其中 60~62m/min 的区域 III′ 还能以资源、能源为代价，取得较高的产量得到一些补偿，因此，在市场兴旺的时候还是有诱惑力的。由于区域 III′ 的范围很狭窄，也不是久留之地，不要为一时的收获而恋战。而宝钢高炉长期燃料比低，提高炉腹煤气量指数对燃料比影响不大，产量还能大幅度提高，那么，把炉腹煤气量指数拓宽到 62±2m/min 也不能说就不适宜。而区域 III″ 则不但浪费资源、能源，还以拼设备、拼寿命为代价，我们诉之以"片面强化"。由以上分析，不同容积、不同生产条件的高炉都能得到相同的结果，说明评价高炉生产效率指标的普遍性。

众所周知，高炉操作稳定、顺行方可获得优秀的操作指标。

相对而言，有些追求"大风"的高炉炉况不稳，影响操作指标，原本可以使回归曲线的最低点降低至 490kg/t 以下。而燃料比的最低点移动到炉腹煤气量指数 54m/min 处，但由于"大风"使得炉况不稳定，燃料比的最低值上升到约 510kg/t。

究其原因是方方面面的，操作思想、原燃料的因素、前后工序的保障等，使得高炉操作不稳定，进而导致高炉没有适应环境的变化。如果我们所有大型高炉都能达到上述（B1~B5）曲线的燃料比水平，那么中国的高炉炼铁水平将提升一个台阶。要达到这个水平，首先需要从领导到具体操作者，对指导高炉生产的思想认识的提升，转变过去长久以来"大风""有风就有铁"等错误观念。转变到实事求是，分析客观条件，利用好自然规律来搞好高炉生产，改变以高强度、片面高产而牺牲燃料比的生产方式。

高炉精料仍然是保证高炉高产低燃料比的基础。由于大型高炉对原燃料质量波动的敏感性，大型高炉往往因原燃料质量的波动，导致高炉炉况长期失常而难于纠正。因此在原燃料质量中，保证原燃料的供应、质量的稳定等七个方面，都应该给予重视。大型高炉不能随意变料。宝钢在1999~2009年炉腹煤气量指数在57~65m/min之间，而由于在近年来原燃料质量下降的情况下，B1~B5高炉在2016年五座高炉的炉腹煤气量指数相应地调低至55~60m/min之间，而燃料比没有明显变化，仍然保持在较低的水平，这就是成绩。从2018年开始，对原燃料质量的稳定进行了一系列的工作，炉腹煤气量指数有所提高，控制在62±2m/min。显然这样做是合理的，体现了原燃料质量是高炉冶炼的基础。B1~B5五座高炉的炉腹煤气量指数达到60m/min左右以后就不再提高，而以降低燃料比、降低吨铁炉腹煤气量、充分利用炉内煤气的热能和化学能来提高利用系数。可喜的是这股新风正逐渐在炼铁界兴起。

1.1.3.2　合适的强化程度

众所周知，高炉操作稳定、顺行方可获得优秀的操作指标。我们提出评价高炉炼铁生产效率的新方法，用炉缸面积利用系数和炉腹煤气量指数来取代容积利用系数和焦炭冶炼强度可以有效地分析高炉生产中的问题，有助于制定合理的操作制度。

（1）当炉内料柱透气性限制高炉强化时，应提高原燃料的质量，以提高炉内通过煤气的能力，提高炉腹煤气量指数。

（2）在原燃料一定的条件下，对应有一个合理的煤气流速范围。在本世纪初原燃料质量高时，我们曾经提出炉腹煤气量指数不宜高于66m/min；而目前原燃料质量较差，相应地炉腹煤气量指数限制值应降低至62m/min为宜。炉腹煤气量指数不是越高越好。

（3）炉腹煤气量指数与燃料比普遍存在"U"形的关系。最低燃料比在炉腹煤气量指数54~56m/min的位置。

（4）为了提高高炉炉缸面积利用系数，即使低燃料比的高炉，炉腹煤气量指数还是较最低燃料比的位置高出5~6m/min。因此，高炉已经接近敏感地带，更需要质量优良的原燃料，操作必须谨慎小心，必须精细化，严防环境波动造成高炉炉况失常。

（5）对于原燃料条件较好的高炉，必须保持环境条件比较宽松，在不引起燃料比升高的条件下，保持炉况稳定、顺行，以降低吨铁炉腹煤气量来提高利用系数。

（6）在目前条件下，综合前面的分析操作良好高炉的炉缸面积利用系数大于62t/(m² · d)，燃料比490kg/t，适宜的炉腹煤气量指数在50~58m/min之间，吨铁炉腹煤气量小于 $1300m^3/t$，煤气利用率高于 50%，吨铁风口耗氧量低于 $260m^3/t$。如果能全面达到，这也就是世界喷煤高炉的先进水平了。

从新时代对节约资源、能源，减少 CO_2 排放和环保的要求来看，过去的强化观已经不合时宜。可是，由于市场和利润的驱使，管理者对高炉的以上特性又不熟悉，往往这些强化理论仍然占据着他们的思路，指导企业的生产。我们除了向他们说明之外，恐怕使用更全面的统计指标很有必要。

如上所述，我国有一大部分高炉，提高产量的方式仍然是按照过去的高产理念，片面追求高风量，不顾燃料比；另一种类型是保持一定的炉腹煤气量指数，以降低燃料比来增产。这两种方式所得到的结果差别很大。与转变产品结构、设备形式相比，转变强化理念和生产操作思想习惯的转变恐怕更为困难。

1.2　评价指标符合高炉炼铁的基本理论

高炉燃烧带燃烧产生了炉腹煤气，它是冶炼生铁所需化学能和热能的载体。为了更好地利用资源和能源，降低燃料比，必须抓住高效利用炉内煤气这个纲。如前所述，降低燃料比必须控制风口耗氧量 v_{O_2}、吨铁炉腹煤气量 v_{BG} 和风口燃烧热量。这就必须最大限度地利用炉腹煤气中的 $CO+H_2$，发展间接还原，增加块状带的体积，为增加矿石与煤气的接触时间创造条件（包括煤气的扩散条件）。为充分利用煤气显热，以及煤气中的化学能及潜热，要尽量提高煤气利用率 η_{CO}。

改善高炉炉料透气性，应该加强原燃料的处理，提高原燃料的强度和采取整粒等措施，这是强化高炉冶炼的重要基础；另一方面，降低燃料比，充分利用高炉煤气的热能和化学能，提高煤气利用率，降低吨铁炉腹煤气量，也是强化高炉冶炼的重要手段。因此，必须克服为了追求高冶炼强度，不顾煤气热能和化学能的利用，而单纯地疏松边缘或中心，以求得大量炉内煤气能够通过的操作习惯。应在保证不提高燃料比，甚至降低燃料比的条件下，采取强化高炉冶炼的措施。

高炉上下部调剂，也是降低燃料比的有力措施。应该充分发挥其扩大间接还原区域的功能，在合理控制炉腹煤气量指数以后，才能采用高炉上下部调剂来提高煤气利用率，降低燃料比。

如果炉腹煤气量指数超过原燃料质量可能接受的范围，将引起高炉下部高温区域扩大，软熔带升高，高炉上部块状带缩小，煤气与矿石的接触条件变差，间接还原受到限制，煤气利用率下降，导致燃料比升高。过度提高风速，提高鼓风动能，产生过量的炉腹煤气，使炉内煤气流速升高，料柱阻损增加，对高炉顺行不利；使超负荷的煤气顺利通过料柱，被迫采取发展边缘气流或者扩大中心气流，甚至采取过吹型中心加焦的布料方式都会牺牲燃料比。不能采用牺牲燃料比的办法来换取顺行，应该发挥上下部调剂改善煤气利用率的能动作用。

合理的布料应该在保证顺行的基础上，提高煤气利用率，降低燃料比，保证炉腹煤气量指数在合理的范围内，采取降低吨铁炉腹煤气量来合理强化高炉。

当控制了炉腹煤气量之后，使炉内煤气流速与炉料质量相适应，像宝钢那样风量、风压几乎成一条直线，透气阻力系数长期保持稳定，用不着为顺行担忧，这就可以充分发挥上下部调剂降低燃料比的能动作用。维持合理的鼓风动能，避免由于过高的风速导致焦炭粉化，也减轻了焦炭的负担。

1.2.1　符合高炉物质和能量平衡原理和 Rist 操作线规律

我们曾经指出，吨铁风口耗氧量 v_{O_2} 是高炉操作水平的重要指标，可以作为识别能否提高炉腹煤气量指数的一个重要参数[11,12]。由 Rist 操作线的基本特性可知，风口耗氧量是操作线 E 点位置的决定因素。只有在风口耗氧量相当低的条件下，炉顶煤气利用率 η_{CO} 才能提高，从而决定操作线斜率，才能有低的燃料比。由吨铁耗氧量就可计算吨铁的风口燃烧的碳素量，并可估算燃料比。随着炉腹煤气量指数的提高，高炉的风口吨铁耗氧量迅速上升，炉顶煤气利用率的下降速度也加快。维持炉腹煤气量指数在一个合适的范围，是取得良好生产指标、提高生产效率的重要条件。当炉腹煤气量指数超过 60m/min，风口吨铁耗氧量和煤气利用率有明显变化。因此在低燃料比的条件下，炉腹煤气量指数更不宜超过 62m/min，否则风口燃烧碳素将迅速抬升，招致燃料比升高。

炉腹煤气量指数比较高的高炉，炉内煤气流速比较高，煤气在炉内的停留时间缩短，炉料与煤气的接触条件变差。在炉腹煤气量高的区域，燃料比升高的同时炉顶煤气利用率下降，从炉内过程解释：首先，吨铁风口耗氧量增加，炉内的煤气流量随之增大，携带的 CO 量增多，而铁矿石还原时需要夺取的氧量几乎是一定的，过量的 CO 只有从炉顶排出，提高了煤气中 CO 的浓度，这可以从物料平衡进行解释；其次，由于风口燃烧碳素增加，下部热量过多，使软熔带和高温区上升，块状带缩小，煤气在块状带的停留时间缩短，炉料与煤气的接触条件变差，间接还原不足，提供的过量热量被直接还原所消耗，煤气的热能、化学能不能很好利用；第三，煤气量大，炉料下降的阻力较高，为了维持顺行，让大量的煤气较顺畅地通过料柱，就必须采取疏松边缘或者中心的布料措施，这使煤气的利用率降低。

如果把前述吨铁风口耗氧量换算成冶炼 1mol 铁的风口耗氧量的摩尔数，就能在图 1-11 的 A. Rist 的操作线图上得到 E 点的具体位置。同时，还可以由煤气利用率在图中找到 A 点，由此可以决定 AE 操作线的斜率 μ，决定燃料比。当炉腹煤气量指数过高时，也就是说，在吨铁炉腹煤气量增加的同时，吨铁风口耗氧气量和风口燃烧碳素量也随之增加，燃料比随之上升。由图可知，在风口处燃烧的碳素增加，AE 直线的 E 点下移，冶炼单位生铁的热消耗量上升，炉身效率和煤气利用率下降，这就导致 AE 直线向图中箭头相反方向转动，A 点向左移动，煤气利用率下降；AE 直线的斜率增加，燃料比上升。

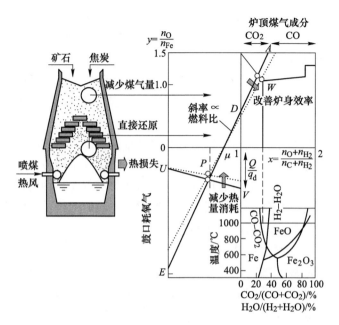

图 1-11　风口耗氧气量和煤气利用率与燃料比的关系图解

　　这就很方便地应用炼铁物质平衡和热平衡的基本理论作为衡量强化的尺度。很容易解释前述炉腹煤气量指数与燃料比、煤气利用率均存在倒"U"形关系，并且与吨铁风口耗氧量存在"U"形的关系。在理论上支持了本书提出的，适当控制炉腹煤气量指数，以降低吨铁炉腹煤气量和风口耗氧气量来降低燃料比和提高产量的观点。这是从理论到实践上，正确的提高产量、降低成本的方法。

　　在炉腹煤气量指数受到限制的情况下，提高利用系数的方法，应该是降低吨铁耗风量和降低吨铁炉腹煤气量，能更加有效地利用炉内煤气来降低燃料比[4,5,13]。

　　我们都知道，Rist 线的斜率代表了高炉的燃料比。为了降低燃料比，必须降低风口耗氧量，缩短原点 O 至 E 点的距离；必须提高煤气利用率，改善炉身效率，使 Rist 线接近 W 点。由图中 P 点的分析可知，必须减少高炉下部区域的热需要量。上述分析都说明控制炉腹煤气量指数对降低燃料比的重要性。反之，随着炉腹煤气量指数和吨铁耗氧量的提高，P 点下降，同时导致炉内煤气利用率下降，煤气 CO 中的热量没有得到利用，直接还原度提高，高炉下部消耗的热量增加，必然需要增加燃烧带的供热量[14]。因此，控制炉腹煤气量指数，降低吨铁炉腹煤气量和风口耗氧量来提高煤气利用率，是符合炼铁基本理论的，我们将在本书中详细讨论。

1.2.2　降低燃料比必须控制炉腹煤气量指数

　　焦炭在高炉炉内的作用：首先是料柱透气的骨架作用；其次是还原、提供热量和铁水渗碳。高产、降低燃料比、降低焦比使得焦炭的作用任务更繁重。炉料的透气性下降，因此阻碍高炉强化的主要矛盾是上升气流与下降炉料之间的矛盾。一般气体力学知识告诉我们，煤气流速高炉料下降的阻力会增加，当流速达到界限值时，将阻碍炉料下降。使用炉腹煤气量指数来表征高炉下部的煤气流速，就不难明确高炉炉内煤气流速的上限值，用它就可以说明精料对高炉生产的重要性。

依靠提高精料水平、提高炉顶压力和改进布料，以改善炉料透气性来提高炉腹煤气量指数，争取高产和低燃料比，才是高炉强化的正确方向。当提高产量和降低燃料比时，必须减少炉内的热量消耗，增加焦炭负荷，用有限的碳素还原更多的铁矿石。因此，操作上必须精细化，考虑多方面的问题，必须在多因素平衡的条件下，才能顺利实现高产、低燃料比。

高炉高产、低燃料比条件下，必须寻求与原燃料相适应的炉腹煤气量指数，必须降低吨铁炉腹煤气量。由于高产要求通过更多的煤气，而低燃料比就是减少入炉焦炭量，这两方面都加重了焦炭的骨架作用，透气阻力增加，并使焦炭的反应负担加重，提供高炉透气、透液的功能下降，从而使高炉的生产能力受到限制。高产要求提高下料速度，从而使炉料在高炉内的停留时间减少，使得还原不充分，导致高炉下部热量不足；由于 O/C 提高，高炉料柱紧密，使得高炉下部软熔带、滴落带的透气性、透液性变差。为了使气流通过料柱，如采取局部区域低 O/C，而另外的区域高 O/C、热流比过高，也就是说局部区域的吨铁炉腹煤气量所承担还原的炉料量过多；这样做更导致局部区域没有足够的煤气来还原矿石，使形成的渣中 FeO 含量提高。总之，要达到既高产又低燃料比，必须研究高炉炉内各种现象的相互关系，必须在高炉复杂的现象中，寻求各种操作参数最佳化的匹配模式，寻求各种炉内现象的平衡点，使高炉的各种功能发挥到淋漓尽致，物尽其利，能尽其力。从评价高炉炼铁生产效率指标的角度出发，能够加深对炉内现象的理解。图 1-12 为评价高炉生产效率的指标与炉内各种现象的关联图。

降低燃料比和吨铁炉腹煤气量，主要依靠提高炉身工作效率、降低高炉下部热量消耗、减少风口燃烧焦炭量等措施来达到。合理的鼓风参数保证合理的鼓风动能、炉腹煤气量及其分布，即炉内一次煤气的分布。提高炉腹煤气量指数，随之增加风量和风口风速，提高风速应与焦炭的冶金性能相匹配，不然产生大量焦粉，使得死料堆的透气性和透液性下降，将导致产量下降和燃料比升高[7,8]，可是较高的鼓风动能却能活跃炉缸，改善炉缸的工作。为了维持高炉顺行，采取局部过分疏松料柱的装料制度，将导致大量煤气的浪费，煤气利用率很低。为了实现低燃料比操作，要求通过装料和布料保证合理的软熔带分布和二次煤气的分布，以及三次煤气的合理分布，使煤气与炉料充分接触，通过煤气流的合理分布来保持合理的软熔带分布，以扩大块状带和热储备区体积。为降低燃料比，应该

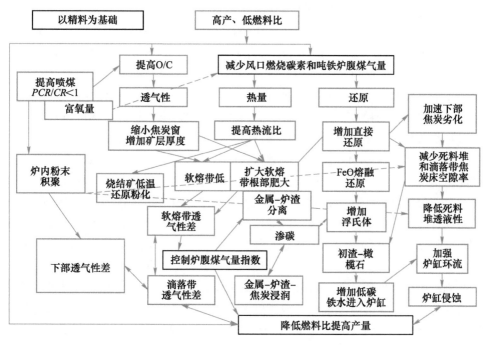

图 1-12 高炉生产效率指标与炉内各种现象的关联

采取降低热储备区温度，以提高煤气利用率、减少吨铁炉腹煤气量等措施，而不是单纯地提高炉腹煤气量指数。

　　提高炉腹煤气量指数，必须改善料柱的透气性，提高原燃料的质量，改善高炉的煤气分布。我们将对提高高炉生产效率的途径进行全面的分析，包括气体动力学、风口循环区、死料堆、炉内热量和温度的影响及制约因素。例如，在气体动力学方面，分析了具体高炉中煤气的流速与下部渣铁滞留、液泛、流态化、管道、全炉及分段透气阻力系数的关系，及其对高炉操作的影响[2]。随着 O/C 的增加，含碳层减薄，焦炭窗的面积减小，煤气通过软熔带时的阻力增加。过去缺乏对增加炉腹煤气量指数后，炉内软熔带变化的研究。当增加风口风速和炉腹煤气量指数时，在循环区焦炭的粉化加剧，产生的大量焦粉积聚在死料堆表层，使得死料堆的透气、透液性降低；迫使死料堆与软熔带之间的煤气通道加大，使循环区上方炉料下降漏斗向边缘集中，下料速度增加，该区域的炉料在炉内的停留时间缩短。当提高炉腹煤气量指数时，必须增加软熔带焦炭窗的面积、焦炭窗的层数和软熔带的高度，扩大软熔带包络的高炉下部高温区的体积，扩大滴落带，使得块状带缩小，煤气在块状带的停留时间缩短，并使矿石与煤气的接触条件变差，铁的直接还原和熔融还原将增加，因而煤气利用率下降。因此，从气体力学和还原动力学分析得到的结果与 Rist 线图计算的结果是完全吻合的。

热储备区常被称为空区、热停滞区，正是进行铁矿石还原与焦炭溶损耦合反应的区域，我们认为称之为热储备区比较合适。空区、热停滞区的概念是来自苏联传热学者 Китаёв 的传热学的著作。可是我们不能仅仅从传热学的观点就得出这个区域是多余的结论。进一步的研究证实，恰恰在这个区域进行着高炉最为重要的反应，在这里 FeO 间接还原所需的 CO 与焦炭溶损反应提供的 CO 达到平衡，即耦合反应进行的程度更是决定高炉燃料比的重要因素。世界各国的炼铁专家不但重视炉顶煤气利用率，更重视热储备区出口的煤气利用率 η'_{co}。

近年来，炼铁技术的发展要求缩短铁矿石还原过程中气相扩散距离，减少扩散能量消耗，降低热储备区温度。为了降低热储备区的温度已经广泛使用了小块焦、矿石焦炭混装，并正在研究含碳团块等技术，以缩短矿石颗粒与碳素颗粒间的距离，降低煤气的扩散能量，以降低热储备区的反应平衡温度，使 Rist 线图的 W 点向提高煤气利用率的方向移动，加强提高热储备区出口 η'_{co} 的驱动力，促进还原。

当高冶炼强度操作时，煤气的发生量大幅度增加，为了让更多的煤气能够通过料柱，往往采取过分发展边缘或过度发展中心气流的装料制度。当采取过分发展边缘气流的操作时，高炉边缘的 O/C 低，而中心和中间部位的 O/C 高，大量煤气通过高炉边缘，而中心和中间的热流比高。当采取过度发展中心气流的操作制度，使得软熔带变成倒"U"形，甚至为了片面疏松炉料采取过吹型中心加焦的装料制度，使软熔带变成揭掉封顶的形状，大量煤气通过阻力小的部位逸出炉顶，没能得到充分利用；高炉中心区域的 O/C 很低，热流比很低，而边缘和中间部位的 O/C 高，热流比很高。一个区域热流比超高，一个区域超低，增加了高炉横断面上的不均匀性，高炉边缘和中间部位的矿石负荷过重，热流比过高，高速下料的区域趋向边缘，矿石没有足够的煤气进行还原。软熔带的根部肥大和中间部位下垂至风口循环区的上方，在初渣中存在大量浮氏体就进入了滴落带；软熔带中高速的气流将渣铁吹向高炉边缘，渣铁经过燃烧带在循环区附近被再氧化和脱碳，使大量 FeO 和碳不饱和铁水进入炉缸，进行大量消耗热量的熔融还原，加速了高炉下部焦炭的劣化，使得积聚在死料堆的焦炭粉末剧增，降低死料堆的透气性和透液性，降低死料堆的温度，以及造成大量低碳铁水进入炉缸等因素，使凝结保护层消蚀；低碳铁水直接溶解炭砖，加剧了铁水环流的破坏作用，大幅度缩短炉缸寿命，高炉发生故障的可能性增高。

为了达到高产、低燃料比，高炉必然要提高操作水平，精细化管理，采取符合自身原燃料条件的强化程度，在上述各种现象发生之前就应做好应对和预防的措施，避免不利因素的影响。而过度强化的高炉往往不顾条件，粗放操作，即使已经显露出了故障的苗头仍然没有发现，致使炉况失常，甚至事故。这可能是近期炉缸事故频发的原因。

对高炉生产效率指标正确分析评价和认识，对高炉生产方针的制定和生产业绩起着主导作用。分析炉缸面积利用系数及上述四个参数的变化，可以找出炉况变化的潜在因素，从而采取适当措施。选择合理的高炉生产效率的评价指标，能在确定高炉送风制度、装料制度、热制度、造渣制度、出铁出渣制度方面起指导作用。

1.3 高炉炼铁节能减排与降本增效的根本

高炉炼铁是能源和资源消耗高的工业，精料是钢铁生产中从源头降低资源、能源消耗的重要环节，是过程清洁、产品清洁的重要前提。以精料为基础，全面贯彻高效、优质、低耗、长寿、环保的炼铁技术方针，使资源消耗、能源消耗和污染物排放大幅度降低，经济效益大幅度提高，环境负荷减轻。高炉炼铁降低成本的关键还需从冶炼过程、生产组织和管理理念方面下功夫。

在高炉过程平衡的输入端是烧结矿等含铁原料、焦炭、煤粉、熔剂和鼓风；输出端是铁水、炉渣、高炉煤气、煤气灰等。高炉过程热平衡的输入端为碳素氧化放热和鼓风带入热量；输出端为还原和分解反应热、煤气带走热量、铁水和炉渣显热，以及冷却水带走热量和其他热损失。高炉炼铁的能耗主要由燃料消耗引起，燃料消耗占能耗收入项的85%左右，用于燃料燃烧引起的鼓风的能量消耗约占15%，富氧等能耗约1%。归结起来，降低燃料比对降低能耗起决定性的作用。热量的支出项中，用于化学反应消耗的热量及热损失占50%左右；铁水带走的热量约占8%，其中约7%为铁水显热，为炼钢工序所利用（约1%的碳素生成了转炉煤气），炉渣显热约占3%；热量支出中的第二大项为煤气带出的能量，约占38%，而加热鼓风又消耗约50%的高炉煤气。提高高炉冶炼的反应热效率，减少反应消耗热量，提高炉内煤气利用率，减少燃料的消耗，也能减少煤气带出的能量。

我们曾对强化程度不同的5座高炉进行成本分析。这五座高炉的生产操作数据见表1-3[9]。

表1-3 A组和B组高炉的操作数据

炉组	炉号	炉容/m³	炉缸直径/m	容积利用系数/t·(m³·d)⁻¹	面积利用系数/t·(m²·d)⁻¹	吨铁炉腹煤气量/m³·t⁻¹	炉腹煤气量指数/m³·min⁻¹	煤气利用率/%	时期
A组	W5	3200	12.2	2.672	71.91	1577	78.77	43.2	2009年
	W1	4170	13.6	2.337	67.10	1616	75.32	44.2	
B组	B3	4350	14.0	2.432	68.74	1331	63.57	51.66	2010年
	B2	4966	14.5	2.424	72.90	1229	62.22	51.21	
	J1	5576	15.5	2.266	66.06	1343	61.62	51.70	2009年9月至2010年4月

两组高炉操作数据的最大差异是吨铁炉腹煤气量和炉腹煤气量指数。由此，引起高炉实物消耗、能源消耗指标的巨大差异。实际上，有了实物消耗只要有各种入炉原燃料的含碳量也就可以求得碳排放量，因此碳排放量也有较大差异。由于 A 组没有统计入炉小块焦的数量，只能不计入对比之中，仅把焦比、煤比、吨铁耗风量、吨铁耗氧量以及加热鼓风和氧气消耗的热量，用统一的折算系数折合成标准煤，用统一的单价粗略计算所列部分项目的吨铁能耗差值和成本差额，得到表 1-4[9]。

表 1-4　吨铁能耗和成本的差额

物料	能耗的折算系数	B 组			A 组			能耗差值/kgce·t⁻¹	成本差额/元·t⁻¹
		实物消耗	能耗/kgce·t⁻¹	成本/元·t⁻¹	实物消耗	能耗/kgce·t⁻¹	成本/元·t⁻¹		
焦炭	0.98kgce/kg	282.4kg	276.75	564.8	360.3kg	353.09	720.6	76.34	155.8
煤粉	0.85kgce/kg	183.3kg	155.85	220.0	182.2kg	154.87	218.6	-0.98	-1.4
鼓风	0.01kgce/m³	881.8m³	8.82	26.5	1093.7m³	10.94	32.8	2.12	6.4
氧气	0.055kgce/m³	48.5m³	2.66	14.5	75.22m³	4.13	22.6	1.47	8.0
加热鼓风	0.062kgce/m³	930.3m³	57.68	63.2	1168.92m³	72.47	79.5	14.79	16.2
小计			501.76	889.0		595.57	1074.1	93.74	185.0

由表可知，由于燃料比的升高，消耗的鼓风、氧气和加热鼓风所消耗的燃料都明显增加，根据能够统计到的项目，吨铁能耗相差约 94kgce/t。从以上差额与 A 组高炉的年产铁量计算，年损失标准煤约 62 万吨。同时，吨铁成本相差约 185元/t，年增加成本约 1.2 亿元。按每吨标准煤的含碳量 80% 计算，增加二氧化碳排放量约 180 万吨。A 组高炉的生产水平基本上可以代表我国炼铁业的平均水平，如果按 2019 年全国生产生铁 8.09 亿吨估算，一年多烧标准煤近 7030 万吨，每年减少国民收入 1500 亿元，每年增加二氧化碳排放 2.3 亿吨。由此可见，降低燃料比、降低能耗，不但是降本增效的"法宝"，是对企业有利的举措，而且是企业应该承担的社会责任和社会义务。

按照 A 组高炉的装备能力，在不增加鼓风机、制氧机、喷煤设施、高炉鼓风系统、煤气系统、装料系统等设备能力的前提下，把高炉炉容和炉缸面积扩大20% 是完全可能的。以 1m³ 高炉容积的投资 35 万元计算，A 组高炉的总投资约为26 亿元，炉体占总投资的 10% 估算，扩容 20% 增加的投资为总投资的 2%，则扩容投资为 5200 万元，所需投资在不到 1 个月的时间内回收。此外，由于燃料比下降，能源效率提高，产量可进一步提高。何乐而不为呢？

为此，各高炉应该摸清各自生产条件下的最低燃料比，找出差距，树立达标的目标,不断改进生产条件和改善操作技术。可以认为,高炉的最低燃料比是高炉炼铁工艺过程"减量化"的终极目标。最低碳素需要量由高炉最低还原剂的需要量和最小热量需求所决定。

1.4 本章小结

本章重点讨论了如下几点:

(1)精料是提高料柱透气性的基础,提高炉腹煤气量指数必须精料;要提高产量,必须降低吨铁炉腹煤气量,提高煤气的利用率。在选择高炉装料制度方面不能偏重疏松料柱的作用,而要注重提高煤气利用率。

(2)用降低燃料比来提高产量必须全面提高炼铁科技水平。要全面提高高炉、炼焦、烧结的技术水平和管理水平,必须从粗放型管理转变到精细化、集约化管理的轨道上来。

(3)使用与炉腹煤气量指数 χ_{BG} 配套的炉缸面积利用系数 η_{A},作为高炉生产率的评价指标,比传统的容积利用系数更科学、准确。中小高炉的生产效率不一定比大高炉高,正相反,中小高炉必须向大高炉学习精料和降低燃料比的经验。

(4)适宜的最大炉腹煤气量指数能够发挥各项技术措施的作用,如使用富氧、高压操作、精料等。

(5)把高炉生产技术和操作的重点,从高产转变到研究达到或接近最低燃料比的措施上来。减少生产操作的燃料比与最低燃料比之差的方法分为三个方面:一是降低化学能量消耗,通过提高间接还原率、改善软熔带和熔融渣铁的性能、改进布料和喷吹物性能;二是降低热量消耗,通过改进布料、改善炉料的还原性能、提高炉身效率和煤气利用率;三是提高原燃料的强度和加强整粒,做到减少炉况波动。

(6)采用炉腹煤气量指数和吨铁腹煤气量 v_{BG} 以后,明确了强化高炉冶炼、实现高炉高产不能片面依靠由多鼓风来达到,降低燃料比起着重要作用。因此,用最大炉腹煤气量指数来选择鼓风机能力,就能实事求是地确定鼓风机的能力。避免高炉建设时"大马拉小车"和资金浪费的现象,把建设资金用于刀刃上。

(7)采用炉腹煤气量指数和炉缸面积利用系数来确定高炉能力,可以避免过高估计高炉的生产能力。在企业高层决定全厂、全公司生产平衡时,避免把高炉炼铁的生产能力估计过高,与后步炼钢和轧钢工序不匹配,致使高炉生产长期置于被动状态,W公司就是如此。

在本章结束之前再次提出:在精料和富氧率3%左右的条件下,先进高炉的燃料比应低于490kg/t,煤气利用率高于50%,吨铁风口耗氧量小于260m³/t。为此,吨铁炉腹煤气量应小于1300m³/t,炉腹煤气量指数宜小于60m/min。

对于不同冶炼条件的高炉,可以使用自身高炉的操作指标,按照本书介绍的方法绘制相应的图表，找出当前操作指标与可能达到的燃料比之间的差距，制订改进的办法。根据以上分析，我国大多数高炉的燃料比与最低燃料比的差距还比较大。因此，许多高炉还有降低燃料比和节能、降耗、减排的空间。

参 考 文 献

[1] 中华人民共和国国家标准 GB 50427—2008，高炉炼铁工艺设计规范 [S]. 2008.
[2] 项钟庸. 高炉炼铁方针的内涵与合理的生产统计指标 [J]. 炼铁，2008，27 (3)：15.
[3] 项钟庸. 全面贯彻"十字"方针，建立"高效"完整理念，提高节能减排的绩效 [C]. 2008 年全国炼铁技术生产会议暨炼铁学术年会论文集，2008：45.
[4] 项钟庸. 树立科学的高炉冶炼观 [J]. 中国钢铁业，2008 (9)：11.
[5] 项钟庸，银汉. 高炉生产效率评价方法 [J]. 钢铁，2011，46 (9)：17.
[6] 项钟庸，王筱留，银汉. 再论评价高炉生产效率的方法 [J]. 钢铁，2013，48 (3)：86.
[7] 项钟庸，王筱留，银汉. 高炉节能减排指标的研究和应用 [C]. 2012 年全国炼铁技术生产会议暨炼铁学术年会论文集，2012.
[8] 中华人民共和国国家标准 GB 50427—2015，高炉炼铁工程设计规范 [S]. 2015.
[9] 项钟庸，王筱留，等. 高炉设计——炼铁工艺设计理论与实践 [M]. 北京：冶金工业出版社，2014.
[10] 项钟庸，姜曦. 用评价高炉生产效率的新方法研讨大型高炉生产状况 [J]. 钢铁，2018，53 (8)：38.
[11] 项钟庸，王筱留，张建良. 评价高炉生产效率的探究 [C]. 2017 年全国炼铁技术生产会议暨炼铁学术年会论文集，2017：45.
[12] 项钟庸，王筱留，邹忠平，欧阳标. 炉腹煤气量指数与 Rist 线图 [J]. 炼铁，2015，34 (1)：26.
[13] 项钟庸，王筱留. 用风口耗氧量来评估某些高炉操作制度 [J]. 中国冶金，2017，27 (2)：17.
[14] 项钟庸，王筱留. 基于高温区的评价高炉生产效率的实用工具 [J]. 炼铁，2016，35 (1)：24.

2 降低燃料消耗的理论解析

高炉冶炼过程的能量主要来自燃料和用以燃烧燃料的鼓风,为高炉提供化学能和热能。

到目前为止,高炉使用的燃料主要是焦炭,尽管已有煤粉、天然气、重油、焦炉煤气等多种辅助燃料通过风口喷吹以代替焦炭,可是代替的数量有限,充其量不足 40%。

众所周知,焦炭在高炉内的主要作用:提供冶炼所需热量;提供氧化物还原所需还原剂;保证高炉内料柱透气性。显然,在分析高炉冶炼的能量利用时,应当在这三个方面全面研究能量降低的途径。纵观高炉炼铁的发展史,就是最大限度地满足人类社会对钢铁制品的需要,以及最大限度地降低对能量的需求。

用以表示高炉冶炼能量利用的指标有燃料比、焦比、直接还原和间接还原发展程度、燃料中碳在高炉内利用程度、高炉内热能利用程度和氢利用率等。

为分析高炉炼铁能量利用程度,人们常采用计算和图解两种方法,例如通过物料平衡、热平衡计算实际燃料比、焦比、一氧化碳利用率、氢利用率、铁的直接还原度、最低燃料比和多种因素对燃料比影响来发现问题,寻求进一步改善能量利用程度的方法。人们还以炼铁冶炼过程的主要物理化学反应和传输现象为基础,通过计算以图显示结果,使生产者和研究者直观地看出冶炼结果和进一步改善能量利用的潜力。

使用高炉物料平衡和热平衡能够精细地、全面地分析高炉炼铁能量利用的效率,是研究高炉降低燃料比的途径。可是要达到足够的精度,必须有进入高炉全部物料和渣铁、煤气等输出物料的全分析。往往在计算中为了准备输入、输出物料的精确数据,花费很大的功夫,而原料数据或高炉状况已经发生了变化,也就失去了分析的意义。

最广泛应用的是法国钢铁研究所(IRSID)1964 年 A. Rist 教授的操作模型。由于 Rist 线图的精度比一般图解法高,制作方便,并且能够直观地解析实际高炉操作中各种操作参数对炉况的影响,已经广泛用于分析、解决高炉炼铁的理论和实际问题,并与当代计算技术结合作为高炉操作模型中的子模型,对高炉进行实时预测控制。本书运用 Rist 操作线图对高炉炉内各种现象进行分析。

2.1　高炉生产效率指标与物料平衡和热平衡计算

我们在第 1 章已经对评价高炉生产效率指标中，各项指标之间的关系做了分析，而这些关系是符合高炉最基本的物料平衡和热平衡的。

图 2-1 表示高炉的炉腹煤气量指数 χ_{BG} 与吨铁炉腹煤气量 v_{BG} 的关系。其中，图 2-1 （a） 表示 2016 年 >4000m³ 高炉的炉腹煤气量指数与吨铁炉腹煤气量的关系，并且呈 "U" 形的关系。当炉腹煤气量指数高于 60m/min 以后，吨铁炉腹煤气量上升。这与炉腹煤气量指数与燃料比相一致。

图 2-1 （b） 为 2009 年 308 座 300~5000m³ 高炉的炉腹煤气量指数与吨铁炉腹煤气量的关系。图中所有中小型高炉的炉腹煤气量指数都比 60m/min 高很多，使得吨铁炉腹煤气量随着炉腹煤气量的升高几乎呈直线飙升。本来中小型高炉的高度矮、块状带体积小，冶炼周期短，炉料与煤气的接触时间很短。降低燃料比必须提高煤气利用率 η_{CO}、增加炉内的间接还原。从这个意义上讲，中小高炉没有理由采用较高的炉腹煤气量指数。

吨铁炉腹煤气量和吨铁风口耗氧量都由风量、氧气量和鼓风湿度计算。降低吨铁炉腹煤气量有两个方面：提高鼓风富氧量，减少煤气的体积，从而强化高炉冶炼；而降低吨铁风口耗氧量，减少风口燃烧的燃料量，是决定高效、低耗的根本。

对于中小型高炉来说，高炉的富氧率波动都比较大，高炉强化主要依靠增加风量，这里用入炉风量来加以区别。图 2-2 将 Q2 和 X1 两座容积均为 2600m³ 左右高炉的利用系数与入炉风量的关系进行了比较[1,2]。Q2 高炉在利用系数达到 2.31t/（m³·d），平均燃料比较低为 507.1kg/t，入炉风量基本保持在 4600m³/min 的水平，吨铁风口耗氧量为 266.4m³/t。当提高利用系数时，入炉风量略有下降。也就是说，提高产量时吨铁风口耗氧量不升反而下降，主要以降低燃料比来提高产量。而 X1 主要依靠增加风量，提高吨铁风口耗氧量来提高产量，没能有效控制炉腹煤气量指数，高炉操作的稳定性较差，其结果燃料比较高，反而利用系数较 Q2 高炉低。

由图 2-2 （b） 可知，在炉腹煤气量指数 60m/min 以下，X1 高炉的燃料比几乎与 Q2 高炉的相同，Q2 高炉的燃料比较平稳；而超过 60m/min，进入 60~64m/min 的区域，而两者燃料比同样有一部分向上弥散的趋势。由于 X1 高炉继续提高风量和炉腹煤气量指数，炉况不稳，燃料比继续上升，燃料比的弥散程度大幅度增加；X2 高炉如能降低强化程度使炉况稳定，完全可以与 Q2 高炉有相同的燃料比。炉况不稳定主要是炉腹煤气量过高和风量过大所致，加大风量并没有使有效容积利用系数升高，反而导致吨铁风口耗氧量增加，风口燃烧的碳素量大

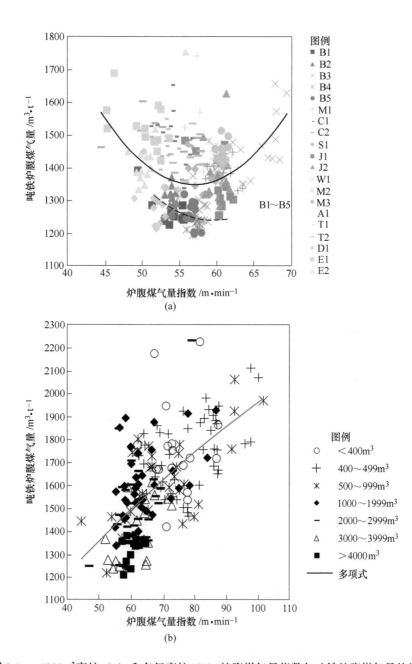

图 2-1 >4000m³ 高炉 (a) 和各级高炉 (b) 炉腹煤气量指数与吨铁炉腹煤气量的关系

幅度上升。而 Q2 高炉没有提高风量, 就能在燃料比较低的情况下, 稳定地取得有效容积利用系数 2.31t/(m³·d) 的成绩。

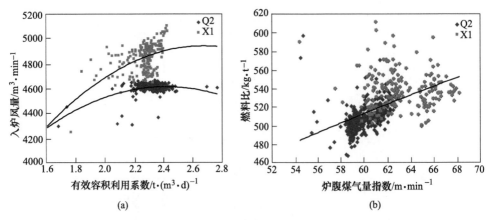

图 2-2　Q2 和 X1 两座容积同为 2600m³ 左右高炉主要指标的关系
(a) 利用系数与入炉风量；(b) 炉腹煤气量与燃料比

2.1.1　使用 Rist 操作模型[3~6]

高炉炼铁过程的作用是以还原剂的碳夺取矿石中铁氧化物的氧，将铁的氧化物还原到金属状态而成为铁水，因此是一个氧的迁移过程。矿石中的氧从与铁结合状态（Fe_2O_3、Fe_3O_4、FeO）迁移到与碳结合生成 CO 和 CO_2。A. Rist 教授[2]采用迁移中的氧原子数量与铁元素的比值 n_O/n_{Fe} 和氧原子数与碳元素的比值 n_O/n_C 作为坐标在平面直角坐标系内用直线表达出高炉炼铁过程，所以通常称为 Rist 操作线。

线段的斜率 $\mu = \dfrac{n_O}{n_{Fe}} \Big/ \dfrac{n_O}{n_C} = \dfrac{n_C}{n_{Fe}}$ 显示出还原过程碳原子数与铁原子数的关系。它表明：

(1) 冶炼一个铁原子所消耗的碳原子数；

(2) 冶炼一个铁原子所产生的煤气组分的分子数，因为一个碳原子一定与氧结合形成 CO 或 CO_2；

(3) 当表示氧迁移过程时，它们的线段都具有一定斜率，而且这些线段可按某种顺序在一个斜率 μ 的直线上衔接起来，就是 Rist 操作线。

归根结底，Rist 线图的最直观、最能抓住要领的地方是，能减小 Rist 线斜率的措施和方法就能降低高炉的燃料比和热消耗量，主要是减小吨铁风口耗氧量和提高煤气利用率。

2.1.1.1　操作线的画法

如上所述，操作线是一条斜率为 μ 的直线，只要算出线上任何两点的坐标就可以联结成。最简单的画法是根据冶炼用原料成分、生铁成分、炉顶煤气成分、风口前燃烧碳素的耗氧量算出 A 点和 E 点坐标，联结 A 和 E 两点就成操作线。

A　A 点坐标

x_A 是碳进入高炉冶炼后，最终离开高炉时的氧化程度，可以按炉顶煤气成分，由炉顶煤气利用率 η_{CO} 算出：

$$x_A = \left(\frac{n_0}{n_C}\right)_A = \frac{2CO_2 + CO}{CO_2 + CO} = 1 + \frac{CO_2}{CO_2 + CO} = 1 + \eta_{CO} \tag{2-1}$$

当煤气中100%为 CO 时，$x_A = 1.0$；当煤气中100%为 CO_2 时，$x_A = 2.0$。在实际生产中，x_A 在 1.0~2.0 之间，先进高炉的 $\eta_{CO} = 50\% \sim 53\%$ 时，$x_A = 1.50 \sim 1.53$；生产差一点（即炉顶煤气利用差）的高炉，$x_A = 1.35 \sim 1.45$。

y_A 是矿石中铁的氧化程度，也就是矿石入炉时的氧化程度，可以根据矿石成分计算：

$$y_A = \left(\frac{n_0}{n_{Fe}}\right)_A = \frac{(Fe_2O_3 \times 0.3 + FeO \times 0.222)/16}{TFe/56}$$

当矿石中的铁完全是 Fe_2O_3 时，$y_A = 1.5$；当矿石中的铁完全是 Fe_3O_4 时，$y_A = 1.33$；当铁的氧化物为 FeO 时，$y_A = 1.06$。酸性球团矿中 FeO 含量在1%以下。基本上是 Fe_2O_3，所以它的 y_A 接近1.5；而一些难还原的磁铁矿基本上是 Fe_3O_4，y_A 接近1.33。实际生产中使用高碱度烧结矿与酸性料配合的炉料结构时，y_A 在 1.40~1.45 之间。

B　E 点坐标

E 点为风口燃料燃烧的起始，$x_E = 0$ 表明碳进入高炉还没有与氧结合，氧化程度 $(n_0/n_C)_e$ 为零。

y_E 由两部分组成：少量元素还原过程中迁移的氧量 y_f，以及风口前燃料燃烧消耗的氧量 y_b。

（1）y_f。y_f 可以按生铁成分中少量元素的含量和脱硫中的 S 量计算氧量，然后除以生铁中 Fe 量来计算：

$$y_f = y_{Si} + y_{Mn} + y_P + y_S = 4.00 \frac{[Si]}{[Fe]} + 1.02 \frac{[Mn]}{[Fe]} + 4.05 \frac{[P]}{[Fe]} + 1.75 \frac{U(S)}{[Fe]}$$
$$\tag{2-2}$$

式中　[Si]，[Mn]，[P]，[Fe]——生铁中各元素的含量，%；

　　　　　　　U——渣量，kg/t；

　　　　　　　(S)——渣中硫含量，%。

如果生铁中还含有其他元素，例如 [Ti]、[V] 等，则也应计入，$y_{Ti} = 2.33 \frac{[Ti]}{[Fe]}$，$y_V = 2.74 \frac{[V]}{[Fe]}$。

y_f 还可以根据少量元素还原和脱硫耗碳量计算：

$$y_f = \frac{C_{dSi,Mn,P,S,\cdots}/12}{[Fe] \times 10/56} \tag{2-3}$$

式中 $C_{dSi,Mn,P,S,\cdots}$——少量元素还原和脱硫消耗的碳量，kg/t。

（2）y_b。风口前碳燃烧一个 C 原子与一个 O 原子结合成 CO，所以可根据物料平衡计算得到的风口前燃烧碳量 C_ϕ 计算 y_b：

$$y_b = \frac{C_\phi/12}{[Fe] \times 10/56}$$

在 y 轴上的坐标：

$$y_E = y_f + y_b$$

在得出 E 点后，连接 AE 得出操作线，如图 2-3（a）所示。

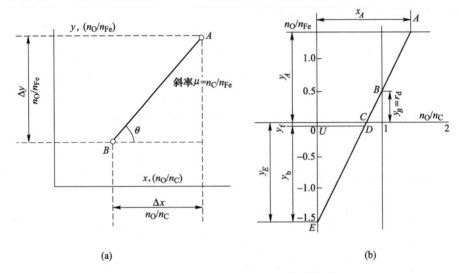

(a)   (b)

图 2-3   由氧迁移线段组成的高炉操作线

（a）氧迁移的斜率线段；（b）高炉操作线

C   操作线的斜率

由 E 点和 A 点坐标就能确定操作线的斜率 μ，从而可以计算生产单位铁水的燃料比。由图中操作线的斜率为：

$$\mu = \frac{\Delta y}{\Delta x} = \frac{y_A - y_E}{x_A - x_E} = n_C/n_{Fe} \tag{2-4}$$

冶炼单位铁水的燃料消耗量 K 为：

$$K = \left(12\mu \cdot \frac{[Fe]}{56} + [C] + C_挥\right) \Big/ C_K \tag{2-5}$$

式中 C_K——燃料中固定碳含量，以小数代入。

在设计高炉时，常设定铁的直接还原度 r_d。这样就已知 B 点坐标（$y_B = y_d = r_d$，而 $x_B = 1.0$）。根据直接还原度 r_d 算出铁直接还原形成的 CO 量，换算后得出 $(n_0/n_C)_{Fed}$，根据生铁成分，算出少量元素还原生成的 CO 量，将它们换算成相应的 n_0/n_C。通过 $1 - (n_0/n_C)_{Fed} - (n_0/n_C)_f = x_D$，$y_D = y_f$ 得到 D 点；连接 BD 向两端延伸，得出操作线 AE。更简单的是确定 C 点坐标，连接 BC 延伸得出操作线，因为 $y_C = 0$，$x_C = 1 - (n_0/n_C)_{Fed}$。

在实际生产中为检验操作数据时，可以由铁水中的 Si、Mn、P、S 含量计算 y_f 和吨铁风口耗氧量 v_{O_2} 计算出 y_b，很容易画出如图 2-2（b）操作线，并求出燃料比。而且操作线的斜率受 A 点和 E 点的影响很大，由此可以得到比较准确的燃料比。

2.1.1.2 操作线的基本功能

从 Rist 线图的基本画法知道，它与评价高炉生产效率指标结合就可以用来评定高炉的生产状况。

图 2-4 表示用 Rist 线图计算 3000~5800m³ 高炉吨铁风口耗氧量与燃料比 FR、直接还原度 r_d 和煤气利用率 η_{CO} 的结果。图 2-4（a）表示 2016 年 22 座 >4000m³ 高炉年平均吨铁风口耗氧量与燃料比、直接还原度和煤气利用率 η_{CO} 之间的关系（其中 SG 高炉为 1~7 月平均）。图 2-4（b）表示 2017 年 23 座 3000m³ 级高炉年平均吨铁风口耗氧量与燃料比和煤气利用率之间的关系。

由图可知，燃料比的升高与吨铁风口耗氧量有密切的关系。在某一个区域，吨铁风口耗氧量升高燃料比迅速上升，煤气利用率迅速下降。由图可以发现三个非常有趣的现象：（1）随着吨铁风口耗氧量上升，燃料比升高以及煤气利用率的下降是不均匀变化的；（2）与一般的概念不同，随着吨铁风口耗氧量升高，燃料比同时上升，直接还原度反而下降，而且几乎与煤气利用率同步下降；（3）燃料比、煤气利用率和直接还原度都存在突变的区域。而且不同级别高炉的燃料比、煤气利用率和直接还原度的突变区域都几乎在相同的位置，即吨铁风口耗氧量升高到 278~296m³/t 之间。图中垂直的两条点线的位置，由图可知，>4000m³ 高炉和 3000m³ 级高炉中大多数高炉在这个范围内。而 2000m³ 级高炉也有这样的趋势，可是由于数据很分散很难找出准确的范围。总之，在高炉炼铁过程中，要改善高炉指标降低燃料比，降低吨铁风口耗氧量使之低于这个范围，具有重要的作用，也证明高效利用炉内煤气、高效利用热能存在一个重大的转变。这一突变是否影响炉况的稳定尚待进一步研究。由图也可以证明，在第 1 章中提出先进高炉的吨铁风口耗氧量低于 260m³/t 是合适的。

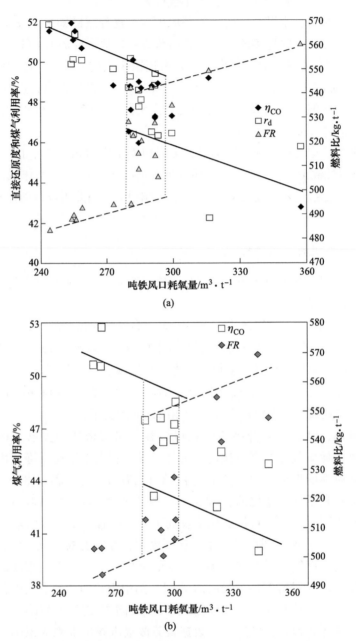

(a)

(b)

图 2-4　2016 年 22 座>4000m³高炉（a）和 2017 年 23 座 3000m³级高炉（b）
年平均吨铁风口耗氧量与燃料比、煤气利用率和直接还原度的关系

图 2-5 表示 2016 年>4000m³高炉和 2017 年 3000m³级高炉炉腹煤气量指数与
吨铁风口耗氧量的关系。

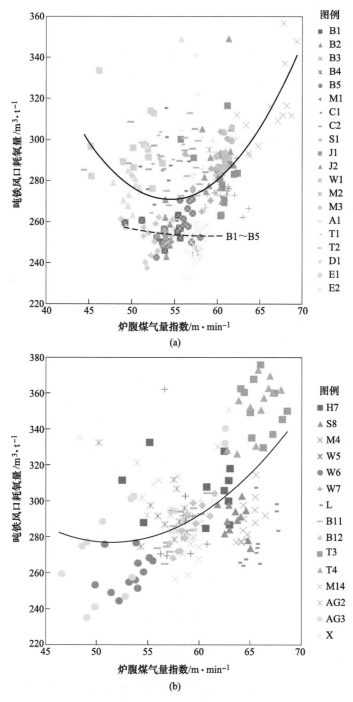

图 2-5　>4000m³高炉（a）和 3000m³级高炉（b）炉
腹煤气量指数与吨铁风口耗氧量的关系

由图可知，>4000m³高炉和3000m³级高炉都有相似的曲线，炉腹煤气量指数与吨铁风口耗氧量也呈"U"形的关系，并且当炉腹煤气量指数上升至60m/min以上时，风口耗氧量都迅速上升。而宝钢四座高炉和湛江1号高炉的曲线比较平缓些。从图中B1~B5的虚线来看，5座高炉都符合先进高炉的吨铁风口耗氧量低于260m³/t的要求。如前所述，为了适应市场的需求，炉腹煤气量指数在62m/min左右存在转折，对应于吨铁风口耗氧量在278~296m³/t之间曲线也都存在转折点。而吨铁风口耗氧量与Rist线图中的y_b密切相关。

把吨铁风口耗氧量v_{O_2}除以每吨铁水中Fe的摩尔数，即可得到y_b值，然后再加上Si、Mn、S、P等元素的直接还原产生的氧，即可求得y_E。图2-6表示2016年22座>4000m³高炉月平均炉腹煤气量指数与y_E的关系。由图可知，炉腹煤气量指数与y_E也呈"U"形的关系，从而决定Rist线图上的E点，在决定Rist操作线的斜率上起着重要作用。

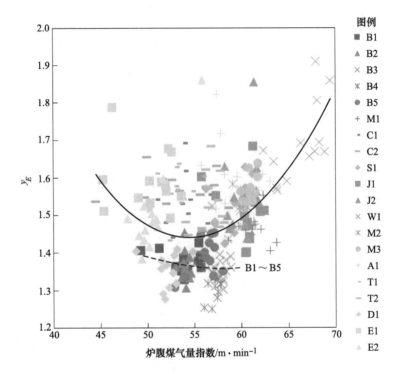

图2-6　>4000m³高炉月平均炉腹煤气量指数与y_E的关系

在第1章已经得到了各级高炉炉腹煤气量与燃料比呈"U"形的关系。由图2-3（b）Rist线图的斜率可以求得燃料比。统计>4000m³高炉月平均的燃料比与y_E的关系如图2-7所示。

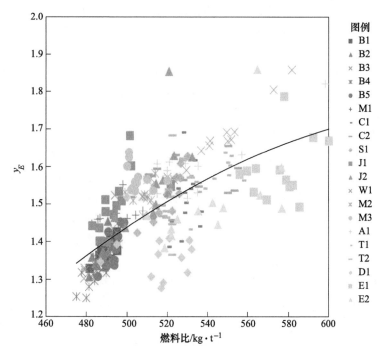

图 2-7   2016 年 22 座 >4000m³ 高炉月平均燃料比与 y_E 的关系

2.1.2 操作线的特征点

Rist 操作模型已广泛应用于分析高炉生产，应用于种种高炉控制数学模型。这是由它具有简明地把高炉过程的变化能迅速表达的特点决定的。人们可以从操作线上对各点和线段的描述，很好地理解高炉内的氧化和还原过程。

操作线上的坐标，选定纯铁和纯碳为基点，即 $y=\dfrac{n_O}{n_{Fe}}=0$ 铁氧化物完全还原成金属铁，$x=\dfrac{n_O}{n_C}=0$ 碳还未与氧结合。A. Rist 在创造操作线时，将 C 点在坐标 y 轴上的正方向变化用以描述铁氧化物还原过程夺氧的状况，而负方向则描述少量元素还原夺氧和碳在风口燃烧带氧化成 CO 耗氧的状况。

（1）A 点描述高炉炉顶的状况。y_A 说明矿石入炉时的情况，矿石未被还原 y_A 就是矿石的氧化程度；x_A 说明煤气离开炉顶时的情况，即煤气中 CO 和 CO_2 的数量或煤气的利用程度，因为 CO 利用率的表达式为 $\eta_{CO}=\dfrac{CO_2}{CO+CO_2}$，而 $x_A=1+\dfrac{CO_2}{CO+CO_2}$，所以 $x_A=1+\eta_{CO}$。式中，1 表示直接还原和风口前碳燃烧成 CO 中氧原子数与碳原子数的比值；而 $x_A > 1$ 的部分就表示在 CO_2 生成过程中碳原子与氧原子的结合情况。因此，AB 线段正说明高炉上部的间接还原过程，而 η_{CO} 说明间接还原发展的程度。

（2）B 点是假定高炉内的直接还原与间接还原不重叠时，这两种还原反应的分界点。亦即矿石从上部间接还原区落入直接还原区，间接还原结束，直接还原开始，而煤气由高温区进入中温区进行间接还原的分界点。这样，$y_B(y_d)$ 就是铁的直接还原度 r_d，而 x_B 则是高温区内生成的 CO、风口前碳燃烧生成的 $CO(x_b)$、少量元素还原生成的 $CO(x_f)$ 和铁直接还原生成的 $CO(x_d)$ 的总和。这样 BC 线段就说明铁的直接还原，CD 段说明少量元素还原，DE 段说明碳在风口前燃烧。

（3）C 点是来源于铁氧化物的氧与其他来源的氧生成 CO 的分界点。$y_C = 0$，说明矿石中的铁氧化物经历间接还原和直接还原后，其中氧完全迁移与碳结合，而它本身还原成金属铁。BC 段在 x 轴上的投影就是铁直接还原生成的 CO 数量。

（4）D 点表明少量元素还原的情况。CD 段在 x 轴上的投影是少量元素还原生成的 CO 数量，而 $y_D = y_f$ 是少量元素还原中碳夺取的氧。0-D 线段就描述了这个过程，还原过程产生的 CO 数量由 0-D 线段在 x 轴上的投影 x_D 表示。

（5）E 点是碳在风口前燃烧的起点。碳燃烧生成 CO 前，$x_E = 0$，然后碳燃烧生成 CO。在风口前燃烧的碳素量由风口耗氧量决定。由于风口前燃烧的热量 $q_b y_b$，直接供给高炉炼铁高温区需要的热量，受高温区热消耗量 P 点的制约。反之，风口前燃烧的热量 $q_b y_b$ 对决定 P 点又起着关键的作用。既然 E 点是碳在风口前燃烧的起点，燃烧产物是高炉还原过程的驱动力，是热能和化学能的载体，起着焦炭在高炉内三大作用的前两项。因此，E 点就应特别加以关注。从 D 点到 E 点的线段不能过短、过短，则炉内的热量和还原气体量不足以支撑冶炼的需要；过长，则说明炉内存在过剩的热量和还原煤气不能有效利用。两者都有违"高效、低耗"的诉求。

（6）P 点反映操作线的重大变化，即所有操作线变动都会通过 P 点表达。它的坐标是由高温区热平衡确定的：

$$x_P = q_d / (q_d + q_b) \tag{2-6}$$

$$y_P = y_f + x_P(y_V + y_f) = y_f + x_P\left(\frac{Q}{q_d} - y_f\right) \tag{2-7}$$

式中　q_d——每直接还原 1kg 原子 Fe 消耗的热量，它根据 FeO + C ═ Fe + CO 反应的热效应来确定，q_d = 153200kJ/kg 原子 Fe；

　　　q_b——1kg 原子 C 在风口前燃烧放出的有效热量：

$$q_b = (9800 + v_B c_B t_B - v_g c_g t_g)/12 \tag{2-8}$$

Q 为风口燃烧碳素放出的热量 $q_b y_b$ 扣除 FeO 直接还原消耗的热量 $q_d y_d$ 以外，其余的热量消耗，即 $Q = q_b y_b - q_d y_d$。它可通过高温区热平衡计算求得，$\dfrac{Q}{q_d}$ 为其他有效热量消耗相当于直接还原多少千克 Fe 原子所消耗的热量，在操作线图上用线段 FV 表示，见图 2-8。

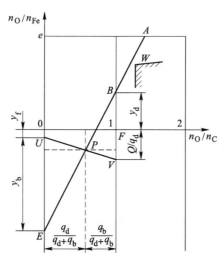

图 2-8　操作线低斜率变化极限点（W）和轴点（P）图

（7）W 点是由热力学上间接还原的气相平衡决定的。一般 W 点的坐标为在碳素溶损反应明显进行的温度下，由 FeO 间接还原平衡气相成分确定。这一温度通常为 1000℃，在这一温度下，FeO 间接还原平衡气相成分是 CO 71%、CO_2 29%，因此 W 点的横坐标为：

$$x_W = 1 + \frac{CO_2}{CO + CO_2} = 1.29 \qquad (2-9)$$

W 点的纵坐标 y_W 是以 FeO 中氧原子数和铁原子数的比值确定的。在工业生产中，$y_W = 1.0$。前面已经说明，浮氏体中氧化亚铁并非固定成分的铁氧化物，因晶体结构上铁离子未充满而有空位，造成氧化亚铁中氧含量不是分子式中的22.2%，而是在 23.16% ~ 25.6% 范围内波动。Rist 在确定其成分时，以含氧23.16% 为准，则其分子式写成 $Fe_{0.95}O$，这样：

$$y_W = (n_O/n_{Fe})_W = 1.05 \qquad (2-10)$$

W 点是热力学上的间接还原平衡描述点。它就是操作线变动的极限点，即任何操作线变动时与 W 点相切就是极限了。

2.1.3　降低燃料比的措施

在生产中操作因素的变化对操作线的影响有两个方面：改变理想操作的状态，即通过改变 W 点和 P 点的坐标来影响理想操作线和状态；以及改变实际操作线的炉身工作效率，改变与理想操作线斜率之差，在实际操作中尽量降低风口耗氧量，使 E 点尽量上移；尽量提高炉顶煤气利用率 η_{CO}，使 A 点向右移动，使实际操作接近理想操作的状态。

　　由于在操作线上的 A 点、E 点、P 点和 W 点与降低燃料比密切相关，是本书讨论的又一个重点。可以说，对它们的讨论贯彻到全书当中。我们在此对 E 点和 P 点先进行讨论，并围绕高炉生产效率对一些高炉的实际操作数据进行分析加以说明，而在第 3 章和第 4 章还要继续讨论。对 A 点和 W 点的影响因素比较复杂，将在第 4 章中详细讨论。所以，Rist 线图是分析高炉炉况的最基本、最有力的工具。

2.1.3.1　理想操作线

　　连接 PW 线向两端延伸，得出新的操作线 A_1E_1。这条操作线通过 W 点，说明炉身工作效率已达到 100%，所以称为理想操作线，见图 2-9。A_1E_1 线的斜率为炉身间接还原达到热力学平衡时的斜率，也就是该冶炼条件下的最小斜率。

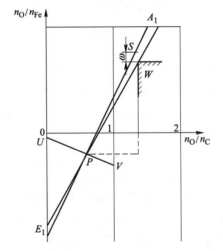

图 2-9　实际操作线与理想操作线斜率的差值

　　通过实际操作线与理想操作线的斜率差，就可以找到实际燃料消耗与理想状态下燃料消耗的差距，也就是节焦的目标。

　　理想操作线的斜率为：

$$\mu_i = (y_W - y_P)/(x_W - x_P) \tag{2-11}$$

　　实际生产操作线的斜率为：

$$\mu_{pr} = (y_S - y_P)/(x_W - x_P) \tag{2-12}$$

$$\Delta\mu = \mu_{pr} - \mu_i = \frac{y_S - y_W}{x_W - x_P} = \frac{\omega}{x_W - x_P} \tag{2-13}$$

冶炼单位铁节约的焦炭消耗量为：

$$\Delta K = \frac{215}{C_K} \cdot \frac{\omega}{x_W - x_P} \quad (2\text{-}14)$$

2.1.3.2 应用操作线分析一些操作因素变化对燃料比的影响

在生产操作中各种因素的变化，使实际操作线与理想操作线斜率差发生变化。正是对比这种斜率差算出该生产条件下，各种因素对燃料比的影响或求得各种影响因素变动后的 $y_E(y_E = y_f + y_b)$ 和 $y_B(y_d)$ 按：

$$K = \left[(y_d + y_f + y_b) \times 12 \times \frac{(Fe)_{还}}{56} + C \right] \times [Fe] / C_{固} \quad (2\text{-}15)$$

求得燃料比，或求得影响因素变动 y_E、y_B 的变量 Δy_E、Δy_B 按：

$$\Delta K \left[(\Delta y_E + \Delta y_B) \times 12 \times (Fe)_{还} / 56 \right] \times [Fe] / C_{固} \quad (2\text{-}16)$$

算出燃料比的变动量。

在现有操作条件下，降低燃料比的具体措施有：（1）合适的强化程度，控制炉腹煤气量，降低吨铁风口耗氧量；（2）提高热风温度；（3）提高炉身效率及提高煤气利用率 η_{CO}；（4）降低生铁含硅量；（5）减少渣量；（6）降低铁水带出的热量；（7）降低炉体热损失；（8）提高操作技术使炉况稳定顺行等。

在高炉稳定状态下，各种降低燃料比的措施都可以用 Rist 模型把操作结果表示成图解：在设定的操作条件下，（1）为减少 1mol 铁风口耗氧量，减少炉腹煤气的分子量，减小 y_b；（1）和（2）都可以减少风口前燃烧的碳素量；（3）提高煤气利用率，提高风口前燃烧碳素产生热量的利用率，以及采取合适的装料制度，改善炉料与煤气的接触条件，使操作线 AE 靠近 W 点；（4）、（5）和（6）降低渣铁生成和带走的热量；以及减少铁水 Si、Mn 含量及损失等其他消耗的总热量。图 2-10 的操作线图表示了上述各种工况[7]：

（1）当提高炉腹煤气量指数，若使吨铁炉腹煤气量也随之增加，吨铁风口耗氧量增加，E 点向下移动，1mol Fe 在风口燃烧碳素产生的热量增加，使得高炉一次煤气的 CO 量增加，过量的 CO 使得 $CO/CO_2/Fe_{0.947}O/Fe$ 偏离平衡，导致高炉炉顶煤气利用率 η_{CO} 下降，引起过程的碳素消耗量增加。

（2）从高炉热平衡分析，我国炼铁吨铁热量消耗高于国外的主要方面是炉渣带走热量、煤气带走热量和热损失较高等，导致高温区的热量消耗过高。

（3）当提高炉腹煤气量指数，使得吨铁炉腹煤气量也随之增加，高温区热量增加，促使高炉下部高温区扩大，直接还原度 r_d 上升；块状带缩小，热储备区缩小，间接还原率下降。也使得 $CO/CO_2/Fe_{0.947}O/Fe$ 偏离平衡，导致高炉炉顶煤气利用率下降。引起直接还原的热量消耗升高，碳素消耗量增加。

（4）提高炉身效率，在炉身部位的煤气利用达到理想状态，亦即间接、直

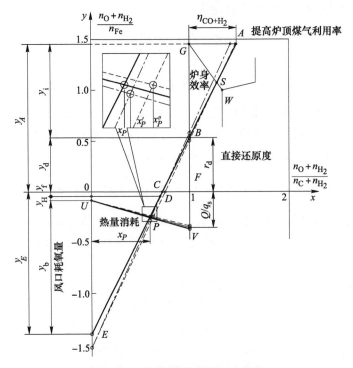

图 2-10　不同操作结果的 Rist 线图

接还原的比例接近理想的比值，矿石的还原性良好，希望煤气流与 Fe 的分布比例（$CO+CO_2$）/Fe 在半径方向上的分配相对应。在料层中要考虑矿石和焦炭的透气性以及 O/C 分布的合理性。一方面从保护炉墙耐火材料、减少炉体热损失的角度，要稍微抑制炉墙部位煤气流。从过去稳定炉况的经验出发，采用倒"V"形的软熔带，最佳的炉料分布必须考虑处理好上述（1）与（3）、（8）之间的矛盾。

（5）降低铁水带出的热量，降低铁水含 Si、Mn 等、降低出铁温度，在这方面我国高炉与国外高炉的差距不大。当然控制 Si 的还原反应，改善矿石层的滴落和熔化性能，换言之，要改善矿石类的高温性能、炉渣组成和流动性也是降低燃料比的一个方面。

对于操作线上各点的变化，若能使操作线的斜率减小，即操作线向顺时针方向转动就能降低燃料比。

2.1.3.3　降低吨铁耗氧量 E 点和热量 P 点变化对燃料比的影响

P 点的变化对操作线的影响比较复杂。在高炉高温区物料平衡和热平衡的基础上，风口耗氧量及其燃烧碳素生成的显热占有重要地位，它提供直接还原和其他热量的消耗，可以写成下式：

$$q_b y_b = q_d y_d + Q \tag{2-17a}$$

$$Q = q_b y_b - q_d y_d \tag{2-17b}$$

式中　q_b——风口前燃烧生成炉腹煤气产生的显热，kJ/mol；

　　　　y_b——风口耗氧量，mol/molFe；

　　　　q_d——每摩尔铁原子直接还原消耗热量，kJ/mol；

　　　　y_d——每摩尔铁原子还原消耗的碳素，mol/molFe；

　　　　Q——当铁水成分一定时，高温区热量消耗，kJ/molFe。

图 2-11 为 2016 年 >4000m³ 高炉风口前燃烧产生的热量 $q_b y_b$、直接还原消耗的热量 $q_d y_d$ 以及高炉下部高温区消耗的热量 Q 与燃料比的关系。由图可以发现一个有趣的现象，值得关注。一般认为，直接还原度 r_d 高是燃料比升高的主要原因。可是，从高炉的统计分析来看，燃料比低的高炉直接还原消耗的热量 $q_d y_d$ 比燃料比高的高炉要高。而燃料比高的高炉高温区消耗的热量 Q 要比燃料比高的高炉高很多，成倍地增加。高温区热量消耗 Q 是燃料比升高的主要原因。关于这个有趣现象我们将在下面研究。

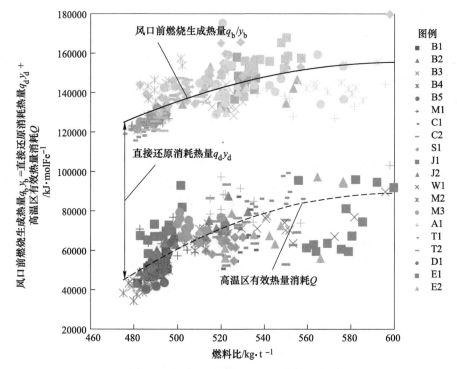

图 2-11　风口前燃烧生成的热量 $q_b y_b$、直接还原消耗热量

$q_d y_d$ 和高温区消耗热量 Q 与燃料比的关系

由式（2-17）可知，高温区热量消耗 Q 是风口燃烧碳素产生的热量减去直接还原消耗的热量。对上式和操作线上各点的分析可以清楚地说明炉况变化的原因。当其他热量消耗 Q 不变，即 P 点位置基本不变，式（2-17a）可写成 $q_b y_b = q_d y_d + k_1$。当 y_b 减小 E 点上抬，则操作线围绕 P 点旋转，$q_b y_b$ 和 $q_d y_d$ 同时降低，对炉况的影响较大。

当直接还原反应热量消耗 $q_d y_d$ 不变，使 B 点的位置保持不变，式（2-17a）变为 $q_b y_b = k_2 + Q$。减少高炉下部高温区的热消耗量 Q，则操作线围绕 B 点旋转。这时对炉顶煤气利用率、对炉内过程的影响，较 P 点不变的情况要小些。

操作线图可用来预测操作条件变化时，炉内动力学过程的结果。作者在文献[8]对一些高炉在提高炉腹煤气量指数 χ_{BG} 后风口耗氧量 y_b 增加的同时，炉顶煤气利用率有明显下降的情况进行校算时，曾经提及在 P、S 两点之间存在着 AE 直线变化时的支点，或者映射线的交点[9]。

当风口耗氧量高时，E 点的位置足够低，操作线的支点在图中的 S 点，即 S 点的位置固定不变时，E 点的变化对炉顶煤气利用率的影响最小。而操作线的支点在 P 点和 S 点之间变化时，可以概括由风口耗氧量变化引起的所有情况。因此，下面对操作线在 P 点和 S 点进行分析。

支点位于 P 点与 B 点之间

在风温、渣量、石灰石用量、铁水中的 Si、Mn 等微量元素和高炉下部热损失都固定不变，以及 W 点的位置不变，其他消耗的总热量 $Q = k_1$ 不变的情况下，风口前燃烧碳素增加，其中大部分热量均用于直接还原 $y_d q_d$，那么线图中的支点将位于 P 点，B 点上升。风口前发生的 CO 量和直接还原生成的 CO 量都增加，过剩的 CO 不能得以利用，使炉身效率下降；使得 $CO/CO_2/Fe_{0.947}O/Fe$ 偏离平衡。图 2-10 中 Rist 操作线 AE 实线转动到远离 W 点的点划线位置，斜率升高，燃料比上升得最多。第 1 章已经对多座高炉的操作数据进行过研究，炉腹煤气量指数与燃料比都呈"U"形的变化，清楚地说明了炉腹煤气量过高，是导致燃料比升高的原因[8]。

当高炉渣量增加时，一般没有考虑直接还原度的变化。如果直接还原消耗的热量 $y_d q_d$ 不变，即为 k_2 不变，而风口燃烧碳素供应的热量 $q_b y_b$ 的增加部分全部用于 $Q = q_b y_b - k_2$ 高炉下部的其他热需要量所消耗，则 B 点不变操作线 AE 将围绕 B 点转动。

支点位于 B 点与 S 点之间

提高富氧率来强化高炉冶炼，将使风口带的燃烧温度过高，不利于高炉顺行，必须采取降低燃烧温度的措施，加湿鼓风便是其中的一种方法。

对于喷吹含氢物料或高富氧、高湿度冶炼。含氢煤气，或者风口处分解水分的热量和消耗碳素产生的 H_2 必须在高炉上部得到充分的利用和回收。可是 H_2 的利用率往往低于 CO，W1 和 SG 高炉应是实例。

当浮氏体化学反应平衡的理想状态时，操作线 AE 在 W 点的位置固定不变（图 2-10）。当操作条件改变时，操作线围绕 W 点转动。要想达到最低燃料比，还必须使风口参数 $q_b y_b$ 最小。由于 W 点距离 E 点较远，风口耗氧量 $q_b y_b$ 的增加或减少，对 AE 直线的斜率改变最小，对燃料比的影响最小。图 2-12 表示操作线斜率变化极限点（W 点）和支点（P 点）变化图。

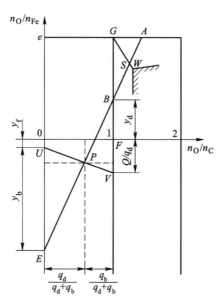

图 2-12　操作线斜率变化极限点（W 点）和变化轴（P 点）图

而煤气离开高炉时，上升煤气流高速通过化学反应热储备区，致使其来不及达到平衡成分，因此 AE 直线不能通过 W 点因而偏离到 S 点，使得碳素消耗量增加。如果炉身效率不变，S 点的位置仍不变，亦即仅仅 AE 直线的斜率改变时，提高煤气利用率 η_{CO} 动力学方面的问题。虽然目前绝大多数还没有深入到维持 S 点不变的程度，可是毕竟存在这种可能性。

在炉内产生的单位炉腹煤气量与炉料中铁氧化物的氧气浓度比与炉顶煤气利用率有式（2-18）。单位风口耗氧量生成铁水量 x 用式（2-19）表示，单位风口耗氧量产生的炉腹煤气量与单位铁原子相结合。

$$y_f + y_b + y_d = \frac{n - y_d}{\eta_{CO+H_2}} \tag{2-18}$$

$$x = \frac{m_{CO} + m_{H_2}}{y_b} = \frac{m_{CO+CO_2} - m_{CO}}{y_d + y_f} \tag{2-19}$$

式中　y_f——铁水中其他元素还原产生的 CO，mol/mol Fe；

n——炉料中铁的氧化物与铁原子结合的氧原子数；

η_{CO+H_2}——炉顶煤气利用率（CO_2+H_2O）/（$CO+CO_2+H_2+H_2O$）；

m_{CO}——从风口 $1m^3$ 风含氧生成的 CO 气体量，mol/m^3；

m_{H_2}——从风口 $1m^3$ 鼓风生成的 H_2 气体量，mol/m^3；

m_{CO+CO_2}——$1m^3$ 风产生炉顶煤气中的 $CO+CO_2$ 量，mol/m^3。

从图 2-4 表示吨铁风口耗氧量 v_{O_2} 与燃料比、煤气利用率和直接还原度 r_d 的关系推断，当吨铁风口耗氧量较低时，增加吨铁耗氧量支点处于 S 点附近。这时增加 y_b 值，虽然 E 点向下移动，但到 S 点的距离远，即 SE 线段长，对操作线的斜率影响较小；而当吨铁风口耗氧量增加到 $290m^3/t$ 附近时，支点下移到 BP 之间，支点至 E 点的距离短，对操作线的影响大。当吨铁风口耗氧量增加到 $300m^3/t$ 以上，支点又回复到 S 点附近，对燃料比、炉顶煤气利用率 η_{CO} 和直接还原度 r_d 的影响又变小。从炉内现象来看，当炉内还原煤气量紧缺时，提高吨铁风口耗氧量，增加还原气体的作用还没有充分显露出来；当进一步提高吨铁风口耗氧量时，还原气体逐渐富裕，就显示出铁矿石中的氧量与还原煤气中 CO 的比例发生了变化，暴露出消耗碳素产生的煤气不能利用的状况。再进一步提高吨铁风口耗氧量，增加煤气量只是在大量 CO 中起到冲淡的作用对煤气利用率的影响减小，下降的速度减缓，直接还原度 r_d 也不可能再下降，白白浪费了燃料。

由图 2-4 可知，>$4000m^3$ 高炉和 $3000m^3$ 级高炉突变区域吨铁风口耗氧量的变化范围分别在 $278\sim296m^3/t$ 和 $285\sim305m^3/t$ 之间；>$4000m^3$ 高炉和 $3000m^3$ 级高炉平均燃料比的变化范围分别为 $495\sim550kg/t$ 和 $502\sim550kg/t$。如果按降低每 $10m^3$ 吨铁风口耗氧量计算，>$4000m^3$ 高炉和 $3000m^3$ 级高炉平均降低燃料比分别为 $26.5kg/t$ 和 $24.0kg/t$。

2.1.4　炉身工作效率

高炉是逆流反应器，在炉身 CO 还原 FeO 后的煤气上升，还将继续还原 Fe_3O_4 到 FeO，Fe_2O_3 到 Fe_3O_4 最终到达炉顶，部分 CO 转变为 CO_2，转变程度的多少，生产上用炉顶煤气 CO 利用率 $\eta_{CO}=CO_2/（CO+CO_2）$ 来衡量。反之，炉顶煤气利用率是利用碳素夺取全部氧气，进行还原的最终结果。因此，利用煤气中 CO 夺取氧气的百分率对高炉燃料利用十分重要。如前所述，W 点是间接还原的极限点，即炉身中间接还原达到极限的程度——平衡状态的点。但实际生产中，炉身间接还原还没有达到平衡，因此操作线总是偏离 W 点，偏离程度用炉身工作效率描述。

在操作线图上，通过连接 W 点与 G 点得到直线（G 点为 y_A 平行于横坐标的直线与 $x=1.0$ 平行于纵坐标的直线的交点）GW。它与操作线 AE 交于 S 点，测量 G 点到 S 点的距离，将它与 GW 相比就得出炉身工作效率（图 2-12）：

$$炉身工作效率 = (GS/GW) \times 100\% \tag{2-20}$$

在现代先进高炉上，炉身工作效率已达到90%以上，有的甚至达到95%，说明炉身间接还原已进行得相当完善，接近于平衡状态。但大部分高炉的炉身工作效率还甚低，一些中小高炉的炉身工作效率只有70%左右。改善炉身工作效率对高炉过程有重大影响，这个课题全世界的炼铁界都给予充分的重视。可惜我们有些高炉一直把高产放在首位，这方面的研究落后于世界，最近才引起了关注。除了在此做粗略的讨论之外，我们将在第4章进行较多的讨论。

2.1.4.1 降低热储备区的温度

一般来说，碳素的气化反应或溶损反应，以及铁的直接还原都是消耗碳素，并大量吸收热量的反应。因此，在高炉炉内应降低直接还原反应和减少溶损反应。可是，应该区分炉内所处的不同条件。当炉内有足够的炉腹煤气量，有充足的 CO 供铁矿石间接还原的需要时，如果再发展溶损反应，把间接还原产生的 CO_2，转化成更多的 CO 就没有必要。在这种情况下，发展铁矿石的间接还原，降低直接还原度 r_d 也没有明显的好处。

反之，在吨铁耗氧量低时，炉内还原煤气中 CO 比较紧张，不足以支撑间接还原所需。溶损反应提供的 CO，能填补 CO 的缺口，供发展间接还原，增加间接还原的驱动力，并且充分利用高炉下部的热量，产生多方面的综合效果。这时发展溶损反应，或者耦合反应降低直接还原度，就会产生明显的效果。

在高炉炉内热储备区的温度 T_R 下，接近开始溶损反应的平衡温度，溶损反应是强吸热反应。如果反应的开始温度接近于热储备区的温度，就可以降低 FeO-Fe 的平衡浓度，将提高炉顶煤气 CO 的利用率和降低燃料比。图 2-13 表示

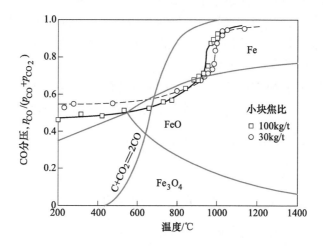

图 2-13 Fe-C-O 状态平衡图中炉内温度与煤气 CO 分压的关系

在 Fe-C-O 状态平衡图中炉内温度与煤气成分之间的关系。图中两条黑线表示炉内煤气中 CO 分压的变化。由图右侧高温区中 CO/(CO+CO$_2$) 的曲线可知，提高在矿石中形成熔液的温度，由 1000℃ 提高到 1050℃，则可增加高炉炉内块状带的体积，提高铁矿石的间接还原率，使炉内煤气在较高的温度下达到 FeO-Fe 的平衡浓度。图中左侧表示降低热储备区的温度，能够延缓离开平衡曲线，使炉顶煤气中 CO 的分压降低。这样才能提高炉顶煤气利用率 η_{CO}。

将图 2-13 中 CO 分压变化的 Fe-C-O 状态平衡图表示在 Rist 线图中则可得到图 2-14（a）。除了在当前应该提高烧结矿的还原性和改善布料，使 AE 线中表征炉顶煤气利用率的 A 点移动至 B 点以外，为进一步提高煤气利用率，有必要研究降低热储备区的温度 T_R。如果 Fe-C-O 状态平衡图中 FeO 还原成 Fe 的温度从 1000℃ 降低至 900℃，再下降到 800℃，直到热储备区的温度下降至 700℃，则 W 点逐步向右侧水平移动至 W'。理想的操作线不断向顺时针方向转动，则可以大幅度地提高还原的驱动力，使操作线的 A 点向右侧移动，即大幅度地提高炉顶煤气利用率，也使直接还原度 D 点下降，间接还原率上升。理想煤气利用率将由 B 点移动至 C 点，炉身工作效率大幅度上升。特别要注意的是在移动 W 点的同时，必须大幅度降低直接还原度，降低 y 坐标轴上的 y_E 值，减少风口耗氧量，即风口碳素燃烧量，使表征高炉下部热量消耗的 P 点向上移动，见图 2-14（b）。表征高炉下部热量消耗的 V 点上升，Q/q_b 减小。

图 2-14（b）表示降低热储备区温度 T_R 和提高炉身效率以综合降低燃料比的综合概念，以及降低燃料比的具体措施。将高炉内还原反应尽可能向平衡点移动，以及减少高炉下部的热消耗和热量损失是降低燃料比的基本方法，如低硅冶炼、降低炉温、控制浮氏体还原平衡温度等。此外还有：控制 FeO/Fe 还原平衡；减少吨铁耗氧量，使 E 点向上移动；减少炉内煤气量，提高块状带的还原，减少熔融还原和直接还原消耗的热量使 P 点向上移动；改进炉身效率，提高煤气利用率 η_{CO}；使高炉热平衡趋于合理。

在本书第 4 章将研究铁矿石进入熔融还原之前提高生成熔液对气相还原的温度，并对降低热储备区温度 T_R 提高煤气利用率的措施进行讨论。

2.1.4.2　其他提高炉身工作效率的措施

A　提高风温降低燃料比

风温提高以后，受影响的是 P 点。因为 P 点坐标为：

$$x_P = q_d/(q_d + q_b), \quad y_P = y_f + x_P(y_V - y_f)$$

而 q_b 随风温的变化而变动，风温使 q_b 增大，使 x_P 和 y_b 均有所减少，即 P 点

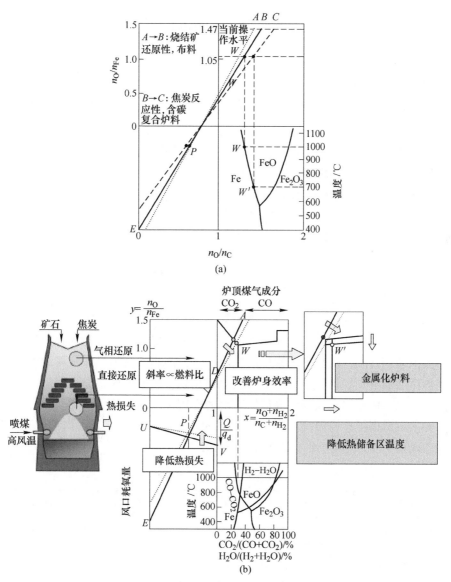

图 2-14 降低热储备区温度（a）和提高炉身效率降低燃料比的综合效果（b）

向左上方移动，如图 2-15 所示。在 W 点不变的情况下，PW 的斜率变为：

$$\Delta\mu = \mu_2 - \mu_1 = \frac{y_W - y_{P_1}}{y_W - x_{P_1}} - \frac{y_W - y_{P_0}}{x_W - x_{P_0}} \tag{2-21}$$

按操作线绘制过程，要确定风温变化后的 P 点坐标，就要计算两个区域热平衡，标出不同风温下的 Q/q_d 和 q_b。为省略这种繁琐计算，可将风温变化时的比热容设定为常数，即忽略因风温变化造成的比热容变化。这样 q_b 与 $t_风$ 之间呈线性关系：

$$q_b = 115 + 0.075(t_风 - 1000)$$

$$(2-22)$$

在 $q_d = 153.2\text{MJ/kg}$ 时：

$$x_P = 0.571[1 + 2.8 \times 10^{-4}(t_风 - 1000)]$$

$$(2-23)$$

在已知 W 点坐标为（1.29, 1.05），
U 点坐标为（0, -0.025），V 点坐标为
（1, -0.598），风温由 1000℃ 提高到 1200℃，
则按上两式计算得：$x_{P_0} = 0.571$；$x_{P_1} = 0.541$；
$y_{P_0} = -0.352$；$y_{P_1} = -0.335$；$\Delta\mu = -0.1\text{kg/kg}$，
则：

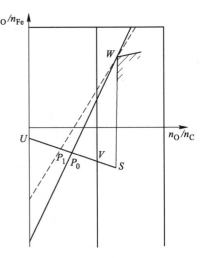

图 2-15　提高风温对操作线的影响

$$\Delta K = \frac{215}{O_固} \cdot \Delta\mu \cdot [Fe] = 23.7\text{kg/t}$$

即，包括提高煤气利用率的综合节焦效果为每 100℃ 降低 11.85kg/t。

我国高炉风温在世界上已经排在前列，进一步提高风温遇到的最大障碍是热
风炉拱顶炉壳开裂。从整个钢铁厂的能源来看，高热值的焦炉煤气稀缺；用高炉
煤气加热燃烧空气的热效率又低。而且风温越高，风量越低，提高风温的效益也
越低。所以，依靠提高风温对降低燃料比的作用也越低。

如果不考虑提高风温提高煤气利用率的效果，按风温带入炉内的热量计算，
每提高风温 100℃，降低焦比的效果见表 2-1[9]。

表 2-1　提高风温的节焦效果

风温水平/℃	约 950	950~1050	1050~1150	1150~1250
节焦效果/kg·t⁻¹	-20	-15	-10	-8

B　降低铁水含硅量

降低铁水含硅量使 U 点、V 点和 P 点的位置移动，如果 W 点不变，使得操
作线的斜率改变，其变化值为：

$$\Delta\mu = \frac{x_P(\Delta y_V - \Delta y_U) + \Delta y_U}{x_W - x_P}$$

$$(2-24)$$

$$\Delta y_U = -3.977 \frac{\Delta[Si]}{[FeO]_还}$$

$$\Delta y_V = \Delta y_U \frac{q_{Si}}{q_d}$$

将式 (2-24) 的结果代入式 (2-25):

$$\Delta K = (\mu - \mu_{理想}) \times 12 n_{Fe} / C_K \tag{2-25}$$

整理后得到下式:

$$\frac{\Delta K}{\Delta[Si]} = 0.215 \times \frac{3.977[(q_{Si}/q_d - 1)x_P - 1]}{(x_W - x_P)C_K} \tag{2-26}$$

一般简单根据还原 Si 的热量需要,当铁水含硅量变化 0.1% 时,对燃料比的影响为 2.5~5.4kg/t。在第 4 章我们将介绍高炉风口区域增硅和脱硅的过程,在风口以下脱硅是依靠高 FeO 的炉渣进行的,过分强调低硅冶炼有可能造成过量的 FeO 进入炉缸,不但不能降低燃料比,而且危及炉缸安全。因此,低硅冶炼的水平要根据实际情况决定。

C 喷吹含氢气体

又如现在有相当多的人建议向高炉喷吹天然气或制成的 H_2,高炉实行富 H_2 冶炼,以降低 CO_2 排放量。在绘制操作线时,要计算出炉料和喷吹燃料带入的 H_2,按操作线规定换算成:

$$y_{H_2} = \frac{H_2/2}{(Fe)/56}(kg/kg) \tag{2-27}$$

在大量 H_2 参与高炉冶炼后,高炉炼铁过程就应在 Fe、O、H、C 四个元素之间进行。操作线的坐标就要改变:纵坐标改为 $(n_0 + n_{H_2})/n_{Fe}$,而横坐标改为 $(n_0 + n_{H_2})/(n_C + n_{H_2})$。

对于加湿鼓风中带入的水分,如同 Si、Mn、P 和脱硫时被 C 夺取的氧量 y_f 相类似,而矿石中含有大量易还原氧化物,例如 Ni、Cu、Co、Pb 等元素的氧化物,H_2 还原它们夺取的氧量;我们也把 H_2O 中的氧按照鼓风带入的氧气来考虑,而将它置于 y 轴负方向上的 y_f 方向。加湿鼓风带入水分中的氧气也与鼓风中的氧气成为 $y_f + y_{H_2} + y_b$ 之和,见图 2-16 (a)。作者在以后的计算中,直接将 y_{H_2} 计入 y_b 中。由于喷吹天然气增加了高炉下部热消耗量,大部分文献把喷吹含氢气体的 y_{H_2} 计入 y 轴的负方向,与加湿鼓风同样对待。

并在将横坐标修改为 $(n_0 + n_{H_2})/(n_C + n_{H_2})$,修改后的横坐标计算式为:

$$x_A = \frac{n_0 + n_{H_2}}{n_C + n_{H_2}} = \frac{\varphi_{CO} + \varphi_{H_2} + 2\varphi_{CO_2} + 2\varphi_{H_2O}}{\varphi_{CO} + \varphi_{H_2} + \varphi_{CO_2} + \varphi_{H_2O}} = 1 + \frac{\varphi_{CO_2} + \varphi_{H_2O}}{\varphi_{CO} + \varphi_{CO_2} + \varphi_{H_2} + \varphi_{H_2O}}$$

$$\tag{2-28}$$

计算时需要知道还原生成的 H_2O 量,而炉顶煤气成分分析中是没有该数据的,一般要通过 H_2 平衡计算出来:

$$\varphi_{H_2O还} = 11.2(w_{H料} + w_{H喷}) + V_风\varphi - V_{煤气}(\varphi_{H_2} + 2\varphi_{CH_4}) \tag{2-29}$$

也可按 η_{CO} 和 η_{H_2O} 的关系求得 η_{H_2},然后按式 $\varphi_{H_2O还} = 11.2(w_{H料} + w_{H喷})\eta_{H_2}$ 算

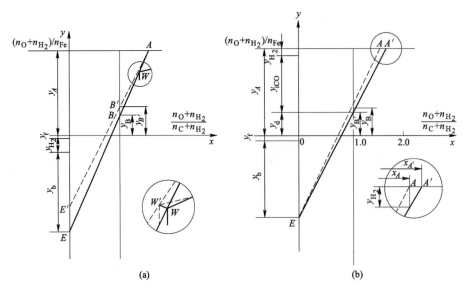

图 2-16　H_2 的参与对操作线的影响

（a）y_{H_2} 的位置于 y 轴负方向；（b）y_{H_2} 的位置于 y 轴正方向

----不喷吹燃料；——喷吹含 H_2 燃料

出，将计算所得的 $\varphi_{H_2O还}$ 加入干煤气中，算出新的百分含量，即可计算 x_A。

对于含氢燃料从炼铁工艺原理来分析，将 y_{H_2} 置于 y 轴负方向。在高炉内 H_2 参与间接还原，夺取的氧是与 Fe 结合的氧，即从 Fe_2O_3、Fe_3O_4 还原到 FeO 和从 FeO 间接还原到 Fe 的过程中夺取的氧，它是 y_A 中的 y_i 的一部分，因此，将 y_{H_2} 置于 y 轴的正方向才是合理的。由此绘制的操作线如图 2-16（b）所示。

在四元素组成的坐标内，操作线的斜率为：

$$\mu = \frac{(n_O + n_{H_2})/n_{Fe}}{(n_O + n_{H_2})/(n_C + n_{H_2})} = (n_C + n_{H_2})/n_{Fe} \qquad (2\text{-}30)$$

即冶炼 1kg Fe 原子消耗的碳原子数和 H_2 分子数的总和，它与燃料比类同。

由于 H_2 参加了还原反应，操作线上的各点也随之发生变化，见图 2-16。首先是 W 点，从热力学角度来讲，高温（高于 810℃）下 H_2 的还原能力比 CO 强，即在同一温度下，平衡气相成分中允许的 H_2O 含量比 CO_2 含量高。表 2-2 为不同温度下允许的 H_2O 与 CO_2 在平衡气相中的成分。

表 2-2　平衡气相成分中允许的 H_2O 和 CO_2 含量

温度/℃	850	900	1000
φ_{H_2O}/%	37.4	39	42
φ_{CO_2}/%	33.5	32	29

所以在喷吹 H_2 含量高的燃料时，操作线移动的限制肩点 W 右移了，以前面确定纯 CO 时 W 点的坐标（1000℃）来说，当 H_2 占还原性气体（$CO+H_2$）总量的 15% 时，W 点的横坐标为：

$$x_W = 1 + \frac{29 \times 0.85 \times 42 \times 0.15}{100} = 1.31$$

即与纯焦炭冶炼时相比，W 点向右移动了 $1.31-1.29=0.02$。显然，喷吹含 H_2 燃料量越大，煤气中 H_2 含量越高，W 点向右的移动量越大。但右移的极限为还原性气体中 100% 是 H_2（例如用 H_2 作为还原剂的竖炉直接还原法），这时 W 点的横坐标为：

$$x_W = 1.42$$

含氢燃料对 Rist 操作线的影响程度，取决于 H_2 在高炉炉内的利用率。

俄罗斯和乌克兰高炉大量喷吹天然气。俄罗斯 NLMK 公司 3 号、4 号、6 号和 7 号高炉有效容积分别为 2000m³、2000m³、3200m³ 和 4200m³，按天然气的重量折算的燃料比分别为 503kg/t、498kg/t、493kg/t 和 502kg/t[10]（天然气的发热值高于焦炭，如果按发热值计算则燃料比更高）。随鼓风氧气单耗增加 10~18m³/（m²·min）和炉缸煤气量增加 25~65m³/（m²·min），随之高炉的炉缸面积利用系数由 52.9~64.0t/（m²·d）提高到 63.4~92.6t/（m²·d），间接还原率增加 5~12kgO₂/（m²·min）。四座高炉，在间接还原率 5~12kg O₂/（m²·min）范围，随着间接还原率的提高，直接还原度 r_d 由 50% 下降到 15%。在高炉喷吹天然气炉内煤气富氢还原条件下，H_2 对浮氏体还原起到了明显的作用。其中 7 号 4200m³ 高炉，炉缸直径 13.1m，焦炭质量高，起到了骨架的作用。可是矿石品位较低（57.2%~58%），但喷吹天然气较多，炉缸煤气量在 30~60m³/（m²·min）之间变化，利用系数增加了 55%，月平均日产量 12500t/d，面积系数达到 92.8t/（m²·d）。

图 2-17 综合了喷吹各种燃料，包括喷吹重油、焦炉煤气、天然气、喷煤，

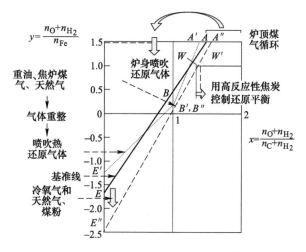

图 2-17 喷吹各种燃料的 Rist 线图

以及炉身喷吹炉顶煤气对 Rist 线图上各特征点的影响。

图 2-17 的 Rist 线图中也表示了采用高反应性焦炭来降低热储备区温度，使代表浮氏体还原平衡的 W 点向右移动。图中还表示了喷吹还原气体是强化气相间接还原的一种有效途径。由石油、COG 或天然气重整产生的热还原气体，以及在炉身下部喷入热还原气体，提高间接还原度，都能使代表直接还原度的 B 点向下移动。炉顶煤气循环利用分离了 CO_2 后喷入炉身，能够更有效地强化间接还原将使 B 点向下移动。尽管在一定范围内，还原剂明显增加，可是能够大幅度降低焦比。在风口喷入冷氧气的情况下，由于热风的显热不能利用，使耗氧量增加，使得 E 点向下移动至 E'' 点。反之，在用热风喷入还原气体的情况下，E 点向上移动至 E' 点。

D　使用金属化炉料

在高炉炉料中，使用金属化球团矿是降低高炉燃料比的一项措施。利用竖炉或转底炉用煤或还原性气体将球团矿预还原到一定的金属化程度（65%~80%），然后加入高炉。实践表明，每 10% 金属化可节焦 6.5% 左右。在操作线图上，使用金属化球团矿后，图 2-18 中 W 点和 P 点发生相应的变化。由于使用金属化炉料入炉含铁炉料的氧化度 n_O/n_{Fe} 也应相应降低，对煤气利用率的影响应很小。

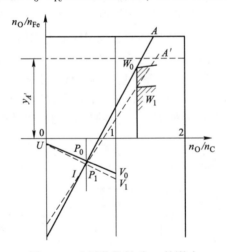

图 2-18　金属化炉料对 Y_W 的影响

设，α 为炉料中金属铁的比例数，则在操作线图上相应的变化有：$\Delta y_W = -1.05\alpha$，$\Delta y_V = -0.112\alpha$，$\Delta y_P = -0.112x_P\alpha$，以及：

$$\Delta\mu = \frac{\Delta y_W - \Delta y_P}{x_W - x_P} = \frac{1.05\alpha - 0.112x_P\alpha}{x_W - x_P} = \frac{(1.05 - 0.112x_P)\alpha}{x_W - x_P} \qquad (2\text{-}31a)$$

或：

$$\frac{\Delta\mu}{\alpha} = (1.05 - 0.112x_P)/(x_W - x_P) \qquad (2\text{-}31b)$$

例如 $x_W = 1.29$，$x_P = 0.60$，则：

$$\frac{\Delta\mu}{\alpha} = \frac{\Delta y_W - \Delta y_P}{x_W - x_P} = \frac{1.05 - 0.112 x_P}{x_W - x_P} = \frac{1.05 - 0.112 \times 0.60}{1.29 - 0.60} = 1.424\text{kgC/kgFe}$$

$$\Delta K = \frac{215}{C_K} \cdot \frac{\Delta\mu}{\alpha} = \frac{215}{0.85} \times 1.424 = 360\text{kg 焦/t 生铁}$$

在 $\alpha = 10\%$ 时，$\Delta K = 36$kg/t，如果吨铁燃料比为 550kg/t，则 ΔK 相应为 6.54%。

在我国冶炼条件下，$x_W = 1.29$　$x_P = -0.59$ 的情况下 ΔK 为 335kg/t，当加入金属化料 10%可节省 33.5kg/t，相当于燃料比的 6.5%。这与世界各国所做工业性实验结果相同。在讨论金属化炉料对操作线的影响时，还应注意由于作为含铁炉料，加入金属化炉料以后，y_A 应按含铁炉料的整个氧化度下降，并进行调整。y_A 应随之下降到 $y_{A'}$（图 2-18 中虚线），煤气利用率保持不变或有所降低。

生产金属化炉料的过程消耗了大量能量，如果能获得高品位的金属化炉料，直接进入炼钢比较合理。如果利废可以用作高炉炼铁原料，如转底炉处理含锌炉尘生产的含低品位铁团块等。本书着重讨论提高高炉炉内还原反应效率，在此只提及金属化炉料对操作线的影响，由于使用金属化炉料涉及全厂燃料和热平衡，以后不再讨论。

2.1.5 利用高炉生产统计数据核算燃料比

在评价高炉生产状况时，首先对高炉生产指标统计数据的正确性，采用物料平衡和热平衡来进行校核。我们使用了 2016 年中国钢铁协会>4000m³高炉生产统计指标进行物料平衡和热平衡计算，并绘制成 Rist 线图。我们曾经对各厂2000m³级高炉的日报进行了物料平衡和热平衡校算。在此，列出了这些高炉的计算结果并进行讨论。

2.1.5.1　>4000m³高炉[11]

虽然中国钢铁协会的高炉生产统计指标的数据要进行精度很高的 Rist 线图计算，尚缺少一些数据，可是基本上不影响对各高炉状况的判断。表 2-3 为 2016年>4000m³高炉的物料平衡和热平衡的计算结果，并将计算结果表示在图 2-19 的Rist 线图中。我们还把 B4 和 E2 两座高炉的操作线表示在图中，作为>4000m³高炉操作的范围。这里特别要说明的是，W1 高炉的吨铁耗风量超出一般高炉太多，因此将它的风量人为地减掉了它的耗氧量来进行 Rist 线图计算的。计算结果比报表中的燃料比仍然超出约 5.5%。而且其直接还原度 r_d 出乎寻常之低，仍然不合常理，因此没有把它的操作线画在图 2-19 中。

表2-3　2016年>4000m³高炉燃料比的计算结果

项目单位	面积利用系数 /t·(m²·d)⁻¹	煤比 /kg·t⁻¹	燃料比 /kg·t⁻¹	炉腹煤气量指数 /m·min⁻¹	吨铁炉腹煤气量 /m³·t⁻¹	吨铁风口耗氧量 /m³·t⁻¹	煤气利用率 /%	风口耗氧量 /kmol·t⁻¹	高温区热消耗 /kJ·kmol Fe	直接还原度 /%	碳消耗 /kg·t⁻¹	计算燃料比 /kg·t⁻¹	计算误差 /%
B1	61.56	167.07	490.00	53.89	1262.91	255.09	51.03	22.78	51390.50	50.09	403.08	487.43	-0.527
B2	59.58	170.69	488.25	53.97	1304.48	254.27	51.87	22.70	51065.11	49.84	399.12	486.13	-0.436
B3	65.60	168.88	489.13	53.93	1282.20	254.56	51.45	22.74	47879.48	51.43	398.70	488.07	-0.060
B4	67.12	180.80	483.60	57.14	1226.24	244.22	51.48	21.81	41834.86	51.82	394.04	482.39	-0.251
B5	64.75	180.06	492.96	56.21	1251.52	258.95	50.62	23.12	53332.50	50.05	406.65	495.67	0.547
M1	63.26	128.73	494.29	61.13	1392.75	273.35	48.78	24.41	61525.26	49.62	411.38	492.59	-0.345
C1	53.36	136.85	528.64	54.14	1479.18	280.24	46.51	25.02	66202.13	51.68	436.97	529.21	0.107
C2	52.17	125.94	528.02	53.42	1478.97	292.10	47.19	26.08	71553.35	48.78	435.71	526.87	-0.218
S1	62.55	166.07	520.53	59.29	1365.64	285.98	48.66	25.53	64039.36	48.08	423.45	524.41	0.739
J1	65.40	187.01	494.78	60.33	1328.30	280.97	48.76	25.09	69905.68	49.24	421.82	513.44	3.635
J2	63.34	195.06	514.43	60.21	1374.27	292.30	47.25	26.10	75271.77	49.37	430.02	523.51	1.734
M2	60.70	142.62	508.88	60.16	1427.71	284.81	48.97	25.43	65952.38	47.75	417.23	514.58	1.109
M3	60.66	141.08	505.55	60.93	1446.46	293.63	48.89	26.22	72542.04	47.31	422.08	520.43	2.859
A1	59.25	173.33	535.25	59.54	1446.92	299.70	47.28	26.76	85004.93	47.41	433.54	534.72	-0.099
E1	47.63	131.19	575.78	50.19	1517.43	296.16	42.00	26.53	60832.11	54.40	492.36	589.71	0.023
E2	50.92	114.74	542.51	50.42	1430.28	281.17	47.57	25.10	67613.55	50.16	457.91	546.83	0.007
W1	65.30	163.3	519.6	66.27	1466.04	316.3	49.15	28.24	74168.44	42.27	442.4	549.5	5.445

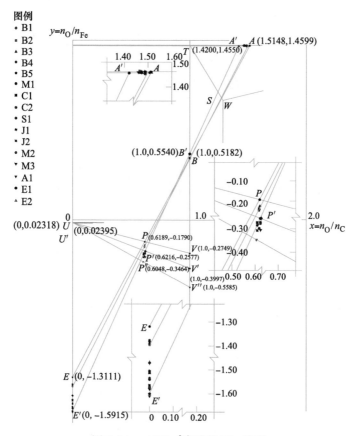

图 2-19　>4000m³高炉的 Rist 线图

按照前文提出了先进喷煤高炉的面积利用系数大于 62t/(m²·d),适宜的炉腹煤气量指数在 50~58m/min 之间,燃料比低于 490kg/t,吨铁炉腹煤气量小于 1350m³/t,煤气利用率 η_{CO} 高于 51%,吨铁风口耗氧量低于 260m³/t,直接还原度 r_d 低于 51%,碳素消耗小于 400kg/t。

为要达到最低燃料比控制高炉下部的热需要量,以及风口燃烧碳素量是重要因素,因为矿石还原需要夺取的氧量是一定的,提供过量的炉腹煤气必然会有大量剩余的 CO 进入炉顶煤气中,而逸出炉外无法利用。

由表 2-3 和图 2-19 还能显示 Rist 模型研究操作制度的影响。>4000m³高炉用 Rist 模型等从理论上研究了各种操作制度对碳素消耗的影响。

(1)选择合适的炉腹煤气量指数:降低吨铁耗风量、降低风口耗氧量、脱湿鼓风等,使图中 0 点到 E 点的距离缩短。

(2)减少高炉下部热需要量和减少铁水的热焓:降低渣量、渣铁温度、提高风温、降低铁水含硅及其他元素等,使 P 点向 0 点移动。

(3)改善炉身效率:提高矿石的还原性,如采用低 FeO、低 SiO_2、低 MgO 烧结矿、球团矿,改进装料制度增加块状带和热储备区的体积,使含铁炉料能够充分进行间接还原等,可以提高煤气利用率,使操作线靠近 W 点。

(4)降低热储备区的温度 T_R:使用小块焦、矿石焦炭混装、含碳团块等可使热储备区的温度下降,即由浮氏体还原到 Fe 的温度下降,将 W 点向提高煤气利用率的方向移动。

(5)减少炉体热损失。

李肇毅、姜维忠分析了 2016 年三座 >4000m³ 高炉,三座高炉分别为 B4 高炉 5 月、J1 高炉 4 月和 SG 高炉 6 月的月平均指标。表 2-4 为三座高炉的月平均生产指标[12]。

表 2-4　三座高炉的月平均生产指标[12]

指标单位	B4	J1	SG
面积利用系数/t · (m² · d)⁻¹	68.30	69.56	66.18
炉腹煤气量指数/m · min⁻¹	57.46	60.41	61.42
吨铁耗氧量 v_{O_2}/m³ · t⁻¹	241.7	263.1	308.5
煤气利用率 η_{CO}/%	51.29	49.51	47.01
铁水含硅/%	0.41	0.22	0.36
富氧率/%	2.565	5.402	7.410
鼓风湿度/g · m⁻³	14.3	2.6	17.1
焦比/kg · t⁻¹	297.3	303.7	375.2
煤比/kg · t⁻¹	186.8	186.3	169.1
燃料比/kg · t⁻¹	484.1	490.0	544.3
直接还原度/%	52.19	51.43	46.98

图 2-20 表示三座高炉的反应碳素消耗结构有较大的差异。SG 高炉富氧碳耗所占比例高, 而其直接还原碳耗并不高。对生产实绩与上述碳耗结构分析的情况汇总, 可以看出三座高炉的冶炼特点有如下差别: (1) 未反应燃料消耗量较接近。(2) 反应燃料比差别很大, 它反映了冶炼指标的优劣。J1 高炉较 B4 高炉燃料比高 6kg/t, 而反应燃料比却高出 9kg/t。也就是 J1 高炉的风口前燃烧的碳素比 B4 高炉高, 这是由其高的渣比造成的;SG 高炉风口前燃烧的碳量更高, 主要源于高的富氧率。(3) 低的直接还原率不表明碳耗最节省。SG 高炉铁氧化物的直接还原度 r_d 是最低的, 但因为其风口前燃烧的碳量过大, 以至于还原煤气量严重过剩, 结果是间接还原发展, 直接还原度较低, 但煤气利用率 η_{CO} 较差, 燃料比仍较高。

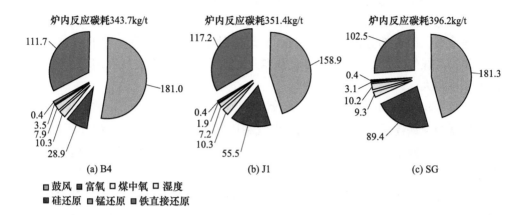

图 2-20　高炉内反应碳素消耗的组成比例图

图 2-21 为三座高炉 Rist 操作线图。P 点反映高炉下部高温区的热需求，由于 SG 高炉的高温区热消耗量最大，P 点位置距离 X 坐标最远，负值最大。

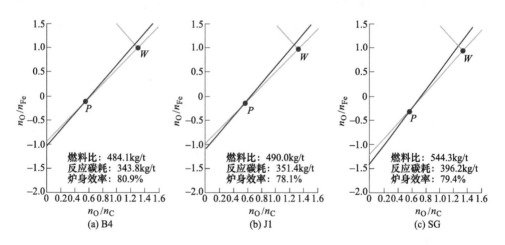

图 2-21　三座>4000m³高炉的操作线图

根据以上分析，高炉降低碳素消耗量可在以下方面努力：（1）控制炉腹煤气量指数，降低吨铁风口耗氧量，减少风口燃烧碳素量，虽然高富氧可以减少炉腹煤气量，但仍不能过高。（2）通过提高风温、多喷煤控制风口理论燃烧温度 T_f 值，而不是采用高的鼓风加湿量，因为水蒸气分解将导致燃料比升高。（3）优化布料模式，提高煤气利用率。SG 高炉要从增加下部的热供给和减少高温区的热消耗量两方面入手（降低渣量、控制富氧率）。这也表明，过高的富氧率，除了能缓解高炉过高的压差和提高利用系数外，对碳素消耗和燃料比方面是不利的。（4）直接还原度不是判断高炉冶炼水平优劣的依据。SG 高炉的 r_d 低，但并没有带来低的燃料消耗，是因为过大的还原煤气量，只是部分 CO 提高了炉料的间接还原率，而大部分没能利用。SG 高炉降低碳耗的对策是改善下部热需求，而不是提高煤气利用率，由于 CO 的供给量过剩不可能提高煤气利用率，即使提高效果也不大。

印度 Soumavo Paul 等人研究了降低高炉碳素消耗的方法[13]。对其选用高炉生产数据中吨铁耗风量、碳素消耗、煤气利用率 η_{CO} 等，以及用模型计算直接还原度 r_d、炉身效率的结果进行了作图分析。由结果可见，随直接还原度提高（r_d 在 20%~40% 范围内），高炉碳素消耗量下降。

从图 2-4 的统计分析中提出，吨铁风口耗氧量 v_{O_2} 在 270m³/t 左右高炉炉内存在一个转折点。由图 2-22 表示了印度 Soumavo Paul 等人从碳素消耗与吨铁耗风量的变化趋势来看，显著变化点在 500kg/t、1300m³/t。当吨铁风口风量超过 1300m³/t 时，炉腹煤气量必然过高，煤气利用率 η_{CO} 变化不大为 42%~45%，直接还原度 r_d 从 28% 下降到 24%，变化也不大，实际对燃料比有直接影响的是吨铁耗风量。因此，高炉降低燃料消耗的途径，首先是控制吨铁耗风量或吨铁炉腹煤气量，不能过分在意直接还原度的高低，而应注重炉身区煤气的分布与利用。只

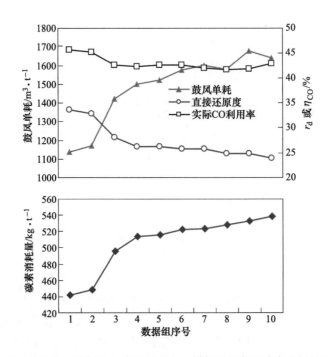

图 2-22　吨铁风口鼓风消耗量与直接还原度、煤气利用率和碳素消耗量之间的关系

有在还原煤气量稍有富余、且还原煤气被炉料充分利用的条件下，才能通过改善炉料的还原性和增强还原煤气的还原势，来进一步加强间接还原，降低直接还原度，以进一步降低碳素消耗。

鞍钢钢铁研究院车玉满等分析了鞍钢 2 号 3200m³ 高炉和 11 号 2580m³ 高炉的实际生产数据，两座高炉冶炼过程的碳素消耗结构分析表明：影响碳素消耗的主要因素是风口前燃烧碳素量，认为降低高炉碳素消耗量的主要途径是降低吨铁风口耗氧量和铁氧化物还原过程 CO 的需求量[14]。

两座高炉入炉碳素总量分别为 394.7kg/t 和 453.5kg/t。两座高炉未参与还原反应的碳素消耗量、生铁渗碳的碳素消耗，以及 Si、Mn、P 等非铁元素还原消耗的碳素量基本相同，而参与还原反应的碳素量却存在较大差异。根据 Rist 操作线，2 号高炉和 11 号高炉铁的直接还原度 r_d 分别为 54.8% 和 50.0%，高炉的炉身工作效率分别为 85.5% 和 84.5%。2 号高炉的铁的直接还原消耗碳素量比 11 号高炉高 9.6kg/t，但 11 号高炉的风口前燃烧消耗碳素量却比 2 号高炉高 69kg/t，这是总碳素消耗量高的主要原因。因此，降低高炉碳素消耗的重点不在于降低高炉的直接还原过程碳耗，而是要降低风口燃烧碳素量和高温区热量消耗。

按照图 2-4，吨铁风口耗氧量对高温区热消耗量 Q 密切相关。吨铁风口耗氧量与煤气利用率 η_{CO}、直接还原度 r_d 也有密切的关系。我们在此推算风口耗氧量由低演变成高的过程。以表 2-3 中宝钢 3 号（B3）高炉的数据为基础，分别计算改变吨铁风口耗氧量 v_{O_2} 和直接还原度 r_d 对燃料比的影响。表 2-5 表示当煤气利用率不变，其他条件都不变化时，计算只改变吨铁风口耗氧量对燃料比的影响。表 2-6 表示当吨铁耗氧量不变，只改变煤气利用率和直接还原度时，燃料比的变化。

表 2-5 改变吨铁风口耗氧量对燃料比的影响

吨铁风口耗氧量/m³·t⁻¹	256	268	280	292	304	316
吨铁风口耗氧量/kmol·t⁻¹	22.853	23.929	25.000	26.071	27.143	28.214
y_b	1.35058	1.41416	1.47748	1.54080	1.60412	1.88744
y_E	1.37608	1.43966	1.50298	1.56630	1.62962	1.69294
μ	1.89038	1.93235	1.97415	2.01595	2.05774	2.09954
直接还原度 r_d/%	51.430	49.269	47.117	44.965	42.812	40.660
燃料比/kg·t⁻¹	488.07	498.65	508.83	519.19	529.555	539.917
增减燃料比/%		+2.168	+2.042	+2.036	+1.996	+1.957

表 2-6　改变煤气利用率和直接还原度对燃料比的影响

煤气利用率/%	51. 49	51. 00	50. 50	50. 00	49. 50	49. 15
直接还原度 r_d/%	40. 66	41. 34	42. 04	42. 75	43. 45	43. 95
μ	2. 09954	2. 10804	2. 11504	2. 12209	2. 12919	2. 13418
燃料比/kg · t^{-1}	539. 917	542. 023	543. 759	545. 507	547. 266	548. 504
增减燃料比/%		+0. 390	+0. 320	+0. 321	+0. 322	+0. 227

如表 2-5 所示，在其他条件都不变的情况下，只逐步增加吨铁风口耗氧量，即逐步加大风量、氧量的计算结果。增加吨铁风口耗氧量，向炉内提供的还原煤气中 CO 充裕的情况下，即由接近宝钢 3 号高炉的 256m^3/t，逐步增加至 W1 高炉的 316m^3/t 时，燃料比由 488. 07kg/t 上升至 539. 9kg/t，上升了 10. 62%；直接还原度却下降了 10. 77%。吨铁风口耗氧量每增加 10m^3/t，燃料比上升约 8. 64kg/t。如表 2-5 所示，在炉内还原煤气 CO 过剩的条件下，只改变煤气利用率和直接还原度，炉顶煤气利用率由 51. 49% 下降至 49. 15%，直接还原度由 40. 66% 上升至 43. 95%，燃料比由 539. 9kg/t 上升到 548. 5kg/t，燃料比增加了 1. 59%；煤气利用率每下降 1%，燃料比上升约 3. 67kg/t；直接还原度每上升 1%，燃料比约增加 2. 61kg/t。由表可知，两座高炉的比较，就是两种高炉操作的碰撞，就是降低燃料比为指导方针和 "大风" 操作方针的示例。

我们还要说明一点，据说 W1 高炉的鼓风流量中包括了高炉氧气流量。因此，我们在上面几个表中的吨铁风口耗氧量都按风量扣除氧量计算的。如果按报表计算 W1 高炉的吨铁风口耗氧量就更高了。宝钢 3 号高炉与 W1 高炉炉缸面积利用系数相同，而 W1 高炉燃料比的差距却如此之大，这主要是由于 W1 高炉的高温区热量消耗高，宝钢 3 号高炉年平均为 47879. 48kJ/t，W1 为 74168. 44kJ/t，相差 26288. 96kJ/t，约 54. 9%；因此吨铁耗氧量高，产生过多的煤气，而铁矿石中铁氧化物的含氧量是有限的，不是依靠多产生煤气，剩余 CO 就能改善还原过程的。这就应该强调要节约煤气的热能和化学能，必须供给恰如其分的煤气。正如在第 1 章分析的那样，吨铁耗氧量是由于炉腹煤气量指数超出了原燃料的质量所能达到的范围，则导致资源和能源的浪费。这里还要说明的是，在表 2-6 中的直接还原度 r_d 较 W1 高炉的数据高 1. 74%，检查我们的计算主要是由于两座高炉入炉铁矿石的氧化程度有差异，以及其他数据的微小差别所致。

从表 2-5 和表 2-6 的计算结果来看，W1 高炉的原燃料条件并不比宝钢 3 号高炉差。而燃料比高的原因是为了追求产量，高炉炉腹煤气量指数等一系列参数与原燃料条件不相适应的缘故。由于 W1 高炉的炉腹煤气量指数过高，炉内煤气上升与炉料下降的矛盾突出,高炉的顺行条件欠佳,炉况不稳定。作者对 22 座 >4000m³ 高炉的月平均数据都用 Rist 线图进行了评估。表 2-7 摘录了 W1 高炉 2016 年某些月平均的计算结果。由表中可知,1、2 月是该炉生产较好的月,相对来说,炉腹煤气量指数较其他月低一些,炉况也稳定一些,燃料比能维持在 520kg/t 左右。春节以后,由于后步工序的产量需求,高指标、压产量,炉腹煤气量指数持续升高,燃料比随之上升。从 8~11 月的数据来看,在 8 月炉腹煤气量指数上升得比较快,猜测可能引起 9 月高炉炉况的波动,燃料比和高温区热需要量上升,分别高达 595.92kg/t 和 89800kJ/t 以上。高炉下部热需要量约比 B1~B5 高炉高一倍。而从直接还原度和直接还原消耗的热量来看,都低于宝钢,比宝钢 4 座高炉的最佳月还要低。可是,这些热量到哪里去了?其去向只能由炉况不稳来解释。虽然直接还原度低,可是热需要量高,必然需要风口燃烧大量碳素来支撑。吨铁耗氧量上升,直接还原度下降,并不能表征炉内还原过程的改善,恰恰相反,说明炉内煤气有大量过剩,过剩煤气中的 CO 并没有起到应有的作用,煤气利用率 η_{CO} 的下降就是明证。我们一再强调高炉使用焦炭的三大作用,从 W1 高炉的实例来看,没有必要消耗如此多的焦炭来作还原剂;没有必要使用如此多的燃料来产生热量。在三大作用中剩下的只能说是用作疏松料柱的骨架,以便放散由稀缺的焦炭产生的低廉煤气而已。此外,如果炉况不稳定,那么,直接还原度不可能下降反而应该上升。特别是在炉况不顺时,直接还原度反而下降,可能是由于炉顶煤气成分测量存在严重问题所致。这里必须强调生产管理、技术管理,要有严谨的科学态度。不但如此,为什么计算燃料比与报表燃料比较高出 11% 或 15% 以上?只能说明还有消耗燃料的漏报,难怪焦炭库存大量盘亏。

通过 Rist 线图的分析,宝钢 4 座高炉也还有进一步提高的余地。由于我们是局外人,没有掌握操作过程的细节,只有把 2016 年 1 月数据的计算结果列于表 2-8 中。表中各高炉 1 月平均数据下面一行是各参数与年平均值对比相差的升降百分数,从中可以看出还有进一步提高的地方。

4 座高炉 1 月平均与年平均相对比较,燃料比分别降低 1.682%、1.397%、2.098% 和 1.743%。使燃料比下降的共同点是降低了吨铁炉腹煤气量、吨铁耗氧量、风口碳素消耗量和高温区热消耗量,4 项参数与年平均相对比较分别下降的平均值为 1.751%、2.506%、2.517% 和 8.609%。煤气利用率和直接还原度反而都上升了,分别增加了 0.658% 和 1.43%。这不是说降低直接还原度不重要,恰恰相反,在宝钢条件下,为了更有效地利用有限炉腹煤气中的 CO,发展间接还原来降低燃料比非常重要。可是在还原煤气紧俏的状况下,炉顶煤气利用率已经接近 Fe-C-O 状态平衡的条件下,提高间接还原正是降低燃料比的难题。

表 2-7　W1 高炉 2016 年某些月平均指标的计算结果

月份	面积利用系数/t·(m²·d)⁻¹	燃料比/kg·t⁻¹	炉腹煤气量指数/m³·min⁻¹	吨铁炉腹煤气量/m³·t⁻¹	吨铁耗氧量/m³·t⁻¹	煤气利用率/%	风口耗氧量/kmol·t⁻¹	高温区热消耗/kJ·kmolFe⁻¹	直接还原度/%	直接还原热消耗/kJ·kmolFe⁻¹	风口碳素消耗/kg·t⁻¹	计算燃料比/kg·t⁻¹	计算误差/%
1	67.993	503.4	63.7076	1349.24	293.15	50.3	26.219	76436.7	44.512	67742.9	314.63	520.15	+3.22
2	68.277	501.6	63.7768	1345.08	292.48	50.1	26.114	68752.3	45.136	68698.3	313.37	523.38	+4.15
8	62.355	526.9	68.4423	1570.63	337.26	48.59	30.113	67241.5	39.340	59875.0	361.35	572.66	+7.99
9	59.039	529.6	67.8716	1655.45	356.86	48.58	31.862	89851.9	35.969	54744.7	382.35	595.92	+11.13
10	69.658	522.9	68.7776	1421.80	312.05	48.45	27.862	70369.4	43.954	66898.0	334.34	550.07	+4.94
11	60.831	519.6	62.3395	1475.70	312.28	48.55	27.882	70461.0	43.848	66737.4	334.59	551.78	+5.83

表 2-8　B1~B4 高炉 2016 年 1 月指标的计算结果

炉号	月份	面积利用系数/t·(m²·d)⁻¹	燃料比/kg·t⁻¹	炉腹煤气量指数/m·min⁻¹	吨铁炉腹煤气量/m³·t⁻¹	吨铁耗氧量/m³·t⁻¹	煤气利用率/%	风口耗氧量/kmol·t⁻¹	高温区热消耗/kJ·kmolFe⁻¹	直接还原度/%	直接还原热消耗/kJ·kmolFe⁻¹	风口碳素消耗/kg·t⁻¹	计算燃料比/kg·t⁻¹	计算误差/%
B1	1	61.466	481.76	53.8651	1261.96	246.17	51.53	21.980	43478.2	50.685	77601.3	263.76	487.61	+0.239
与年平均比较/%		-0.153	-1.682	-0.046	-0.075	-3.497	0.980	-3.512	-15.396	1.188		-3.416	0.037	
B2	1	61.969	481.43	54.0513	1256.01	243.27	52.12	21.720	43610.1	51.381	79196.2	260.65	477.53	-0.873
与年平均比较/%		4.010	-1.397	0.151	-3.716	-4.326	0.482	-4.317	-14.599	3.092		-4.326	-1.769	
B3	2	68.581	478.87	58.0369	1218.53	242.58	52.39	21.659	41630.6	52.907	80528.7	259.91	475.22	-0.768
与年平均比较/%		4.547	-2.098	7.615	-4.966	-4.706	1.827	-4.754	-13.051	2.872		-5.223	-2.633	
B4	1	66.807	475.17	55.9974	1207.01	233.78	52.12	20.873	38501.0	53.051	80738.7	250.48	470.29	-1.031
与年平均比较/%		-0.466	-1.743	-2.000	-1.568	-4.275	1.243	-4.296	-7.969	2.376		-4.275	-2.508	

显然，宝钢高炉与 W1 高炉遇到的问题迥然不同。根据上面的分析，如果在宝钢高炉的生产条件下，把炉腹煤气量指数提高到 W 厂的水平，其遭遇也不会比 W 厂好，也会有同样的结果。因此，W 厂从公司到操作人员都要转变高炉的生产观念，克服旧观念，不要过高估计高炉的生产能力，代之以实事求是的科学态度。这个转变必须从公司的领导作风开始，必须改变高炉生产的理念，要从粗放型的管理转型为集约型[15,16]。这比产品升级换代，比企业装备的更新还要困难。这些是属于管理和规划的问题，本书原本不想涉及，可是近年来有一批高炉和新项目不明是非，对高炉的产量提出不合实际的要求，前车之鉴值得记取。

对宝钢来说，遇到高炉进一步降低燃料比所要面对的课题正是世界炼铁界遇到的难题。如前所述，在吨铁炉腹煤气量充裕的条件下，发展间接还原并不难，而效果有限；可是低燃料比，正是需要 CO 给力的时候，发挥 CO 最大效益的时候就遇到了困难。这就是低燃料比要求的操作技术更高的所在之处。由于我们过去强调高产，没有遇到进一步降低燃料比产生的问题，对研究这些问题花费的精力较少。希望炼铁界的同仁集中力量来攻克进一步降低燃料比的难题。

2.1.5.2 2000m³级高炉[17]

在一般情况下，要想定量地使用 Rist 线图必须具有完备的原燃料和操作数据，可是目前要为生产高炉做详细的计算分析时却经常发现数据不够齐全，或部分失真。为了校正风口耗氧量，需要通过高炉内碳平衡、氧平衡和热平衡的反复的校核计算，使 Rist 线图的特征点逐步接近一条直线。

对2000m³级高炉的日报进行了物料平衡和热平衡校算，由于厂内的日报数据更少一些，我们只对其中比较典型的 9 座高炉的数据进行了估算，并把估算结果列于表2-9中。

表2-9 经过校算的2000m³级高炉数据及风口燃烧温度及热量收入

代号	炉容 /m³	面积利用系数 /t·(m²·d)⁻¹	富氧率 /%	风温 /℃	燃料比 /kg·t⁻¹	炉腹煤气量指数 /m·min⁻¹	吨铁炉腹煤气量 /m³·t⁻¹	吨铁风口耗氧量 /m³·t⁻¹	风口前燃烧温度 /℃	风口碳素燃烧的热收入 /GJ·t⁻¹	估算直接还原度/%
T1-2	2000	56.34	2.73	1182	580	62.0	1587	311	2137	5.10	58.6
T1-3	2000	56.15	2.85	1187	571	60.7	1556	306	2147	5.05	57.7
T2-2	2000	55.73	2.65	1175	602	63.7	1647	322	2146	5.35	62.5
T2-3	2000	55.73	2.68	1182	594	62.8	1618	318	2160	5.29	61.2
G	2318	58.94	3.42	1174	528	58.1	1433	293	2056	4.54	55.8
N1	2500	58.42	2.14	1178	517	58.0	1387	265	2096	4.39	52.2
N2	2500	59.21	2.14	1147	515	57.8	1406	269	2071	4.32	50.0
Q1	2650	61.95	1.20	1179	501	54.4	1342	250	2228	4.22	51.2
Q2	2650	59.19	2.15	1224	503	54.3	1326	254	2150	4.28	51.8

　　估算结果表明，Q1、Q2、N1 和 N2 高炉的数据比较可靠，能够满足 A 点、B 点、P 点和 E 点在一条直线上，并且计算的燃料比和煤气利用率与生产数据相符。虽然炉腹煤气量指数高的 T1-2、T1-3、T2-2、T2-3 和 G 高炉，漏风损失大幅度超过正常值；而且 P 点代表的热量平衡也存在问题，在做了多方案的调整后能够使 4 个点在一条直线上，由此可以说明估算仍然有较高的可靠性。可是仍然与精度高的 >4000m³ 高炉计算一样，个别高炉操作线的斜率仍与报表的燃料比存在较大差距。图 2-23 表示经过校算后炉腹煤气量指数、吨铁炉腹煤气量及鼓风参数以及将过程参数 Rist 线图的结果列出供参考。

　　根据以上对各高炉相应时期的热平衡、碳平衡和氧平衡的结果用 Rist 线图表示成图 2-23。

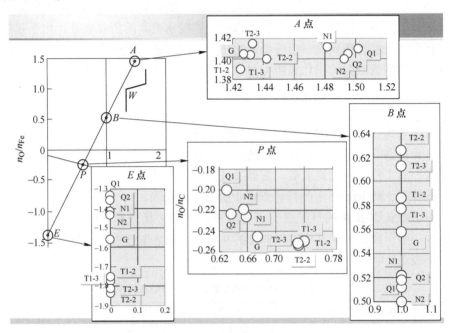

图 2-23　根据生产数据校算结果的 Rist 线图

　　由 2000m³ 级高炉 Rist 线图的计算结果可知，风口耗氧量 E 点决定高炉的热量需要 P 点，同时也决定了炉内的还原过程 B 点，还决定了煤气利用率 A 点。反之，在高炉炉身部分煤气利用差，即间接还原没有得到发展，就必然要依赖高炉下部消耗大量热量的直接还原，风口必须燃烧大量碳素产生热量。这正是高炉中能量利用方面的辩证关系：

　　（1）使用 Rist 线图提供了研究冗余热量引起炉内的不良影响，促使过剩热量的利用。

　　（2）高炉风口鼓风参数对高炉过程起着关键性的作用，因此在高炉精细化操作中要抓住这个重要环节。经常用物料平衡和热平衡校正鼓风、氧气流量计，计算风口耗氧量和燃烧碳素量，掌握高炉热量消耗和还原过程的状况。

（3）与前文比较，所有高炉校算后炉腹煤气量指数有不同程度的下降，总的来说，炉腹煤气量指数高的高炉各项指标比较差。其中 T 组高炉下降得比较多，炉腹煤气量指数下降 6.0m/min，风口燃烧碳素量下降近 0.2molC/molFe，高温区域热平衡的热量收入下降近 0.6GJ/t；可是与 N、Q 组高炉相比，炉腹煤气量指数仍相差 5.7m/min，风口燃烧碳素量仍有 0.3molC/molFe 的差距；燃烧提供的热量虽由 5.5GJ/t 下降至 5.2GJ/t，可是较 N、Q 组高炉仍相差 0.9GJ/t，相差 20%。煤气利用率差约 7%，煤气利用率的统计数据的准确性对 Rist 操作线的精确性有很大的影响，应予重视。

（4）T 组高炉调整后 Rist 线的斜率降低约 0.2，理应大幅度降低燃料比；可是按调整后 Rist 线的斜率计算燃料比要较日报约高 50kg/t，是否采用了综合冶炼强度中的综合焦比作为燃料比不得而知；T 组高炉与 N、Q 组高炉 Rist 线的斜率约大 0.5，燃料比相差近 80kg/t。

（5）在提高炉腹煤气量指数时，应充分考虑对燃料比、产量、成本的影响。实践表明，炉腹煤气量指数过高，不但利用系数不能提高，反而有下降的趋势；还引起燃料比上升、能源介质增加；多投入、少产出，反而提高了生铁成本。

（6）高炉风口鼓风参数对高炉过程起着关键性的作用，因此在高炉精细化操作中要经常用物料平衡和热平衡校正鼓风、氧气流量计，计算炉腹煤气量、风口耗氧量和燃烧碳素量，掌握高炉热量消耗和还原过程的状况以及强化的合理性。

吨铁风口耗氧量上升，则风口燃烧碳素增加，高炉下部的热供量增加，AE 线的斜率增加，燃料比上升。其中大部分高炉的报表是准确的，而 T 组高炉燃料比上升的量较生产日报的量约高 50kg/t，目前有一些高炉用综合焦比[20]作为燃料比，使得统计失去了科学性和严肃性。

2000m³级高炉中有一部分高炉的指标可以与 3000m³级高炉和>4000m³高炉比美，可是大部分高炉的炉腹煤气量指数、吨铁炉腹煤气量、吨铁耗氧量、热消耗量、还原度、燃料比都比 3000m³级高炉和>4000m³高炉高，究其原因是炉顶煤气利用率普遍较低，煤气中的化学能和热能未被充分利用。

由此，在增加炉腹煤气量指数同时，计算高炉的吨铁炉腹煤气量和吨铁风口耗氧量的变化可以作为高炉合理强化的标志。这也是对高炉炼铁生产指导方针的理解，通过使用 Rist 操作模型，我们提出"高效"不等于"高产"，高效应该理解为高效利用资源和能源以及高效率、高效益。而从上面的论述，在高效利用资源和能源的基础上，实现高产，而且并不矛盾，只会更好，更符合新时代的要求，与时俱进。

　　除了炉顶煤气利用率统计的准确性以外，目前有部分炼铁厂报表统计的燃料比与生产实际的燃料比有一定的误差，造成这种误差的原因之一是对燃料比理解为综合焦比，将喷吹燃料量乘以置换比加入焦比；另一种是不计小块焦，认为小块焦入炉是废物利用，再有就是焦炭的工业分析也不准确。利用上述方法计算碳比来校核是最严格科学的。计算碳比时的关键是风口燃烧碳素量 C_f，而风口燃烧碳素量 C_f 取决于吨铁风口耗氧量 v_{O_2}，因此精确获得吨铁风口耗氧量 v_{O_2} 是获得真实燃料比的关键。希望各厂按照中国钢铁协会《中国钢铁工业生产统计指标》规定的计算方法进行统计上报，更需进行科学的解析以后奉献给大家，避免名不副实。而盲目攀比高利用系数、高生产能力，使得在规划高炉时炉容过小与全厂生产不平衡，这是要吃大亏的。

　　图 2-24（a）表示 2016 年 >4000m³ 高炉燃料比与风口燃烧碳素量 C_f 的关系。由图可知，随着燃料比的升高，风口燃烧碳素量也随之升高。而且上升得很迅速，可见燃料比的上升主要是由于风口燃烧碳素量的增加所致。因此，这也是当今我国高炉炼铁燃料比高的主要原因，应该引起炼铁界的重视。图 2-24（b）表示 2016 年 >4000m³ 高炉风口燃烧碳素量 C_f 比总碳素消耗量 $C_总$ 之值与燃料比的关系。由图可知燃料比在 490kg/t 以下，风口燃烧碳素量 C_f 与总碳素消耗量 $C_总$ 之比小于 0.68；燃料比越高其比值也越大。由此值也可以粗略估计燃料比。

　　应用 Rist 操作线图，并使用仪表显示的风量 $V_{仪表}$ 和煤气利用率来计算燃料比。但要注意及时校正仪表显示的风量和煤气中 CO 和 CO_2 含量。在高炉生产中应该用 Rist 操作线图经常进行物料平衡计算，并且校正风量仪表显示的数据的准确性。我们在进行吨铁耗氧量的计算时，还没有把喷吹煤粉的压缩空气量计算在内，因此校准后的仪表显示的风量往往偏小。这种现象在宝钢 3 号高炉第一代的生产后期，以及表 2-3 生产数据的校算中都出现过。在现代高炉中管道和阀门的漏风损失很少，因为很容易防止冷风管道、阀门的漏风，而热风管道及阀门和风口装置的漏风将导致设备的烧损。可是仍需通过长期统计规律，注意发生漏风，并及时修理或校正。

$$V_B = \frac{V_{仪表}(1 - \alpha)}{P} \tag{2-32}$$

式中　α——漏风率，一般大型高炉不应该漏风，即使有也在 1% 以下，中型高炉在 1% 左右，如果不能把喷吹煤粉的压缩空气量计算在入炉风量中可以不考虑；小型高炉在 2% 左右；

　　　　P——每分钟的出铁量，日产量/（24×60），t/min。

　　综上所述，炉腹煤气量指数对燃料比和高炉下部高温区热量消耗的影响远比

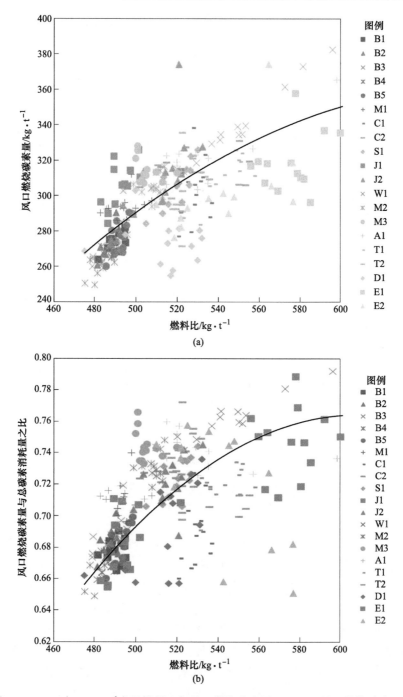

图 2-24 2016 年>4000m³高炉燃料比与风口燃烧碳素量 C_f(a) 和风口燃烧碳素量与
总碳素消耗量之比与燃料比 (b) 的关系

其他操作因素要大。因此又将>4000m³高炉月平均操作数据进行 Rist 模型计算时关于高炉下部热量分配制作成图 2-25 和图 2-26。由图可知，炉腹煤气量指数与高炉下部热量消耗、风口前燃烧生成热量均呈"U"形的关系。各热量也在第 1 章列举的炉腹煤气量指数范围内存在最低点。超过最低点，随着炉腹煤气量指数的增加而增加。

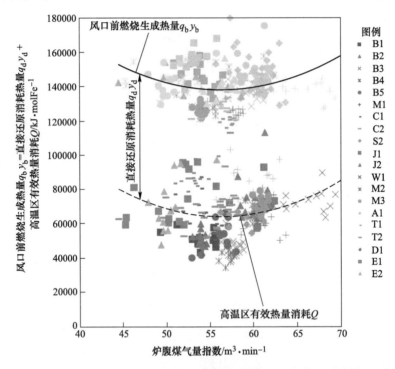

图 2-25　炉腹煤气量指数与风口燃烧生成热量、直接还原消耗
热量和高温区有效热量消耗的关系

　　风口前燃烧生成的热量主要分为两部分：直接还原消耗热量和高温区有效热量消耗。由图 2-25 可知，直接还原消耗热量反而下降。当炉腹煤气量指数变化时，高温区有效热量消耗呈明显的"U"形变化。图 2-26 表示高炉炉内生成的铁水和炉渣以及脱硫消耗的热量基本不变。高温区有效热量消耗 Q 主要用于煤气离开高温区带走的化学热和物理热。由图可知，这个热量有明显的"U"形变化。而当炉腹煤气量指数高时，为了高炉顺行往往采取不合理的装料制度，使得过剩的高能量煤气不能有效利用，致使炉顶煤气利用率 η_{CO} 下降。一方面，由操作线图能够很好地解释炉腹煤气量指数与燃料比的"U"形关系；另一方面，由此也提出了如何充分利用炉腹煤气的课题。这些将在第 3 章和第 4 章进行讨论。

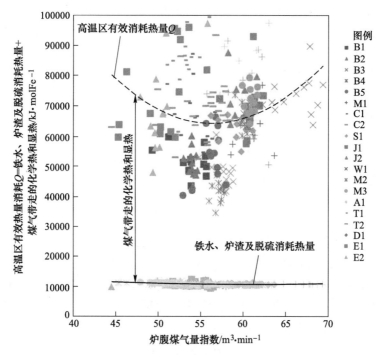

图 2-26　炉腹煤气量指数与煤气从高温区带走的化学热和显热的关系

2.1.6　图解分析

原本图解分析应独立于 Rist 操作线图，可是前面使用 Rist 操作线图已经解释了许多炉内现象。相对来说，对图解分析要少些，所以没有独立成节。高炉物质的能量平衡计算比较繁琐，虽然采用 Rist 操作线的计算方法适用于简单粗略的计算，也适应于比较精确的计算，在数字计算技术发展的今天精确计算也不成问题，但是在精确计算之前，需要准备大量的原始数据。因此，有时也可以使用现成的图解，对高炉的操作状况进行粗略的估计，供人们对比分析，以进一步改善能量利用。因此在此作简单介绍。图解分析也是以冶炼过程的主要物理化学反应和传输现象为基础，通过计算以图显示出其结果，使生产者和研究者直观地看出冶炼结果和进一步改善能量利用的潜力。

众所周知，高炉内铁氧化物的还原存在着两种：用碳直接作为还原剂的直接还原和用碳氧化成的 CO 作为还原剂的间接还原。

直接还原的特点是不可逆吸热反应，它的还原剂碳消耗少，1 个碳原子还原1 个铁原子（即 12g 碳还原 56g 铁），但是吸热很多。这时 CO 利用率要达到69.2%[18]。不但 Fe-O-C 的平衡达不到，而且欠缺大量热量。1 个碳原子进行的直接还原吸收的热需要约 3 个碳原子在风口前燃烧放出的热量来补偿。

间接还原的特点是可逆放热反应，在热力学有计算出 1 个 CO 分子还原 1 个铁原子需要 n 个 CO 分子来保证反应向还原出铁原子的方向进行，n 随温度变化，最高可达 3 个以上。

前苏联炼铁专家 A. H. 拉姆教授分析了高炉内这两种反应进行的情况，用图解方法说明高炉内这两种反应相互搭配可获得的最低碳耗。

（1）作为还原剂消耗的碳：

直接还原：
$$FeO+C \Longrightarrow Fe+CO \qquad C_d = \frac{12}{56}Fe \cdot r_d = 0.215r_d \qquad (2-33)$$

间接还原：
$$FeO+nCO \Longrightarrow Fe+ (n-1)CO+CO_2$$
$$C_i = n \times \frac{12}{56}Fe(1-r_d) = 0.215nFe(1-r_d) \qquad (2-34)$$

（2）作为热量消耗的碳。间接还原是少量放热反应 235kJ/kg，而直接还原是大量吸热反应 2717kJ/kg。冶炼过程除了直接还原吸热外，还有其他热量消耗（脱硫、碳酸盐分解、渣铁的熔化和过热，炉顶煤气带走、热量损失等）都需要在风口前燃烧碳成 CO 放热供给。作为热量消耗的碳要通过热平衡求得。A. H. 拉姆教授是通过第二热平衡来计算的。

$$(C_Q - C_{CO_2})q_{CO} + C_{CO_2}q_{CO_2} + (C_Q - C_d)q_B = Q \qquad (2-35)$$

将 $C_{CO_2} = 0.215(1-r_d)$、$C_d = 0.215r_d$、$q_{CO} = 9800kJ/kg$、$q_{CO_2} = 33410kJ/kg$ 和 $q_B = V_B C_B t_B$（kJ/kg）代入并整理得出：

$$C_Q = \frac{Q - 5076}{9800 + V_B C_B t_B} + \frac{5076 + 0.215 V_B C_B t_B}{9800 + V_B C_B t_B} r_d \qquad (2-36)$$

令 $\dfrac{Q-5076}{9800+V_B C_B t_B} = A$，$\dfrac{5076+0.215 V_B C_B t_B}{9800+V_B C_B t_B} = B$，则：

$$C_Q = A + Br_d \qquad (2-37)$$

以 r_d 为横坐标，碳消耗为纵坐标，将 C_d、C_i 和 C_Q 得 $r_d - C$ 的图解，见图 2-27。

从图可以看出，作为还原剂消耗直接还原与间接还原组合应以 C_d 和 C_i 两线交点 O' 为最好，此时：

$$0.215r_d = 0.215(1-r_{d_{O'}}) \qquad r_{d_{O'}} = n/(1+n) \qquad (2-38)$$

n 是随温度而变化的，因此 $r_{d_{O'}}$ 也随温度而变：

温度/℃	700	800	900	1000	1100	1200
n	2.5	2.88	3.17	3.52	3.82	4.12
$r_{d_{O'}}$	0.71	0.74	0.76	0.78	0.79	0.80

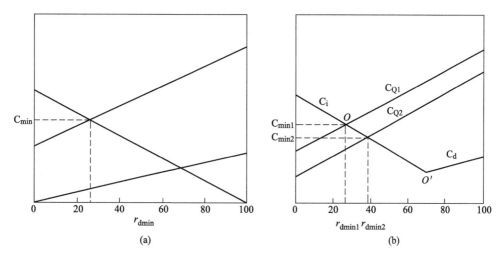

图 2-27　碳素消耗与直接还原度 r_d(a) 以及热量与最低碳素消耗（b）的关系

在高炉炼铁生产中碳的消耗不取决于还原剂，而是决定于热量消耗。因此，直接还原与间接还原组合应是 C_i 和 C_Q 的交点 O 为最好。此时碳的消耗既能满足间接还原对还原剂的需要，又能满足冶炼能量的需要。

$$r_{\Delta min} = \frac{0.215n - A}{0.215n + B} \tag{2-39}$$

在现代高炉操作条件下 O 点处于 0.2~0.3 之间。

还应指出的是，20 世纪 40 年代 A. H. 拉姆教授作图时，使用的 C_i 是 1000℃下间接还原达到的平衡状态时的碳消耗（这时 η_{CO} 达到 100%），但在实际生产高炉上是达不到图 2-27（a）这样状况的，必须考虑吨铁热量消耗所需的碳素燃烧量。那么，进一步必须考虑随着吨铁热消耗量的降低，图 2-27（b）中由热量需求的碳素消耗 C_Q 线的下降。因此，最低碳素消耗量 C_{min} 取决于热消耗量线 C_Q。

2.2　最佳化高炉炼铁生产规划

高炉炼铁生产可以用最优化规划来进行综合评价。基于高炉物料平衡和热平衡的线性规划是生产最优化的基础。芬兰研究者采用了 Rist 操作线图和炉腹煤气量等参数进一步对应更多的企业经营管理目标，例如，为实现确定的生铁产量作为目标，选择最优的高炉操作参数以获得经济效益的最大化等。

2.2.1　线性规划配料计算[19]

企业的经济效益是企业经营管理的目标，因此常成为线性规划的目标函数。而炼铁生产受一定条件的制约，必须满足高炉冶炼的要求就成为约束条件。这种方法适用于工厂的采购计划等方面，可以适用于高炉的多种配料的选择，预测在可能选择矿石品种的范围内获得最佳选择。在 A. H. 拉姆联合配料计算法的基础上，将其中的某些等式变为不等式，成为约束条件；然后制订一组目标，即线性规划的目标函数。

假定从炉顶装入的原料及焦炭共 6 种及喷吹燃料，则单位铁水各种原料的消耗量为 $m_{1~6}$，喷吹燃料量为 M。令它们的理论出铁量、热量、铁水中的某种成分、炉渣中的某种成分分别为 $e_{1~6,M}$、$\bar{q}_{1~6,M}$、$\bar{X}_{1~6,M}$、$\bar{Y}_{1~6,M}$，则有：

出铁量平衡：

$$\sum (m_{1~6} e_{1~6}) + M e_M = 1 \tag{2-40}$$

热平衡：

$$\sum (m_{1~6} \bar{q}_{1~6}) + M \bar{q}_M = 0 \tag{2-41}$$

在实际生产中，无论是炉渣还是生铁的成分都是在一定的范围内为合格，并非一个固定值。因此，约束其上限或下限时，可以写出两个方程。例如，对于某个炉渣成分的约束方程式可以是两个，即某炉渣成分的上限为一个小于或等于 0 的方程式，而下限为一个大于或等于 0 的方程式。

这个范围可以用两个方程式表示，如规定炉渣碱度的上限为 R_{max}，下限为 R_{min}，则炉料和喷吹燃料的自由碱性氧化物量为：

$$\overline{RO}_{max} = CaO + MgO - R_{max}(SiO_2 - 2.14e[Si]) \tag{2-42}$$

$$\overline{RO}_{min} = CaO + MgO - R_{min}(SiO_2 - 2.14e[Si]) \tag{2-43}$$

我们可以把炉渣碱度或造渣氧化物或生铁成分的平衡方程式变成一组符合冶炼条件的不等式，冶炼条件用一个上、下限的范围表示。如果把炉渣碱度改写为不等式，则有：

$$\sum (m_{1~6} \overline{RO}_{1~6_{max}}) + M \overline{RO}_{M_{max}} \leqslant 0 \tag{2-44}$$

$$\sum (m_{1~6} \overline{RO}_{1~6_{min}}) + M \overline{RO}_{M_{min}} \geqslant 0 \tag{2-45}$$

同样，如果把生铁中某元素要求的含量或某元素，例如 [Mn]、[P] 等改写成不等式为：

$$\sum (m_{1~6} \bar{X}_{1~6_{max}}) + M \bar{X}_{M_{max}} \leqslant 0 \tag{2-46}$$

$$\sum (m_{1~6} \bar{X}_{1~6_{min}}) + M \bar{X}_{M_{min}} \geqslant 0 \tag{2-47}$$

炉渣中某造渣氧化物含量或渣中某氧化物的平衡，例如 (MgO)、(Al_2O_3) 等可以改写成如下不等式：

$$\sum (m_{1~6} \bar{Y}_{1~6_{max}}) + M \bar{Y}_{M_{max}} \leqslant 0 \tag{2-48}$$

$$\sum (m_{1~6} \bar{Y}_{1~6_{min}}) + M \bar{Y}_{M_{min}} \geqslant 0 \tag{2-49}$$

然后增加一个目标函数，目标函数 S 由一组系数 C_m 和 1kg 物料组成，即式 (2-50)：

$$S = \sum (C_m m) \tag{2-50}$$

2.2.2 最佳化炼铁生产经济操作模型[20]

模型开发的目标是确定最有利的高炉操作方法。在此运用 Rist 模型描述过程的特性是分析中重要的一步，并将分析转化成线性模型使问题简单化。

2.2.2.1 最佳经济操作模型的构成

在高炉物质和能量平衡为第一级模型的基础上，通过第二级线性规划可以建立降低生铁成本的优化工艺经济模型，制订最有利的高炉操作方法。为达到这一目的，必须引入第二级变量，形成一个混合整数线性规划（MILP）问题。

由高炉物质和能量平衡建立最重要的过程典型状态变量组合，例如风量、氧气量、喷吹燃料比、风温、球团矿比和熔剂比 6 个变量并确定其变化范围和等级。由因子法建立最重要的输入变量组合。根据所研究高炉的实际条件，在本模型中因子法给出了 50 种不同变量的组合。将其用作 A. Rist 高炉物质和能量平衡的第一级模型的输入变量，并估算出若干有用的操作选择，形成一个有风量、氧气量、喷吹燃料比、风温、球团矿比和熔剂比 6 个变量的回归点阵 $X_1 = \dot{V}_B$、$X_2 = \dot{V}_{O_2}$、$X_3 = m_{Inj}$、$X_4 = t_B$、$X_5 = m_P$ 和 $X_6 = m_{Lime}$，以及 13 个第二级模型的输入项。第二级模型的输入项为铁水产量 $\dot{m}_{hm}$、燃料比 m_{coke}、风口燃烧温度 t_F、炉腹煤气量 V_{BG}、炉料在炉内停留时间 τ、炉顶煤气温度 t_T、炉渣碱度 B、渣比 m_{slag}、炉顶煤气量 $\dot{V}_T$ 和成分 y_{CO}、y_{CO_2}、y_{H_2} 以及热值 Q_T。这些输入项都预先做成线性回归方程形式：

$$y_i = K_{i,0} + K_{i,1} \dot{V}_B + K_{i,2} \dot{V}_{O_2} + K_{i,3} m_{Inj} + K_{i,4} t_B + K_{i,5} m_P + K_{i,6} m_{Lime}$$
$$(i = 1, 2, \cdots, 13) \tag{2-51a}$$

式中　$\dot{V}_B$——风量，m^3/min；

$\dot{V}_{O_2}$——氧气量，m^3/min；

m_{Inj}——喷吹燃料比，kg/t；

m_P——球团矿比，kg/t；

m_{Lime}——熔剂比，kg/t；

t_B——风温，$℃$。

或者矩阵：
$$\boldsymbol{Y} = \boldsymbol{K}\widetilde{\boldsymbol{X}} \tag{2-51b}$$

式中，$\boldsymbol{Y} = (Y_1, \cdots, Y_{13})^T$；$\widetilde{\boldsymbol{X}} = [1, X_1, \cdots, X_6]^T$；点阵 $\boldsymbol{K}$ 的元素由线性回归决定，产生 13 个输出值的精确模型。由于烧结矿、球团矿和铁水成分是固定的，烧结矿比可以通过铁的质量平衡求出。

2.2.2.2　约束条件

为使操作的优化有实际意义，必须考虑实际操作条件的约束。当然，其中应考虑炉料（焦炭、烧结矿和球团矿）的最高供应量以及喷吹的燃料和氧气的供应量。除了这些外部约束条件以外，还应有受内部条件限制的变量，例如风量、风口燃烧温度、炉顶煤气温度、炉腹煤气量、炉料停留时间、炉渣碱度等。其中，风温的约束是因为热风炉操作的限制；此外，还应限制炉腹煤气量，以防止高炉下部发生液泛和流化。炉顶煤气温度的上限受煤气输送和净化系统允许温度的约束，而且输出煤气水分冷凝决定其下限。还可以合理引入炉料停留时间限制，时间太短，可能出现炉料接近热储备区时没有达到应有的还原度；而时间太长，则可能导致烧结矿降解等。

为了说明模型，现以芬兰中型高炉实例进行说明。高炉操作第一级变量的等级、最大值和最小值见表 2-10；用于线性模型式（2-51a）第二级的输入变量共13 个，其中 6 个变量还规定了范围，见表 2-11。

表 2-10　第一级变量的等级、最小值和最大值

变量	等级	最小值	最大值	变量	等级	最小值	最大值
风量/$m^3 \cdot min^{-1}$	3	1670	2330	风温/℃	5	950	1100
鼓风含量/%	5	21	49	球团矿配比/%	5	20	40
油比/$kg \cdot t^{-1}$	6	0	200	石灰石/$kg \cdot t^{-1}$	4	0	60

表 2-11　某些第二级变量的范围

变量	单位	范围	变量	单位	范围
铁水产量 $\dot m_{hm}$	t/d	3120~3600	炉顶煤气温度 t_T	℃	100~250
炉腹煤气量 V_{BG}	m^3/min	2500~3250	炉料在炉内停留时间 τ	h	6.5~9.5
风口燃烧温度 t_F	℃	2000~2300	炉渣碱度 B		1.05~12

本来，优化的可行区域应该是 n 维欧氏空间的凸集。为了说明优化方案中可行区域及限制的概念，只能通过二维图形来简要地表示特定日产量为 3320t/d 时层面的可行区域，见图 2-28。图中横坐标为油比 m_{Oil}，纵坐标为鼓风含氧量 $y_{O_2,B}$。图 2-28 能够增进对约束条件及提出的一些变量范围和最佳区域的深入理解。

图 2-28 中用粗线框住的范围为日产量为 3320t/d 时的可行区域，在区域内符合各有效约束限制的范围属于可操作的范围。粗线边界顶部的鼓风含氧量取决于鼓风温度 $t_{B,min}$ 的限制。从顶部沿着顺时针方向的粗线边界为喷油比上限 200kg/t 的制约，其还受到炉料最大停留时间 τ_{max} 的限制。粗线向下当富氧含量较低时，风口燃烧温度的下限 $t_{F,min}$ 成为有效限制。当氧气量较低时，区域界线由炉腹煤气

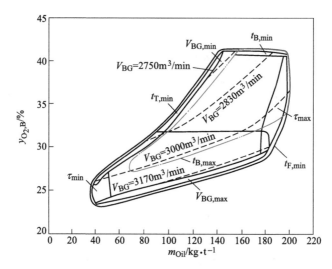

图 2-28　当产量为 3320t/d 时的可行区域内的有效约束

（双点划线包端的区域是产量为 3500t/d 时的可行区域；虚线为等炉腹煤气量 V_{BG} 线）

量上限 $V_{BG,max}$ 以及风温上限 $t_{B,max}$ 限定。低油比时，区城内左下角的有效限制为炉料的最短停留时间 τ_{min} 边界向上和向右，允许的最低炉顶煤气温度 $t_{T,min}$ 成为有效限制。最后边界曲线向右、向上升高，最小炉腹煤气量 $V_{BG,min}$ 成为限制条件，一直回到风温下限 $t_{B,min}$ 时路径结束。

在图 2-28 中还给出了产量为 3320t/d 时的等炉腹煤气量 V_{BG} 曲线，即 2750m³/min、2830m³/min、3000m³/min 和 3170m³/min 时的等炉腹煤气量 V_{BG} 曲线。随着炉腹煤气量上 $V_{BG,max}$ 允许值的升高，曲线向右下方移动就能扩大可行区域的范围。这说明通过改善原燃料来提高炉腹煤气量的上限值 $V_{BG,max}$，可操作的区城可变得宽广。

当高炉产量不同时，就不能用三维的平面图形来表示，而变成三维的立体图形。随着高炉产量的提高，可行区域逐渐缩小，特别是炉腹煤气量上限 $V_{BG,max}=3250m³/min$ 的曲线将向上移动，炉料停留时间的下限 τ_{min} 会向右移动。当高炉产量由 3320t/d 增加到 3500t/d 时，可行区域缩小并向右上角移动，即要求有更高的油比 m_{oil} 和更高的富氧量 y_{O2B}。图 2-28 中双点划线就是产量为 3500t/d 时的操作范围。这说明在产量变化时，随着产量的提高，可行区域层面的区域缩小并存在一个峰值。若不改善操作条件，欲进一步超过峰值的产量，则不可行。

如果再多考虑一个变量的限制，例如炉顶温度的限制，则可行区域必须用四维空间才能表示。当有 n 个变量限制时，则可行区域只能用 n 维欧氏空间的凸集来表示。

2.2.2.3　目标函数

高炉炼铁的经济性可以表示成包括原料成本及发生高炉煤气的收入等项目的目标函数等。目标函数 C 可以表示成：

$$C = m_{Coke}C_{Coke} + m_{Inj}C_{Inj} + m_{Sin}C_{Sin} + m_P C_P + m_{Line}C_{Line} + V_{O_2}C_{O_2} + E_B C_B - E_T C_T$$

$$(2\text{-}52)$$

式中　C_i——对应物料的单位成本，元/kg 或元/m^3；

　　　m_i——对应物料的消耗量，kg/t；

　　　V_{O_2}——吨铁氧气消耗量，m^3/t；

　　　E_B——吨铁风量及加热鼓风的能量，m^3/t；

　　　E_T——吨铁高炉煤气量，m^3/t。

为了消除加热鼓风消耗的能量随温度和成分变化的非线性关系，将鼓风的热焓的变化取成本较高的最大值 ΔH_B^{max}，则式中 $E_B = KV_B\Delta H_B^{max}$，考虑热风炉的损失其中取 $K>1$ 的值。由于炉顶煤气的热值 Q_T 很大程度上取决于炉顶煤气成分，而随喷吹燃料量和富氧率变化很大。当炉腹煤气量限于一定的范围，则炉顶煤气也就很稳定了。为了不高估利润，近似地用炉腹煤气量的下限得到炉顶煤气量的低值，即 $E_T = V_T^{min}Q_T$。

总之，降低生铁成本可以描述为：

$$\min_z C \qquad AZ \leqslant b \qquad (2\text{-}53)$$

不等式中考虑了过程的约束值，其中 A 为一个系数的矩阵，Z 为保持线性模型的输入和输出（X 和 Y）变量的矢量，b 为常量的矢量。

我们仍然用芬兰中型高炉的生铁成本作为参考，表 2-12 列出了目标函数中使用的成本。

表 2-12　目标函数中使用的成本

变　量	单位	成本 C_i/欧元	变　量	单位	成本 C_i/欧元
烧结矿	t	35	石灰石	t	30
球团矿	t	50	氧气	km^3	50
自产焦炭	t	200	鼓风加热	MW·h	15
外购焦炭	t	300	炉顶煤气能量	MW·h	10
重油	t	150			

高炉使用烧结矿、球团矿和焦炭，辅助燃料采用喷吹重油，产量约为 3500t/d，渣比为 200kg/t。除了外部约束条件之外，合理的约束条件是炉顶煤气

温度、风口燃烧温度炉腹煤气量、炉料在炉内的停留时间以及产量。炉料停留时间上限的约束对最佳点起到积极的作用，但它不严格，可以用炉腹煤气量上限的约束条件取代。在产量提高的过程中，高炉操作趋近于最低成本之后，如果炉腹煤气量保持上限值，提高产量就要依靠增加鼓风中含氧量，但风量减少了，则鼓风带入的热量下降，这些能量需要靠补充燃料来提供。

目标函数相当于在 n 维欧氏空间凸集中寻找一个极点，无法直观地表达。为了能够比较直观地了解各操作参数的最佳化，只有限定一些变量而改变其中一个变量，但是所表现的优化操作点不一定是最佳操作性能值。

2.2.2.4 计算结果和分析

使用图 2-28 中的计算结果，选择不同的可行区域。当炉腹煤气量为 $2750m^3/min$ 时，吨铁炉腹煤气量为 $1193m^3/t$，并要求富氧率高，而可行区域在图中最上角的狭小区域内，操作参数的变动将影响产量；采用不同的炉腹煤气量 $2830m^3/min$、$3000m^3/min$、$3170m^3/min$ 时，吨铁炉腹煤气量分别为 $1227m^3/t$、$1300m^3/t$、$1375m^3/t$。随着炉腹煤气的增加，富氧率降低，可行区域扩大。最后选择允许的最大炉腹煤气量 $3170m^3/min$，吨铁炉腹煤气量为 $1375m^3/t$，富氧程度用提高风温来补偿。

为了进行比较具体的说明以及评估风温的效果，把鼓风温度 t_B 设定为 1100℃ 和 950℃ 两种并进行对比，绘成图 2-29。图中"○"曲线说明在风温为 1100℃ 的条件下，降低成本对应的其他操作参数的优化。可见，在产量提高初期可达到最佳的操作性能值，但继续提高利用系数将严重影响其经济性，究其原因是未能采用大量富氧控制炉腹煤气量；相反，为达到要求的高利用系数，必须在提高鼓风量的同时降低喷油量，此时，鼓风减少的能量需要通过增加燃料比来进行补偿。

风温稳定在 t_B = 950℃ 时的最佳操作方式，其结论如图 2-29 所示。可见降低风温使生产成本增加，并且进一步提高利用系数时的成本。在较低利用系数时，低风温可使吨铁燃料比增加 $15\sim17kg/t$，与目前影响每吨铁水 3 欧元的成本结构相符。当高炉产量低于 3400t/d 之前，风口燃烧温度处于下限值，而后温度上升，炉腹煤气量达到了最大值。

因此，最经济的操作点是在风温 t_B = 1100℃ 的条件下选定高炉操作参数，高炉产量保持在 3520t/d 的水平，并使用适宜的炉腹煤气量。

综上所述，通过模型可以规划高炉炼铁的经济性和优化操作。将高炉最主要的操作变量输入上述混合整数线性规划（MILP）模型，能对重要的高炉性能变量进行估算。然后根据得出的数据建立线性模型，将炼铁成本降到最低。模型可通过电子表格等方式得到解决。

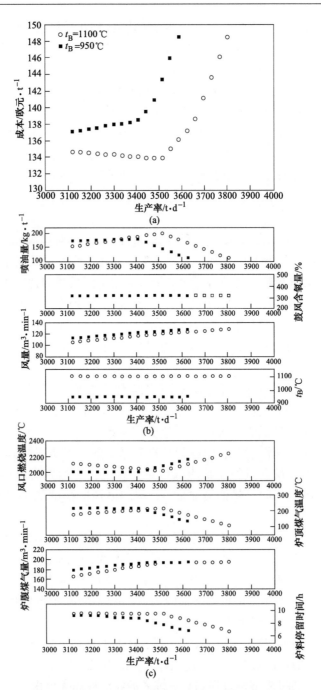

图 2-29　当风温 $t_B = 1100℃$ 和 $t_B = 950℃$ 时操作参考的关系

（a）生铁产量与最优成本；（b）喷油量、鼓风含氧量、风量及风温；

（c）风口燃烧温度、炉顶煤气温度、炉腹煤气量和炉料停留时间

2.3 本章小结

本书重点讨论了高炉物料平衡和热平衡中 Rist 操作线图法来解决高炉操作的各种问题。解释了评价高炉生产效率方法中控制吨铁炉腹煤气量和吨铁风口耗氧量的重要性。其次列举了大量实例说明不同燃料比水平降低燃料比的途径。本书也列举了各种降低燃料比的措施：诸如高风温、低硅冶炼、金属化炉料等。

吨铁风口耗氧量直接与风口燃烧碳素量和高炉下部热消耗量有关，与炉顶煤气利用率、间接还原和直接还原存在的突变点有关，因此在分析高炉降低燃料比时，应予重视。

在高燃料比、高热量消耗时，主要应采取降低吨铁炉腹煤气量、降低吨铁耗氧量来降低高炉高温区热消耗量，这能够有效地降低燃料比。高炉强化没有必要采取高的风量、富氧量和炉腹煤气指数等手段。应该控制炉腹煤气量指数，力求高炉炉况稳定，降低吨铁风口耗氧量至突变点以下，以减少热量过度消耗。

当前有一大批高炉已经关注炉腹煤气量指数，而且吨铁风口耗氧量较低，可是燃料比仍然较高，高炉处于炉顶煤气利用率和直接还原突变点的位置。这时应采取降低高炉下部热消耗量措施，提高煤气利用率，降低直接还原，改善炉况的稳定性，提高原燃料质量，减少渣，采取脱湿鼓风等措施进一步降低吨铁耗氧量至突变位置以下。

在适宜的炉腹煤气量指数和低燃料比时，继续降低燃料比需要提高炉料质量、提高炉顶煤气利用率、降低直接还原度。这是当今世界炼铁界科研和生产操作的重大课题。

参 考 文 献

[1] 项钟庸，王筱留，邹忠平，欧阳标. 炉腹煤气量指数与 Rist 线图 [J]. 炼铁，2015，34（1）：26.

[2] 项钟庸，邹忠平，欧阳标，王筱留. 炉腹煤气量指数对高炉操作指标的影响 [C]. 2014年全国中小高炉炼铁学术年会论文集，中国金属学会，成都，2014：27.

[3] 皮西 J G，达文波特 W G. 高炉炼铁理论与实践 [M]. 傅松龄，等译. 北京，冶金工业出版社，1985.

[4] 卢维高. 高炉炼铁技术讲座 [M]. 北京钢铁学院炼铁教研室，译. 北京：冶金工业出版社，1980.

[5] 王筱留. 钢铁冶金学（炼铁部分）[M]. 3 版. 北京：冶金工业出版社，2013.

[6] 项钟庸，王筱留. 高炉设计——炼铁工艺设计理论与实践 [M]. 北京：冶金工业出版社，2007.

[7] 项钟庸, 王筱留. 炉腹煤气量指数与高炉过程 [C]. 第十六届全国大高炉炼铁学术年会文集, 中国金属学会, 柳州, 2015: 5.

[8] 项钟庸, 王筱留. 用风口耗氧量来评估某些高炉操作制度 [J]. 中国冶金, 2017, 27 (2): 17.

[9] 项钟庸, 王筱留, 等. 高炉设计——炼铁工艺设计理论与实践 [M]. 2版. 北京: 冶金工业出版社, 2014.

[10] Filatov S V, Kurunov I F, Tikhonov D N, Basov V I. Effect of smeltion intensity on blast furnace productivity and fuel consumption [J]. Metalurgist, 2016, 60 (7~8): 33.

[11] 项钟庸, 王筱留, 张建良. 评价高炉生产效率的探究 [C]. 2017 年全国炼铁技术生产会议暨炼铁学术年会论文集, 2017: 45.

[12] 李肇毅, 姜维忠. 高炉冶炼的碳耗结构分析及降低碳耗的方向思考 [J]. 宝钢技术, 2017 (4): 38.

[13] Paul S, Roy S K, Sen P K. Blast furnace carbon rate using carbon-direct reduction (C-DRR) diagram [J]. Metallurgical and Materials Transaction B, 2013, 44B (2): 87.

[14] 车玉满, 郭天永, 孙鹏, 姜哲, 姚硕, 费静. 高炉降低碳素消耗技术研究 [J]. 鞍钢技术, 2018, 413 (5): 5.

[15] 项钟庸, 王筱留, 刘云彩, 邹忠平, 欧阳标. 落实高炉低碳炼铁生产方针的探讨 [C]. 2015 年中国钢铁年会论文集, 北京, 2015.

[16] 项钟庸. 树立科学的高炉冶炼观 [J]. 中国钢铁业, 2008 (9): 11.

[17] 项钟庸, 王筱留. 基于高温区的评价高炉生产效率的实用工具 [J]. 炼铁, 2016, 35 (1): 24-28.

[18] Nogam H. Carbon requirement for ironmaking under carbon and hydrogen CO-existing atmosphere [J]. ISIJ Inter., 2019, 59 (4): 607.

[19] 项钟庸. 线性规划在高炉配料中的运用 [J]. 钢铁, 1979, 14 (2): 25-35.

[20] Pettersson F, Saxén H. Model for economic optimization of iron production in the blast furnace [J]. ISIJ Inter., 2006, 46 (9): 1297.

3 高炉冶炼过程的气体力学

在高炉炉内焦炭的骨架作用，对高炉起着赖以生存、无可取代、至关重要的作用。炉料均匀地下降，是高炉顺行、持续生产的重要条件。焦炭在风口区燃烧，产生炼铁过程的动力和炉料下降的空间。在炉料下降过程中，炉料破碎、粒度缩小及小颗粒填充到大块炉料之间，使炉料的体积缩小。矿石通过物理化学变化形成的渣、铁不断地从高炉排出，倒出空间。炉内不断产生的空间是炉料能够连续下降的前提条件。

高炉内促使炉料下降的力是炉料的重力，而阻碍炉料下降的力有：炉墙对炉料的摩擦阻力；下降慢的炉料对下降快的炉料、不动的炉料对下降的炉料的阻力；上升煤气流对下降炉料的浮力。炉料的重力大于上述三种阻力之和，炉料才能下降。

高炉鼓风参数影响循环区的形成以及循环区上方下料漏斗中炉料的下降，从而影响到整个炉况，其中焦炭的粉化又影响整个高炉的透气性。在选择鼓风参数时，必须与原燃料的质量相适应。鼓风参数对高炉顺行、降低燃料比和提高产量起着重大的作用，对燃烧带出口处形成的炉腹煤气，即一次煤气的量和组成，以及一次煤气的分布，起着决定性的作用，也可以说决定了炉内能量流的状态。炉腹煤气量代表炉内的还原剂的量，而矿石作为还原的对象。煤气分布与炉料分布相匹配就是热流比的分布，热流比不但与炉内热交换有密切的关系，而且热流比代表了氧化剂与还原剂之比，与炉内还原过程密切相关。在低燃料比的条件下，焦炭质量是决定高炉产量的重要因素。循环区是高炉故障的源头。

在滴落带内渣铁的滞留和过高的炉腹煤气量指数会造成液泛影响高炉顺行。软熔带是高炉透气阻力最大的部位，炉腹煤气量指数合适，才能获得适宜的软熔带和热流比的分布。

图 3-1 表示当高产低燃料比操作时，由于炉料中焦炭数量的减少，焦炭承担的还原负荷增大，单位焦炭的溶损量增加，焦炭在炉内的滞留时间延长，从而加速了焦炭的降解，使得焦炭的骨架作用下降。此外，由于单位煤气量减少，死料堆内焦粉率提高，煤气的渗透能力降低，加强了发展边缘气流的趋势，炉身效率有恶化的趋势。由于高炉上部热流比的上升，炉料升温速度放慢，还原停滞，助长了还原粉化。此时，如若企图用提高炉腹煤气量指数来提高利用系数，则压力损失将大幅度增加，容易发生焦炭的流态化和液泛[1]。

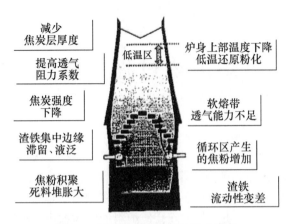

减少
焦炭层厚度

提高透气
阻力系数

焦炭强度
下降

渣铁集中边缘
滞留、液泛

焦粉积聚
死料堆胀大

低温区

炉身上部温度下降
低温还原粉化

软熔带
透气能力不足

循环区产生
的焦粉增加

渣铁
流动性变差

图 3-1　高产低燃料比时的炉内现象

　　在提高风量和提高风速时，循环区焦炭的粉化加剧，在高炉下部焦粉集聚，形成鸟巢更阻碍了煤气和液体向死料堆深部渗透，导致死料堆温度下降，阻碍渣铁通过死料堆内部向炉缸内流动。在死料堆与软熔带之间是一次煤气的主要通道，增加炉腹煤气量需要更多的通道面积，将炉料下降的主要通道压缩到炉墙边缘。缩短了炉料在炉内的停留时间。同时，渣铁顺着死料堆表面向循环区集中，通过具有氧化气氛的燃烧带被再氧化，增加了炉缸部位的热需要量，而且增强了炉缸环流。总之，高产低燃料比操作时，高炉对造成各种不稳定的因素越加敏感。

　　在软熔带，由于矿石软化及颗粒间相互黏结，矿石层内的空隙变小或堵塞，使矿石料层的透气阻力增大。在提高产量、增加炉腹煤气量时，为了通过煤气，需要更大的焦炭窗层数，使得软熔带高度增加，并使软熔带根部肥大。在降低燃料比时，随着 O/C 的增大，由于焦炭窗减少或减薄，软熔带的透气性恶化。此外，供应的还原煤气和热量减少，使得在软熔带中矿石的软化和熔化速度减慢，软熔带的宽度加大，使得煤气通过焦炭窗流动的长度增长，软熔带透气性下降。软熔带根部肥大，则从高炉下部到软熔带上部开口通气的焦炭窗数目减少。由于煤气集中于这种开口的焦炭窗流动，相对地软熔带透气性下降。由此，在高炉降低燃料比时，对在高 O/C 和低煤气量条件下，避免软熔带变厚，掌握炉料的软化熔化特性是很重要的。在高产时，炉料下降快，炉内生成的渣铁量增加，软熔带和滴落带中的熔融物增加，冶炼周期缩短，可能出现高炉下部温度低，使得铁水和炉渣的流动性差，在软熔带熔化滴落迟缓，滴落带落下的速度也慢，高炉下部渣铁的滞留量增加，高炉下部焦炭床的空隙率低，透气性能力不足，发生液泛的可能性增加。因此，掌握渣铁在焦炭床中的流动特性也很重要。

　　在高产低燃料比的同时，为了弥补上述炉内变化的后果必须提高原燃料的质量，包括减少成分的波动，同时要求操作精细化。其原因是由于传热、反应、煤气流动、固体流动的各种潜力都已经汇集起来并发挥其作用，如有失去平衡，将造成炉顶煤气成分波动、滑料、塌料、悬料等下料失常，炉身压力波动、煤气堵塞、管道等气流失常，还导致炉凉、出铁、出渣等故障。归根结底，还是要去限制炉腹煤气量，控制炉腹煤气量指数。因此，高产的唯一途径是降低吨铁炉腹煤气量。

3.1　风口循环区和燃烧带

高炉冶炼反应是高温、高热量消耗的反应。风口循环区也是高炉炉料下降的源头。强化高炉必须维持合理的煤气流和温度分布，以保证高炉炉料顺利和稳定地下降，并且充分地利用煤气的化学能和热能。图 3-2 为风口循环区的结构示意图。严格来说，风口循环区和燃烧带是有区别的。

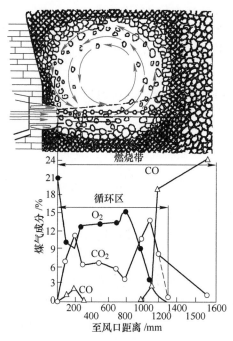

图 3-2　风口循环区中焦炭回旋运动和燃烧带煤气成分变化的示意图

风口循环区是由于焦炭被风口高速鼓入的热风、氧气和煤粉等燃烧产物形成的高能气体，使焦炭流态化而形成具有强氧化性气氛的空腔。焦炭及喷入的辅助燃料在风口循环区空腔内作高速回旋运动和燃烧，该区域又称回旋区。风口循环区是氧气与焦炭和辅助燃料燃烧形成含有大量 CO_2 燃烧产物的空腔。当 CO_2 进入焦炭层继续与焦炭进行气化反应直到 CO_2 全部转化为 CO，这个更大的区域称为燃烧带。我们把循环区和气化反应区统称为燃烧带。风口循环区不但为炉料下降提供了空间，而且在风口燃烧带燃料燃烧生成的初始煤气，我们称它为炉腹煤气。它是炉料下降和煤气产生的起点，同时也为冶炼提供了高温热量。这种还原能力很强的高温煤气是高炉冶炼所需热能和化学能的主要来源。风口燃烧带中的传热、传质过程，不但影响着风口燃烧温度和煤气的分布，而且还影响到高炉的还原过程和炉缸内渣铁的温度及其分布以及生铁质量。因此，风口循环区和燃烧带是高炉冶炼过程顺利进行和高炉强化的关键。

3.1.1　高炉鼓风及燃烧产物

3.1.1.1　高炉鼓风参数

通过风口进入高炉的鼓风量 V_B、氧气量 V_{O_2} 和鼓风湿度 W_B 是重要的鼓风参数，鼓风体积流量 V_{OT} 和质量流量 M_{OT} 分别为：

$$V_{OT} = V_B + V_{O_2} + \frac{22.4(V_B + V_{O_2})W_B}{18000} \tag{3-1a}$$

$$M_{OT} = \left[1.2507 \times 0.79V_B + 1.4289 \times (0.21V_B + V_{O_2}) + \frac{(V_B + V_{O_2})W_B}{1000 \times \left(1 - \dfrac{W_B}{803.6}\right)} \right] \times$$

$$\frac{1}{60 \times 9.81} \tag{3-1b}$$

在风口消耗的氧气量直接可以计算风口燃烧和气化的燃料量。每吨生铁在风口消耗的氧气量 v_{O_2} 为：

$$v_{O_2} = \left[0.21V_B + V_{O_2} + \frac{22.4(V_B + V_{O_2})W_B}{18000} \right] \times \frac{1440}{P} \tag{3-2a}$$

每吨生铁在风口燃烧和氧化的碳素量 C_{OT} 为：

$$C_{OT} = 1.072v_{O_2} = 1.072 \times \left[0.21V_B + V_{O_2} + \frac{22.4(V_B + V_{O_2})W_B}{18000} \right] \times \frac{1440}{P}$$

$$\tag{3-2b}$$

式中　P——高炉日产量，t/d；

　　　V_B——风量，不包括富氧量，Nm^3/min；

　　　V_{O_2}——富氧量，Nm^3/min；

　　　W_B——湿分，g/Nm^3。

由此可知，每吨生铁消耗的碳素有一半以上在风口燃烧和氧化，其发热量大致上也就是每吨铁的需要的热量。

3.1.1.2　燃烧带与炉腹煤气量及吨铁炉腹煤气量和炉腹煤气量指数

风口循环区的上部已经进入炉腹下部，燃烧带向上延伸更进入到炉腹中部，因此，世界各国都将从燃烧带出口处的产物称之为炉腹煤气。炉腹煤气是风口前燃料燃烧所产生的高温炽热、高压、带有强烈还原性的高能煤气，也是炉内的一次煤气。它是冶炼生铁所需化学能和热能的载体，是炉内能量流的源头，是推动炉内所有传热、传质过程的源泉。

在高炉喷吹煤粉的条件下，一般采用下式可简便地计算炉腹煤气量 V_{BG}[2]：

$$V_{BG} = 1.21V_B + 2V_{O_2} + \frac{44.8W_B(V_B + V_{O_2})}{18000} + \frac{22.4P_CH}{120} \tag{3-3}$$

每吨生铁消耗的炉腹煤气量为：

$$v_{BG} = \frac{1440V_{BG}}{P} \tag{3-4}$$

式中　P——高炉日产量，t/d；

$\quad V_B$——风量，不包括富氧量，Nm³/min；

$\quad V_{O_2}$——富氧量，Nm³/min；

$\quad W_B$——湿分，g/Nm³；

$\quad P_C$——喷吹煤粉量，kg/h；

$\quad H$——煤粉的含氢量，%。

炉腹煤气量有两个方面：炉腹煤气量指数 χ_{BG} 能反映炉内煤气的流速；吨铁炉腹煤气量 v_{BG} 能反映炉内还原过程还原剂和热能、化学能的消耗量。在充分利用能量方面：最根本的是降低燃料比，充分利用高炉煤气的热能和化学能，必须提高煤气利用率 η_{CO}；在提高利用系数方面：降低吨铁炉腹煤气量 v_{BG} 是强化高炉冶炼的重要手段。这也是降低燃料比必由之路，因为低燃料比、低焦比操作时，炉内矿焦比升高，料柱的透气性变差，允许通过的炉腹煤气量受到限制，只有减少吨铁炉腹煤气量才能提高产量。

炉腹煤气量指数是指在炉腹底部断面上燃烧带所产生煤气的流速，是燃烧带产生煤气在标准状态下的空塔流速，属于能量流的强度和高炉过程的动态参数范畴。它也就是炉内一次煤气流速，与鼓风动能等决定了一次煤气分布的重要物质因素，是高炉过程的重要参数，如利用系数等衡量高炉能力、生产效率的参数要由动力学因素决定；要说明生产中的许多现象，如高炉顺行、炉况、布料、入炉风量、炉内气流分布对燃料比、煤气利用率的影响等问题也有赖于动态的研究。将高炉炉腹煤气量指数 χ_{BG} 定义为单位炉缸断面积上通过的炉腹煤气量，即炉腹煤气在炉缸断面上的空塔流速，用下式表示[7,8]：

$$\chi_{BG} = \frac{4V_{BG}}{\pi d_h^2} \quad 或 \quad \chi_{BG} = \frac{V_{BG}}{A_h} \tag{3-5}$$

由于炉腹煤气量指数的波动对高炉炉况波动的影响较大。我们还可以将某个时间段炉腹煤气量指数的波动用炉腹煤气量指数的标准偏差 $\sigma_{\chi_{BG}}$ 来表示：

$$\sigma_{\chi_{BG}} = \sqrt{\frac{\sum\limits_{i=1}^{n} f_i (\chi_{BG_i} - \bar{\chi}_{BG})^2}{n-1}} \tag{3-6}$$

式中　　V_{BG}——高炉炉腹煤气量，m^3/min；

　　　　d_h——炉缸直径，m；

　　　　A_h——炉缸断面积，m^2；

　　　　χ_{BG}——某一段时间内的炉腹煤气量指数，m/min；

　　　　$\bar{\chi}_{BG}$——某一段时间炉腹煤气量指数的算术平均值，m/min；

　　　　i——在时间段内采取炉腹煤气量指数的某次数据；

　　　　n——某一段时间炉腹煤气量指数的数据数目。

如果在生产时能做到炉腹煤气量合理稳定，去除了因炉腹煤气量的波动引起的压差波动以后，那么寻找操作中压差波动的炉内原因就容易了。

采用炉缸面积来衡量炉内煤气的流速不应认为单纯降低炉缸处的煤气流速就能改善料柱的透气性。由于炉腹煤气量指数 χ_{BG} 是炉腹煤气换算到炉缸处的流速，有效容积与炉缸面积之比 V_u/A 可以认为是当量高度。因此，有效容积与炉缸面积之比 V_u/A 除以炉腹煤气量指数，可以认为是煤气在炉内的停留时间。在设计高炉内型时，不能认为加大炉缸直径就能增加炉内煤气的通过量，相反，为了降低燃料比，必须增加炉容与炉缸断面积之比 V_u/A 的值。

提高煤气在炉料中的流速是有限度的。这不但从高炉气体动力学理论到实践都证明了这一点；而且由于炉腹煤气量指数代表炉内煤气的流速，它还表征了煤气在炉内的停留时间，高炉煤气在炉内的停留时间太短，对煤气热能和化学能的利用将产生不利的影响。这是本书的重点。还应该指出，煤气流速与煤气在炉内的停留时间与有效高度 H_u，以及炉容与炉缸断面积之比 V_u/A 有关。为了降低燃料比，煤气应该在炉内有足够的停留时间，煤气应该与炉料有足够的时间接触进行化学反应和热交换，高炉应该有适当的有效高度 H_u 和足够容积 V_u。

燃烧带的参数对高炉炉内过程有重大影响。因为高炉燃烧带的还原势较弱，炉内的还原过程是在燃烧带以外才能进行，而在燃烧带内为氧化性气氛，进行着与炉内其他部位不同的反应。而影响燃烧带的因素比循环区更复杂，估计燃烧带的长度受死料堆透气性等因素的影响；其高度应在循环区的基础上更向上发展。燃烧带的产物有两种：其一为还原气体；其二为通过燃烧带的液相渣铁。而通过燃烧带氧化气氛的液相产物对炉缸内的过程有重大的影响，可是目前尚研究得较少。

3.1.2 鼓风动能与风口循环区参数

在高炉解剖调查的基础上[3~6]，进一步采用冷热态模型，在燃烧炉和生产高炉上对循环区的结构及其参数进行了详细的研究。

3.1.2.1 鼓风动能与循环区结构

鼓风从风口高速向高炉内喷入形成了流态化的循环区。循环区的形状明显地呈周期性变化。在模型中观察到的循环区为近似于圆环，中心为没有焦炭的空腔状。空腔的周围是焦炭高速循环的区域。图3-3为循环区的示意图[7]。

循环区深度 D_R 与风量、风速、风温、富氧量和喷煤量等因素有关。人们对风口循环区深度研究得比较多，已经有许多经验公式可以计算。而对循环区的宽度 W_R 和高度 H_R，以及循环区燃烧

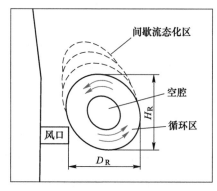

图 3-3 在高风速的情况下循环区的结构[7]

焦炭的供给状态研究得比较少。研究表明，在风口平面上循环区中心的填充率很低，小于10%；向外填充率逐渐增加，最后达到具有一定的支承作用的致密程度[4,8]。炉腹是向风口循环区供应焦炭的区域，在每个风口上方都存在着相对应的下料漏斗。关于炉料进入循环区的形态，根据实测风口上部侧壁深入100mm的压力，压力不断波动表明炉料发生停滞、向循环区塌落，也就是能量的积聚、释放的过程；压力波动反映出循环区上部炉料的非稳定、非连续周期性的供给现象，并不是像水流那样稳定地流入循环区的。因此，要使这种非连续状态不影响高炉炉况，应该使风口上方供给炉料的区域形成力学上的平衡；使风量或炉腹煤气量与上部穿顶能量平衡，当风口处压力损失越大时，能量的转换越大，涉及的上部炉料体积随之增加，塌落体积也越大。

鼓风动能 E 取决于风口风速 u_{OT} 与每个风口的鼓风质量 m，与热风压力 P_B、风温 T_B，以及由式（3-1）定义的鼓风体积流量 V_{OT} 和质量流量 M_{OT} 等有关。

$$E = \frac{1}{2}mu_{OT}^2 \tag{3-7}$$

$$m = M_{OT} \times \frac{1}{60 \times 9.81 \times n} \tag{3-8}$$

$$u_{OT} = \frac{V_{OT}}{60S_f} \times \frac{T_B P_0}{T_0 P_B} \tag{3-9}$$

式中　　M_{OT}——进入风口的总鼓风质量流量，kg/min；

　　　　V_{OT}——鼓风体积流量，m^3/min；

　　　　u_{OT}——风口风速，m/min；

　　　　S_f——总的风口面积，m^2；

　　　　T_B——热风温度，K；

　　　　P_B——热风压力，kPa；

　　　　n——风口数目。

风口风速 u_{OT} 是鼓风动能的重要标志。它对高炉冶炼的影响极大，风口风速影响循环区形状，从而影响到煤气流的初始分布。

3.1.2.2　循环区大小

循环区内焦炭、煤粉的燃烧产物迸发出的煤气高速上升，与下降的炉料和渣铁相遇，在循环区上部形成漏斗状松散的下料区域，炉料在其中快速下降，液滴和破碎的焦粉被吹散，气旋强烈扰动改变了液体和粉末的分布。无论从传热、传质，还是从炉料运动来看，循环区和下料漏斗都是高炉内最活跃的区域。同时在循环区附近存在一个液体滞留率很高的区域，液体在此区域的停留时间比死料堆中停留的时间还要长[8]。

用宽 0.29m、长 0.35m、高 0.68m 的燃烧炉进行实验[9]。在不同焦炭粒度和风口直径的条件下，研究了风速对循环区深度和高度等参数的影响，如图 3-4 所示。当增加风口直径 D_T 和提高风口风速 u_{OT} 时，循环区深度增加。

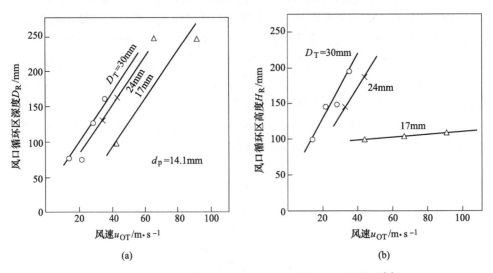

(a)	(b)

图 3-4　风速 u_{OT} 对循环区深度 (a) 和高度 (b) 的影响[9]

风口风速与循环区高度 H_R 的关系。当风口直径不变时,循环区的高度 H_R 随风口风速增加而变大。随着风口风速增加,循环区高度在开始时明显增加。这时循环区的深度随着风速增加而增长,整体的形状变得细长。此外,图 3-5 表示当装入的焦炭粒度 d_p 缩小时,循环区的高度明显增加。

焦炭从上部落入循环区,由于鼓风携带而加速,一部分焦炭与鼓风冲撞被压向风口前端的循环区深部形成慢速运动的区域,并在那里积聚了大量的焦粉。

图 3-6 表示一些描述循环区深度 D_R 的计算式[9~14]。其中,广畑 3 号高炉(1691m³)、堺厂 1 号高炉(2797m³)和大分 2 号高炉(5070m³)循环区深度的实测值用圆点表示,根据实测值提出的循环区深度的推算式(3-10)在图中用粗实线表示[14]。循环区的实测深度为 0.9~1.4m。过去的推算值要比实测值大 10%~60%。

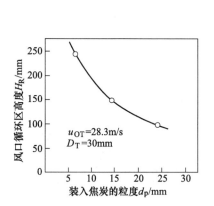

图 3-5 焦炭粒度 d_p 对循环区高度的影响[9]

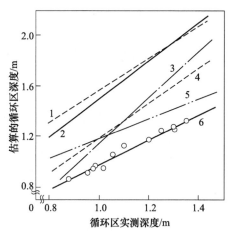

图 3-6 各种循环区深度计算方法的比较
1—清水式[13];2—中村式[9];
3—羽田式[12];4—J. Taylor 式[10];
5—J. B. Wagataff 式[11];6—田村式[14]

图 3-6 中的粗实线 6 的公式如下:

$$D_R = 5.00 D_T u_{OT} \sqrt{\frac{P_B + 1}{\rho_c d_p (T_B + 273)}} \qquad (3-10)$$

式中　D_T——风口直径,m;

　　　u_{OT}——风口风速,m/min;

　　　d_p——装料时焦炭平均粒度,m;

　　　P_B——送风压力,表压,1kgf/cm² = 0.098MPa;

　　　ρ_c——装料时的焦炭堆密度,kg/m³;

　　　T_B——热风温度,℃。

3.1.3　循环区供料及焦炭的粉化和合适风速

焦炭的燃烧起源于循环区内部，而大部分燃烧是在循环区边界外的燃烧带中进行，同时还进行激烈的碳素气化反应。在 20 世纪 40~50 年代就开始使用燃烧炉对循环区形成的过程进行研究，之后仍不断地进行研究[11~14]。

3.1.3.1　向循环区供料

采用呈 48°角的扇形燃烧实验炉进行循环区形成过程的实验。炉子高度为 5.5m，容积为 27.5m³，风温可达 1000℃，可以富氧鼓风，出铁能力 6t/h。由于循环区内焦炭的燃烧，为测量炉料的下降情况，在风口上方 4.5m 水平面的装料口设置重锤式测量装置测量炉料的下降。图 3-7 表示在燃烧炉中循环区上方形成的漏斗和估算的下料速度[12]。

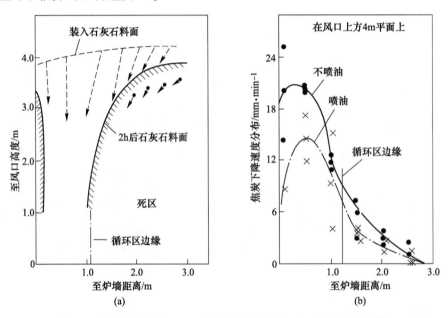

图 3-7　焦炭下料漏斗（a）和炉料下降速度（b）的径向分布[12]

图 3-7（a）虚线表示装料时石灰石的料面，半径上几乎呈平面；实线表示在操作终了后循环区上方的石灰石完全落入循环区内的情况。炉子中间部位到炉子中心装入的石灰石表面几乎没有变动，在循环区上方形成了深坑。因此，向循环区供给的焦炭完全来自循环区的顶部，极其狭窄的区域，几乎没有横向的供应。上述趋势也可以从图 3-7（b）在风口上方 4m 平面炉料半径方向下料速度分布图中看出，这个结果与实际高炉几乎完全一致。

风口循环区的上部呈环状的下料漏斗[7,12,14~17]，炉料在其中呈不均匀的下降，炉料的停滞会引起循环区不稳定，静压力发生幅度较大的波动。当在风口上方的炉料形成力学上最稳定的穹顶，穹形的拱顶直径比较小，在下方有稳定的穹脚支撑时，能支承上部炉料较大的压力。这些条件与风口风量、风速和鼓风动能应该存在一定的合适范围，即过高或过低都会加剧崩塌的范围。而这些条件往往与高炉的产量、操作制度有关。如果高炉过度强化，循环区扩大，穹顶直径扩大，两个风口的循环区相互连接，则会使得穹顶或软熔带根部不稳定。特别是，漏斗的拱顶在不均匀下料时会崩塌，而循环区的拱顶往往是软熔带[7]。

　　图 3-8 表示循环区高度 H_R 与循环区深度 D_R 之间的关系[7]。

　　当软熔带下降到阻塞循环通路时，它的影响是很大的。没有软熔带影响时会得到一个循环区平均的形状。如果软熔带下降到循环区的闭环中，循环区深度将有明显地变浅，如图 3-8 中箭头所标示的那样。这是大分 2 号高炉使用测量循环区深度的装置测量到当软熔带崩塌时，循环区深度与循环区高度之间关系的变化。这个影响循环区 H_R/D_R 的变化可以从两个方面理解，紧靠循环区的填充床负担的压力变化，以及软熔带根部（软熔层）与风口之间的距离有大的变化。

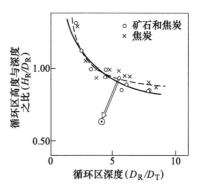

图 3-8　循环区高度与深度的关系[7]
（○⟹⊙表示当软熔层下降到循环区时 H_R/D_R 的减少量）

　　如图 3-8 所示大部分高炉的循环区高度 H_R 与循环区深度 D_R 几乎相同，循环区的高度与循环区的深度之比（H_R/D_R）为 0.85~1.0。当软熔带下降到循环区闭环中时，循环区高度将大幅度减小，如图 3-8 中的箭头所示 H_R 与 D_R 之比接近 0.6。

　　此外，大分 2 号高炉使用炉腹光纤图像探测器直接观察高炉炉内状况。当测量器插入到软熔带内面，长度为 3.5~4.5m 时，观察到 1300~1400℃ 左右的高温焦炭呈漂浮的状态的图像[18]。在软熔带内面形成的空洞与空洞的连接部位可观察到焦炭呈漂浮的状态。从图像判断，观察到的漂浮焦炭的粒度约 40mm 左右，没有看到小块焦炭。对此图像进行分析，在焦炭漂浮的区域探测器插入时的推力也很小，焦炭呈松散浮游的状态，很难估计燃烧带是否结束，有可能两者相互衔接。这就意味着上升的煤气并不具有很高的还原势，也意味着落入炉缸的矿石还原程度远远没有达到预期的要求。

　　在冷态模型进行的实验中用砂子模拟低透气性的软熔带，由风口形成的炉腹煤气流量对下料和静压力的稳定性影响很大[19]。由于边缘气流增加：（1）死料堆的透气性下降；（2）模拟的软熔带向死料堆表面靠近；（3）细粉流向循环区。当模拟软熔带的界限位置更低时稳定性急剧变差。这个条件与实际高炉软熔带一直下降到死料堆停滞区域附近时的下料不稳定相对应。当煤气速度和积蓄层厚度达到一定界限时，将引起悬料。在炉腰存在低透气性层时，积蓄的焦粉层是悬料的重要诱因。

用数值模拟研究炉缸直径 12.7m 高炉循环区稳定和非稳定气流和颗粒的运动[17]，结果表明了焦炭、焦粉和煤气运动速度的分布，以及焦粉的分布。它们的运动具有脉动和非稳定的特性。在高风速时，导致软熔带和死料堆之间不稳定的状态，并且在炉墙附近和循环区上方的软熔带生成或塌落。在高炉中产生不稳定的软熔带，并使炉内压力波动。用离散单元模型从力学的角度评价风口循环区的形成和循环区的稳定性。在高风速时，在高炉下部形成高的死料堆，以及由于高风速导致炉墙和循环区附近的炉料不稳定，使软熔带周期性地生成或塌落。

3.1.3.2　循环区内焦炭的粉化和合适的风速

增加风量和提高风速，使得循环区内的煤气动能转变成破碎焦炭的能量。过高的风速可能导致焦炭粉化影响透气性，并在死料堆表层积聚焦粉，使得死料堆肥大。下料漏斗内的炉腹煤气流速过高，容易造成循环区的失衡。从确保炉内透气性、循环区稳定性的角度出发，应考虑采用合适的炉腹煤气量指数[14]。

由于风口风速或者利用系数的提高，当实际高炉循环区的换算深度在 1.3m 以上时，在循环区的焦炭粉化量和死料堆表面部分的细粒焦粉的堆积量增加。其结果，使死料堆长大，下料漏斗变得狭窄，炉墙附近的炉料下降速度增大，使得死料堆内部温度和炉墙附近的温度下降。

冷态试验按高炉的利用系数为 1.6t/(m³·d)、2.0t/(m³·d)、2.7t/(m³·d) 的条件进行。将冷态实验的结果换算到实际高炉上从风口前端 0.9~2.3m 焦粉-1mm 的分布在死料堆表面焦粉的积聚量最大。图 3-9（a）表示得到的死料堆表面部位的焦粉率与循环区深度的关系。在循环区增大至某个程度以后死料堆表层

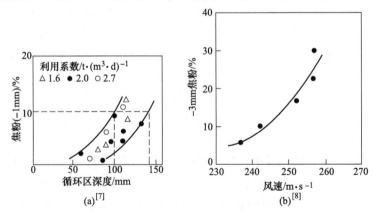

图 3-9　循环区深度对死料堆表层焦粉率的影响

的焦粉率有急剧增加的趋势。由此,循环区的扩大焦粉率增加是由于循环区内回旋的焦炭量增加和回旋速度增加,焦炭之间相互冲撞、摩擦的频率增加。其次,由于死料堆表层焦粉率达到10%以上,死料堆向上方和炉墙方向扩大,焦炭的下降区域缩小,而在炉墙附近下落速度增大,确认高炉下部炉温明显下降[7]。因而,以焦粉率10%以下为合适的循环区深度,即循环区深度为0.9m以下。图3-9(b)表示风口提高风速使得产生的焦粉增加的另一个实例[8]。

风速对焦炭的破碎作用巨大[20,21]。图3-10表示焦炭在燃烧炉中燃烧时,风口风速为200m/s和260m/s两个水平时,在风口上方3.1m处的高炉半径方向−3mm焦粉积聚量的分布。风口风速260m/s(实线)时最大焦粉率达到18%,从风口前端700~1100mm的广阔区域焦粉积聚达10%以上。当风口风速从260m/s降低到200m/s时,循环区焦粉的产生量也减少。此外,风口上方炉墙也约有10%的−3mm焦粉堆积,循环区内部焦粉不到5%。图3-11表示君津3号高炉风口风速约为300m/s时,风口水平面上取样实测的焦粉径向分布。在死料堆表层的焦粉高达20%。

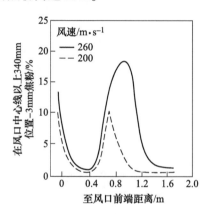

图3-10 在燃烧炉中风速对
焦粉分布的影响[20]

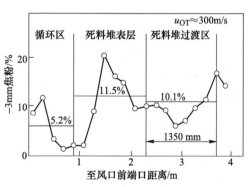

图3-11 君津3号高炉风口水平
面上取样焦粉的径向分布[21]

图3-12表示取样得到的循环区内−3mm焦粉的分布。也表示焦炭燃烧时形成循环区的外壳,以及风口风速对−3mm焦粉分布的影响。当风口风速为200m/s时,对应于在风口水平+690mm处的循环区前端上方的焦粉堆积量不满5%(图3-12(a));当风口风速为260m/s时,风口水平+1040mm处焦粉的堆积量达到了10%(图3-12(b))。换言之,随着风口风速提高,循环区扩大,焦粉堆积区域向高炉上方扩展。在名古屋1号高炉停炉通入N₂凉炉后解剖调查也发现存在如图3-12所示现象,在风口上方炉墙附近及死料堆表层堆积大量焦粉,形成鸟巢状积聚。当提高风速后鸟巢加厚、增高,并有向上延伸的趋势。在这个区域堆积了−10mm的焦粉量约30%[6]。

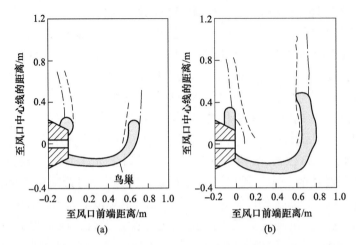

图 3-12　风速 200m/s（a）和 260m/s（b）对循环区外壳形成和焦粉积聚的影响[6]
（-3mm 粉焦率为 5%用虚线表示；粉焦率为 10%用点划线表示）

　　我们曾经对焦炭在炉内粒度的变化及炉内焦粉积聚的行为进行过分析。焦炭在炉腰以上粒度基本没有变化，而从循环区流出的焦粉向上方流动，在水平方向的扩散较少，在高炉的全部高度的径向中间部位，形成焦粉高浓度的区域。焦粉从这个区域低速向上方移动，并在高炉中心形成高浓度积聚的区域。粉末积聚在煤气流动速度低的地方，如死料堆表面和软熔带。图 3-13 表示死料

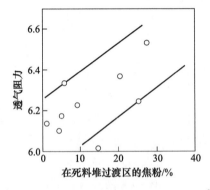

图 3-13　死料堆焦粉量与透气阻力的关系[2]

堆焦粉量与透气阻力的关系。提高风速使死料堆内部透气性和透液性恶化，热供给量下降，形成了低温区域；在软熔带根部煤气流速低的区域形成粉末积聚的区域，主要是软熔带附近的煤气流动方向发生变化、流速降低的缘故。使得软熔带的透气性恶化[2]。

　　为减少焦粉对高炉高产的影响，应该从风口前焦粉的积聚量来决定合适的风速。

3.1.3.3　合适的风速

　　根据焦炭粉化与循环区深度的关系，用式（3-10）计算，在焦比低、焦炭受溶损反应大的大型高炉循环区的推算深度约 1.4m，会使焦粉的积聚过多，有必要降低风量、风速，将 D_R 减小。

　　大量实践证明，降低风口风速，有抑制循环区焦炭的粉化的作用。在焦炭粉化量一定的条件下，降低风口风速，有可能对焦炭强度的要求放松一些。

　　宝钢 1998~2005 年在焦炭强度高的条件下，1 号、2 号、3 号高炉进行了 33 次休风后风口取样。将每次取样的物料以风口前径向方向区分为循环区焦、过渡区焦和死料堆焦。根据取样物料粒度组成沿径向分布的结果，将<2.5mm 比例或 10~2.5mm 比例较低且变化平缓的区域定义为循环区；将<2.5mm 比例或 10~2.5mm 比例较高且变化平缓的风口前 2~3m 区域定义为死料堆区；将这两个区域之间的区域定义为过渡区，该区域粉末含量为显著增加的趋势。

　　由图 3-14 可知，在 250~280m/s 的鼓风速度范围内，随风速的提高，循环区和过渡区<2.5mm 比例和 10~2.5mm 比例均呈先增加后减少的趋势（250~265m/s 范围内增加，265~280m/s 范围内减少），过渡区焦炭平均粒度总体随风速的提高而增大。死料堆表层<2.5mm 比例和 10~2.5mm 比例也呈现相同的变化趋势。

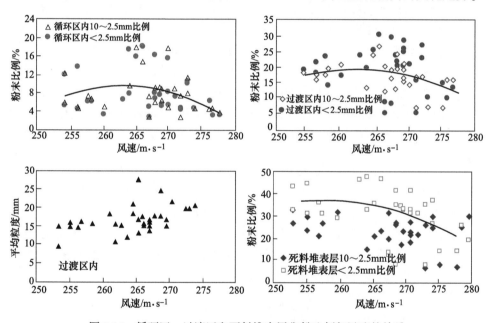

图 3-14　循环区、过渡区和死料堆表层焦粉比例与风速的关系

　　在 1998~2005 年宝钢 4000m³ 大型高炉鼓风速度控制在 250~280m/s 的正常范围，此时循环区和炉缸均处于活跃状态。风速从 250m/s 提高到 265m/s，循环区外缘焦炭颗粒可能因旋转碰撞而有所粉化。但在 265~280m/s 较高风速时，可能是由于粉末被高速煤气带走、富氧率较低和喷煤量减小，使循环区、过渡区粉末减少，死料堆表层粉末也随之减少。因此，选择合适的风速还必须综合考虑各种因素。

3.1.4　制约风口风速的因素

焦炭的破坏形态分为两类：对焦炭组织结构的体积破坏和表面耗蚀。影响焦炭粉化的主要因素是焦炭的组织结构损坏，其中，焦炭强度、碱负荷、循环区温度、焦炭在炉内的停留时间、溶损反应负荷等是使焦炭在风口循环带粉化的重要因素。由于篇幅限制仅讨论其中的几点。

此外，焦炭与熔融 FeO 接触还原，以及与熔融金属接触的渗碳等反应，将导致焦炭表面的耗蚀。在滴落带和死料堆中，存在以上两种焦炭劣化形态，使焦炭组织结构损坏和表面磨耗。

3.1.4.1　溶损反应对焦炭粉化的影响

在循环区内，溶损反应和高速运动焦炭的表面磨耗产生焦粉。而在循环区，由于熔融液体几乎都被吹出循环区，因此在循环区内不会与熔融 FeO 和铁水接触，不会因此引起焦炭的粉化。随着焦炭气化反应逐渐深入，表面气孔率增加，使得气孔壁减薄，达到一定程度表面就被破坏，使焦块碎裂成粉末。

根据解剖调查，高燃料比与低焦比操作对焦炭的粉化有很大的差别。虽然两种情况对炉腰以上焦炭的粒度影响不大，可是两种情况的溶损反应有很大差别。溶损反应，对焦炭基质的损害、对循环区内焦炭的粉化具有重大的影响。在高燃料比的情况下，焦炭承担的溶损反应负荷轻，对焦炭的基质影响小，可以承受较高的风速。

强化冶炼增加鼓风量、提高风速，必须与焦炭质量相适应，不然将使循环区产生大量焦粉。可是提高鼓风动能具有活跃炉缸，减轻铁水环流的作用。两者要求根据焦炭质量寻求合适的鼓风动能。高燃料比的高炉允许使用较高的风速。

当前由于焦炭质量的下降，并且由于降低焦比相对承担的溶损反应负荷增加，更削弱了向循环区供应的焦炭强度。图 3-15 表示在不同焦比时焦炭承担的溶损反应负荷，以及焦粉在炉缸增加的趋势[20]。

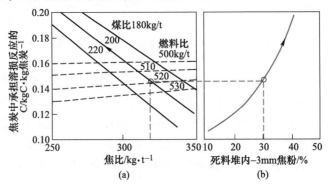

图 3-15　在不同焦比时焦炭承担的溶损反应负荷和死料堆焦粉的变化[20]

由图可知,不可忽视溶损反应的作用。高炉下部、死料堆和风口前的焦炭粒度变小,影响透气性和透液性,循环区深度将缩小,导致风口损坏。在低燃料比操作时,不得不控制风口风速,以避免产生大量的焦粉影响高炉顺行,甚至影响炉缸寿命。为了降低燃料比、焦比,适当控制风速,精心操作,在复杂的炉内现象中,寻求顾及两者的最佳送风参数,而控制产量是必要的。

根据调查研究了炉内焦炭粉化的机理,提出了在风口上面3.5m以上的区域,溶损反应及碱金属是焦炭劣化的主要原因,是体积破坏发展的区域;焦炭灰分成分以及高炉内循环富集的K_2O和Na_2O含量对焦炭的溶损反应破坏极大,当焦炭到达炉身下部时碱金属的含量显著升高,到风口循环区上沿时达到最大值。软熔带和炉腹区域为碱金属的富集区。从宝钢1号高炉2007年取出焦炭的SEM图看,炉腰、炉腹区和风口区的焦炭,破坏不仅发生在表面,基体也发生裂口延展,这将导致焦炭的快速降解。这与高炉炉腹处焦炭受高温和富碱气氛的侵蚀有很大关系。

3.1.4.2 喷煤对焦炭粉化的影响

宝钢1号、2号、3号高炉均保持260~270m/s的风速范围。1号高炉1999年2月~2003年3月保持了长期稳定的230kg/t煤比,2003年8月~2007年7月保持了190~210kg/t的煤比;2号高炉1998年1月~2004年12月长期保持170kg/t左右的煤比;3号高炉1998年5月~2003年12月长期保持200kg/t左右的煤比,2005年5月~2007年10月又提高到190~210kg/t的喷煤水平。

从图3-16可见,煤比从160kg/t提高到235kg/t,循环区<2.5mm和10~2.5mm粉末的比例显著上升,循环区焦炭平均粒度显著减小,入炉焦与循环区焦炭的粒度差则显著增加。随煤比提高,过渡区焦炭粉末比例呈增加趋势,过渡区焦炭平均粒度呈下降趋势,但与循环区焦炭粒度变化相比,变化幅度较小。可见,大量喷煤对靠近炉腹内衬的焦炭和循环区外缘上方滴落带焦炭的粒度破坏较大。

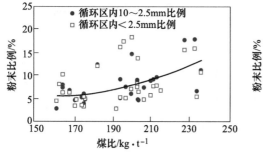
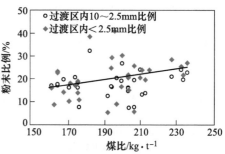

图3-16 循环区、过渡区的焦粉比例与煤比的关系

从图 3-17 可见，死料堆表层焦炭粉末比例随喷煤比提高呈增加趋势，相应地，死料堆表层焦炭平均粒度随煤比提高呈减小趋势。但 160~190kg/t 煤比范围内上述变化较大，而煤比在 190~230kg/t 范围内变化较小，这从风口前 2.0~2.5m 位置和风口前 2.5~3.0m 位置焦炭平均粒度变化上看得更明显。这与死料堆焦炭更新较慢，以及宝钢高炉 200~230kg/t 大喷煤操作期间保持了良好的焦炭强度、煤粉燃烧率、炉缸活性状态有关。

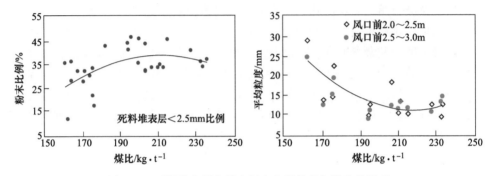

图 3-17　死料堆表层焦粉比例和焦炭粒度与煤比的关系

在高喷煤比、低焦比的条件下，有人认为喷煤可以减轻焦炭的溶损反应负荷，看来仍顶替不了焦炭在炉内的停留时间延长，以及高炉下部高温作用使得炉内焦炭的降解，这是焦炭破坏更重要的因素。

3.1.4.3　焦炭高温石墨化程度的影响

图 3-18 显示宝钢高炉风口取样的结果。循环区和过渡区焦炭粉末比例随理论燃烧温度的升高均呈现先显著下降再迅速升高的变化规律，当理论燃烧温度超过 2150℃时，粉末比例显著增加。理论燃烧温度在 2000~2150℃ 范围内，循环区和过渡区焦炭粉末含量的下降可能与喷煤比的变化有关，理论燃烧温度随喷煤比的提高而线性下降，喷煤量的减少使循环区和过渡区焦炭粉末减少。但是，更高

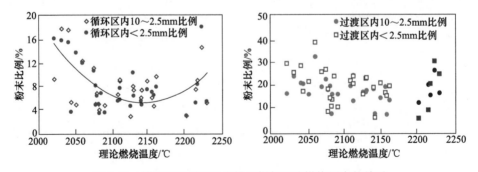

图 3-18　循环区和过渡区焦粉比例与理论燃烧温度的关系

的理论燃烧温度下循环区和过渡区焦炭的粉化与煤比无关，可能与焦炭在高温下加剧了结构破坏有关。

研究证明，焦炭经受的温度越高，其炭结构的石墨化程度越大，焦炭所经历的温度与焦炭石墨层面间距 L_c 值有对应关系。因此，通常采用 X 射线衍射法测定 L_c 值（单位：nm）以得出焦炭所经历的最高温度。

根据澳大利亚新南威尔士大学和韩国 POSCO 对高炉风口水平取出焦炭的实测结果，循环区和过渡区的焦炭经历了 1500~1800℃ 的高温作用，循环区焦炭温度显著高于过渡区和死料堆区焦炭的温度。焦炭石墨化程度越高，其高温强度越小。因此，当理论燃烧温度超过 2150℃ 时，理论燃烧温度升高，即焦炭结构石墨化加重，焦炭粉化加剧。焦炭的石墨化程度与其光学组织结构有关，各向同性结构的抗石墨化转化能力高于各向异性结构。

Thyssen 对风口渣铁、焦炭进行了长期的研究。近 30 年间对风口焦炭的石墨化进行了深入的研究。奥地利莱奥本矿业大学与 Thyssen Krupp Steel Europe AG 合作，采用拉曼光谱法研究了风口水平焦炭的炭结构[22]。图 3-19 表明，循环区和过渡区焦炭的结构特征与死料堆区焦炭有显著区别，这是因为焦炭在高炉内经历了软熔带及其以上区域的溶损反应后，又经历了滴落带、循环区的复杂的热机械过程。

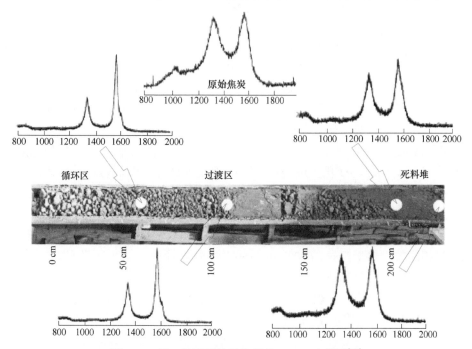

图 3-19　风口前不同位置焦炭的 Raman 光谱图[22]

目前国内外普遍采用 X 射线衍射法测定焦炭炭结构片层的间距 L_c 值来确定焦炭所经历的最高温度，该方法已用于测定高炉内不同区域焦炭经历的温度。L_c

值表征焦炭的石墨化程度，L_c 值越大，石墨化程度越高。

梁宁、吴铿等对焦炭在 N_2 气氛下加热到不同温度并保持不同的时间，测量了焦炭 L_c 值的变化，结果如图 3-20（a）所示。随着温度升高，L_c 值增大，保温 1.5h 要比保温 0.5h 的 L_c 值大[23]。经推测，恒温时间延长会促进焦炭的石墨化进程，但达到一定程度后不会有较大的变化。

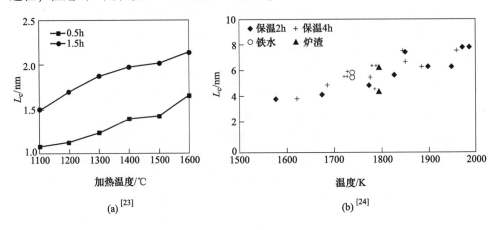

图 3-20　不同热处理条件下焦炭 L_c 值的变化

瑞典 Swerea MEFOS 的研究人员测定了焦炭在惰性气氛下，不同温度热处理不同时间以及焦炭经过与铁水、炉渣热作用一定时间后的 L_c 值[24]。由图 3-20（b）可见，随着温度升高，L_c 值增大，保温 4h 与保温 2h 的 L_c 值差别不大，说明 2h 已到最大石墨化程度；同时也表明，焦炭经过高炉滴落带和炉缸区与高温渣铁作用后，石墨化程度增加。

B. van der Velden 的实验结果表明，经不同温度热处理后，与原焦炭相比，焦炭的 I_{40} 没有明显的变化，没有产生大的裂纹和破碎。但是热处理后焦炭的 I_{10} 与原来焦炭的 I_{10} 差值显著增大，即如图 3-21 所示，ΔI_{10} 随 L_c 值的增大而显著增大，表明焦炭石墨化程度的增加使焦炭的结构强度（基质强度）变差。

Juho A. Haapakangas 等的热处理实验结果表明（图 3-22 和表 3-1），与未处理的焦炭相比较，焦炭经过 1600℃ 和 1750℃ 高温处理后，强度显著下降。因为温度越高，焦炭的失重率越大[25]。

吴铿取鞍钢的焦炭，烘干后取 21~25mm 的焦炭 300g 装入马弗炉中，加热至 1100~1600℃，通入流量 5L/min 的 N_2，分别恒温 0.5h、1.5h。热处理后的焦炭作 I 型转鼓强度 I_{600}^{10} 测试[22]。从表 3-2 的结果可见，随热处理温度的升高，转鼓强度值下降，表明随着焦炭石墨化程度的提高，抗磨损强度提高，这与图 3-21 和图 3-22 的规律相反。

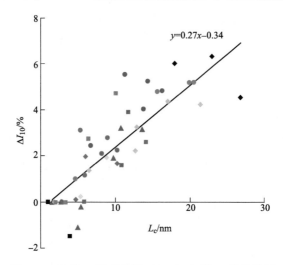

图 3-21　焦炭 I_{10} 的变化量（ΔI_{10}）与其 L_c 值的关系

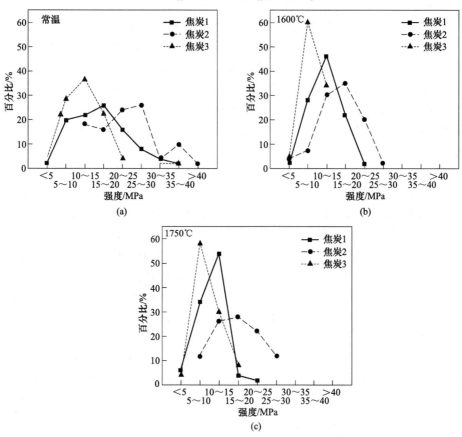

图 3-22　焦炭经高温处理后的强度变化（与未处理比较）[25]

表 3-1 焦炭预石墨化处理 1h 的失重率[25]

项目	失重率/%	
	1600℃	1750℃
焦炭 1	7.2	10.1
焦炭 2	4.9	7.6
焦炭 3	6.2	8.7

表 3-2 不同温度热处理后焦炭的 I 型转鼓强度

加热温度/℃	转鼓强度/%		加热温度/℃	转鼓强度/%	
	恒温 0.5h	恒温 1.5h		恒温 0.5h	恒温 1.5h
1100	6.3	5.6	1400	4.3	3.8
1200	5.5	5.0	1500	3.2	2.3
1300	5.1	4.0	1600	2.4	1.6

Tata Steel Ijmuiden 的 Bert Gols 等研究显示，基于 ISO 标准测试的焦炭的 CSR 和 CRI 与根据煤的镜质组含量和反射率计算的 ANIQ 值有很好的相关关系，但对于经过高温处理后的焦炭，二者相关性较差（BCSR 与 BCRI 间相关性差）。因此认为，在炉缸内焦炭的破坏主要受石墨化程度控制，也就是说，经历高温的影响比焦炭溶损反应的影响更大[26]。而在死料堆中发现存在大量经过高温的焦粉，因此可以断定，焦炭的石墨化程度对死料堆的透气性和透液性有重大的影响。

宝钢 1 号高炉 2007 年休风期间从高炉高度方向上不同位置取出的焦炭，分析了焦炭粒度组成、平均粒度分布、光学结构、微晶结构。结果表明，焦炭粒度在炉腰下部开始显著减小，到风口水平时焦炭粒度进一步减小。焦炭的光学组织结构中各向同性、细粒镶嵌结构含量呈增加趋势。焦炭的 L_c 值直到炉腰下部变化不大，但到风口水平时显著增大。

宝钢曾经对三座高炉进行风口取样，测定了风口前端 0~3m 深度内焦炭的光学组织结构 ΣISO（焦炭各向同性光学组织结构的总和，即类丝炭、破片和各向同性的含量之和）。结果，在 1998 年 10~12 月 1 号高炉为 44.92%，2 号高炉为 40.43%~44.45%，以及 2000 年 12 月~2001 年 2 月 1 号高炉为 57.7%，2 号高炉为 45.9%，3 号高炉为 46.9%，风口焦炭的各向同性结构的总量均高于入炉前焦炭的各向同性结构。沿风口前端 0~3m 深度内的焦炭各向同性之和，随着深度的增加，各向同性减少；也就是说，在高温的循环区焦炭各向同性结构含量最高，离开循环区后逐渐降低。

3.1.4.4 控制风口风速的效果

近年来，原燃料质量下降，外购焦炭增加、且质量不稳。宝钢 1 号 4996m³

高炉第三代，炉缸直径 14.5m，2009 年 2 月投产。针对原燃料条件的不利影响，首先从稳定焦炭质量入手，以改善炉缸死料堆内焦炭的粒度组成和空隙率，使其具有良好的透气透液性，引导煤气流向炉缸中心方向发展[27]。

根据大型高炉的生产特点，适应当前的操作条件，选取合适的理论燃烧温度、鼓风动能、炉腹煤气量指数，以保证下部煤气流的初始分布，高炉各项技术经济指标在良好的范围。图 3-23 为 2019 年宝钢 1 号高炉 1~7 月鼓风动能、炉腹煤气量指数、风量及富氧率的变化。炉腹煤气量指数维持在 60m/min 左右，风口风速在 230~240m/s，风量不低于 6800m³/min，提高炉顶压力，控制煤气流速；选择的富氧率要兼顾焦炭负荷、炉腹煤气量和炉顶温度。在 2019 年 5 月开始采用这种送风制度，控制强化程度，稳定高炉炉腹煤气流能改善炉缸状态，消除炉缸的不均匀侵蚀[28]。

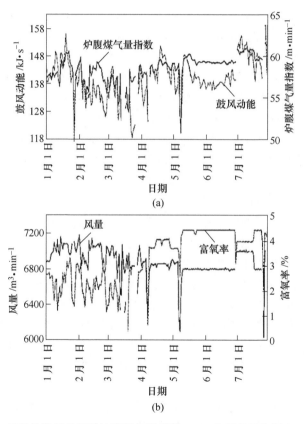

图 3-23 宝钢 1 号高炉鼓风动能及炉腹煤气量指数（a）和风量及富氧率（b）的变化[28]

宝钢 4 号 4747m³ 高炉，炉缸直径 14.2m，在 2015~2017 年炉料结构经历了 3 个阶段：（1）高球团比阶段（2014 年 11 月~2015 年 9 月），球团矿比从 10% 逐步上升至 25%，熟料比维持在 86%~88%；（2）高块矿比阶段（2015 年 10 月~2017 年 3 月），块矿比在 20% 以上，最高达 26%；（3）低烧结矿比阶段（2017年 4 月以后）烧结矿比从 75% 以上降低至 57%，球团矿比提高到 25%，块矿比保持在 18%。在炉料配比不断变化的条件下，坚持低燃料比操作。从 2015 年至2017 年平均利用系数 2.219t/（m³·d），总焦比 305.15kg/t，煤比 176.86kg/t，燃料比 482.01kg/t。为了保持炉内合理的煤气流，使炉况长期稳定、顺行，取得良好的技术经济指标，维持送风制度的相对稳定，采取调整装料制度来适应炉料结构的变化。送风参数控制的范围为：风口风速 265±5m/s，鼓风动能 150±50kJ/s，炉腹煤气量指数 62±2m/min，炉身煤气流速 2.6±0.2m/s，风口前理论燃烧温度2150±50℃[29]。

邯宝、梅钢、济钢和马钢的实践都表明，为了活跃炉缸，采用较高的风速和鼓风动能，坚持高风量。但带来负面的问题，造成煤气流稳定性差，且波动大，加剧风口小套的破损，反倒不能活跃炉缸。因此，扩大了风口直径，控制鼓风动能在 135~140kJ/s，风速 260m/s，稳定煤气流，冶炼得到进一步强化，煤比、富氧率得以提高[30~33]。

此外，随着高炉的大型化，循环区的温度提高，焦炭在炉内的停留时间延长，溶损反应负荷加重，死料堆体积与炉缸直径呈远大于立方的关系扩大等因素，使得小型高炉焦炭到达循环区之前的降解远远小于大型高炉，死料堆的影响远较大中型高炉要小。因而，中小型高炉的风速反而有可能比大型高炉受到的限制要松。

国内许多燃料比较高的高炉尚未受到高风速对焦炭的考验。高风速影响高炉下料，是引起高焦比、高燃料比，是粗放型高炉在满足高产的同时会遇到的问题。这也将是导致炉缸故障的诱因，而国内尚未重视。

简单地估算就可说明大中小高炉死料堆的影响程度截然不同。在估算不同炉缸直径的高炉风口平面以上死料堆的体积时，以循环区深度 1.6m，死料堆堆角按 54° 的圆锥形计算体积：炉容 1000m³ 高炉炉缸直径约为 7m，死料堆体积约为13.6m³；炉容 2000m³ 高炉，炉缸直径约为 10m，死料堆体积约为 139.9m³；炉容3000m³ 高炉炉缸直径约为 12m，死料堆体积约为 392.5m³；炉容 4500m³ 高炉炉缸直径约为 14m，死料堆体积约为 890.3m³。根据统计薄壁高炉炉容约为炉缸直径的 2.2 次方，而死料堆体积约为炉缸直径的 6.0 次方的关系。由此可见，大型高炉死料堆的影响将越加严重。我国高炉大型化正在加速进行，对于死料堆的影响应充分加以重视。

小高炉的溶损反应消耗少，风口燃烧温度低，死料堆的体积小；可能是风口风速对高炉过程的影响，以及对焦炭粉化的负面影响小的原因。

3.1.5　鼓风和循环区参数对高炉下料的影响

确保炉内料流的稳定性是高炉操作的基本原则。风口循环区或燃烧带参数、鼓风的动能对炉腹煤气的分布，即一次煤气的分布及其上方炉料下降的状态影响很大。在高炉日常操作中，高炉下部调剂是基础，当合适的鼓风参数确定的情况下，要保持其稳定，依靠上部调剂寻求煤气流分布与之合理的配合。

随着高炉喷煤量的增加，焦比下降，下料的不稳定因素增加，发生液泛、管道、悬料、滑料的可能性增高。高炉在低燃料比条件下操作，软熔带的焦炭窗宽度减小、位置下降，死料堆与软熔带之间的间距 ΔL 减小，即风口前循环区上方供应焦炭的漏斗流区域变得狭窄。当死料堆透气阻力增加时，循环区煤气的流路变得狭窄而且变长，使得上升煤气在流过焦炭漏斗时的阻力增加，妨碍焦炭顺利流入循环区。煤气流也不稳定，影响到焦炭和渣铁滴落运动，并呈不均匀的流股流向循环区，使得风口压力、火焰亮度呈周期性的变化。

高炉下部调剂的目的是为了控制合适的循环区大小及合适的风口前燃烧温度，以便实现合理的初始煤气流分布，从而为维护合理的操作内型打下坚实的基础。初始煤气流在圆周方向上分布的均匀性将会显著影响高炉炉内温度场的分布，从而影响操作内型的均匀性。风口前燃烧温度的高低会影响到高炉纵向的温度场分布，影响到干区和湿区的分布和软熔带的配置。

由于提高风量和风速，焦炭的粉化增加。大量焦粉积聚在死料堆表层，降低了死料堆的透气性和透液性，并阻碍热量向死料堆中传递，死料堆的温度下降，使得死料堆膨胀、肥大。软熔带与死料堆之间的通道 ΔL 是上升煤气的主要通道被压缩，并被压向高炉边缘。图 3-24 表示风速对死料堆形成和下料时间线的影

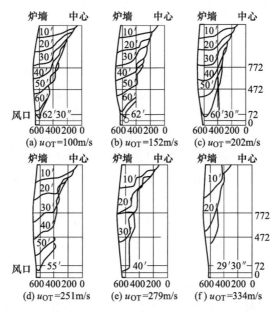

图 3-24 风速对死料堆的形成和炉料停留时间的影响[7]

响[7]。对应于实际高炉风速 u_{OT} 在 100～334m/s 有六种水平的下料等时间线，即从炉顶装入焦炭后经历的时间。由图清楚地看出，提高风速，特别是当 u_{OT} 超过 250m/s 时，死料堆扩展，死料堆与炉墙之间的水平距离缩小，下料的区域缩小。

由于设定的风量不变，则下料量固定，也就是说，下降到循环区的炉料下料速度的变化，仅仅是由于缩小了下料的区域、提高了下料速度的缘故。由于用炉料的下降速度来补偿下料区域的缩小，从而缩短了炉料的停留时间，这对炉料的还原存在重大的影响。将实验获得的下料速度与风速之间的关系表示在图 3-25 中。从图能充分理解，当 $u_{OT}<200$m/s 时，炉料下降速度几乎不变；当 $u_{OT}>200$m/s，达

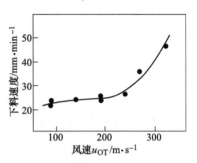

图 3-25　风速对下料速度的影响

到 250m/s 后开始明显增加。在紧靠循环区的上部发生流态化，下料不顺、滑料等。

可见，炉内炉料下降和炉腹煤气的分布与风速、与风口循环区深度密切相关。也就是说，炉内还原过程受循环区和鼓风参数的影响很大。

3.1.6　循环区是高炉故障的源头

确保高炉中的料流稳定是高炉操作的基本原则。可是，由于物料流态化而形成的风口循环区，存在着许多不稳定的因素，将成为高炉下部气流和料流不稳定的发源地。因此，研究循环区的稳定性及其影响因素对强化高炉操作有着重要意义。

以研究循环区稳定性为目的的冷态模型实验，同时采用离散单元模型，对鼓风参数与循环区稳定性关系的评价，从力学角度对循环区现象进行了考察[34]。当循环区深度与高度之比超过 1 时，容易发生不稳定。扩大风口直径和增加风量，风口循环区容易变得不稳定。从风口循环区的稳定性来看，除了选择适宜的鼓风动能以外，重要的是提高死料堆的透气性。从保证炉内透气性的角度出发，希望控制鼓风量；而从循环区稳定性考虑，保持合适的炉腹煤气量以维持适宜的风口风速。

采用冷态模型研究炉料下降时内部的应力状态[35]。以循环区周围的煤气与固体的力学平衡为基础，在循环区前端正上方是炉料流入的部位。可以清楚地观察到，示踪颗粒沿着炉墙呈漏斗流，从风口前端正上方极其狭小的区域流入循环区，并且观察到在循环区外周部位的焦炭很少消耗。

使用微波测量循环区深度对炉料中压力分布，分析了当压力出现极大值时，容易发生断流。这时由于下料被堵塞，产生炉料的崩塌[15,36]。

在循环区回旋运动与上方的炉料形成滑移线。由于焦炭燃烧使循环区内的焦炭动量下降。过剩的煤气动量使得循环区向深部延长。又由于上部焦炭流入循环区，煤气的动量传递给刚流入的焦炭，又使循环区缩小。由于循环区的反复延长和缩短，形成准稳定的循环区。

从死料堆表面对应的滑移线和准停滞区域的速度特性，可推算死料堆滑移线和准停滞区域的角度分别为 51.4° 和 80.2°。如果将两者准确地区分的话，应该将滑移线包络的区域称为死料堆；而准停滞区包络的区域称为死料柱。而当今炼铁界尚没有将滑移线和准停滞区划分开来，过去所进行的工作也难以区分，因此本书仍都统称为死料堆。当循环区深度扩大时，焦炭的供应路径也扩大。阻碍向循环区供料的上升气流阻力下降，焦炭容易被压实，向循环区流入焦炭的下降速度减慢。

君津 3 号高炉全焦冶炼时的崩塌周期为 5~6min，喷煤时循环区的崩塌时间长些。与微波测量得到循环区崩塌周期与倒圆锥漏斗排料的崩塌周期相一致。

使用高炉二维冷模型模拟试验，当死料堆的透气阻力增加和风量增加时，加大了炉料下降运动和高炉下部静压力的波动。由于风口煤气垂直向上边缘流态化，使循环区扩大，反复地形成拱顶和崩塌引起周期性的不稳定下料[16]。

在高炉炉腹炉腰部位漏斗流区域，由于拱顶应力场和悬料、崩料使得炉顶炉料变化，测量了高炉下部静压力波动，观察了炉内颗粒的运动，取得了有关高炉下部颗粒和液体的行为、风口风量和风速对死料堆形状的影响[35]。

（1）在实际操作中，当鼓风流量低、风速高时，颗粒和液体稳定地运动。可是由于提高风口风量和风速时，由于在循环区深部形成透气阻力很大的鸟巢，风口形成的煤气不能透过死料堆。风口前煤气明显地垂直向上流动，在高炉下部炉料和煤气的静压力的不连续性增大。

（2）当死料堆不透气区域的高度增高时，下料和煤气静压力剧烈波动。在部分悬料崩塌再填充的过程中，在炉墙附近形成空隙率大的漏斗流，并向上传播。在这个区域煤气很容易通过形成的管道。当死料堆不透气区域的高度降低时，不连续性的情况减少，料层均匀紧密，炉料下降速度平缓，高炉下部活塞流的区域扩大。

（3）如果死料堆透气性良好，炉料运动和煤气静压力的不连续性大幅度减少，高炉下部炉料的活塞流扩大。

采用 1/20 比例的实验高炉模拟炉缸直径为 11.6m 的实际高炉，进行了多次实验[37]。实验高炉的炉缸直径为 0.58m，设 3 个风口。图 3-26（a）表示风量为 1.60m³/min，风温 460℃，块焦粒度为 10~20mm，焦粉粒度 2.76~7mm，粉焦与块焦比例 1:2 时，燃烧带附近焦粉的行为。图 3-26（b）为在相似条件下，风量为 1.15m³/min，风温 550℃，块焦粒度为 10~15mm，不装入焦粉时，块焦的运动。

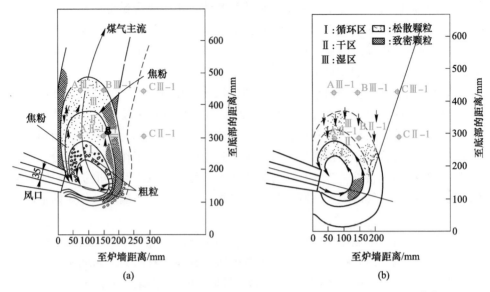

图 3-26　在不同条件下燃烧带周围焦粉的行为（a）和块焦的运动（b）[37]

（1）当循环区扩大时，循环区外面的燃烧带Ⅱ、Ⅲ的区域也扩大。

（2）焦粉增加时，上升的煤气流的主流向燃烧带上面排出，其中一部分直接从风口上方排出。由图 3-26（a）观察，Ⅱ、Ⅲ区域明显扩大，焦粉呈流动状态，焦粉由此从前后左右气流较弱的部位排出，从上部崩塌的焦炭反复使燃烧带呈崩塌的状态。

从风口前端 60mm 和循环区最深的 200mm 附近的状态来看，燃烧带排出的焦粉从上方向高炉中心积蓄，使得死料堆的透液性恶化，铁水和炉渣趋于向死料堆表层流动。

堺厂 2 号高炉容积为 2797m³，1978 年高炉利用系数为 2.08t/(m³·d)，富氧量为 6000m³/h，风量为 4116m³/min。同年 12 月利用系数降低到 1.34t/(m³·d)，燃料比为 478kg/t，风量为 2501m³/min。为防止减风时由于风速过低，循环区太浅，风口直径由 140mm 缩小到 130mm，同时在鼓风中增加了氮气 23569m³/h。结果风速由 257m/s 增加到 288m/s，保持在利用系数 2.08t/(m³·d)、燃料比481kg/t 时的相同水平[38]。由于在降低利用系数时，焦炭在高炉炉内的停留时间延长，焦炭脆化。为了保持循环区深度而增加鼓风动能，使得产生的焦粉增加，并积聚在循环区深部，边缘气流发展。若在降低利用系数时，不增加氮气使风口动能减小，循环区缩小，可抑制焦粉的发生量，由于循环区深部的焦炭粒度变大，气流变得均匀，对高炉操作更有利。

在低产时，采用喷吹 N₂ 保持风速和足够的鼓风动能是不可取的。

利用从风口射入微波测量循环区的深度也证实，随着提高产量，焦炭破碎产生的粉末增加，循环区反而缩小。而在高利用系数时，循环区长度在1.3m以上，在循环区的焦炭粉化量和死料堆表层的细焦粉的积聚量增加[36]。

焦炭循环区的形成是炉内煤气流的起点。循环区的不稳定性，特别是高喷煤操作时，容易诱发透气性下降和下料不顺、高炉整体的炉况不顺。从气体力学观点来看，决定燃料比的是透气性，焦炭粉化导致高炉不顺是最重要原因。图3-27表示焦炭质量和循环区参数对风口前焦粉的积聚有重要的影响。布料和软熔带形状的变动，也是气流不稳定的重要原因[2,36]。

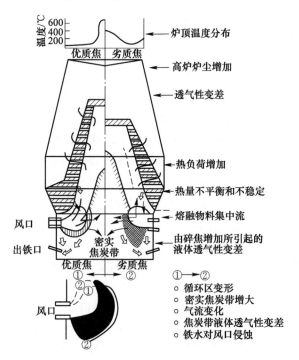

图3-27 高炉炉内焦粉对高炉冶炼影响的示意图

部 位	劣质焦炭的影响
块状带	焦粉增多，炉尘量大，阻力增大
软熔带	焦炭层内粉焦多，影响煤气的再分布
滴落带	粉焦使气流阻力增大，通过该区的煤气减少，煤气偏流增强，滞留的熔融物增多
风口循环区	循环区深度减小、高度增加，使得软熔带不稳定，边缘气流增多，气流难以到达炉缸中心，透液性变坏，铁水、熔渣淤积，烧坏风口或灌渣
炉缸	死料堆的透气性和透液性变差，气流不能渗透到达中心，炉缸中心温度下降，渣铁成分变坏，流动变差，出铁、放渣不正常，形成炉缸堆积
全局	上部气流分布紊乱，下部风压升高，破坏高炉热交换、还原和顺行

　　为保证高炉稳定、顺行，除了提高原燃料质量以外，稳定的焦炭质量及其供应量也十分重要。这也可以由 2015 年沙钢 5800m³ 高炉在焦炭质量发生巨大变化时没有采取相应措施，以至高炉失常一年多不能恢复。这应为所有大型高炉的操作者和管理者引以为戒。

　　总之，高炉的送风制度必须与原燃料质量相适应，而送风制度中的风口风速 v_B、鼓风动能 E、炉腹煤气量指数 X_{BG} 等对风口循环区焦粉的生成、死料堆特性、一次煤气量及其分布、炉料下降、炉料的还原等产生重大影响。风压的波动、炉腹煤气量指数的波动对高炉顺行有重大的影响。

3.2　风口燃烧温度和热量

　　高炉内各种物理化学反应都在各自的温度条件下进行，其中一些主要反应都是高温吸热反应。只有热量的概念没有温度的要求是不行的。为保证炉内各反应能在各自温度范围内顺利进行，必须使炉缸保持足够的温度，以物理热表示就是焦炭进入循环区时的温度 t_c 和渣铁温度 t_s 和 t_e。这是高炉顺行的基础。如果风口燃烧带炉腹煤气出口温度高还表明，同样体积的煤气有更多的热量，更有利于炉料加热、分解、还原和熔化过程的进行，从而使燃料消耗降低。影响炉缸温度的因素是多方面的，风口燃烧带炉腹煤气出口温度的高低是一个很重要的因素。

3.2.1　风口前碳素燃烧的温度

　　风口燃烧带炉腹煤气出口温度与理论燃烧温度密切相关，我们这里使用了燃烧带出口温度。

　　燃烧带出口温度 T_F 是假定在绝热条件下，风口前燃料与进入高炉的高温鼓风进行完全燃烧形成 CO_2 和不完全燃烧形成 CO 时，燃烧气体产物所能达到的温度。它是煤气与炉料在进行热交换以前的原始温度。它可借助于风口前每吨生铁消耗燃料燃烧的热平衡，亦即，燃烧带热平衡方程式求出：

$$T_F c_G^{T_F} V_G = 9797 C_F^c + Q_{PC} + Q_C + Q_B - Q_W - Q_A \tag{3-11}$$

式中　T_F——风口燃烧带出口温度，℃；

　　　$c_G^{T_F}$——在燃烧带出口温度下，燃烧产物的热容量，kJ/(m³·℃)；

　　　V_G——每吨生铁的炉腹煤气体积，m³/t；

　　　C_F^c——风口前焦炭燃烧的碳素量，kg/t；

　　　Q_{PC}——扣除分解热以后，煤粉在风口前的燃烧热量，kJ/t；

　　　Q_C——炽热焦炭进入燃烧带入的热量，kJ/t；

　　　Q_B——鼓风带入热量，kJ/t；

　　　Q_W——水分分解所需热量，kJ/t；

　　　Q_A——每吨生铁输送煤粉的压缩空气加热至鼓风温度所需热量，kJ/t。

吨铁的炉腹煤气量，随风口前燃烧的焦炭量 C_F^c 的多少而变化，当 C_F^c 增加时，发热量虽然增加，但煤气量也相应增加，加热煤气所需的热量也增多。

在宝钢高炉经验式的基础上，以单位风量化简成燃烧带炉腹煤气出口温度 T_f 的近似公式为[2]：

$$T_f = 1559 + 0.839T_B + 4.972O_2 - 6.033W_B - kP_c \qquad (3-12)$$

式中　T_B——热风温度，℃；

　　　O_2——富氧量，kg/Nm³；

　　　W_B——鼓风湿度，g/Nm³；

　　　P_c——喷煤量，kg/Nm³；

　　　k——喷煤对燃烧温度的影响系数，挥发分在 35% 以上的长焰烟煤 $k=3.4\sim$ 3.5；挥发分约 25% 的一般烟煤 $k=2.8$；挥发分 20% 的混合煤 $k=$ 2.5~2.8；挥发分在 10% 以下的无烟煤 $k=1.5\sim2.0$。因大多使用混合煤，建议采用 $k=2.56$。

提高鼓风温度 T_B、降低鼓风湿度 W_B 能直接增加燃烧产物拥有的热量和减少水分的分解热，因而显著提高理论燃烧温度，反之则降低理论燃烧温度。

提高鼓风含氧量 f 相应减少了鼓风含氮量，致使风量下降，鼓风带入热量减少，但因鼓风含氮量减少也使燃烧产物体积显著减少，终使燃烧带出口炉腹煤气温度有较大的提高。燃烧带出口温度过高，使煤气流速加快，炉料下降阻力增大，容易破坏高炉顺行。此外，还使焦炭中 SiO 挥发量显著增加，堵塞料柱空隙，造成难行和悬料。因此，当采用高富氧率时，往往采用加湿鼓风，若加湿鼓风引起风口碳素消耗量增加，则富氧往往引起燃料比升高。

燃烧带出口温度不能过低。高温煤气与低温炉料之间有足够的温差，是高炉内热交换能够顺利进行的前提。由于两者的温差较小，温度较低的燃烧带出口炉腹煤气即使拥有足够热量，实际上它对炉料传热的效率却很差，炉料的还原程度将严重不足。

为维持高炉内的焦炭温度，保持透气和透液性要采用较高的燃烧温度 T_F 值和铁水温度。图 3-28 表示风口带出口炉腹煤气温度与高炉炉容的关系。在 20 世纪 90 年代宝钢的焦炭质量很高的时期，宝钢 2 号高炉采用的风速较高循环区深度 $D_R = 1.7$m 估算的 T_F 值应在 2280℃[2]。当矿焦比下降时，T_F 值应减小。从宝钢 2 号高炉的实际来看，图中的下限可能再低一些，如图中虚线所示。

按照热平衡计算可以达到的渣铁温度，从传热计算却不一定能达到。因此，燃烧带出口炉腹煤气温度应维持在热交换所需要的最低水平以上才行。冶炼实践指出，在燃料比 600kg/t 以上，最低水平是 1980℃ 左右；随着燃料比的降低，风口前燃烧温度应在 2000℃ 以上或更高。

燃烧带的边界不但受鼓风动能的影响，还受死料堆和软熔带的影响。这是因

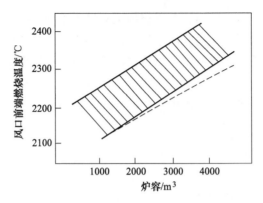

图 3-28　燃烧带出口炉腹煤气温度与炉容的关系

为炉腹煤气的分布就是一次煤气分布，其源头受风口参数的影响，又受制约其深入炉缸的死料堆的影响，而出口受软熔带的影响。由于影响因素较多，其边界尚无界定，那么流速分布也还无法确定。

3.2.2　风口前燃烧热量与炉腹煤气量指数

这里引用第 2 章 Rist 模型，将 2000m³ 级高炉的月平均数据作成如图 3-29 的诺模图。图中给出了燃烧带出口炉腹煤气温度与吨铁炉腹煤气量和高炉面积利用系数之间的关系。由图可以用来评价各高炉炉腹煤气量指数与高炉下部的热量收入的关系[39]。

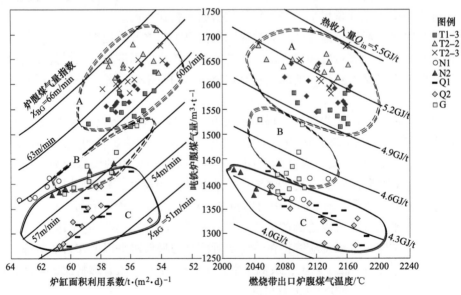

图 3-29　高炉生产效率指标与高温区热收入[39]

图的右边的一组曲线为等热量收入 Q_{in} 线。每条曲线也代表风口处燃烧消耗的热量相等。不同曲线，可以得到风口燃烧带出口温度与吨铁炉腹煤气量 v_{BG} 之间的关系；左图中的一组曲线为等炉腹煤气量指数线。从图左的数据来看，在原燃料条件很好的条件下，高炉炉腹煤气量指数也很难超过 $\chi_{BG}=66\mathrm{m/min}$ 曲线的制约。由实际生产数据可知，当吨铁炉腹煤气量 v_{BG} 较高时，面积利用系数较低。要提高高炉面积利用系数，必须降低吨铁炉腹煤气量 v_{BG}。实质上，诺模图得到了高炉的最大炉腹煤气量指数、燃料比与最高产量的关系。当已知风口前燃烧温度、吨铁炉腹煤气量和面积利用系数时，可以从图中箭头绘出操作点的位置，从而估计改进操作的方法。

当保持炉腹煤气量指数不变，要增加面积利用系数时，必须降低吨铁炉腹煤气量，降低燃料比。当强化高炉时，提高风口前燃烧温度是有效措施，可以采取提高热风温度，提高风口前燃烧温度来补偿。

由图可知，按热收入可以分为三组：位于图上部热收入为 4.9GJ/t 以上的 A 组，炉腹煤气量指数 60m/min 以上，吨铁炉腹煤气量约 1500m³/t 以上，风口耗氧量约 300m³/t 或 1.6mol O/molFe 以上；燃料比最高。图下部热收入为 4.3GJ/t 左右的 C 组炉腹煤气量指数较低，为 57m/min 以下，吨铁炉腹煤气量小于 1400m³/t，风口耗氧量 260m³/t 或 1.3~1.4molO/molFe；燃料比最低，如 Q1、Q2 和 N1、N2 高炉。热收入在两者之间，位于中部的 B 组居中，炉腹煤气量在 58m/min 左右，热收入为 4.6GJ/t 左右，燃料比也居中，如 G 高炉。从产量来看，炉腹煤气量指数最高的 A 组产量最低；B 组和 C 组产量较高；炉况稳定，炉腹煤气量指数也控制得比较稳定，波动幅度小。由此，并不是炉腹煤气量指数越高产量越高，应该是控制适当的炉腹煤气量指数，在保证高炉稳定顺行的前提下，提高煤气利用率，降低燃料比。

国外先进高炉炉腹煤气量指数都比较低，而高温区的热量收入在 4.0GJ/t 以下。宝钢高炉高温区的热量收入在 4.2GJ/t 左右。图中一批 2000m³ 高炉的高温区热量收入达到 4.3GJ/t 左右，不过也有一些高达 5.2GJ/t，甚至 5.5GJ/t。我们曾经使用过生产效率系数，即高炉日平均产铁、产渣量之和来评价高炉下部的热量利用情况[2]，其中渣铁的等效系数为 1.77，即 1t 炉渣相当于冶炼 177t 生铁。但这个换算系数仅仅考虑了渣铁之间熔化热的差别。对于炉腹煤气量指数过高的高炉，这还远远不够，过高的高炉下部热量消耗，表明这些高炉下部熔融还原发展，有大量 FeO 进入滴落带，甚至进入炉缸。这对高炉炉缸炭砖给予重创，对高炉寿命将产生巨大的负面影响。

随着炉腹煤气量指数的增加，高炉面积利用系数并没有明显上升，而吨铁炉腹煤气量迅速上升；随着炉腹煤气量指数和吨铁炉腹煤气量下降，风口耗氧量和燃烧带热收入的降低，面积利用系数反而上升。当提高风温和富氧量时，风口前燃烧温度上升，高炉下部热需要量略有降低，面积利用系数有所提高。由此也说明风口耗氧量是高炉冶炼过程的重要标志，减少风口耗氧量的重要性。

3.2.3　热流比与炉内温度分布

狭义来说，自高炉风口区产生的炉腹煤气向上流动，借着对流、辐射及传导的方式将热量传给炉料，使炉料温度在下降过程中逐渐升高，煤气温度在上升中逐渐降低。炉顶温度与渣铁温度的高低，是煤气与炉料之间热交换和化学反应的结果。由于高炉过程的复杂性，用一般传热理论研究炉内的热交换是很困难的，通常还是利用热量的概念来研究炉内的热交换问题。虽然我们在这里暂不讨论炉内还原过程，可是也不得不提及炉腹煤气决定了炉内能量流的状态。另外，从传质的角度考虑，炉腹煤气量代表炉内的还原剂的量，矿石作为还原的对象。热流比不但与炉内热交换有密切的关系，而且热流比也具有氧化剂与还原剂之比的含义，与炉内还原过程密切相关。这一点也是本书给予热流比的新含义。

3.2.3.1　热流比

热流就是单位时间内，通过某一截面的炉料或煤气，温度升高或降低 $1℃$，所吸收或放出的热量。炉料热流和煤气热流（$kJ/(h \cdot ℃)$）由下式计算：

炉料热流 $\qquad\qquad\qquad W_s = G_s c_s \qquad\qquad\qquad\qquad$ (3-13a)

煤气热流 $\qquad\qquad\qquad W_g = V_g c_g \qquad\qquad\qquad\qquad$ (3-13b)

式中　G_s，V_g——分别为高炉截面上每小时通过的炉料质量和煤气的体积，kg/h 或 m^3/h；

$\qquad$ c_s，c_g——分别为炉料和煤气的折算比热容（即包括放热和吸热反应的热量在内），$kJ/(kg \cdot ℃)$ 或 $kJ/(m^3 \cdot ℃)$。

炉料热流与煤气热流的比值称为热流比，可以用下式计算：

$$W = W_s / W_g \qquad\qquad\qquad\qquad (3-14)$$

热流比决定了单位煤气的热容量承担的炉料热容量。决定了炉内的热流强度，热流强度决定炉内的温度分布和热交换。在高炉内，煤气和炉料进行热交换的同时，还进行着一系列放热的或吸热的物理化学过程。图 3-30 为在不同高度上炉料和煤气热流的变化。在高炉上部炉料主要是进行加热、水分蒸发、少量碳酸盐分解的吸热过程，同时进行放热的 CO 间接还原反应过程。因此单位时间内炉料升高 $1℃$ 所需要的热量较少，W_s 较小，变化量也不大。在下部炉料进行大量直接还原和碳酸盐分解、软化、渣铁熔化等过程，热消耗大，其折算比热容也变得很大。越到下部炉料的耗热量越大，c_s 也越大，此时 W_s 就迅速增加，以至于比上部的 W_s 大很多。

炉腹煤气在上升过程中，由于氧化铁的直接还原、焦炭的溶损反应、炉料中水分蒸发，少量硅酸盐分解等物理、化学反应过程，煤气的体积增加，而其热容量随温度逐渐降低而减小，也可以认为炉腹煤气量，沿高炉整个高度上热流 W_g 是基本不变的。因此，在高炉中部某一区域内就会出现 $W_s = W_g$，$W_g/W_s = 1$ 的情况，如图 3-30 的 B 点。

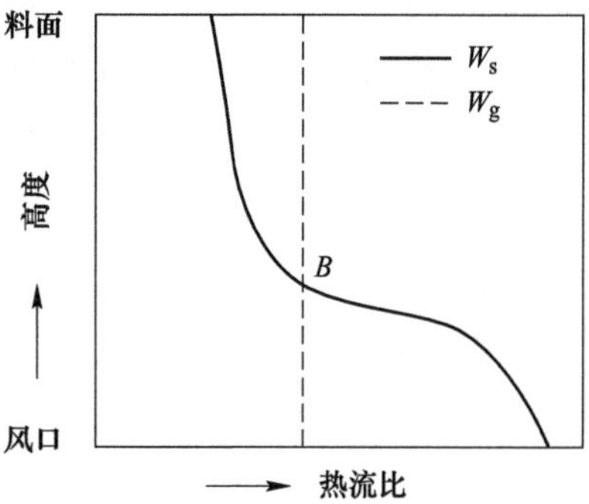

3.2.3.2　热流比与炉内温度变化的关系

　　根据许多高炉的实测发现，高炉沿高度上平均温度的变化曲线呈反"S"形的特征，见图 3-31。

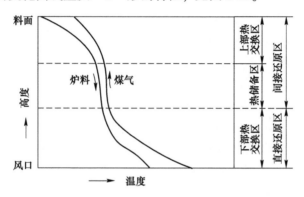

图 3-30　沿高炉高度上炉料热流比的变化

图 3-31　煤气与炉料温度沿高炉高度上的变化

　　按此温度变化规律，可将高炉风口以上划为三个热交换区：在上部热交换区 $W_g > W_s$，亦即热流比小于 1 时，煤气降低 1℃ 释出的热量可使炉料升高 1℃ 以上，故此区内煤气的温度下降慢炉料的升温快，热交换不太激烈。在下部热交换区 $W_g < W_s$，热流比大于 1 时，煤气降低 1℃ 所给出的热量不足以使炉料升高 1℃，故煤气温度下降快，炉料的升温慢，热交换激烈进行，越接近风口区直接还原量越大，热交换就越激烈。在热储备区 $W_g \approx W_s$，热流比接近于 1，即热交换的结果是煤气温度的降低和炉料温度的上升量基本相同，煤气与炉料沿高度的温度基本不变，两者的温差也很小，约为 50℃。此区域热交换缓慢，故称"热储备区"，仅有 CO、H_2 的间接还原。这个区域正是发展间接还原提高煤气利用率和降低燃料比所不可或缺的区域。我们曾经从竖炉热交换角度把它片面地、错误地称为"空区"。这是有悖于高炉的根本任务的。在使用熔剂性烧结矿时，装入高炉的石灰石量很少，热储备区的开始温度取决于焦炭开始溶损的温度。实践证明，在正常操作条件下，总体上高炉热交换符合上述三个热交换区的分析。

　　鉴于高炉上下部传热情况有很大的差别，在它们之间又有一个温差小、温度基本不变的过渡区域，我们可以把上部和下部看做在热量上互不相关的两部分，分别研究它的传热规律和热量利用问题。由于计算每小时通过高炉截面的炉料与煤气的热量是困难的，为了方便下面的热流比大小暂按单位生铁来计算。

　　在高炉操作中热流比作为炉身热交换的指标来使用。高炉日平均热流比 $\overline{W}$ 计算公式如下：

$$\overline{W} = \frac{(0.31 \times CR + 0.22 \times OR) \times P_r \times \dfrac{Ch}{1440}}{\left(0.307 \times \dfrac{H_2}{100} + 0.312 \times \dfrac{CO}{100} + 0.412 \times \dfrac{CO_2}{100} + 0.311 \times \dfrac{N_2}{100}\right) \times V_T}$$

(3-15)

式中　　　　　　Ch——当日料批数，批/d；

　　　　　　　　CR——焦比，t/t；

　　　　　　　　OR——矿石比，t/t；

　　　　　　　　P_r——生铁生成量，t/批；

　　　　　　　　V_T——炉顶煤气量的日平均值，Nm³/min；

H_2，CO，CO_2，N_2——炉顶煤气成分的体积分数，%。

　　由式可知，增加炉顶煤气量，将降低热流比。降低热流比引起风口燃烧温度下降，导致炉顶温度上升。改变高炉热流比，还使沿高炉高度温度的分布也发生改变。炉内温度分布的变化，将引起高炉炉内过程的一系列变化。提高热流比，与下降固体相对应的煤气量减少，炉料预热慢，矿石升温和还原速度缓慢，落入风口区的生降频率增加，炉内脱硫能力下降，铁水含碳量降低。为维持高炉稳定，就必须采取降低热流比，提高高炉上部温度的措施。当热流比达到 0.93 以上，炉顶温度过低，炉内矿石的升温和还原变得迟缓，风口前频繁发生生降，从而影响炉况的稳定[40]。

　　当高炉采用高风温、低湿度、低燃料比操作时，可采用调整富氧或喷煤量来调节风口前的燃烧温度 T_F，同时还必须考虑热流比的变化对炉顶温度的影响。图 3-32 为宝钢高炉实现大量喷煤粉过程中，有关的生产因素对热流比影响的统计数据。当富氧率提高时，热流比上升。随着煤比增加，热流比降低。随着热流比的升高，炉顶煤气温度下降。

　　在喷煤量增加的过程中，高炉死料堆透气性下降和富氧率提高，随之风口风速下降，循环区的深度减小，高炉的边缘气流增强，热流比呈下降的趋势。

　　对热流比的影响因素还有很多，诸如精料程度、入炉炉料的温度和比热容、炉料下降速度、炉内的反应热和热损失等。

　　由于高炉装料是不均匀的，在高炉断面上，有的地方 O/C 高，有的地方低，

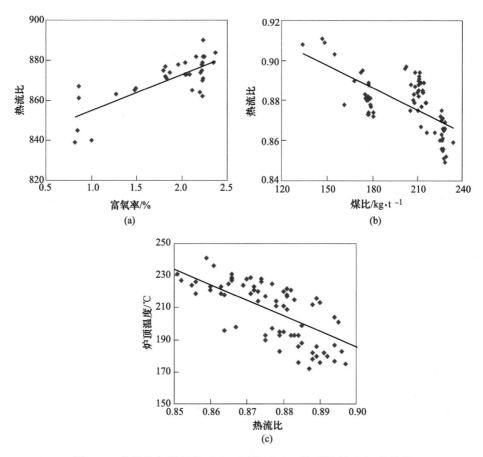

图 3-32 热流比与富氧率 (a)、煤比 (b)、炉顶温度 (c) 的关系

并且影响到炉内煤气的分布。O/C 高的地方，正是煤气难于流通的地方，使得这个地方的热流比更高。如前所述，热流比高，还原煤气供应量少，单位体积煤气中的 CO 承担的矿石负荷重。热流比高于一定值之后，从理论计算，煤气中的 CO 总量有可能不能满足夺取矿石中的氧的需要。因此，热流比不仅仅是表征炉内热交换，而且表征炉内还原的进程和煤气分布的合理性。由此，控制热流比的分布非常重要。

调整炉内煤气流分布是控制热流比分布最重要的手段。边缘煤气流发展会使边缘热流比过低，炉体热负荷升高，反之则降低。边缘过分发展不但造成炉体热负荷升高，影响高炉长寿，而且煤气利用差、能量消耗高，同时也影响到高炉的稳定顺行。边缘煤气过重，使得边缘热流比过高，使得软熔带根部肥大，易造成炉体结厚、悬料等失常炉况影响高炉操作。因此，根据具体的原燃料等条件，寻求适宜的中心煤气流分布和相应合适的边缘煤气流分布是一项很重要的工作。

　　高炉内部流动的煤气量及其分布，对高炉操作有重大的影响。目前已经普遍利用炉顶十字测温装置来判断煤气流分布是否合理，其中边缘气流指数 W 值反映了炉内边缘煤气流分布强弱的状态。W 值为炉顶十字测温边缘四点温度平均值与炉顶煤气温度平均值的比值，W 值越大说明边缘煤气流越强。

3.3　高炉透气阻力

3.3.1　炉腹煤气量与透气阻力系数

　　从气体动力学的观点来看，要提高炉腹煤气量指数 χ_{BG}，就必须改善料柱的通过能力、改善透气性，提高原燃料的质量，改善高炉的煤气分布。为了强化高炉冶炼，在此再对全炉及分段透气阻力系数及其对高炉操作的影响进行讨论，说明高炉存在最大炉腹煤气量指数 χ_{BG} 及最高透气阻力系数 K。高炉炉内透气阻力系数 K 用下式表示：

$$K = \frac{P_B^2 - P_T^2}{V_{BG}^{1.7}} \qquad (3\text{-}16)$$

式中　K——透气阻力系数；

　　　V_{BG}——炉腹煤气量，m^3/min；

　　　P_B——鼓风绝对压力，$100Pa$；

　　　P_T——炉顶绝对压力，$100Pa$。

　　监视高炉鼓风压力和透气阻力系数的波动情况，对掌握高炉料柱透气性十分重要，因此在操作中，宝钢高炉随时计算透气阻力系数的标准偏差 σ_K，力求每天、每周、每月透气阻力系数的标准偏差值为 1。如果 K 值与代表炉内一次煤气量的炉腹煤气量或炉腹煤气量指数的标准偏差联合使用，来监视炉况可能更加有效。

　　高炉下部透气阻力占全炉阻力损失的比重很大，它对高炉炉况影响很大。下部透气阻力系数的变化能提前判断炉温、渣铁滞留、液泛等炉况波动。随着高炉大型化，炉料分布的均匀性受到影响，更容易发生管道，因此测量高炉高度上、圆周上各部静压力及各部透气阻力系数的变化用来判断炉况更显得重要。应用分段透气阻力系数更细化了对高炉高度方向不同区域阻力损失的分析判断。

　　在分段透气阻力系数的计算中分母都采用炉腹煤气量 V_{BG}，则高炉总的透气阻力系数为分段透气阻力系数之和。如果将高炉在高度方向分为四段，则分段透气阻力系数与全炉透气阻力系数之间的关系，可用下式表示：

$$K = K_1 + K_2 + K_3 + K_4 = \frac{P_B^2 - P_{S_1}^2}{V_{BG}^{1.7}} + \frac{P_{S_1}^2 - P_{S_2}^2}{V_{BG}^{1.7}} + \frac{P_{S_2}^2 - P_{R_2}^2}{V_{BG}^{1.7}} + \frac{P_{R_2}^2 - P_T^2}{V_{BG}^{1.7}} = \frac{P_B^2 - P_T^2}{V_{BG}^{1.7}}$$

$$(3\text{-}17)$$

式中　　　　　P_B——鼓风绝对压力，100Pa；

　　　　　　　P_{S_1}——煤气在 S_1 段冷却壁处的绝对压力，100Pa；

　　　　　　　P_{S_2}——煤气在 S_2 段冷却壁处的绝对压力，100Pa；

　　　　　　　P_{R_2}——煤气在 R_2 段冷却壁处的绝对压力，100Pa；

　　　　　　　P_T——炉顶绝对压力，100Pa；

　　　　　　　$K_1 \sim K_4$——对应于各部静压力的分段透气阻力系数。

　　各个分区都采用炉腹煤气量 V_{BG}，当其中某一段静压力计出现故障时可以将其上、下两段合并，这也是采用透气阻力系数的优点。如果只需区分管道或难行发生在高炉上部，还是下部，则可以把 K_2、K_3、K_4 合并成上部透气阻力系数 K_2'。综合观察上下两段透气阻力系数，可以确定发生管道或难行的位置，以及建立圆周上炉喉温度和炉身温度分布的变化与炉腹煤气量在圆周上分布变化的相关关系，判断发生管道或难行的部位，预测和判断产生故障的部位，并采取相应的措施。

　　图 3-33 为巴西阿斯米纳斯（Acominas）2 号 1750m³高炉 2008 年 2~4 月月平均的炉身静压力及分段透气阻力系数的分布[2]。在高炉高度上分为四段，即风口-炉身下部-炉身中部-炉身上部-炉喉。由图可知，从风口向上炉内压力降逐步减小，风口到炉身下部压力降和透气阻力系数最大，实际上风口至炉身下部的压力降集中在软熔带根部。

　　当高炉产量一定时，炉腹煤气量 V_{BG} 的大小，取决于单位生铁的耗风量和喷吹燃料量。在一定的原燃料条件下，炉腹煤气量 V_{BG} 对应着相应的料柱阻力和透气阻力系数 K。在料柱阻力大到一定程度时，顺行状况受到破坏，出现滑料、崩料，甚至悬料或出现管道行程。高炉顺行所能接受的最大料柱阻力损失决定着最大的炉腹煤气量 V_{BG}，而最大的炉腹煤气量 V_{BG} 又限制了鼓风量和喷吹量，进而限制了高炉的产量。因此，炉腹煤气量 V_{BG} 是联系着高炉传热、传质与气体动力学之间的桥梁，是高炉强化的纽带，后面的讨论将围绕透气阻力系数和炉腹煤气量展开。

　　在炉腹煤气量一定的条件下，要想提高产量，唯有通过进一步提高炉顶压力、降低燃料比、提高富氧率，从而降低单位生铁耗风量，降低吨铁煤气量才能实现。

3.3.2　影响透气阻力的因素

　　除了炉容、操作炉型以外，影响透气阻力的主要因素还有：

　　（1）原燃料质量，包括原燃料的强度、粒度、渣量、炉渣成分等。

　　（2）焦炭负荷、燃料比、焦比，包括 O/C 的分布等。燃料比低、焦比低，则透气阻力较高。

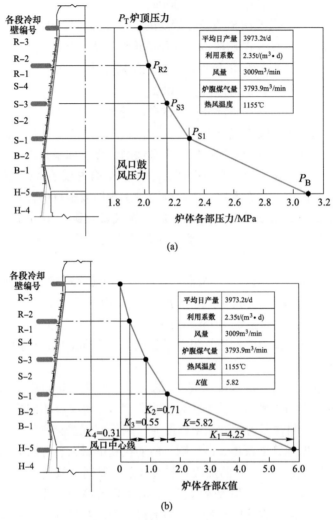

图 3-33　巴西阿斯米纳斯 2 号高炉炉身静压力分布（a）及透气阻力系数（b）的分布[2]

（3）煤气流分布、软熔带。软熔带是整个高炉料柱透气阻力最大的部位，软熔带的形式、软熔层的厚度，焦炭窗的面积等都对透气阻力有重大的影响。

3.3.2.1　燃料比和焦炭质量对透气阻力的影响

总之，当高炉低燃料比操作时，由于加入高炉焦炭的减少，炉内煤气变得紧俏，即使在溶损反应碳素量不变的情况下，单位焦炭承担的溶损反应量增加，使得高炉下部焦炭强度下降，粉化严重，影响到料柱透气性。图 3-34 为新日铁住金 6 座高炉的统计高炉的料柱的阻力损失与焦比的关系[20]。

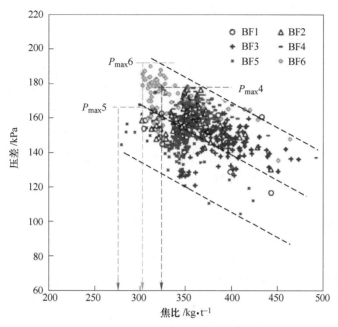

图 3-34 高炉压差与焦比的关系[20]

改善焦炭强度能够降低和稳定透气阻力系数 K。湛江 1 号高炉的生产实践表明，焦炭冷强度越好，透气阻力系数的波动 σ_K 和风压的波动 σ_{BP} 越小，高炉抗风压波动的能力越强。焦炭冷强度 DI 与 K 值之间的相关性较 M_{40}、M_{10} 更强。随着 DI 升高，K 越低，高炉透气性越好。焦炭的抗碎强度和抗磨强度越好风压的波动越小。而转鼓强度 DI 能综合反映 M_{40}、M_{10} 的改善。焦炭冷强度的三个指标对 K 值相关性的强弱排序为 $DI>M_{40}>M_{10}$[41]。

图 3-35 表示焦炭的冷强度 DI 从 84.5% 提高到 85.1%，能减少焦粉的产生，

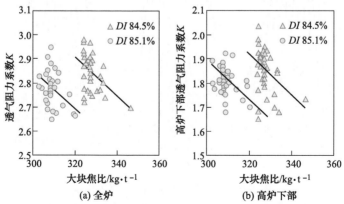

图 3-35 焦炭转鼓强度 DI 对高炉透气性的影响

使炉内的透气性改善，从而降低块焦用量约 $10kg/t^{[42]}$。

3.3.2.2　软熔带分布对煤气流动的影响

20 世纪 70 年代进行了大量高炉解剖调查，确认了软熔带的存在。在以后的研究中认识到软熔带在炉内煤气的分配中起着重要的作用，是左右整个高炉过程的关键。关于高炉操作对炉内软熔带的分布，特别是对根部的影响，还需明确以下各点：

（1）软熔带及根部形状与热流比、风量等操作因素之间的关系。

（2）随着炉料分布的变化软熔带根部的位置（高度）和厚度（软熔层的层数）之间的关系。

（3）软熔带中煤气流、矿石高温性能（软熔时的透气性）变化对软熔带形状的影响。

高炉下部的软熔带是高炉透气阻力最大，也是对高炉生产效率具有重大影响的部位，而且是最可能导致炉况恶化的区域。保持软熔带合理位置和形状是改善高炉透气性的关键，保持良好的透气性；炉缸保持活跃；以及高炉下部调剂与高炉上部调剂相匹配。煤气二次分配的关键是软熔带的位置、形状及焦炭窗的数目和宽度。合适的软熔带结构与合理布料相配合才能保证炉内煤气流二次、三次分布的合理性，使煤气能够与铁矿石充分接触，以充分利用煤气的热能和化学能，具有良好的煤气利用率。

图 3-36（a）代表高炉强化程度比较合适，炉料分布较均匀，在半径方向炉料的下降速度较均匀，热流比的分布也较均匀，软熔带呈倒"V"形。此时，在

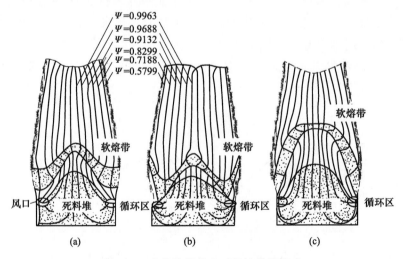

图 3-36　高炉炉料分布对软熔带的影响

软熔带形式：(a) 倒"V"形 (a)；(b) "W"形；(c) 倒"U"形

炉腰上端高炉中心部位下料速度较慢，在炉身下部往下炉墙附近的下料速度开始减慢，高炉下部炉料向循环区下降的主流是炉墙与死料堆之间的区域，也就是软熔带与死料堆之间的空间。高炉下部煤气流能够顺利地通过软熔带与死料堆之间的间隙，并均匀地通过软熔带的焦炭窗。高炉下部循环区较大，炉缸中心活跃。正常的软熔带根部不应过于肥大或过低。软熔带与死料堆之间是高炉下部煤气流的重要通道，煤气流线的计算结果也表示在图中。由于风口形成的煤气绕过软熔带根部，流入块状带，软熔带的透气阻力较大，而块状带中煤气的流线与炉墙平行，间隔距离几乎相等，煤气流分布均匀。因而能够充分利用煤气的热能和化学能，煤气利用良好、煤气利用率高。

图 3-36（b）表示在高炉边缘装入的矿石较少，在高炉的中间部位矿焦比 O/C 高，热流比高，高炉中间部位的下料速度快，死料堆有缩小的趋势。这时软熔带呈"W"形分布，在高炉循环区和死料堆顶部存在未熔融的软熔带。软熔带与死料堆之间的通道宽度 ΔL 较小，使风口形成的煤气一部分沿炉墙垂直向上流入块状带，煤气在边缘较发展，煤气的阻损较低，可是其代价是煤气利用率较低，边缘温度上升，炉体的寿命受到影响。

图 3-36（c）表示高炉边缘的矿石负荷高，边缘部位的矿焦比 O/C 高，热流比高，高炉边缘部位的下料速度快；中心部位的死料堆有向上扩大的趋势。这时，软熔带呈倒"U"形向上隆起使块状带高度和容积缩小，软熔带根部下降，而且肥大，容易使未熔融和未完全还原的物料落入循环区和炉缸。风口形成的煤气趋向高炉中心，在高炉边缘的煤气要绕过软熔带根部，炉墙附近的熔化负担过大，流动的阻力大，边缘煤气的流量低、流速慢，边缘温度低。高炉中心煤气流线变密、中心煤气发展，可使煤气的阻损较低，热流比也低，煤气利用率也低。随着边缘部位的矿焦比 O/C 增加、热流比增加，边缘部位的炉料下降速度也增加，边缘渣铁滴落量增加，渣中 FeO 也将增加。

由于炉料分布和煤气分布的变化，炉内料柱阻力、还原过程、热交换过程和渣铁分布，以及炉缸内部的过程也将产生相应的变化。因此，高炉布料应该从多方面考虑，不能只从改善高炉的透气性的角度来决定。这里只做了软熔带对煤气流影响的定性描述，我们将在 3.4 节中进行定量的计算。

3.3.3　实际炉腹煤气量与透气阻力系数的关系[2]

高炉透气阻力系数 K，随炉容扩大而降低。作者统计了宝钢、鞍钢、武钢、本钢、包钢、首秦、迁安、上钢一厂、重钢等厂 2004 年至 2006 年上半年利用系数最高月的高炉生产操作数据，得到高炉炉容与透气阻力系数 K 的关系，见图 3-37。

以宝钢 1 号、2 号 4063m³ 高炉、3 号 4350m³ 高炉为例，自 1999 年 1 月至

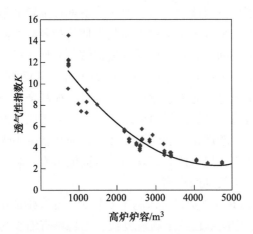

图 3-37　高炉炉容与透气阻力系数的统计关系

2004 年 12 月的月平均实际高炉炉腹煤气量与透气阻力系数 K 的关系见图 3-38，利用系数与透气阻力系数 K 的相关关系见图 3-39。

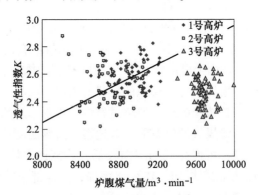

图 3-38　炉腹煤气量与透气阻力系数的关系

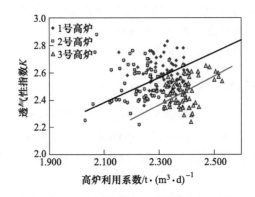

图 3-39　高炉利用系数与透气阻力系数的关系

同样，宝钢1~3号三座高炉的鼓风机完全相同，而3号高炉的炉容和横断面较1号、2号高炉大。当利用系数和炉腹煤气量相同时，3号高炉的透气阻力系数 K 比1号、2号高炉低，高炉更容易强化。从利用系数与透气阻力系数 K 的相关性趋势线来看，两者之间的关系相同，趋势线几乎是平行的。由此，在相同设备的条件下，适当扩大炉容，对提高高炉产量是非常有利的。

3.4 软熔带与煤气流动

众所周知，软熔带起着煤气分配板的重要作用。高炉下部软熔带对炉内气流起着二次分配的作用。软熔带的形状位置对煤气流分布有重大的影响。在低燃料比操作中，随着 O/C 的增大，焦炭窗减少或减薄软熔带的透气性更差。此外，软熔带也是矿石还原的分水岭，在软熔带以上为气相还原，若 FeO 基本上被还原，则生成的初渣中只含少量的 FeO。而低燃料比操作或者操作不当时，如果有过量的 FeO 进入高炉下部进行熔融还原，将对生产造成重大后果。因此在高炉操作时，应对软熔带的分布严格加以控制。

3.4.1 软化熔融层的气体阻力

焦炭的透气阻力比矿石或软化的矿石小很多，可以忽略焦炭对透气阻力的影响。矿石软化对透气阻力的影响与矿石在软化时的收缩率 ε 有密切的关系。我们可以利用矿石的透气阻力公式，求出透气阻力系数与收缩率的关系。高炉炉内块状带的压力损失公式如下：

$$\Delta P = K\rho^{-1}\mu^{0.3}G^{1.7}\Delta L \tag{3-18}$$

而 K 由炉料的物理特性决定，称为透气阻力系数：

$$K = C(1/\varphi d_p)^{1.3}(1-\varepsilon)^{1.3}/\varepsilon^3 \tag{3-19}$$

式中　ΔP ——压力损失，kg/m^2；

　　　G ——煤气的空塔质量流速，$kg/(m^2 \cdot s)$；

　　　ρ ——煤气密度，kg/m^3；

　　　μ ——煤气的黏度，$kg/(m \cdot s)$；

　　　d_p ——矿石粒度，m；

　　　ΔL ——微小的高度，m；

　　　φ ——球形系数；

　　　C ——常数；

　　　ε ——空隙率。

由于块状带炉料的 K 值很难准确测量，可以利用透气性实验得到的式（3-20），反过来求得透气阻力系数 K，矿石软熔层的阻力损失也可以利用式（3-20）来决定。在实验中矿石的收缩率大，其透气阻力也大。观察实验后的试样，有部分半熔化的矿石压入到焦炭层中，因此实际收缩率比测定高度所得到的收缩率低。实测矿石层厚度应该是矿石层与矿石和焦炭的过渡层之和，由此求出软熔层的校正的收缩率 σ_c，进而求得软熔层的透气阻力系数[38]。

$$L' = L_0(1 - \sigma_c) \tag{3-20}$$

式中　L'——实验后的矿石层高度，m；

　　　L_0——收缩前的矿石层高度，m；

　　　σ_c——校正收缩率。

将各试样求出的 K 值与收缩率 σ_c 的关系表示在图 3-40 中。图中纵坐标表示透气阻力系数 K 的对数值，横坐标为普通坐标表示校正收缩率 σ_c，如图中所示两者呈直线关系，并可整理成下式：

$$K = K_0 \times 10^{2.6\sigma_c} \tag{3-21}$$

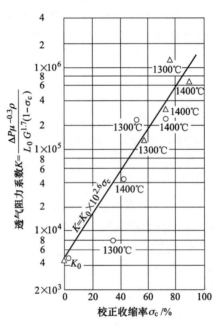

图 3-40　在 1300℃ 和 1400℃ 透气阻力系数与校正收缩度的关系

对不同品种、不同粒度的矿石进行试验，可以得到代表软化层的不同直线，将上式改写为：

$$K = K_0 \times 10^{\alpha\sigma_c} \tag{3-22}$$

式中　K_0——收缩率为 0 时的透气阻力系数；

　　　α——由矿石品种、粒度决定的系数。

按照公式求得的炉内压力变化与由荷重软化、收缩、滴落实验求出 α 值为 2.5~3.2。

实验表明，在低温时 FeO 对收缩率的影响大；在高温时脉石的熔点对收缩率的影响大。烧结矿 CaO/SiO₂>1.5 高温性能良好。矿石中脉石的软熔温度越高，软化温度与熔化温度之差越小，软熔过程越短，软熔层越窄，透气阻力越小。

为了将荷重软化试验的结果用于实际高炉操作，作为实际高炉的操作指标，尝试着把试验结果定量化。有人提出从 1000℃开始到滴落终了温度的透气阻力系数对温度积分作为高温部位的透气阻力指数 KS[44]。

$$KS = \int_{1000}^{tmt} K_0(t)\,\mathrm{d}t \qquad (3\text{-}23)$$

式中 $K(t)$ ——在温度 t℃时的透气阻力系数。

由于在 1000℃以上矿石开始软化生成初期的液相，在块状带的透气阻力与软熔带相比可以忽略，如果从软熔带上部到下部温度呈线性以一定速度上升，这就可以确切评价软熔带透气阻力的表现。以高炉模型的 KS 值为基础来评价透气性，显示出高炉的透气性与 KS 值存在很强的相关性。可是，把实验结果用于实际高炉，将产生较大的偏差。这是由于焦炭和矿石软熔层不是按规整的平坦状满铺在整个高炉横断面上的，高炉炉内为不均匀反应场。不过，仍有相对比较的价值。

由于软熔带在炉内的配置特性，煤气主流不是通过软熔层，而是通过软熔带中的焦炭层，称为焦炭窗流动的。软熔层起着煤气分配板的作用。循环区产生的炉腹煤气，即一次煤气经过焦炭层上升，通过软熔层之间的焦炭窗进行二次分配后进入块状带。高炉横断面上透气阻力分布和二次煤气的分布主要由软熔带的特性决定，块状带的 O/C 分布、炉内矿石粉化等也起重要作用。在高炉整体的压力损失中，通过软熔带占很大的部分。当脉石量增加时，软熔层变得肥厚，高炉透气阻力上升，顺行受到影响，产量下降。由高炉解剖调查可知，炉内以软熔带为分界线，上下两部分有不同的功能：上部存在固相和气相，下部为气、固、液三相共存，并且固相只有焦炭。

高炉炉腹煤气量指数与软熔带的位置、形状和分布有密切的关系。软熔带的形状和分布与高炉炉内块状带的体积与煤气利用率有密切的关系。因此有必要研究炉腹煤气量指数对软熔带的影响进行系统的研究。

各种软熔带分布的形状主要受到以下因素的影响：(1) 高炉强化程度；(2) 炉料分布；(3) 块状带和软熔带炉料下降的行为；(4) 矿石的软化及熔化温度 (5) 循环区的状态；(6) 焦炭进入循环区的状态等。且各因素互为因果关系。

3.4.2 软熔带的形式

从高炉解剖调查认识到软熔带是支配高炉操作的重要部位。高炉整体的透气阻力受软熔带形状和位置的影响很大，软熔带中透气阻力分布对气流的影响很大。炉内煤气是提供炉料加热和反应的气体，高炉操作的重要方面是控制煤气的流动。

　　根据解剖调查、光纤直接观察和由示踪合金推算，炉内各种不同软熔带的形状和位置综合成图 3-41。图中纵坐标为利用系数，表示了高炉强化程度对软熔带的影响[5,18,45~49]。在每座高炉软熔带分布图上面的曲线表示该高炉的炉料 O/C 分布状况，川崎 2 号高炉及鹤见 1 号高炉，采用沿半径方向上实测的矿焦重量比，而洞冈 4 号高炉及广畑 1 号高炉采用炉身上部 5~6 层的矿焦层的厚度比，小仓 2 号高炉则为软熔带以上 5 层的平均厚度比。

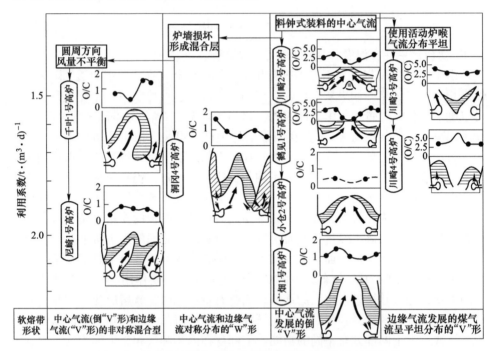

图 3-41　软熔带形状与高炉强化程度及炉料分布之间的关系

O/C—矿石层厚/焦炭层厚；（O/C）—矿焦比

　　由于中心气流发展的倒 "V" 形软熔带的实例较多，图中列举了川崎 2 号高炉、鹤见 1 号高炉、小仓 2 号高炉和广畑 1 号高炉进行解剖调查时软熔带的分布状况[48]。其中川崎 2 号高炉和鹤见 1 号高炉利用系数在 1.5t/（m³·d）左右，强化程度很低；小仓 2 号炉容 1350m³ 高炉，停炉前高炉利用系数 1.7t/（m³·d）左右，广畑 1 号高炉炉容 1407m³，利用系数 2.3t/（m³·d），并采用高压操作[49]。

　　高炉强化对倒 "V" 形软熔带的影响可以简要地归纳如下：

　　（1）一般高炉装料中心区域矿焦比低形成中心气流发展的倒 "V" 形软熔带（川崎 2 号、鹤见 1 号、小仓 2 号和广畑 1 号高炉）。

　　（2）当利用系数过低时，如鹤见 1 号高炉，由于炉腹煤气量太少，并且煤气带入炉内的热量不足，煤气透入炉缸中心的能力减弱，炉缸呆滞；软熔带与死料堆之间焦炭床的通道变窄，造成煤气难于通过其间，加重边缘 O/C 才能保持倒"V"形软熔带，在风口带上方就出现了软熔带，高炉也很难操作。

（3）随着利用系数的提高，炉腹煤气量较高时，倒"V"形软熔带的高度就增加，软熔带包络的高温区域扩大，块状带缩小，燃料比上升。

当矿石过多地分布到高炉边缘或者依靠发展中心气流强化冶炼时，在边缘部位的矿焦比 O/C 高，高炉边缘部位的下料速度快，中心部位的死料堆有向上扩大的趋势。这时，软熔带呈倒"U"形向上隆起使块状带高度和容积缩小，软熔带根部下降，且肥大，容易使未熔融和未完全还原的物料落入循环区和炉缸。风口形成的煤气趋向高炉中心，在高炉边缘的煤气要绕过软熔带根部，流动的阻力大，边缘煤气的流速较低，边缘温度较低。高炉中心煤气流线变密、中心煤气发展，煤气利用率也将受到影响。

倒"V"形软熔带能够使煤气顺利地通过软熔带与死料堆之间的空间，并均匀地通过软熔带的焦炭窗，炉缸中心活跃，煤气流分布均匀。因而能够充分利用煤气的热能和化学能，煤气利用率高。

（1）倒"V"形软熔带根部的软熔层紧贴着炉墙，上部焦炭窗较通畅，中心煤气流较旺盛；

（2）当矿石熔化温度较高、软熔带较低时，则有较多的煤气从下部焦炭窗通过，煤气流较稳定、均匀；

（3）当软熔带下移以及较多的煤气从下部焦炭窗流过时，在块状带内的流路较长，有利于提高煤气利用率和降低燃料比；

（4）软熔带与死料堆之间的煤气通道过于狭窄，即死料堆肥大或软熔带扩大，煤气阻力将明显增大；

（5）当提高高炉炉腹煤气量时，由于操作条件的变化软熔带有很强的倒"U"形倾向。

软熔带对煤气流有以下几方面的影响：（1）希望煤气流通过下部焦炭窗的煤气量相对较多，可以使煤气在块状带的停留时间延长，以提高煤气利用率；（2）控制炉墙边缘的煤气量，减少热损失，并防止炉墙损坏；（3）尽可能减少料柱的阻力损失。

3.4.3 软熔带的形状对气流分布的影响

广畑 1 号高炉于 1970 年 7 月 23 日停炉，炉龄为 4 年 3 个月。高炉的利用系数高，停炉前年 9 个月月平均利用系数 2.3t/(m³·d)。高炉于停炉前 3 天，即 1970 年 7 月 20~22 日，入炉矿石中烧结矿率为 50.4%、球团矿率为 15.2%，矿石平均含铁为 58.67%，铁水含硅为 0.8%左右[49]。

广畑 1 号高炉解剖调查时高炉强化程度较高，吨铁风量为 1232m³/t、吨铁耗氧量为 294.6m³/t，燃料比很高，较同期喷油的高炉燃料比要高 70kg/t 左右。停炉前 3 天的操作指标表示在表 3-3 中。

表 3-3　广畑 1 号高炉 1970 年 7 月 23 日高炉停炉前（20~21 日）的操作结果

产量 /t·d⁻¹	渣量 /t·t⁻¹	风量 /m³·min⁻¹	风温/℃	湿度 /g·m⁻³	富氧率 /%
2550	0.289	2300	954	32.0	0.96
焦比/kg·t⁻¹	油比/kg·t⁻¹	烧结率/%	球团率/%	批数/批·d⁻¹	计算火焰温度/℃
507	37	50.4	15.2	104	2066

图 3-42 表示广畑 1 号高炉和洞冈 4 号高炉停炉前炉顶煤气温度和 CO 利用率 η_{CO} 分布。两者与解剖调查推算的炉内煤气流速分布很好地相对应。广畑 1 号高炉在整体上为中心气流发达型，中间部位的炉顶煤气温度较低，边缘部位再上升。洞冈 4 号高炉炉顶煤气分布相对比较均匀，可以认为是边缘气流型。

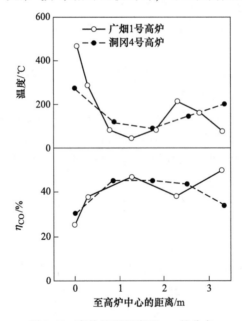

图 3-42　高炉炉顶温度和 η_{CO} 的分布

作为影响两座高炉炉顶煤气分布的操作因素有：

（1）高炉强化程度。广畑 1 号高炉的利用系数高、燃料比高、炉腹煤气量大、风口燃烧热量高，都增加了煤气通过炉内软熔带的强度，这是造成煤气分布很不均匀的主要原因。反之，又影响燃料比。

（2）装料顺序。广畑 1 号高炉采用 CC↓CO↓OO↓、洞冈 4 号高炉为 CC↓

OO↓的装料制度。广畑1号高炉用CO↓混合装料焦炭容易流向中心，而且存在粗粒偏析的趋势，成为中心流发展的方式。

（3）O/C比。广畑1号高炉约为3.0，洞冈4号高炉约4.0。一般O/C比高矿石料层厚，同时由于矿石的安息角比焦炭大，中心部位的矿石层厚特别厚。也是助长洞冈4号高炉边缘气流的条件之一。

（4）焦炭批重。广畑1号高炉为12.5t，洞冈4号高炉为7.2t，从炉容考虑广畑的平均焦炭料层仍比较厚。一般焦炭批重增加，高炉径向O/C比有均匀的趋势，很难考虑两座高炉焦炭批重的差别会直接影响煤气流的分布。

除了高炉操作因素以外，虽然洞冈4号高炉炉墙部位形成混合层使得软熔带呈"W"形，对降低燃料比有不利的影响。可是由于炉腹煤气量较低，这个影响被抵消了。

按照焦炭窗的特性、迎风面积以及软熔带两侧压力差决定了1m²焦炭窗通过的煤气量。由于洞冈4号高炉燃料比低、炉内煤气量较小，煤气通过两面的软熔层百叶窗，实际上，从内侧的半熔化部位到周围的块状部位都可以透气。需要的焦炭窗层数少软熔带内侧包络的高温带的体积小，而软熔带外侧块状带的体积大，为发展间接还原、提高煤气利用率和降低燃料比创造了条件。

尽管广畑1号高炉为倒"V"形软熔带，虽然停炉前的利用系数不高，炉腹煤气量指数也不高（约在55m/min以下），可是将生产期与停炉期间比较，生产期的炉腹煤气量指数接近75m/min，燃料比又高，吨铁消耗的热量高。由于炉腹煤气量大，要求软熔带的焦炭窗面积也大，软熔带的层数、内侧直径和高度都需要增加，软熔带的顶部已经接近料面。亦即，软熔带所包络的体积也增大，高温区扩大，块状带相应缩小。块状带的体积和软熔带至料面的距离，亦即煤气在炉内的停留状况对间接还原和燃料比有重大影响。

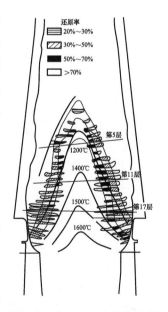

图3-43 广畑1号高炉软熔带
分布及还原率和温度分布[5]

在此举出两种软熔带的主要目的是说明高炉强化程度和燃料比对软熔带的形式、对高炉操作的影响更大。

广畑1号高炉的软熔带呈倒"V"形，炉内矿石的还原率和温度分布见图3-43[5]。广畑1号高炉的中心气流比较旺盛，随着炉料下降矿石层先在中心部位加热并熔化。为此矿石层向下移动，中间部位熔化，最后炉墙边缘才熔化。此外，软熔带的内侧也逐渐变宽，炉墙边缘的软熔带几乎到风口前才完全消熔。由于炉墙边缘煤气量少，矿石料层中心的温度低，还保持块状的矿石状态，在软熔层的中心形成弱黏结的软熔物，而且空隙率很低，使煤气难以通过软熔层。

按照广畑1号高炉的操作条件和解体时软熔带形状计算各焦炭窗通过煤气的分配量和熔化滴落量计算软熔带上部层的熔化热。停炉时的操作条件及软熔带形状和焦炭窗的尺寸和煤气量表示在表3-3、表3-4中[40]。

表3-4　广畑1号高炉软熔带形状和焦炭窗的尺寸和煤气量[40]

层号	焦炭窗的煤气量/t·h⁻¹	软熔层内径/m	软熔层外径/m	黏结层厚度/m	焦炭层厚度/m	传递的热量/MJ·h⁻¹	熔化滴落体积/m³	熔化热量/MJ·t⁻¹	焦炭窗内环面积/m²	在焦炭窗中煤气流速/kg·s⁻¹
3	4.74	0.61	1.65	0.25	0.49	13.56	0.08	21.26	0.94	1.40
4	8.57	0.69	1.88	0.30	0.44	22.60	0.33	8.34	0.95	2.50
5	8.98	0.91	2.10	0.31	0.40	26.98	0.50	6.67	1.14	2.18
6	7.34	1.16	2.23	0.27	0.36	25.66	0.10	31.68	1.31	1.55
7	7.14	1.21	2.35	0.28	0.30	29.64	0.11	33.34	1.14	1.74
8	7.34	1.26	2.60	0.28	0.26	36.79	0.11	41.26	1.03	1.98
9	7.35	1.31	2.85	0.32	0.26	37.35	0.09	50.85	1.07	1.91
10	10.20	1.35	3.18	0.30	0.26	46.13	0.21	27.09	1.10	2.57
11	13.06	1.43	3.35	0.30	0.26	55.42	0.22	31.26	1.17	3.11
12	16.33	1.51	3.58	0.28	0.25	67.27	0.16	52.10	1.19	3.83
13	21.23	1.57	3.81	0.26	0.26	86.86	0.08	33.34	1.23	4.78
14	25.71	1.69	4.03	0.28	0.24	98.45	0.08	152.97	1.27	5.61
15	27.35	1.72	4.26	0.23	0.20	122.57	0.05	304.26	1.08	7.03
16	27.35	1.74	4.48	0.20	0.16	151.41	0.34	50.85	0.88	8.69
17	31.84	1.89	4.80	0.22	0.16	170.91	0.11	192.98	0.95	9.31
18	0	1.93	5.13						0	0

对前节定义的软熔带对煤气分配按照文中的数学模型简化后用 Excel 进行验算。

（1）软熔带的假定：

1）为了简化模型并由于软熔层的透气阻力非常大，计算中简化成煤气不能通过软熔层。又将软熔层的断面形状假定为矩形。

2）假定在炉内半径方向的炉料料层为水平分布。在高炉解剖调查中炉料料层的倾斜度随着下降而急剧缓和，几乎呈水平状态。

3）O/C 分布没有考虑粒度分布。各段炉料的层厚，按照高炉断面变化，可是没有考虑由于软熔收缩等层厚的变化。

（2）煤气的假定：

1）软熔带内部焦炭窗中的焦炭与滴落带中的焦炭透气阻力相同。焦炭窗中的煤气呈水平流动。

2）煤气压力损失的公式采用式（3-18）和式（3-19）。

3）通过软熔带的煤气量采用炉顶煤气量。在实际高炉中，风口鼓入的风量，在循环区中与高温焦炭反应成为还原气体。此煤气与沿途的直接还原和碳素的溶损反应生成的 CO 一起上升到炉顶。为此有必要对煤气量进行修正。而且焦炭的粒度对压力损失的影响很大。对解剖高炉的焦炭粒度变化进行的研究表明，除了各循环区附近以外，装入时焦炭的粒度逐渐变小。广畑 1 号高炉装料时为 50mm 可是在风口上部为 $35 \sim 40mm$，估计是碳素溶损和直接还原（随之煤气体积的变化）引起。那么到炉顶时煤气增加的比例为 $1.05 \sim 1.10$，则相对的压力损失的比例为 $(1.10)^{1.7} = 1.17$，一方面，焦炭粒度的变化给予压力损失的比例为 $(50/37.5)^{1.3} = 1.4535$，就比较大。在广畑 1 号高炉验算中，考虑了焦炭粒度和煤气量的变化，为了简化，设定焦炭粒度不变，同时认为最初的煤气到炉顶的煤气也不变，两者的变化相互抵消。

4）规定透气阻力系数与实际高炉一致，分给焦炭与矿石一定的比例。特别在高炉炉内滴落带中，由于存在液滴和焦粉不一定能保持装料时的空隙率。此外在块状带中，几乎由矿石决定透气阻力，只是存在还原粉化现象不可能由装料时的性能决定透气阻力。在广畑 1 号高炉的场合，得到与停炉时的操作结果相一致的压力损失值，则装料时的透气阻力比 $K_{ore}/K_{coke} = 10$ 的一半为 5.0。

5）不考虑在焦炭窗中煤气温度的变化，设定为 1300℃。为此只进行压力修正。

这次简化计算参考了图 3-44 所示的计算流程[48]。

我们按照广畑 1 号高炉解剖调查的条件进行验算，其结果与表 3-4 完全相符。焦炭窗煤气流量和压力分布（图 3-45）也完全相符。

为了弄清以上各点，用 200℃ 以下的低温软熔模型实验，形成模拟的软熔带，调查了这些行为。

3.4.4 提高炉腹煤气量指数时软熔带状况的推演

为了更清楚地说明软熔带对高炉操作的重要性，我们按照广畑 1 号高炉停炉时的操作条件，软熔带分布与煤气分配的计算结果进行了详细的验算，证明其流程和结果无误。由于国外没有遇到像我国高炉那样的强化程度，所以无法找到类似的高炉解剖调查资料、操作结果、模型试验结果，只有对提高炉腹煤气量后软熔带的变化做进一步推演。

推演的目的是为了研讨高炉强化对炉内现象的影响，特别是对软熔带的影

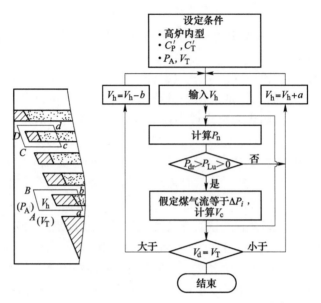

图 3-44　软熔带使煤气流量分布的流程和图解[48]

C_P', C_T'—软熔带的位置和厚度；P_A, P_{dr}, P_{Lu}—在滴落带和块状带最下部焦炭窗的端部压力；

P_n—下一层焦炭窗的压力；ΔP_i—第 i 层焦炭窗的压力降；V_h—最下部焦炭窗的煤气流量；

V_c—焦炭窗的煤气流量；V_d—计算的煤气总流量；V_T—总的（炉腹）煤气流量

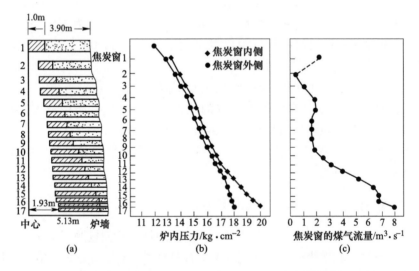

图 3-45　广畑 1 号高炉软熔带和炉型（a）、计算的压力（b）和焦炭窗的流量分布（c）

响，包括软熔带的特性，对高炉下部高温区、块状带，以及对气流分布、热流比的影响，以弥补几十年来部分高炉片面追求产量，而与炉内现象脱节的问题。

3.4.4.1 操作条件的设定[50]

我们将广畑 1 号高炉在炉顶常压、喷油的操作条件设定为 A 条件，由于高炉技术的进步，高炉生产条件已经有了巨大变化。在设定高炉操作条件时，必须考虑提高炉顶压力、喷吹煤粉等。在不同炉腹煤气量指数时的操作条件列于表 3-5。炉喉 O/C 分布的变化见图 3-46。

表 3-5　计算前提条件

条　件	A-1	B	C	C-1
主要特点	喷煤	喷煤	喷煤	喷煤
炉顶压力/kPa	140	140	140	140
风口喷吹/kg·t^{-1}	煤 150	煤 150	煤 150	煤 150
炉腹煤气量指数/m·min^{-1}	58.0	62.0	66.0	66.0
炉腹煤气量/m^3·min^{-1}	3291.211	3518.19	3745.17	3745.17
吨铁炉腹煤气量/t·h^{-1}	238.05	254.47	270.89	270.89
装料制度	适当加重边缘	中心加焦	中心加焦	过吹型中心加焦
软熔带形式	倒"V"形	倒"V"形	倒"U"形	揭掉顶盖倒"U"形
软熔带煤气量/t·h^{-1}	246.8102	263.832	280.853	280.853

注：经验算文献，在计算炉腹煤气量时，未考虑鼓风湿度所产生的量。本节的后续计算与此同。

图中列出了条件 A-1、B 和 C-1 炉腹煤气量指数分别为 58m/min、62m/min、66m/min 时，炉喉的炉料分布。在 C-1 时，在高炉中心存在直径约 2.3m 的无矿石区，约占炉喉总面积的 9%。中心加焦的焦炭量约占焦炭总重量的 15%，大量焦炭集中到高炉中心，在中心形成大面积的煤气通道。

推演时的假定条件如下：

（1）没有考虑提高风量、风速对焦炭的粉化作用和对死料堆的影响，以及喷煤时未燃煤粉滞留在死料堆表面，使得软熔层和高

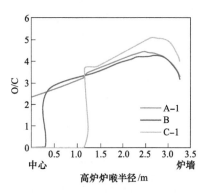

图 3-46　不同条件时高炉半径方向 O/C 的变化

温区焦炭床中引起气体阻力增加，只是在阻力系数中乘了 1.1 的系数，估计是不够的，不足以补偿这些因素对高炉的影响。

（2）设定了各软熔层的通道长度，而应该由熔化热量来确定。

（3）在估计第 0 层软熔层距离高炉中心的距离时，考虑了死料堆在第 0 层处单位环状面积的煤气通过能力。

（4）设定了第 0 层以上软熔层内侧至高炉中心的距离，由滴落液体量与高炉下部热交换确定。

（5）没有考虑炉腹煤气量增加时，高温区液体滞留量的增加。

3.4.4.2　不同操作条件的计算结果

根据炉喉布料条件下各焦炭矿石料层的厚度分布，计算出软熔带的具体形状，如各软熔层的内径、外径、各焦炭窗的迎风面积、各焦炭窗内外侧压力差及各焦炭窗的煤气流量等参数。现将计算结果分述于下。

A　A~C 的计算结果

（1）我们对条件 A 进行了验算是为了验证运用上述计算方法的可靠性，结果令人满意。当提高炉顶压力（条件 A-1）后，即在广畑 1 号高炉的炉腹煤气量指数为 54.01m/min 的基础上，提高炉顶压力 0.5kg/cm² 后，可以提高炉腹煤气量指数至 58.0m/min 可使炉内煤气流速不变，软熔带焦炭窗的煤气流速不变，软熔带形状和分布不变。可假定燃料比不变化，产量增加，煤气传递给软熔层增加的热量被下料速度所抵消，因此软熔层的宽度也不变。

（2）转变成喷煤操作，炉腹煤气量指数为 58m/min（条件 A-1）的计算是为了将广畑 1 号高炉的喷油推广到喷煤的高炉。以重量计的焦炭窗煤气量与条件 A 相比略有增加，而软熔层仍为 17 层，透气的焦炭窗的层数不变仍为 15 层。

在实际生产中，喷油与喷煤的操作差别很大。可能在这次计算中采用透气阻力乘以 1.1 的办法还不够，对粉体在炉内的作用估计不够。因而计算结果表明对炉内透气性、煤气分布和软熔带的影响并没有像生产实践的那样大。为了给以后的计算具有更大的说服力，本次计算接受这个结果。

（3）在炉腹煤气量指数 62m/min（条件 B）的情况下，假定采用正常的中心加焦，中心直径约有 0.6m，没有矿石的焦炭层，占炉喉总面积的 0.85%。这部分焦炭量占焦炭批重的 2%~5%。由于中心加焦的量不多，对整个布料没有明显的影响，对其他部位的 O/C 比也几乎没有明显的影响。可是由于炉腹煤气量高，除了采用中心加焦之外，软熔带高度也提高了，焦炭窗的层数由 A-1 的 15 层增加至 17 层，软熔带根部的内侧直径也由 3.67m 增加至 3.89m，软熔带的倒 "U" 形趋势不太明显。焦炭窗内侧面积由 34.04m² 增加至 40.01m²。

（4）炉腹煤气量指数 66m/min（条件 C）的情况下，软熔层的层数增加到 20 层，软熔带和软熔带根部的高度都增高。可是焦炭窗内侧面积增加得很有限，炉内压差很高。此外，由于软熔带顶层提高到接近料面的高度。现将条件 A-1、条件 B 和条件 C 的软熔带计算结果绘制成图 3-47。显然，条件 C 的软熔带分布不能成立。

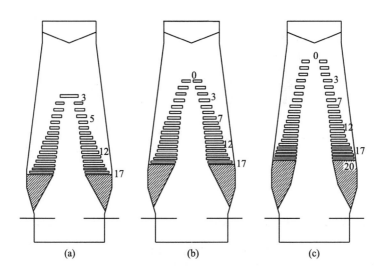

图 3-47 条件 A-1 (a)、条件 B (b) 和条件 C (c) 的软熔带分布

根据各层焦炭窗的外侧位置和通过的煤气量，可以求出高炉断面上二次煤气流量的分布。

B C-1 的计算结果

当炉腹煤气量指数达到 66m/min 时，按照条件 C，软熔带顶层距料面不到 2m，已经进入到上部低温区。在那里，炉内煤气温度将迅速下降，使得软熔层不稳定，而影响炉况的稳定。不得不降低软熔带的总高度，可是要创造更大面积的焦炭窗的办法只有开放顶层的软熔带，让过多的煤气从软熔带顶部逸出高炉。

高炉炉内温度分布可分为三个区域，上部区域热交换需要的高度 H_s 应在 3m 以上。当采用条件 C 的炉腹煤气量，所采用的中心加焦量不能满足煤气通过的需求，所以上述条件 C 的计算不能成立。因此将条件 C 改变为条件 C-1，中心加焦的焦炭量不得不增加至全部焦批重量的 15%~18%，使软熔带顶层的位置距离料面约 4m，见图 3-48。

由此证明，采用倒 "V" 形软熔带的高炉炉腹煤气量指数高达 66m/min 时，必须采用过吹型中心加焦的方式，采用揭掉顶盖的倒 "U" 形软熔带，才能使炉内煤气顺利通过。

C 计算结果分析

条件 A-1、B 和 C-1 时，高炉软熔带特性的主要参数列于表 3-6 中。

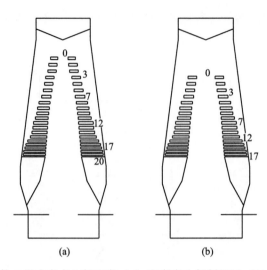

图 3-48　按条件 C 没有考虑上部温度 (a) 和考虑上部低温区 (b) 的软熔带分布

表 3-6　高炉软熔带的主要参数

条　　件	A-1	B	C-1
炉腹煤气量指数/m·min⁻¹	58. 0	62. 0	66. 0
软熔带形式	倒 "V" 形	中心加焦 倒 "V" 形	揭掉顶盖 倒 "U" 形
通气的焦炭窗层数	15	17	17
风口中心至软熔带顶层的高度/m	14. 12	15. 00	15. 85
焦炭窗内环面积/m²	17. 02	19. 93	20. 14
焦炭窗内煤气流速/kg·s⁻¹	14. 75	14. 51	14. 14
软熔带根部高度/m	4. 17	5. 18	5. 57
风口中心至软熔带根部顶面高度/m	5. 00	6. 17	6. 63
软熔带根部顶层的厚度/m	3. 22	3. 10	2. 75
软熔带根部顶层的内直径/m	3. 67	3. 89	4. 36
块状带体积 (<1000℃)/m³	632. 7	446. 01	271. 2
每 m³ 煤气分摊的块状带体积/m³·m⁻³	0. 192	0. 141	0. 098

　　计算结果表明，在各种操作条件下，软熔带下部各层的煤气质量流量都相差不大，而在软熔带上部，条件 A-1 与正常中心加焦流量分布曲线的形态相差也不大，只是条件 B 的软熔带增高，软熔带延伸到更高的位置，通过中心没有矿石区域的煤气并不多。而当采用过度中心加焦时，由于中心没有矿石区域的面积扩

大，焦炭料柱的透气性又很好，高炉中心通过的煤气流量很大。

从炉腹煤气通过软熔带焦炭窗进行再分配的计算，得到以下几点：

（1）当炉腹煤气量增加时，软熔带的焦炭窗的透气面积必须相应增加，使得软熔带的层数增加，软熔带的整体高度也增加。当炉腹煤气量指数较低时，选择装料制度、炉内气流分布和软熔带的形状有各种可能性，有选择低燃料比的操作制度，使高炉炉腹煤气量指数与燃料比在"U"形曲线的底部位置运行。

（2）当炉腹煤气量指数增加到一定程度时，例如炉腹煤气量指数上升至66m/min时，由于需要的焦炭窗透气面积很大，软熔带高度很高，软熔带顶层位置接近了料面的低温区是不能成立的。为了降低顶层软熔层的位置，又要通过大量炉内煤气只有增加中心加焦量，变为过吹型中心加焦。装料制度、炉内气流分布和软熔带的形状会变得不合理。这种现象是不可避免的。

（3）使用过吹型中心加焦时，炉内 O/C 不均匀，煤气集中到中心逸出炉外，热流比分布变得不均匀；炉内软熔带形状变成揭掉顶盖的倒"U"形，根部高度增高，<1000℃温度范围变小，温度场变差，煤气与矿石的接触变差。这是导致燃料比在"U"形曲线的右侧，迅速上升的根本原因。

3.4.5 炉腹煤气量指数与软熔带的变化的模型实验[51]

本节将讨论当高炉强化时，随着炉腹煤气量指数的增加，如果燃料比和吨铁炉腹煤气量基本不变，即热流比不变，同时炉喉的矿焦比也不变的情况下，软熔带的变化。总体上，随着炉腹煤气量的增加，软熔带的层数、总高度和径向直径增加，软熔带的下部包络高温区的体积增加得尤其明显。

（1）当炉腹煤气量指数较低，在 54m/min 左右时，采用软熔带形式和装料模式的自由度都很大，有选择各种软熔带和装料模式的可能性，倒"V"形软熔带的形状和位置也比较合理。

（2）当炉腹煤气量指数较高，炉腹煤气量指数的升高到 66m/min 左右时，由于单位焦炭窗通过的煤气量受软熔层内侧和外侧压力差的制约，必须增加焦炭窗通气的面积。倒"V"形软熔带有呈倒"U"形化的趋势：1）扩大软熔层内侧的直径，使得软熔带形成倒"U"形化；2）增加软熔带的高度，软熔带根部的高度也增高，并下垂到风口上方，使得边缘气流受到进一步的压制。可是增加软熔带高度受顶层进入高炉上部低温区的制约，使得顶层不能稳定地熔化，高炉的稳定性差。此时，高炉炉内软熔带上抬的结果是滴落带的体积大幅度增加，压缩了块状带，影响间接还原，将导致燃料比的上升。

可是，按照上述假设仅仅改变炉腹煤气量，而在实践中无法实现燃料比、炉料分布等条件不变，我们只有借助软熔模型实验来加以验证。实验是用高炉相似内型（室兰 4 号高炉 1/6，去掉炉身上半部分的扇形模型。用蜡制成颗粒来模拟矿石，软化温度为 60℃，熔化温度约为 100℃。模拟矿石和焦炭的堆密度为 2.0t/m³和 0.5t/m³。在风口鼓入温度 180℃的热空气模拟炉腹煤气。

　　实验的条件很特殊、很苛刻：为了避免燃料比、吨铁炉腹煤气量等因素的影响，设定热流比保持为 0.85、O/C 为 2.3、炉喉的炉料分布不变，只改变炉腹煤气量指数，验证软熔带的变化。在软熔实物模型实验中，使用的炉料粒度范围很窄，还避免了粒度偏析对气流的影响。当热空气为 7Nm³/min、9Nm³/min、11Nm³/min、13Nm³/min 时，即炉腹煤气量指数由 42m/min，分别增加到 54m/min、66m/min、78m/min，亦即只研究炉内煤气流速对软熔带的影响。为了保持热流比不变，也可理解为吨铁炉腹煤气量不变的情况下，相应地增加炉料的下降速度。随着炉内煤气量的增加，软熔带上升，其宽度（熔化开始面−滴落面的距离）全部变宽（图 3-49）。

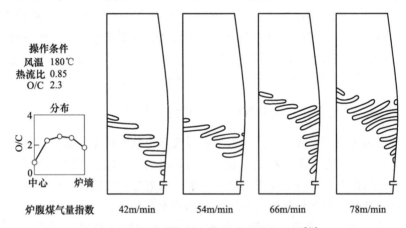

图 3-49　炉腹煤气量与软熔带形状的关系[51]

　　随着炉腹煤气量指数的提高，大幅度扩大了软熔带包络的高温区域的体积，即缩小了块状带的体积。此时在圆周上煤气流的均匀性极不稳定，在多数情况下，软熔带上层的熔化均匀性会受到影响。这是由于炉内倒"U"形软熔带在高炉中心的全部矿石层、软熔层唯有一层作为屏障，若这部分被破坏，就会影响径向、圆周方向煤气分配的稳定。由于软熔带顶层上升，只剩下的一层，覆盖面积又大，一旦这一层软熔带发生变化，将影响高炉操作的稳定；而下部高温区域扩大，软熔带根部很肥厚，影响还原。

　　软熔模型实验也证实了上述推算的正确性。在此再用同一软熔模型实验来进行热流比对软熔带形状影响的试验。试验条件设定为热空气为 9Nm³/min，即炉腹煤气量指数为 54m/min，O/C 为 2.3、炉喉的炉料分布不变的条件下，总的热流比分别改变为 0.85、0.79 和 0.71。图 3-50 表示随着总热流比的减小，软熔带高度增加，可是根部下端位置基本不变，根部厚度显著增加。靠近根部上部的软熔层内侧迅速熔化，逼近炉墙，使得整个软熔层靠近炉墙，下部有许多软熔层的焦炭窗被炉墙封挡，不能通过煤气，而成为软熔带根部的组成部分，形成越来越厚的根部。根部上端上升得非常明显，从根部上端的焦炭窗层有很强的高温煤气流通过。此外，根部有很高的热流比，因而根部的厚度不容易减薄，软熔带下部逼近风口循环区，变得不稳定，如果肥大的根部崩塌，将造成高炉失常。

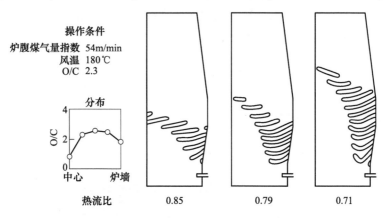

图 3-50　总热流比对软熔带的影响[51]

同时，由于透气的要求，软熔层的数目也大幅度地增加，使得中心的热流比下降，而边缘的热流比大幅度上升。由于根部的明显上升，从根部上端的焦炭窗中强高温煤气流通过，加速软熔层内侧的熔化、滴落。

由于炉内煤气流分布和流量增加，都使倒"V"形软熔带过渡到倒"U"形，其根部肥大的机理为：（1）由于炉墙附近软熔带根部透气性变差。滴落带升高，把根部的软熔层压向炉墙，堵塞了焦炭窗的透气通道。使高温煤气通过根部上方的焦炭窗吹向炉墙，根部的温升和还原变得迟缓。软熔带根部的层数增加，而且肥大，呈倒"U"形化。（2）根部熔化受阻，从根的内部进行热交换来看，到达炉墙部位块状带煤气已经失去了热量。只有根部下垂到风口前端最高温度的区域软熔层根部才急剧升温、熔化。

以上可知，倒"V"形软熔带的根部最薄，能确保宽广的块状带，煤气在块状带中流动的高度最高、流路最长、阻力最小，矿石与煤气的接触时间最长，对间接还原最有利。

由于提高炉腹煤气量和吨铁炉腹煤气量，使总的热流比减小，软熔带上升，这是对流热交换过程的自然现象。此时根部下端不上升，软熔带也将变成倒"U"形。这与根部的煤气流量有关。图 3-51 根据模型实验的结果，配合模型计算倒"V"形和倒"U"形软熔带的煤气流量的结果。软熔带透气阻力为块状带的 50 倍。图 3-51（b）中，根部占高炉水平断面积的 7 成以上，其中 3 成通过煤气。在此假定平均热流比为 0.85，求得根部的热流比为 2.0（滴落带部分为 0.32）。这样根部的热流比非常高，从对流热交换来说，剩余的部分缓慢下降，在风口附近与高温、高流速的煤气接触急剧熔化。从还原过程来说，中心部位有充足的煤气，而煤气经过软熔带后，到炉顶的距离已经很短，在此短暂的时间内不可能与矿石进行充分的反应，浪费了煤气的热能和化学能；然而，在根部又没有足够的煤气进行充分还原，造成高炉下部热量不足对炉况十分不利；未被充分还原的矿石进入炉缸，对炉缸寿命存在极大的危害。

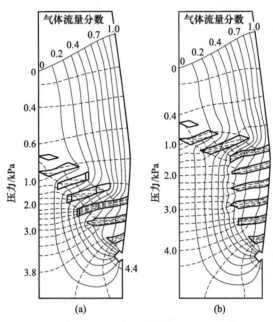

图 3-51　软熔带形状与煤气流之间的关系
(a) 倒 "V" 形软熔带；(b) 倒 "U" 形软熔带

本节和上节所述证明，过高的炉腹煤气量指数使燃料比上升的原因，及其对高炉操作带来了一系列问题。

3.5　滴落带中渣铁滞留和液泛

软熔带与死料堆之间的焦炭床称为滴落带。它又是适合煤气流动的通道，其间的尺寸对煤气流动非常重要。

在高炉软熔带内侧全部矿石熔化成铁水和炉渣向下滴落，因此，矿石在高炉横断面上堆积的重量分布决定了滴落带内初始流体流量的分布。在软熔带以下的滴落带内，向下流动的液态渣铁流与风口前形成的上升的高温还原煤气在固体的焦炭层内逆向而行，容易使焦炭流态化。风口前上升的煤气还使得流态渣铁进行二次分配。在风口循环区正上方上升气流最强，把流态渣铁吹开，造成在循环区附近渣铁存在流量最高的区域；死料堆的透液性差，渣铁将沿着死料堆表面集中，局部流量增加，影响气相、液相正常对流运动造成渣铁滞留和液泛等现象。

鉴于铁水通过焦炭层向下流动时的质量大，流动性好，故它对高炉气体动力学过程的影响可以忽略。因此，在研究高炉下部气、液相间的流动过程时，液相多指渣相而言。高炉正常生产情况下，炉渣在炉内的流速大于焦炭的下降速度，煤气通过焦炭床的阻力随之增加。当气流速度增加时，这时气-液两相的相互作用增强；上升气流与下降液体之间的摩擦力阻碍液体顺畅下流，逆流平衡条件被破坏，液体滞留量明显增加，就可能出现部分炉渣滞留在焦炭床内不向下流动，而占据部分焦炭床的空隙，使气体的流动通道缩小，压力降增大，被称为载流区。当气流流速进一步增加，气体压力降急剧增加，液体被托住，不但不向下流动，反而被气流吹向上部，这就是液泛现象。尽管导致液泛出现的原因很多，但最终表现为煤气压力损失增大，渣铁流动变得困难，甚至造成下部悬料的严重后果。因此，近年来各国对这方面的研究工作十分重视。

3.5.1 渣铁的滞留

滴落带和死料堆的透气性受高炉下部粉体的积聚与消耗的影响以外，渣铁滞留和液泛也有很大的影响。固体填充床内液体流动与压力损失相关的物理量是，液体流速 u、填充颗粒的当量直径 D、气体的压力损失 $\Delta P/\Delta L$、液体的密度 ρ_1、液体的黏度 μ_1、液体的表面张力 σ、液体与固体的接触角 θ、重力加速度 g 等 8 个。因此，按照液体流动与压力损失的 Buckingham 定理可以用 Reynolds 数、Galilei 数、Capillary 数、无量纲界面张力数和无量纲压力损失数等 5 个无量纲数表示。即，Reynolds 数为 $Re=\rho uD/\mu_1=f_i/f_v$，Galilei 数为 $Ga=D^3\rho_1^2g/\mu_1^2=f_if_g/f_v^2$，Capillary 数为 $Cp=\rho_1gD^2/\sigma=f_g/f_s$，无量纲界面张力为 $NC=1+\cos\theta=f_{si}/f_s$，无量纲压力损失为 $\Delta P^*=\Delta P/(\Delta L\rho_1g)=f_p/f_g$。考虑液体的滞留为附着浸润，则其中，重力 $f_g=\rho_1gD^3$，惯性力 $f_i=\rho_1u^2D^2$，黏滞力 $f_v=\mu_1uD^2$，表面力 $f_s=\sigma D$，固液界面力 $f_{si}=\sigma D(1+\cos\theta)$ 和气流产生的力 $f_p=(\Delta P/\Delta L)D^3$ 等有关液体的 6 种力。

实验表明，渣铁液滴在焦炭层中的总滞留量 h_t 与煤气流速 u_g、渣铁液滴的密度 ρ_L、黏度 μ_L、表面张力，以及对焦炭的润湿性等特性有关，还与焦炭床的平均粒度和空隙率等特性有关。当上升气流流速加快时，渣铁液滴与气流相遇的摩擦力增加，使其下降速度减缓，滞留率增加，煤气流动阻力损失加大。当液滴下降力完全被气流浮力和摩擦力抵消时，液滴会停止下降，甚至反吹向上运动，即发生液泛现象。此时，煤气阻力损失急剧升高，导致顺行被破坏和高炉过程失常。

在固定层中，颗粒表面、颗粒与颗粒之间、颗粒与壁面之间静止的液体，由于移动层的场合下颗粒下降，也随着颗粒做下降运动。其中一部分液体，由于颗粒的移动提供了运动的能量，附在颗粒上下滴。总之，严格来说，在移动层中几乎不存在静止的液体，对固定层进行的分类不可能原封不动地运用，而沿用固定层的定义做如下分类：

（1）总液体体积（当连续供应液体时，填充层内存在的液体总体积，也就是供给液体量与排出液体量之差）。

（2）流动液体体积（在填充层内流动的液体体积，也就是停止供给液滴后，从填充层中排出的液体体积）。

（3）静止液体体积（在填充层内停留的液体体积，也就是在颗粒表面、颗粒与颗粒之间的间隙、颗粒与壁面间隙滞留的液体体积）。

把这些液体体积除以空塔的体积的值分别定义为总滞留量（h_t）、动滞留量（h_d）、静滞留量（h_s），以分率表示。

总滞留量用动滞留量与静滞留量之和表示：

$$h_t = h_s + h_d \tag{3-24}$$

在固定的填充床中液体的供给曲线和排出曲线的模式，以及各滞留量的相当体积及对应关系如图 3-52 所示。

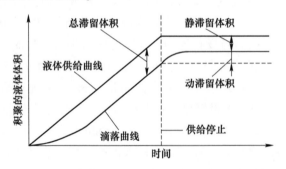

图 3-52　在固定床中液体的供给曲线、滴落曲线和滞留体积的图解

此外，还可以把 h_s 定义为液体和气体停止供给后的静滞留 h_{s0} 和由于气体压力损失的静滞留 h_{sg} 之和；此外，把 h_0 定义为与流速无关的滞留 h_f 和与流体流速有关的滞留 h_d（在实验中，全部滞留 h_t 由 h_{s0}、h_{sg} 和 h_f 计算）之和：

$$h_t = h_s + h_0 = h_{s0} + h_f + h_{sg} + h_d \tag{3-25}$$

其中，静滞留 h_{s*} 为：

$$h_{s*} = h_{s0} + h_f + h_{sg} \tag{3-26}$$

当气体不流动时推导出推算式。静滞留 h_{s*} 独立于 u，而与 μ_1 没有依存关系，只与 D、ρ_1、σ、θ、g 等 5 个物理量有关，由 2 个无量纲数 Cp 和 Nc 决定。此外，长度 D 可以用有效颗粒直径 $d_p \varphi / (1 - \varepsilon)$ 来代表。这里，d_p 为颗粒直径；φ 为球

形系数为 0.5（球形时 $\varphi=1$）；ε 为填充层的空隙率。使用以上的无量纲数以及由冷态模型试验可以由上述 8 个液体流动与压力损失有关的物理量推算出静滞留量和动滞留量。

液体的滞留量的 8 个物理量中，有人提出静滞留量 h_s 的推算式如下：

$$h_s = 9.96\left(\frac{\rho_1 g D^2}{|\sigma\cos\theta|}\right)^{-1.38} \tag{3-27}$$

式中，炉渣的表面张力 σ 和接触角 θ 还需要实验求得。

3.5.2 煤气和渣铁通过滴落带焦炭床的阻力

滴落带和死料堆是由焦炭床组成。液态渣铁成滴状在焦炭颗粒之间的空隙中滴落、流动和滞留。煤气和渣铁液滴相向运动，而且共用一个通道。由于渣铁的滞留，将占据同一个通道的空隙，因此煤气流动阻力显然会随着渣铁的滞留量的增加而升高。可以由 Ergun 公式中的空隙率 ε 项里减去渣铁滞留率 h_t，即可得到所谓"湿区"的 Ergun 方程：

$$\frac{\Delta P}{H} = \left[k_1\left(\frac{1-\varepsilon+h_t}{d_w}\right)^2\mu_g v + k_2\left(\frac{1-\varepsilon+h_t}{d_w}\right)\rho_g v^2\right]\bigg/(\varepsilon-h_t)^3 \tag{3-28}$$

式中 ε——填充层的空隙率；

     ρ_g——气体密度，kg/m^3；

     μ_g——气体黏度，$Pa\cdot s$；

     v——气体空塔流速，m/s；

     h_t——在焦炭层中渣铁总滞留率；

     d_w——焦炭平均粒度 d_p 与渣铁液滴平均直径 d_1 两者的调和直径，m；

   k_1，k_2——透气阻力系数。

该式也反映了炉缸内死料堆不被渣铁浸渍部分的透气性。死料堆内焦炭粒度小、空隙度小，炉渣的黏度比铁水大，炉渣更容易在死料堆中滞留，特别是死料堆表面焦粉聚集的区域。

3.5.3 影响渣铁滞留的因素

影响渣铁滞留的因素很多，其中主要的有：焦炭床的特性，如焦炭床的温度、床中焦炭的粒度、空隙率，焦炭灰分的组成等；渣铁的特性，如炉渣黏度和化学组成、铁水黏度和成分，以及接触角和表面张力等。

3.5.3.1 焦炭床中焦炭粒度和温度的影响[52]

由图 3-53 可见，液体静态滞留量随焦炭粒度的减小而增大，增大的幅度也是随着焦炭粒度的减小而增大。

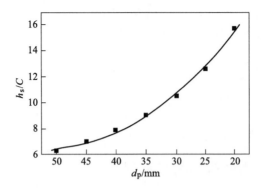

图 3-53　液体静态滞留量与焦炭粒径的关系

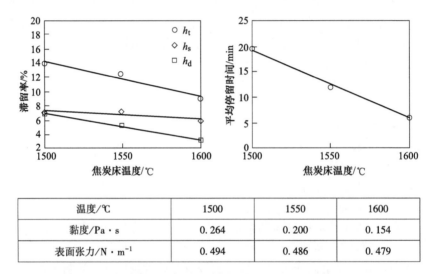

温度/℃	1500	1550	1600
黏度/Pa·s	0.264	0.200	0.154
表面张力/N·m⁻¹	0.494	0.486	0.479

图 3-54　焦炭床温度对炉渣滞留率和平均停留时间的影响[52]
（焦炭床的填充密度为 55%，填充料为含 CaO4.4%、$Al_2O_3$6%成分的模拟焦炭）

　　澳大利亚 University of Wollongong 的 Hazem Labib George 和 BlueScope 的 Sheng
Jason Chew 等建立热态模拟试验装置，进行了熔渣通过焦炭充填床的实验。焦炭
床用焦炭模拟物（含 CaO、Al_2O_3），将焦炭料床装入石墨坩埚，放入管式炉中加
热，在 Ar 气保护下将磨细的高炉水渣粉末用螺旋输送机装到料床的顶面。炉渣
加完后将焦炭料床在不同温度下加热，并保持 60min，炉渣熔化后穿过焦炭床层
滴下，在管式炉的炉底收集滴落的炉渣，然后冷却到室温。由图 3-54 可见，在
固定焦炭床填充密度和焦炭模拟物灰分含量的条件下，与基准温度（1500℃）时
相比，提高焦炭床温度后炉渣滞留率和平均停留时间减小。根据作者计算，随温
度升高，炉渣的黏度和表面张力下降。由于炉渣流动性提高，炉渣滞留率和滞留
时间下降。

3.5.3.2 高炉炉渣的表面张力[53]

在高炉内炉渣滴落过程中，炉渣的主要成分是 CaO、SiO₂、Al₂O₃ 和 MgO，以及少量氧化铁、碱金属氧化物和硫等含有多种成分的阴离子熔体。在滴落过程中，初渣至终渣的成分会发生很大的变化，进入滴落带的炉渣是初渣，经过滴落带进入死料堆的炉渣中仍然含有很高的 FeO，其变化过程将在第 5 章中叙述。此外，其组成由于原料及操作条件的差异而变化。例如当渣量低时 Al₂O₃ 将升高。在预测新的炉渣组成的表面张力时，少数成分的单纯系统是构建多成分系表面张力的可信依据，因此有必要了解各成分的影响。高炉炉渣的基本体系是 CaO-SiO₂-Al₂O₃(-MgO) 系。此外，在主要成分以外才考虑其他成分对炉渣表面张力的影响，例如碱金属氧化物（Na₂O、K₂O）、S 和 FeO 等。这些成分对 CaO-SiO₂-Al₂O₃-MgO 系的炉渣表面张力的影响是 Na₂O、K₂O 和 S 减小表面张力，添加 FeO 提高炉渣的表面张力。

有许多研究者测量了 CaO-SiO₂-Al₂O₃ 系的表面张力，数据丰富。在此系炉渣的组成中表面张力 399~626mN/m 大范围地变化，随着碱度的提高，表面张力升高；在 CaO/SiO₂ = 1.0 时，Al₂O₃ 含量增加表面张力上升，直到 Al₂O₃ 含量 20%左右表面张力都升高。在 CaO/Al₂O₃（摩尔比）>1 的范围内，添加 Al₂O₃ 时，表面张力降低。另一方面表面张力受温度的影响较小，随温度升高表面张力升高。

图 3-55 表示 CaO-SiO₂-Al₂O₃-MgO 四元系炉渣的表面张力。把 MgO 添加到 CaO-SiO₂-5%Al₂O₃ 系中，表面张力下降（图中箭头（A））。关于表面张力与碱度 CaO/SiO₂ 也有下降的趋势，图中箭头（B）表示 CaO/SiO₂ = 1.2 线，在其附近表面张力存在极小值。关于 MgO 对表面张力的影响还存在许多问题。

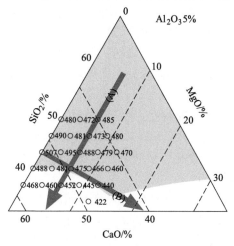

图 3-55 在 1873K 时 CaO-SiO₂-Al₂O₃-MgO 四元系炉渣的表面张力[53]

一般高炉炉渣组成的范围在（$Al_2O_3 = 12\% \sim 16\%$）附近，还没有进行充分的测量。希望今后对 $Al_2O_3 = 12\% \sim 16\%$ 组成范围进行系统的测量。

过去在工业上广泛使用的推算表面张力的简易模型也适用于高炉 $CaO\text{-}SiO_2$-$Al_2O_3(\text{-}MgO)$ 系炉渣。推算表面张力的模型为：

$$\sigma = \Sigma M_i F_i \tag{3-29}$$

式中　　M_i——各成分的分子分数；

　　　　F_i——各成分的表面张力。

3.5.3.3　高炉炉渣与炭素材料的接触角[53]

接触角为固体与流体之间的表面张力 σ_s 和 σ_1，固体与流体之间的界面张力 σ_{si}，两个力之间平衡的表现，是由作为对象的固体与流体的种类决定，为固定的值。在这几种张力之间 Young 式成立。

$$\sigma_s = \sigma_1 \cos\theta + \sigma_{si} \tag{3-30}$$

测量炉渣与炭素材料之间的接触角存在困难，所以文章不多。前述在滴落过程中炉渣的接触角，不是炉渣液相单独的物理特性值，必须把炭素材料的接触状态一起进行评价，由于影响测量的因素较多，这是困难所在。整理这些因素：（1）关于温度，由于炉渣必须以熔融液体存在，液相线温度高者必须在高温区测量。（2）如果测量炉渣单体的物理特性，要控制在合适的气氛下进行，而不产生在 1600℃ 左右温度区域测量的问题。可是，在这个温度区域高炉炉渣与炭素材料接触，则高炉炉渣中的 FeO 和 SiO_2 等氧化物容易与碳素发生还原反应。炉渣与炭素材料之间发生化学反应，使得接触面区域的自由能降低，由于固体与流体之间界面张力 σ_{si} 减小，结果使接触角减小。（3）液体组成，由于炉渣组成的变化，更将影响接触角。此外，在高炉炉内（2）考虑到气氛，不能否定由于气氛中的 CO 和 H_2，会使炉渣还原发生组成变化的可能性。

为了避免对上述炉渣与炭素材料之间接触角测量结果不产生误解，一般必须了解温度、气氛、液体成分、固体成分、固体表面的物理状态等几个影响浸润的因素。

（1）关于固体表面的物理特性，由于接触角是以平滑的固体平板与流体接触状态为基准决定的物理特性，不能忽视固体表面的粗糙程度的影响。

（2）由于炉渣组成的变化，更将影响接触角。在高炉炉内的还原气氛下，会使炉渣还原发生组成变化。

（3）关于固体组成，由于高炉中的炭素材料含有煤的灰分，与流体炉渣接触时容易产生接触而同化，使炉渣组成发生变化。在软熔带下部以下的焦炭表面，要考虑由于在炉身部位气化反应表面的灰分被浓缩，而可以忽视从风口吹出的未燃煤粉灰分的因素。最近确认了随着使用的基板中的 SiO_2 被还原接触角减小，特别提出在基板上显示初期接触角测量为 100°以上的不浸润系，而使用含灰分的基板保持一定时间后变成接触角小于 90°的浸润系。在 1500℃测量接触角变为 90°以下的时间结果中：天然石墨最短为 600s，煤制成的基板为 6500s；在 1600℃到 90°从 600s 下降到 300s；1700℃则更短，天然石墨在 100s 以下，煤制成的基板在 200s 左右，不含灰分的石墨基板在 400s 左右。另外，预先将焦炭在规定时间内气化，其用意是模拟焦炭在高炉炉身部位经过气化反应到高炉下部的焦炭，在 1500℃测量与 CaO-SiO₂-Al₂O₃-MgO-FeO 炉渣的接触角。图 3-56 为使用进行了气化反应、灰分含量高的基板，接触角成为 90°的时间从 9000s 缩短到了 3600s。此外有人提出在炭素材料与炉渣之间是 SiO₂ 进行熔融还原的有利条件，容易引起接触角的变化。其原因是在界面生成了 SiC 生成物，用同样的炉渣在 SiC 基板上进行测量接触角，确认 SiC 与炉渣的初期接触角为 45°基本良好的浸润系。

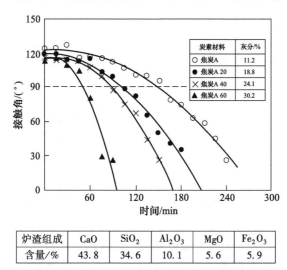

炭素材料	灰分/%
○ 焦炭A	11.2
● 焦炭A 20	18.8
× 焦炭A 40	24.1
▲ 焦炭A 60	30.2

炉渣组成	CaO	SiO₂	Al₂O₃	MgO	Fe₂O₃
含量/%	43.8	34.6	10.1	5.6	5.9

图 3-56 在 1500℃炉渣与气化反应了的焦炭之间接触角随接触时间的变化[53]

以上介绍了炉渣与炭素材料之间的接触角受接触温度及接触时间等接触条件所左右。由于低燃料比，在滴落带中空隙结构会改变液体滞留，特别是由于熔融炉渣的滞留，使透气性恶化。因此，更有必要钻研接触角的测量方法和液体滞留的推算方法。

3.5.3.4 铁水的表面张力和接触角[54]

图 3-57 为在温度 1673K 时，不同含碳量的 Fe-C 试样与不含 Al₂O₃ 的炭素材料基板接触角的测量结果。由图可知，铁水碳素含量低的 Fe-C 试样接触角小。图 3-58 表示在 1673K 时，碳饱和的 Fe-C 液态试样与不同含 Al₂O₃ 的炭素材料基板接触角的测量结果。这些测试初期接触角全部都是逐渐减小的，经过一定时间

后趋于稳定在一定的值，模拟焦炭基板中 Al_2O_3 的含量高的试样接触角大。

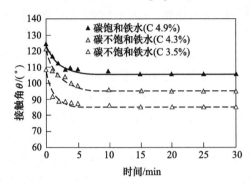

图 3-57　在 1673K 不同含碳铁水试样对不含 Al_2O_3 基板浸润性的影响[54]

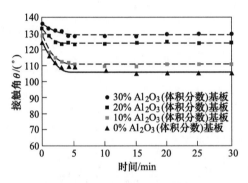

图 3-58　在 1673K 含碳 4.9% 铁试样对不同含 Al_2O_3 模拟焦炭基板浸润性的影响[54]

　　由于在接触面上发生了碳素溶解反应，在模拟焦炭的基板上初期接触角与稳定后的接触角存在明显的差异。这是由于基板界面自由能减小，表面张力也减小。固液间的界面张力减小，由 Young 的平衡式可知接触角也减小。为了估计在界面上碳素溶解反应与接触角变化的关系，进行了向模拟焦炭基板滴入 Fe-C 液滴的碳素溶解量试验。

　　很难把 Fe-C 液滴从复杂形状界面的基板上进行分离，因而只能用显微照片来估计碳素的溶解量。图 3-59 表示碳素溶解量与自初期接触角到稳定接触角，这个期间接触角的变化。由这些接触角的变化，用 Young 公式算出界面张力的变化。图 3-60 表示碳素溶解量与界面张力变化的关系。由上面两个图可知，在碳素溶解的有利条件下，由于界面张力减小，接触角也减小。

　　稳定后的接触角为 105°，这与过去有人提出在 1673K 碳素饱和的铁水在石墨基板上的接触角为 110° 几乎相同。可是与初期接触角有明显的差异。估计这是由于界面反应存在有比真实接触角的值要小的可能性。

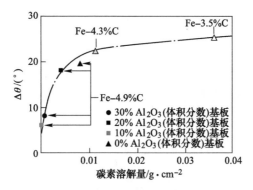

图 3-59 从初期接触角到稳定接触角与碳素溶解量之间的关系[54]

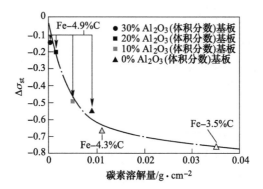

图 3-60 碳素溶解量与界面张力变化之间的关系[54]

3.5.4 高炉下部的液泛现象

最容易发生液泛的区域是在滴落带靠近死料堆表面和风口循环区的位置。在那里比较符合液泛产生的条件：（1）如前所述，在死料堆表面积聚了较多的焦炭粉末和未燃煤粉，空隙率低；（2）由于死料堆的透液性差，滴落的渣铁逐渐在死料堆表面汇集，流向风口循环区；（3）从风口循环区喷出的煤气具有很高的动能，由于受到死料堆的阻挡而转向，因此靠近死料堆表面的地方煤气流速最高。这三个条件都促使液泛的产生。

由气-固两相流出发，只分析高炉下部和风口区是不够的。在实际生产中，高炉内形成的渣铁流，对高炉下部和风口循环区焦炭运动的影响是不可忽视的。由于气流速度大，而且气流运动方向复杂，从软熔带滴下渣铁流的分布，也必然受气流分布的影响。同时，又由于气相是连续相而液相是分散相，所以气-液之间的运动要比气-固相间的更为复杂，关于这方面的深入研究工作也还刚开始。

3.5.4.1 液泛的计算式

Sherwood 等人[55]从气、液两相流力平衡的关系出发，提出用气液两相流的质量流量比 $(f.r)$ 来表征液体与气体动能之比，用气体对液体的浮力与液体自身重力之比 $(f.f)$ 来表征影响气液运动的系统内在性质和外部条件，用这两个无因次数群来衡量液泛出现的条件：

流量比：
$$(f.r) = \frac{L}{G}\sqrt{\frac{\rho_g}{\rho_1}} \tag{3-31}$$

液泛因子：
$$(f.f) = \frac{u_g^2 S}{g\varepsilon^3}\frac{\rho_g}{\rho_1}\left(\frac{\mu_1}{\mu_w}\right)^{0.2} \tag{3-32}$$

而 Leva[56]和熊玮[57]等人的实验考虑了液体密度对液泛气流速度的影响。在相同流动条件下，密度大的液体泛点气流速度高。而高炉炉腹部位的液相正是密度高、高黏度的熔融炉渣。因此，对于非水系统，在 Sherwood 液泛因子中引入密度校正系数 $\psi = \rho_w/\rho_1$，修正后的液泛因子为：

$$(f.f)' = \frac{u_g^2 S}{g\varepsilon^3}\frac{\rho_g \rho_w}{\rho_1^2}\left(\frac{\mu_1}{\mu_w}\right)^{0.2} \tag{3-33}$$

式中 u_g——煤气的表观速度，m/s；

        S——死料堆中焦炭的平均比表面积，m^2/m^3；

        ε——死料堆的空隙率，为常数可取 0.35；

        L——液体的质量速度，kg/($m^2 \cdot s$)；

        G——煤气的质量速度，kg/($m^2 \cdot s$)；

        μ——炉渣度；

        ρ——密度；

角标 1, g, w——分别表示炉渣、煤气和水。

对不同容积的高炉，循环区所占的炉腹断面积的比例不同，因此液泛的参数也不相同。只有容积相近的高炉，采用相应的参数进行比较，方可分析实际液泛的界限。

3.5.4.2 炉腹煤气量指数与液泛[58]

在计算液泛因子时，除了炉腹煤气流速等关键因素，还必须确定焦炭层的平均比表面积 S 和空隙率 ε。比表面积 S 主要由焦炭层的平均粒度 d_C 决定，而 d_C 作为颗粒物理特性需要通过实际操作情况加以确定。对不同喷煤比时高炉风口取样分析的结果表明[13]，喷煤比由 175kg/t 提高到 210kg/t 和 235kg/t 时，入炉焦与风口焦平均粒度差 Δ_{MS} 由 29~30mm 增大到 35~36mm 和 37~39mm。因此，可以通过喷煤量来确定焦炭层的平均粒度 d_C。并且，当未参加反应的焦炭颗粒到达高炉下部时，考虑到下降过程中各种作用力以及渣铁滞留和未燃煤粉的影响，结构较为致密，其空隙率取定值 $\varepsilon = 0.35$。

徐小辉等人对国内高炉 2010 年 1~8 月平均数据，以及水岛 4 号、君津 4 号、施威格恩 2 号和阿斯米纳斯 1 号等高炉分别取 2001 年、2003 年、2005 年和 2007 年平均月数据进行了液泛的计算，并将结果表示在图 3-61 中。结果表明，所有高炉各月工况点基本都处于载点线以下。其中，宝钢 3 号高炉为 1999 年至 2010 年以来月平均数据的工况点最接近载点线，表明在现有条件下，高炉操作已充分利用了炉内料柱的透气能力，高炉炉腹煤气量指数 χ_{BG} 已经达到最高水平，并能够很好地加以控制和调节，见图 3-61（b）。这意味着载点线的存在，将抑制过度提高炉腹煤气量指数。当对应实际生产操作的工况点接近载点线时，如果通过进一步提高炉腹煤气量指数的方法来加以强化，将很快突破载点线的约束，而使炉内气液平衡逐步向不可操作转变，从而恶化炉况，破坏高炉顺行。对于宝钢 3

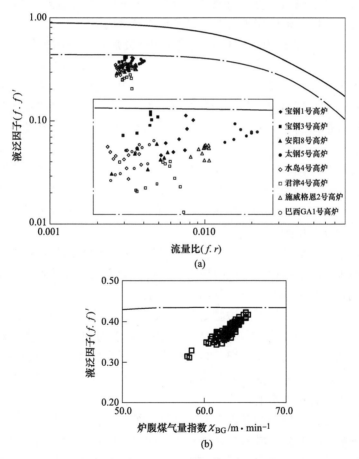

图 3-61　国内外典型高炉液泛（a）宝钢 3 号高炉炉腹煤气量指数与液泛（b）的关联图[58]

号高炉，虽然图中给出的统计时间最长，相应工况点最多，但其分布仍很集中，这表明，宝钢 3 号高炉炉内气液平衡能够保持长期稳定，并且较为充分地利用了高炉操作的极限能力。而国外先进高炉工况点普遍与载点线有一段距离，但位置较为集中，这主要是由于这些高炉不追求较高利用系数，而力求低燃料比，保持高炉长期稳定顺行所致[58]。

3.6 炉内应力场、流态化和烧结矿的粉化

3.6.1 炉内应力场的分布

按照高炉解剖调查，炉内炉料在下降过程中仍然有序地维持交互呈层状的结构，可是当靠近炉墙的部分局部形成了混合层，由于边缘区域的面积占整个炉喉断面积的比例比较大，炉墙边缘局部炉料的疏松会引起较多的煤气从边缘流过，如果边缘气流难于控制，将导致燃料比升高等方面的重大问题。因此，有必要研究控制炉墙混合层、炉内应力分布，以及形成管道的因素。

以小仓 2 号炉容 1850m³ 高炉第 2 代为例研究炉内应力场的分布[59]。高炉设有 3 个铁口，28 个风口。该高炉于 1982 年开炉，于 2002 年停炉；停炉时没有放残铁，采用芯钻进行炉底调查。在停炉前进行了示踪物试验用来确定铁水流动的"有效"深度以及芯钻的位置。并且在停炉前 3 天进行了加锰矿的冶炼试验，使铁水中的锰含量达到 1% 的水平，用芯钻金属样品中的锰含量来鉴别铁水迟滞和凝结范围。

根据高炉解剖调查结果，并模拟 1998 年 8 月 22 日至 9 月 10 日期间，高炉日平均产量 3510t/d，利用系数 $1.90t/(m^3 \cdot d)$，风量 $2544m^3/min$，风压 277kPa，焦比 377kg/t，煤比 120kg/t，矿焦比 4.33 的操作，进行炉内应力场的分析[53]。炉料中应力场分布见图 3-62（a）。

使用模拟炉缸耐材的侵蚀形状，估计了最大热负荷时期的炉内状态和侵蚀形状，与芯钻观测的结果相符。模拟应力场获得的炉内状态和死料堆的下部边界形状与实际观测的结果基本相符，见图 3-62（b）。

由图可知，小仓 2 号高炉炉缸耐材侵蚀也呈锅底状，形成了很深的死铁层，并在炉底底部料柱的压力与铁水的上浮力相互抵消为 0kPa，存在一层均匀的铁水没有焦炭的空间，或称无焦层，死料堆刚好漂浮在炉缸中，而炉底角部又不存在无焦层。高炉料柱大部分靠死料堆支承，因此死料堆结构及其中炉渣和铁水的运动对高炉生产有重大影响。

无焦层的芯钻试样为金属铁没有夹杂物。炉缸侧壁炭砖完好，基本上未被侵蚀。说明炉缸中心的死料堆漂浮在铁水中为死料堆中焦炭的更新创造条件，保持死料堆的良好透液性，使得铁水长期能够透过整个炉缸，从而减轻炉缸铁水环流，使炉缸侧壁均匀侵蚀。

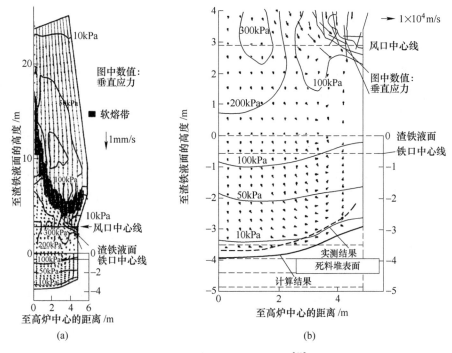

图 3-62　高炉炉内应力分布[59]

小仓 2 号高炉停炉后，死料堆的芯钻取样样品中包含铁水和焦炭，焦炭颗粒碎裂成约 2mm 或更细的粉末。死料堆的堆密度越向下越重，铁水的含量增高，包括分布在其中的铁在 $2.2 \times 10^3 \sim 4.9 \times 10^3 kg/m^3$，底部的透液性良好。死料堆的堆密度值估计在 $3.54 \times 10^3 kg/m^3$。死料堆的空隙率低、焦炭颗粒之间的空间小，推测死料堆的透液性很差，形成了低透液区域，阻隔了铁水的流动，并被停炉前的示踪试验和加锰矿冶炼试验所证实。

死料堆样品的导热系数分布在 $6 \sim 9W/(m \cdot K)$，在金属铁与焦炭之间。死料堆的导热系数取决于死料堆中金属铁的含量。

在图 3-62（a）中涂黑的部分表示软熔带呈倒"V"形分布，以粗线表示等应力曲线，箭头为炉料移动的方向及大小。炉喉部分处于低应力区域，在 10kPa 等应力线以下；从 50kPa 等应力曲线来看，在边缘部分应力较低，等应力曲线一直延伸到风口区域，在风口还有 10kPa 以下的区域。在高炉中心应力也较低；死料堆内应力较高，在 100~300kPa 之间；浸入铁水后应力逐步减小，最下面与铁水达到平衡。从炉料下降的流线来看，炉料在块状带平行、均衡、有秩地下降；通过软熔带后情况发生了变化，在死料堆中焦炭呆滞，移动速度缓慢；死料堆的表面由焦炭的滑移线决定，呈"窝头"状，中下部约为 51°。上部焦炭沿死料堆表面向风口循环区滑移；在风口下方有向风口移动的趋势。

3.6.2 管道因素及其对炉墙热负荷的影响

随着高炉大型化，尽管高炉利用系数不变，但总压力降增大，炉顶煤气流速增加，同时大型化使燃料比下降使鼓风流量下降，为了减弱大高炉煤气流速升高的影响，提高了炉顶压力。

高炉的管道因素是煤气上升浮力与炉料下降力之比。在高炉炉墙边缘还应考虑炉墙应力状态。随着高炉炉容的扩大，炉喉直径扩大、高度更高，炉身角减小，焦炭、矿石的分布偏差增加，煤气流的分布趋于不稳定。炉墙表面的摩擦力的作用缩小，炉料在炉墙表面滑移，不能达到高炉中心。图 3-63（a）用摩尔（Mohr）圆表示炉墙处的应力状态。炉墙屈服线通过摩尔圆，图中炉墙表面的应力相当于点 A，因为炉身部分垂直应力大于水平应力。因此，垂直应力，即正常应力附加了水平应力，随着高炉大型化炉身角（θ）缩小，在 P 点 σ_- 等同于 σ_v，而且变小。

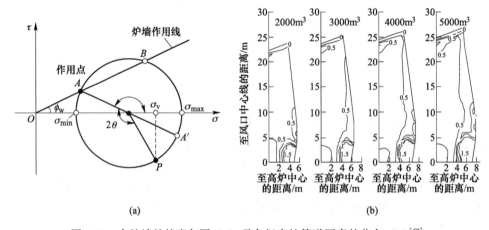

(a)   (b)

图 3-63　在炉墙处的摩尔圆（a）及各级高炉管道因素的分布（b）[60]

高炉操作的稳定性可以用炉内料流的规律性来鉴别。按照炉料不规则下降的模型试验结果，可以建立衡量气体和固体流动失常可能性的指标——"管道因素 f"，并用下式来定义：

$$f = \frac{P_i - P_T}{\sigma_v} \tag{3-34}$$

式中　P_T——炉顶压力，kPa；

　　　P_i——在高炉 i 高度上的炉内压力，kPa；

　　　σ_v——炉料的垂直压力，kPa。

随着高炉大型化，高炉内型发生变化，高炉炉料的垂直应力也发生改变，边缘应力下降，而应力集中到高炉中心，使得风口平面死料堆内的垂直应力成倍地增加。由 100~200kPa 增加到 5000m³ 高炉的 500kPa 以上[59]。

1000~5000m³ 高炉管道因素的分布见图 3-63（b）[60]。随着高炉大型化，炉身角逐渐减小，使垂直应力释放，以及压力损失升高；因此大高炉的内型对防止管道行程是不利的。随着炉容扩大，f 值超过 0.5 区域扩大，发生管道的或然率升高。对于较小的高炉，f 值超过 0.5 区域集中在高炉下部和紧靠炉墙的狭小区域；随着炉容扩大，区域扩大。由图可知，在 4000m³ 高炉管道因素的分布中，f=0.5 的等管道因素线的面积更宽，向高炉高度方向延伸；并且在高炉中心也出现了 f 值超过 0.5 的区域。边缘部位 f>0.5 的区域已经达到了料面。因此，随着炉容扩大，炉料的不均匀性增加，控制合理的气流分布的难度随之增加。宝钢、鞍钢分别使用微波料面仪和红外线摄像仪观察到了高炉中心料面发生管道的现象。近来用离散单元法研究炉内炉料下降瞬间的行为和软熔带形状对料流和应力分布的影响[61]。

我们发现宝钢 2 号、4 号高炉不同的炉身结构对煤气流有明显的影响，对发生管道的敏感性有很大差异[62]。4 号高炉气流不稳定，炉顶压力容易"冒尖"，并导致炉身炉墙热负荷升高，且波动大，见图 3-64。两座高炉的平均热负荷相差一倍以上。

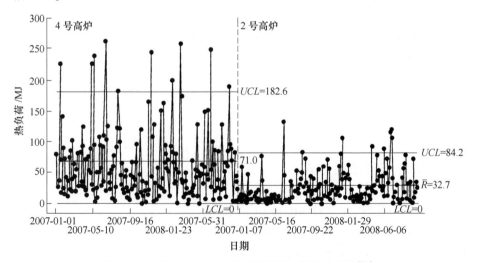

图 3-64 宝钢 2 号、4 号高炉炉墙热负荷波动情况[62]

很明显，高炉剖面的变化，以及渣皮结厚、内衬脱落、炉料下降，都会在炉墙附近形成混合层；炉料性能的变化，以及软熔带形状变化，炉缸内储存的渣铁增加等，使高炉下部气流发生变化。其结果使得在高炉上部、径向、圆周方向的气流产生不平衡，对管道因素 f 都有影响，导致管道、滑料和悬料，甚至炉凉等高炉炉况失常。

当炉身上部的压力降升高，达到 $f=1$ 就会发生悬料，而炉身中部由于径向炉料压力分布的均匀性差别大，在同一水平面上的 f 值差别也大，仅仅边缘部位 $f=1$ 将会造成不均匀下料或产生滑料。当大部分的区域 f 值达到 1 时才会发生悬料。因此管道因素 f 与炉料下降状况密切相关。

当炉腹上部的管道因素 $f \geqslant 1$ 时，造成风口循环区不稳定，将出现滑料。

如前所述，炉内应力场、管道因素以及炉料透气阻力变化、炉身静压力变化对炉料均匀下降有很大的影响。高炉炉况失常往往是由于下料异常引起的，因此在操作高炉时能够及时得到发生管道、滑料和悬料的预报至关重要。

3.6.3　高炉上部的流态化现象

高炉上部块状带内，气、固两相呈逆向流动。在一定原料条件下，气流速度增加必然使煤气压力降升高。煤气速度增加使得压力降梯度在垂直方向的分量足以支托起炉料的有效重量时，炉料将不能下降，高炉也不能正常生产。当气体流速达到临界值时，固体将被流态化。流态化现象表现在高炉炉尘的吹出量大增或者形成管道行程。

3.6.3.1　流态化的计算式

流态化现象一般采用韦恩（Wenn）的实验式进行计算。

根据韦恩的实验式可以求得炉喉部分矿石最小流态化开始速度 u_{mf}。

$$u_{mf} = \frac{\mu_g}{d_p \rho_g} (\sqrt{33.72 + 0.0408Ga} - 33.7) \tag{3-35}$$

$$Ga = d_p^3 \rho_g (\rho_p - \rho_g) \frac{g_c}{\mu_g^2} \tag{3-36}$$

式中　　d——颗粒直径，cm；

ρ——密度，g/cm；

μ——黏度，P（1P=0.1Pa·s）；

g_c——重力换算系数，g·cm/(g·s)^2；

角标 p，g——分别为颗粒和煤气。

由于高炉内部炉料和气流的不均匀分布，炉喉部分炉料的流态化开始的区域只能是在高炉炉喉边缘，同样在目前还不能求取这个区域的特性参数。仍采用经验的对比方法。

3.6.3.2　高炉实际现象分析[63]

由于炉料沿半径方向粒度分布不均匀，某些粉料集中的部位透气性差，阻力也大。在炉料全部流化之前，由于局部的高压力降而产生区域性流化现象，即

"管道行程"。另外，矿石装入高炉后，在炉身低温区域存在还原粉化现象，粒度比装入高炉时小。所以实际出现流态化时的煤气流速，要比计算出的高炉出现流态化开始速度 u_{mf} 小。

作者根据 1999~2005 年宝钢 1~3 号高炉的年平均操作数据，计算得到炉喉部分煤气流速 u 与矿石最小流态化开始速度 u_{mf} 之比，规定为 u/u_{mf}，并把 u/u_{mf} 与高炉利用系数的关系作成图 6-65[2]。图中宝钢的 u/u_{mf} 数据规律性强，图中还给出了日本京浜 1 号（炉容为 4907m³）高炉和 2 号（4052m³）高炉的 u/u_{mf} 值，他们很分散，反映出京浜高炉操作的波动比较大。图中计算煤气流速时，采用了炉腹煤气量。由图可知，随着利用系数的提高，u/u_{mf} 值是上升的。宝钢 1 号、2 号高炉由于内型相同，规律性就更强，宝钢 3 号高炉炉喉断面积相对要大些，u/u_{mf} 值要低一些，三座高炉的利用系数与 u/u_{mf} 都有相同的斜率，呈平稳的上升趋势。

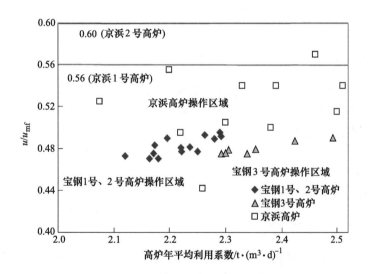

图 3-65 宝钢高炉年平均利用系数与 u/u_{mf} 的关系[2]

由图可知，利用系数高与利用系数低的时期比较，u/u_{mf} 的值没有明显变化，宝钢高炉炉内煤气流速远离了流态化区域。局部发生炉料的吹出和管道的可能性小，炉况稳定，高炉顺行。从而燃料比下降，为提高产量创造了条件。

从 1999~2004 年高炉月平均指标来看，宝钢高炉的强化尚未达到流态化。但高炉的强化与炉顶炉尘吹出量之间也存在明显的关系。图 3-66 中给出了宝钢 1 号高炉和 2 号高炉的回归曲线。当利用系数高于 2.3t/(m³·d) 时，吹出量迅速升高。但 3 号高炉的炉尘吹出量比较低，而且与利用系数的关系就不那样明显，可能与 3 号高炉炉喉直径较大有关。

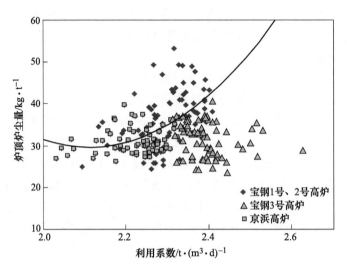

图 3-66 宝钢高炉利用系数与炉顶炉尘吹出量之间的关系[63]

3.6.4 烧结矿的低温还原粉化[21]

一般矿石的低温还原粉化指的是在 400~700℃ 的低温条件下，铁矿石在烧结时生成的磁铁矿系熔液，随着在凝固时再氧化析出骸晶状的赤铁矿，在高炉上部低温区域中赤铁矿被还原时体积增大，亦即膨胀，产生应力而龟裂。

在赤铁矿向磁铁矿的相变时，理论上磁铁矿的密度比赤铁矿低 4.9%，但在低温还原条件下，由于生成多孔的磁铁矿，例如在 525℃ 时多晶赤铁矿还原成磁铁矿时体积膨胀达到 25.6%。

3.6.4.1 烧结矿特性

因此，还原粉化受烧结矿组织的影响很大。为此，FeO、SiO$_2$、碱度、石灰等添加方式、气相组成等对还原粉化都有影响。

烧结矿组织与还原粉化的关系。在 70%N$_2$-30%CO 气流 400℃ 时，对不同的焦粉配比的烧结矿进行了还原试验。图 3-67 表示 FeO 含量在 4%~13% 范围内，在 C/S = 1.3 的烧结矿中随着 FeO 含量的变化，而有极大值。从低 FeO 增加到 9%粉化率，随着烧结时热量水平的增加使骸晶状赤铁矿的生长引起 RDI 增加。当 FeO 增加到 9% 以

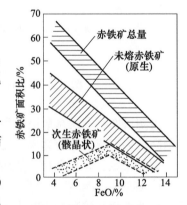

图 3-67 烧结矿含 FeO 量对
赤铁矿面积比的影响[21]

上，由于热量水平增加烧结矿中形成浮氏体，抑制了赤铁矿的再氧化，减少了骸

晶状赤铁矿的生成，RDI 值又下降。

图 3-68 为在碱度 C/S = 1.65、SiO$_2$ = 6%，FeO 含量在 3.8%~15%进行的研究表明，与 C/S = 1.3 不同，随着 FeO 降低，RDI 一直有上升的趋势。由于 FeO 降低针状铁酸钙相的增加，以及玻璃相的减少有利于黏结组织发生变化，抑制了龟裂的伸长；由于骸晶状的赤铁矿增加，从赤铁矿的还原超过了磁铁矿，改善了还原性。两种不同 C/S 的烧结矿粉化的不同结果说明，烧结矿中渣相成分对粉化的影响很大。从组织结构上看，在骸晶状赤铁矿内存在含有 Al$_2$O$_3$、TiO$_2$、MnO 多种组分的微小析出物，这种粒子在烧结降温过程中，由多元素的磁铁矿氧化而成的骸晶状 Fe$_2$O$_3$ 结晶是一种破坏性矿物[59]。

一般来说，增加烧结矿中 CaO 和 SiO$_2$ 能改善还原粉化。此外，添加 TiO$_2$、Al$_2$O$_3$、MnO 助长粉化。提高 Al$_2$O$_3$ 1%，由于 Al$_2$O$_3$ 在矿物中的固溶体的强度低，使得 RDI 增加 1.1%。此外，由于在 900℃ 以上生成钙钛矿，在烧结矿中生成大量骸晶状的赤铁矿，因此添加 TiO$_2$ 助长粉化。

关于烧结矿入炉时粒度的影响，平均粒

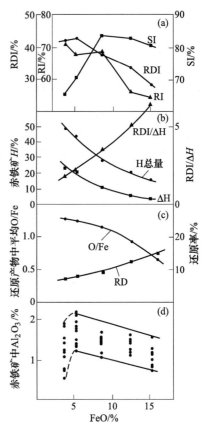

图 3-68 FeO 对烧结矿质量和各种还原粉化特性参数的影响[21]

度在 6~23mm 范围内的烧结矿进行还原和转鼓试验后烧结矿的调和平均粒度进行研究，试验前粒度大者粒度缩小得明显，初始粒度对还原的影响小。初始粒度 6mm 时，粒度几乎不变，因此烧结矿开始粒度不同，而还原后趋于均匀。

如上所述，烧结矿的粉化特性，主要是受烧结矿组织中骸晶状赤铁矿、铁酸钙和渣相的赋存比例决定，其次由各相的机械特性决定。

3.6.4.2 高炉炉内粉化的分析

当低燃料比操作时，由于热流比高，炉身上部温度下降，导致烧结矿低温还原粉化，使得高炉料柱透气性变差。关于还原粉化对高炉的影响，曾经从不同的角度进行了研究。从高炉炉尘分析来看，由铁酸钙的赤铁矿还原产生的磁铁矿炉尘，其中粒度大于 1mm 的粉末可能对高炉炉内透气有较大影响。

在模拟实际高炉的条件下，对粉化过程进行了研究，在高炉边缘比中心部位粉化多得多，此外-3mm的粉末量与RDI值和炉内温度有很强的相关性。图3-69表示在模拟炉身部位的还原过程时，炉内中心和边缘的升温速度（分别为15.9℃/min和5.8℃/min）的条件下，进行还原试验的结果表明在550~600℃温度区域的粉化率超过了800℃，在550~600℃温度区域的停留时间长，升温速度慢的边缘部位粉化多。这个结果说明在550~600℃的停留时间对粉化的影响很大。此外通过600℃时，升温速度快就可以减少烧结矿的粉化，并且粉化终了的温度和还原率高。因此，低温热储备区的形成，延长了在这个温度区域的停留时间将增加烧结矿粉化。当热流比在0.8以上的高热流比条件下，由于上述温度区域扩大，RDI对粉化影响很大。

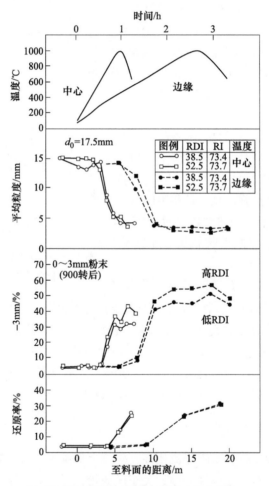

图 3-69 随时间的还原率、温度、烧结矿粒度及小于3mm的
烧结矿粉末率的变化[21]

烧结矿的粉化主要从高炉中间部位直到边缘发生，有促进炉身上部中心气流的作用，并会增加炉尘量以及增加炉内透气阻力 K 值，在炉身上部发展中心气流，而在高炉中间部位边缘气流发展，使气流偏流将助长粉化。

为了弄清 Al_2O_3-CaO-Fe_2O_3-SiO_2 多成分系形成的多相固溶体的还原性、机械性能等，建立了 $Ca_2(Fe,Ca)_6(Fe,Al,Si)_6O_{20}$ 的热力学模型来进行研究[64]。

总之，在接近高利用系数和低燃料比的极限的条件下，又出现煤气温度低的情况时，要加强对还原粉化的管理[65,66]。

此外，在炉内块矿 500℃ 以下的热爆裂性对粉化也有很大的影响。

参 考 文 献

[1] 有山达郎，佐藤道贵，佐藤健，渡壁史朗，村井亮太. 今后の高炉操业から见た性状のあり方 [J]. CAMP-ISIJ, 2004, 17 (4): 610.

[2] 项钟庸，王筱留，等编著. 高炉设计——炼铁工艺设计理论与实践 [M]. 2 版. 北京：冶金工业出版社，2014.

[3] 小山鸟鸿次郎，西彻，山口德二，仲摩博至，井田四郎. 高炉内にけおるコ一クスの性状变化（高炉解体调查-4）[J]. 鉄と鋼，1976, 62 (5): 570.

[4] 佐佐木宽太郎，羽田野春道，渡边雅男，下田辉久，横谷胜弘，伊东孝夫，横井毅. 小仓第 2 高炉にけおる解体调查结果 [J]. 鉄と鋼，1976, 62 (5): 580.

[5] 神原健二郎，荻原友郎，重见彰利，近藤真一，金山有治，若林敬一，平本信义. 高炉解体调查と炉内状况（高炉解体调查-1）[J]. 鉄と鋼，1976, 62 (5): 535.

[6] 原口博，西彻，美浦义明，牛洼美义，野田多美夫. 高炉内コ一クスの劣化机構に关する2~3の检讨 [J]. 鉄と鋼，1984, 70 (16): 2216.

[7] Tamura K, Ichda M, Enokido T, Ono K, Hayashi Y. Effect of blast velocity on the behavior of materials filling and desciending in the lower part of blast furnace [C]. Iromaking Proceeding, 1984, 43: 127.

[8] 项钟庸，王筱留. 炉腹煤气量指数与高炉过程 [C]. 第十六届全国大高炉炼铁学术年会文集，中国金属学会，柳州，2015: 7.

[9] 中村正和，杉山乔，鹈野建夫，原行明，近藤真一. レ一スウェイ形状の研究 [J]. 鉄と鋼，1977, 63 (1): 28.

[10] Wagstaff J B. J. Met., 1953, 5: 895.

[11] Taylor J, Lonie G, Hgy R. J. Iron Steel Inst., 1957, 187: 330.

[12] 羽田野道春，平冈文章，福田允一郎，增池保. 实验炉による羽口前燃烧带の解析 [J]. 鉄と鋼，1976, 62 (5): 505.

[13] 清水政治，长井保，冈部侠儿，近藤干夫，稻谷稔宏. 高炉への重油吹入みに伴う炉内现象の变化 [J]. 鉄と鋼，1972, 58 (5): 589.

[14] 田村健二，一田守政，脇元博文，斧胜也，林洋一. 高炉レ一スウェイ近傍の粉コ一ク

スの堆積. 挙動からみた適正羽口風速 [J]. 鉄と鋼, 1987, 73 (15): 1980.

[15] 松井良行, 田口睦, 泽山宗義, 北野新治, 今井孝, 后藤秋吉. 高炉炉芯形状およびレ
    ースウェイ深度測定による炉下部固体流れの解析 [J]. 鉄と鋼, 2006, 92 (12): 932.

[16] 高桥志洋, 河合秀樹, 福井俊史, 松本勇気, 松井良行. 高炉内固体とガス静圧の不连
    挙動に与える羽口流量と炉芯性状の影响-冷间全周模型による实验解析- [J]. 鉄と
    鋼, 2007, 93 (10): 615.

[17] Yuu S, Umakage T, Miyahara T. Prediction of stable and unstable flows in blast furnace race-
    way using numerical simutation methods for gas and particles [J]. ISIJ Inter., 2005, 45
    (10) 1406.

[18] 芦村敏克, 森下紀夫, 井上義弘, 樋口宗之, 马場昌喜, 金森健, 和栗眞次郎. 稼働大
    型高炉の融着帯直接計測技术の开发と根部層構造 [J]. 鉄と鋼, 1994, 80 (6): 457.

[19] 高桥志洋, 河合秀樹, 小林基史, 福井俊史. 低還元材比操業模拟二次元による固体不
    安定下降挙動の解析 [J]. 鉄と鋼, 2006, 92 (12): 996.

[20] 宫川一也, 山形仁朗, 野澤健太郎, 柴田耕一朗, 松尾匡, 小野玲儿. 高微粉炭比操業
    から见た低還元材比高炉操業の课题 [J]. CAMP-ISIJ, 2004, 17: 26.

[21] 禁上洋, 植木保昭, 村上太一, 植田滋. 低碳素操作指向时の高炉内通気性确保と粉体
    挙動 [J]. 鉄と鋼, 2014, 100 (2): 227.

[22] Anrin Bhattacharyya. Structural characterization of coke from the tuyere region of the blast
    furnace [C]. Proceedings of 8th International Congress on Science and Technology of
    Ironmaking (ICSTI 2018), 2018.

[23] 梁宁, 吴铿, 湛文龙, 等. 高炉焦炭石墨化对其高温冶金性能的影响研究 [J]. 冶金能
    源, 2018, 37 (2): 29.

[24] Maria Lundgren, Rita Khanna, Lena Sundqvist Okvist, et al. The evolution of structural order
    as a measure of thermal history of coke in the blast furnace [J]. Metallurgical and Materials
    Transactins B, 2014, 45B: 603.

[25] Juho A. Haapakangas et al. The hot strength of industrial cokes-Evaluation of coke properties that
    affect its high-temperature strength [J]. Steel Research Int., 2014, 85 (12): 1608.

[26] Bert Gols, Bart Van Der Velden, Hans Jak. Coke texture as coke performance parameter for the
    blast furnace [C]. Proceedings of 8th International Congress on Science and Technology of Iron-
    making (ICSTI 2018), 2018.

[27] 王波, 华建明. 宝钢 1 号高炉炉缸侵蚀及对策 [J]. 炼铁, 2016, 35 (3): 30.

[28] 王波, 陈永明, 宋文刚, 王士彬. 宝钢 1 号高炉炉缸温度升高的治理 [J]. 炼铁, 2019,
    38 (4): 19.

[29] 陈永明, 徐辉, 朱勇军. 宝钢 4 号高炉喷涂后低燃料比操作措施 [J]. 炼铁, 2019, 38
    (2): 1.

[30] 刘志朝, 陈奎, 王磊. 邯宝高炉炉腹煤气量指数和透气阻力系数的控制 [J]. 炼铁,
    2013, 32 (4): 12.

[31] 张慧荣. 梅钢 5 号高炉顺行的操作制度 [J]. 炼铁, 2018, 37 (4): 50.

[32] 张国营, 周敬铖, 楚强. 济钢 4 号高炉提高煤比的措施及冶炼特点 [J]. 炼铁, 2005,

24（2）：43.

[33] 陈军，王志堂，聂长果，赵淑文，彭鹏．马钢 4 号高炉保稳顺提煤比生产实践［J］．炼铁，2019，38（1）：18.

[34] 中野薫，山冈秀行．高炉の近傍のレースウェイ物流状态に关する力学的解析［J］．鉄と鋼，2006，92（12）：939.

[35] 清水正贤，山口荒太，稻叶晋一，成田贵一．冷间模型による高炉内装人物の力学的挙动とガス通气性の检讨［J］．鉄と鋼，1982，68（8）：936.

[36] 松井良行，山口泰弘，泽山宗羲，北野新治，永井信幸，今井孝．高炉羽口入射波反射强度によるレースウェイ形举成动の解析［J］．鉄と鋼，2006，92（12）：919.

[37] 馆充，桑野芳一，铃木吉哉，张东植，吴平男，松崎干康．コークスの高温劣化による异常炉况［J］．鉄と鋼，1976，62（5）：495.

[38] 西彻，原口博，美浦义明，樱井哲，斧胜也，彼岛秀雄．羽口前性质检讨高炉出铁比形状关系［J］．鉄と鋼，1980，66（13）：1820.

[39] 项钟庸，王筱留．基于高温区的评价高炉生产效率的实用工具［J］．炼铁，2016，35（1）：24-28.

[40] 中岛龙一，岸本纯幸，饭野文吾，堀田裕夫，伊藤春男，古屋茂树．大型高炉における高铁比操業［J］．鉄と鋼，1990，76（9）：1458.

[41] 程志杰，梁利生，沙华玮，张永新．焦炭质量变化对高炉冶炼的影响［J］．炼铁，2019，38（4）：1.

[42] 西村恒久，砂原公平，折本隆，野村诚治．低コークス比操作を目指した高炉内融着带现象の机构解明［J］．CAMP-ISIJ，2015，28：405.

[43] 斧胜也，肥田行博，重见章利，儿玉惟孝．高炉の软化熔解带における装入原料の收缩および压损につてい［J］．鉄と鋼，1975，61（6）：777.

[44] 植田滋，三木贵博，村上太一，禁上洋，佐藤健．低炭素高炉操作の课题–铁矿石の還元および软化溶融举动–［J］．鉄と鋼，2013，99（1）：1.

[45] 鞍山钢铁公司钢铁研究所译．高炉现象及其解析［M］．北京：冶金工业出版社，1985.

[46] 研野雄二，楯冈正毅，须贺田正泰，山口一成，久米正一，山口一良，安倍勋．高炉低還元材比操業について［J］．鉄と鋼，1979，65（10）：1526.

[47] 研野雄二，须贺田正泰，安倍勋，中村展．解体高炉软化融着带の溶解に关すゐ检討［J］．鉄と鋼，1979，65（10）：1536.

[48] 大野陽太郎，Schneider M．半径方向通气性分布と溶融带の位置のガス流れに及ぼす影响［J］．鉄と鋼，1978，64（4）：S31.

[49] 田村健二，林洋一，松井正昭，彼岛秀雄，山本崇夫．块状带状况推定モデルによる高炉内還元反应の考察［J］．鉄と鋼，1982，68：2287.

[50] 项钟庸，邹忠平，王刚．软熔带形状与燃料比的 U 字型关系——炉腹煤气量指数在高炉过程中应用的初探［C］．中国金属学会，2016.

[51] 入田俊幸，磯山正，原義明，奥野嘉雄，金山有治，田代清．モデル实验による融着带形成举动の研究［J］．鉄と鋼，1982，68（15）：2295.

[52] Hazem Labib George，Sheng Jason Chew，et al. Flow of molten slag through a coke packed bed

[J]. ISIJ International, 2014, 54 (4)：820.

[53] 林幸，助永壮平，大野光一郎，植田滋，砂原公平，斎藤敬高. 低碳高炉操作の課題-滴下帯の通気性に影响を及ぼすスラグ融体物性- [J]. 鉄と鋼，2014, 100 (2)：211.

[54] 大野光一郎，三宅贵大，矢野慎太郎，Cao Son Nguyen，前田敬之，国友和也. 炭素溶解反応が溶铁材间の濡れ挙动に与える影响 [J]. 鉄と鋼，2016, 102 (12)：685.

[55] Sherwood T K, Shipley G H, Holloway F A L. Flooding velocities in packed columns [J]. Industrial and Engineering Chemistry, 1938, 30 (7)：765.

[56] Leva M. Tower Packed and Packed Tower Design [M]. 2nd edition. USA：The U. S. Stoneware Co. , 1953.

[57] 熊玮. 高炉下部气液两相逆流流体力学特性研究 [D]. 武汉：武汉科技大学，2005.

[58] 徐小辉，项钟庸，邹忠平，罗云文. 高炉下部区域气液平衡实证研究 [J]. 钢铁，2011, 46 (8)：17.

[59] Inada T, Kasai A, Nakand K, Komatsu S, Ogawa A. Dissection investigation of BF hearth-Kokura No. 2 BF (2nd campaign) [J]. ISIJ International, 2009, 49 (4)：470.

[60] Inada T, Takatani K, Takata K, Yamamoto T. The effect of change of furnace profile with the increase in furnace volume on operation [J]. ISIJ International, 2003, 43 (8)：1143.

[61] Fan Z, Natsui S, Ueda S, Yang T, Kano J, Inoue R. Transient behavior of burden descending and influence of cohesive zone shape on solid flow and stress distribution in blast furnace by discrete element method [J]. ISIJ Int. , 2010, 50 (7)：946.

[62] 林成城，项钟庸. 宝钢高炉炉型特点及其对操作的影响 [J]. 宝钢技术，2009 (2)：49.

[63] 项钟庸，陶荣尧. 限制高炉强化的因素 [C]. 第七届全国大高炉炼铁学术会议论文集. 中国金属学会，本溪，2006：126.

[64] 村尾幸子，原野贵幸，木村正雄，In-Ho Jung. SFCA 相 $Ca_2(Fe, Ca)_6 (Fe, Al, Si)_6 O_{20}$ の热力学モデルの構築 [J]. 鉄と鋼，2019, 105 (5)：493.

[65] 朱仁良，等. 宝钢大型高炉操作与管理 [M]. 北京：冶金工业出版社，2015.

[66] 川口尊三，松村胜. 资源变迁に对应した烧结矿の品质と作り入み技术-烧结 100 年の步み，そして未来へ- [J]. 鉄と鋼，2014, 100 (2)：148.

4 提高煤气利用率降低燃料比

前面我们分析了上升煤气与下降炉料在气体力学方面的矛盾。本章进一步分析上升煤气与矿石还原过程之间的矛盾，以及如何利用这一矛盾为高炉炼铁的可持续发展，合理利用资源、节约能源、降低燃料比、减少排放服务。高炉降低燃料比是一项综合技术，涉及原料条件和高炉操作控制的系统工程，降低燃料比是炼铁技术水平的体现。在降低燃料比的工作中，提高煤气利用率必须解决气相与固相的传质，解决好上升煤气与矿石还原过程这一对矛盾具有重要意义。

在炉内铁氧化物是逐级进行还原的。根据实际测量热储备区（过去称为热空区）进行着重要的浮氏体的还原。而降低燃料比的关键是降低吨铁炉腹煤气量，这就使得煤气中的 CO 变得十分紧俏。本章将从研究高炉炉内的还原过程着手，研究炉内煤气量、煤气分布、布料方式对高炉燃料比的影响，以及为使 Fe-C-O 平衡向提高煤气利用率的方向移动，降低热储备区的温度，降低还原气体的扩散距离，在矿层中配入小块焦、焦矿混装，以及含碳团块等。

本书将铁矿石的还原分为两部分：气相还原在本章内讨论；熔融还原则在第 5 章讨论。只有充分进行气相还原，充分利用煤气中的 CO 才能取得高炉生产的高效。

4.1 生产高炉炉内煤气量与燃料比的关系

由于高炉内部存在气、固、液、粉体之间各种复杂的传热、传质现象，进入高炉的燃料燃烧产生的煤气既作为还原剂，又作为供热的载体，操作者要努力使煤气的化学能（煤气中的 CO 尽可能多地转变成 CO_2）和物理热（高温煤气携带的热量传递给炉料）得到充分利用。因此，对评价高炉的生产效率的指标必须科学地进行综合讨论。

在一定的原燃料质量和燃料比的前提下，存在合理的最大炉腹煤气量指数值。依靠降低燃料比、降低吨铁炉腹煤气量的方法是提高产量的重要途径。全面评价高炉生产效率的重要指标是燃料比和煤气利用率。

4.1.1 煤气在炉内停留时间与燃料比

众所周知，煤气利用率 η_{CO}，在很大程度上取决于含铁炉料与煤气的接触时间、煤气流速和温度。过度强化冶炼造成煤气流速增加，并使煤气与炉料的接触时间缩短，使反应动力学条件变差。

还原反应动力学研究指出，高炉炉内还原反应过程基本上处于矿石内部的扩散范围，因此增加煤气的速度，增加炉腹煤气量指数不能改变内部扩散条件和还原反应速度。进一步提高强化程度，进一步提高炉腹煤气量指数，破坏了倒"V"形软熔带，块状带缩小，使煤气的分布变坏，使还原过程和煤气化学能的利用变差。此外，炉料在炉内的停留时间或冶炼周期 τ 缩短，对发展间接还原更为不利，炉料的还原变差。而且由于还原过程和煤气化学能的利用变差，导致燃料比上升，引起单位矿石的煤气量增加，炉腹煤气效率 η_{BG} 下降，使煤气流速进一步提高，更使冶炼周期缩短，煤气在炉内的停留时间 τ' 也缩短，燃料比更高。如此循环的恶果就非常明显了。

因此，煤气在炉内的停留时间 τ' 对燃料比有重大影响。我国长期强调高炉的强化，一般来说，煤气在炉内的停留时间已经很短，影响到煤气利用率和燃料比。中国钢铁协会委托中冶赛迪工程技术股份有限公司进行的"'十一五'装备调查"统计了 2009 年 308 座有效体积 380~5800m³ 高炉的生产数据，由炉腹煤气量指数来估算，因此得到的是标准状态下，在炉内的空塔煤气停留时间与燃料比的关系如图 4-1 所示[1]。可以看出，煤气在炉内的停留时间越短，燃料比越高[1]。

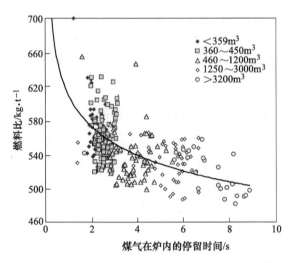

图 4-1　煤气在炉内的停留时间与燃料比的关系[1]

4.1.2　煤气利用率是限制高炉强化的重要因素

为实现高炉炼铁节能减排，就必须在现有原燃料条件下，通过操作参数的优化来降低燃料比。为此，必须提高利用率，而提高煤气利用率又受到煤气在炉内停留时间的影响，因此煤气利用率是限制高炉强化的又一个重要制约条件。正如第2章理论分析所述，提高煤气利用率与燃料比直接有关，与吨铁炉腹煤气量有关。

为了提高煤气利用率，应该珍惜炉腹煤气，采取布料手段增加煤气与炉料的接触措施，可是，这样会使高炉透气阻力系数有所上升，料柱通过煤气的能力会受到一定的限制。

高炉布料在影响软熔带和煤气流分布的同时，也对高炉块状带的体积，对间接还原的发展，对炉料在高炉内的行程，以及对炉墙的侵蚀都有重要影响。随着高炉提高产量和大型化，横向断面积扩大，死料堆的体积增加，煤气流的分布的均匀性变差，需要增强中心气流，适当增高炉内软熔带呈倒 "V" 形分布的高度，以保证足够的焦炭窗面积，使煤气流通畅。高喷煤以后，焦炭的劣化加剧，边沿气流发展，使中心气流不稳定，为了稳定炉内气流的合理分布，必要时可以适当采取中心加焦的操作。

中小型高炉并不存在大型高炉所遇到的炉缸呆滞等问题，有条件更好地利用燃料和煤气中的化学能和物理热。可是，一些中小型高炉以提高冶炼强度为目的，而大量采用过度中心加焦，过度发展中心气流，加速煤气的排放，致使燃料比上升，造成资源、能源利用效率的降低。

图4-2为宝钢3号高炉1999年1月至2009年12月月平均吨铁炉腹煤气量与煤气利用率的关系。随着吨铁炉腹煤气量的增加，煤气利用率不断下降，燃料比上升。

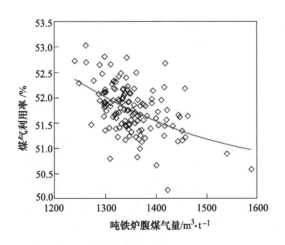

图4-2　宝钢3号高炉月平均吨铁炉腹煤气量与煤气利用率的关系

4.1.3　降低吨铁耗氧量提高煤气利用率降低燃料比

图 4-3 为 2016 年 22 座体积>4000m³ 高炉炉腹煤气量指数 χ_{BG} 与吨铁风口耗氧量 v_{O_2} 和煤气利用率 η_{CO} 的关系。图 4-4（a）表示 3000m³ 级高炉炉腹煤气量指数 χ_{BG} 与吨铁风口耗氧量 v_{O_2} 的关系。由于 2000m³ 级高炉的日平均生产的数据太多，这里只选取 Q2、C2、N2 和 T2-2 四座高炉的数据作成图 4-4（b）。

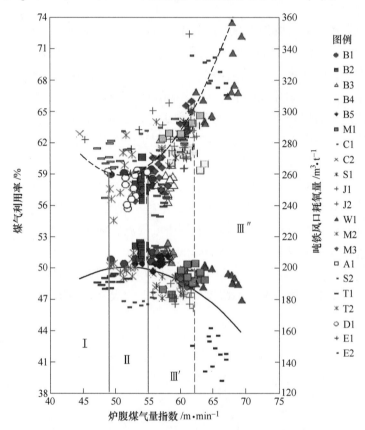

图 4-3　>4000m³ 高炉炉腹煤气量指数与煤气利用率和吨铁风口耗氧量的关系

可以发现，炉腹煤气量指数与吨铁风口耗氧量的关系都呈"U"形。在炉腹煤气量指数为 54m/min 时，燃料比和吨铁风口耗氧量缓慢上升，炉顶煤气利用率基本不变。而随着炉腹煤气量指数的升高，吨铁风口耗氧量的上升速度加快；炉腹煤气量指数增加到 58m/min 以后，吨铁风口耗氧量迅速抬升，炉顶煤气的利用率迅速下降。其原因是随着炉腹煤气量指数和吨铁炉腹煤气量上升，风口耗氧量和风口燃烧的碳素量，以及高炉下部热量消耗增加。高炉下部的高温区扩大，直接还原增加；随着煤气流速的增加和块状带体积的缩小，间接还原的条件恶化。

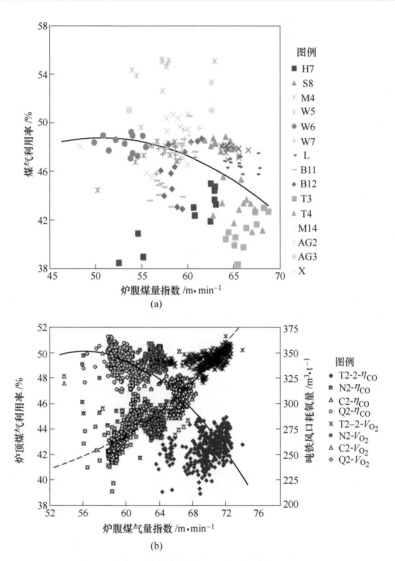

图 4-4 高炉炉腹煤气量指数与煤气利用率和吨铁风口耗氧量的关系

(a) 3000m³级高炉；(b) 2000m³级高炉

由此说明，减少吨铁炉腹煤气量对于改善高炉煤气在炉内的利用率、降低燃料比非常重要。为了充分利用碳素气相的还原能力，提高煤气利用率是我国高炉亟待重视的问题。

我们按第 1 章图 1-10 来划分的高炉生产效率等级的话，那么，也能划分为三个等级。可是由于图 4-3 中没有将 B1~B5 单独统计并画出回归曲线来，因此，煤气利用率在 50%以下的 I 等区域的炉腹煤气量指数在 49m/min 以下；煤气利用率为 50%的 II 区的炉腹煤气量指数在 49~55m/min，煤气利用率在 50%左右，吨铁风口耗氧量相应为 260m^3/t；可是如果把 B1~B5 等先进高炉的数据单独回归的话，那么 B1~B5 高炉的炉腹煤气量指数达到 60m/min，仍能保持煤气利用率在 50.5%~52.5% 和吨铁风口耗氧量 240~260m^3/t 的范围内。5 座高炉 2017 年平均的吨铁风口耗氧量 v_{O_2} 的平均值为 253.7m^3/t；平均煤气利用率 η_{CO} 为 51.3%。由此可见宝钢以降低燃料比来提高产量的操作理念的效果。我们仍然认为在 III′ 区或 III″ 区操作是不合理的。同样本图都采用的是生产的原始数据，只是由于 W1 高炉的吨铁耗风量太大，我们与第 2 章一样在统计时，已经在吨铁耗风量中减掉耗氧量，使之比较符合其他高炉的规律。可是不知什么原因，W1 高炉的煤气利用率会高出那么多。由图可以说明，炉腹煤气量指数与燃料比的关系是基于利用率而变化的。

2000m^3 级高炉的最低点低于回归曲线的有效范围以外，炉腹煤气量指数约在 50m/min 处，约为 240m^3/t。同样 4000m^3 以上高炉随着炉腹煤气量指数的增加，曲线上升得快。两条曲线在炉腹煤气量指数 70m/min 处内吨铁风口耗氧量相差达到 30m^3/t 左右。

高炉风口鼓风参数是调节高炉炉况的重要指标。在吨铁炉腹煤气量中，还包含了吨铁风口耗氧量。而吨铁耗风量一直是炼铁界关注的指标之一。由于采用了富氧鼓风等新技术，使用吨铁风口耗氧量较吨铁风量更能代表炉内煤气的发生量和风口碳素消耗量。在前面计算吨铁炉腹煤气量时，已经包含了吨铁风口耗氧量，控制吨铁风口耗氧量是控制高炉供给侧能源消耗的重要判据。控制炉内煤气满足铁矿石还原以及炉料加热所需的还原剂和热量的数量，是降低高炉燃料比的必要条件。表 4-1 列出了不同级别高炉的炉腹煤气量指数与吨铁风口耗氧量的回归式，以及回归曲线的特征参数。通过表 4-1 可以看出，不同级别高炉的最低吨铁风口耗氧量，以及对应的吨铁炉腹煤气量指数的范围不尽相同。而从整体上看，随着炉容增大，吨铁风口耗氧量下降，对应的炉腹煤气量指数也有下降的趋势。

表 4-1   不同级别高炉的炉腹煤气量指数与吨铁风口耗氧量的关系

炉容/代号	座数	回归式	实际数据的范围	最低吨铁风口耗氧量的区间	
			χ_{BG}/m·min^{-1}	最低点/m^3·t^{-1}	χ_{BG} 的范围/m·min^{-1}
>4000	22	$v_{O_2}=0.3547\chi_{BG}^2-36.25\chi_{BG}^2+118.6$	44.47~69.37	259.5	50~52
3000	14	$v_{O_2}=0.2066\chi_{BG}^2-21.25\chi_{BG}+823.8$	46.31~68.74	278	51~53
2000	4	$v_{O_2}=0.172\chi_{BG}^2-15.662\chi_{BG}+585.72$	43.50~74.59	—	—

高炉生产技术指标状况的优劣需要对比不同时期关键生产数据的变化来进行判断，首先应对高炉生产指标统计数据的正确性进行评估，一般采用物料平衡和热平衡或 Rist 线图来进行校核，以寻找切合实际的改进办法。

表 4-2 列出了不同级别高炉的炉腹煤气量指数与煤气利用率的回归式，以及回归曲线的特征参数[8]。各级高炉的炉腹煤气量指数与炉顶煤气利用率的回归曲线都呈倒"U"形。最高点将出现在比实际炉腹煤气量指数更低的地方。

表 4-2 不同级别高炉的炉腹煤气量指数与煤气利用率的关系

炉容/代号	座数	回归式	实际数据的范围 $\chi_{BG}/m \cdot min^{-1}$	最高煤气利用率区间	
				最高点/%	χ_{BG} 的范围/m·min⁻¹
>4000	22	$\eta_{CO} = -0.02986\chi_{BG}^2 + 3.154\chi_{BG}^2 - 33.1$	44.47~69.37	50	54~56
3000	14	$\eta_{CO} = -0.01711\chi_{BG}^2 + 1.7313\chi_{BG}^2 + 4.897$	46.31~68.74	48.5	48~54
2000	4	$\eta_{CO} = -0.0274\chi_{BG}^2 + 3.0131\chi_{BG} - 32.824$	43.50~79.59	50	52~54

从 4000m³ 以上高炉的煤气利用率来看，生产稳定的高炉煤气利用率远高于回归曲线的最高值，分析其原因主要是由于一些高炉生产不稳定导致生产效率下降，如能通过原燃料质量和关键操作参数的稳定，使高炉长期稳定顺行，则高炉煤气利用率将进一步提高，吨铁风口耗氧量也可以更低。

比较表 4-2 的回归方程可知，炉腹煤气量指数与煤气利用率呈倒"U"形，其最高点对应煤气利用率都在 50%，4000m³ 以上高炉的最高点在炉腹煤气量指数 52m/min 处出现；3000m³ 级高炉因其中 AG 厂的高炉炉料中球团矿的比例高，煤气利用率也高，影响了回归曲线，因此它的曲线与>4000m³ 高炉和 2000m³ 级高炉有差别。4 座 2000m³ 级高炉的最高点在炉腹煤气量 55m/min 处，都与燃料比的最低位置相符。两组高炉中 4000m³ 以上高炉的曲线斜率更大，下降得更快。

以上是作者前后统计了 200 多座高炉所得出的规律。我们并不满足这些实践统计的结果，已经在第 2 章从物料平衡和热平衡做了诠释。还将进一步从炉内反应的现象加以论证。

4.2 影响高炉上部还原反应的因素

目前众多学者对铁矿石的还原进行了大量理论和实验室研究，同时对高炉炉内影响矿石还原的因素进行了分析，研究成果能够相对阐明不同冶炼条件下原燃料在炉内的行为，对高炉炼铁具有很高的参考价值。

4.2.1 高炉上部反应

在高炉上部进行着铁氧化物的间接还原、石灰石的分解反应、溶损反应等，对煤气中组分 CO、CO_2 或者 $CO+CO_2$ 含量产生变化的主要化学反应项目列于表 4-3。

表 4-3　反应种类和温度及反应生成煤气的关系

序号	反应	温度范围/℃	反应热量 /J·mol^{-1}	煤气成分的变化/%		
				CO	CO$_2$	CO+CO$_2$
1	$3Fe_2O_3+CO \rightarrow 2Fe_3O_4+CO_2$	>141	+37100	−	+	+
2	$Fe_3O_4+CO \rightarrow 3FeO+CO_2$	>240	−20900	−	+	+
3	$FeO+C \rightarrow Fe+CO$	>1200	−152200	+	0	+
4	$C+CO_2 \rightarrow 2CO$	800~1200	−165800	+	−	+
5	$FeO+CO \rightarrow Fe+CO_2$	<1200	+13600	−	+	0
6	$CaCO_3 \rightarrow CaO+CO_2$	800~950	−178000	0	+	+

由表 4-3 可见，铁氧化物直接还原反应的温度高于取样器的测量范围，因此不必考虑碳素析出反应。在取样器测量时，受煤气流的影响大，处理数据的偏差大，精确分析较为困难。由于水煤气反应 $CO+H_2O \rightleftharpoons CO_2+H_2$ 中要测量 H_2O，不能进行精确的解析。可是除了几个主要反应之外，从 CO_2、$CO+CO_2$ 等含量的增减着手，从各反应的温度范围，可以分别进行分离，求得各反应速度。

从 20 世纪 40 年代开始，德国、苏联、日本、比利时、澳大利亚和印度等国都使用垂直取样器对炉内的反应机理进行了多次取样研究，逐渐由定性的分析深入到定量的研究，对炉内各种现象综合起来进行反应速度方面的研究。

近来印度 BSL 5 号高炉也安装了料面下部取样器、垂直取样器和风口取样器。垂直取样器可以测量高炉从料线到软熔带径向三个位置，也就是在生产时测量高炉边缘、中间和中心的煤气成分、温度和压力[4]。

图 4-5 为 20 世纪 60 年代千叶 1 号高炉使用垂直取样器测量的炉身温度、煤气组成、压力和反应速度的纵向分布。图 4-5 (a) 和 (b) 的左边为测量值，右边分别为计算的反应速度。图 4-5 (a) 没有明显的热储备区；图 4-5 (b) 为出现明显的热储备区的例子。从以上的煤气组成或温度的曲线及关系，能够得到反应速度等信息。由此可以得出以下结论[2]：

(1) 热储备区的存在及其温度，与矿石间接还原、石灰石分解反应和溶损反应等有密切的关系。亦即，图 4-5 (b) 为如果没有其他反应，导致间接还原变得迟缓，就会出现热储备区域。而图 4-5 (a) 在炉身中部区域引起石灰石分解反应等，大量吸热的反应与间接还原反应相重叠的场合，间接还原反应难于发展，热储备区也很难存在。

此外，由于炉内溶损反应与石灰石分解反应连续进行，热储备区向低温方向偏移。因而，表征下料速度与煤气上升流速的热流比 $\dfrac{c_s G_s}{c_g G_g} = \dfrac{c_s \rho_s V_s}{c_g \rho_g V_g}$ 相等。在大量使用烧结矿或高压操作的高炉中，热储备区向高温方向偏移。

(2) 一般在 1200℃ 以上几乎不存在 CO_2，在这个区域内溶损反应与间接还原反应两者的速度几乎相等。图4-5（a）中间接还原反应受到炉内溶损反应速度的限制。

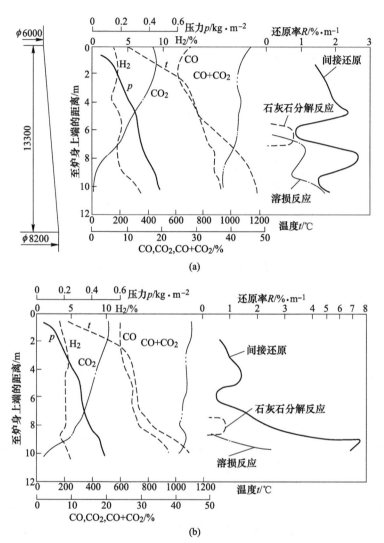

图 4-5　高炉炉身温度、煤气组成、压力和反应速度的纵向分布[2]
(a) 热储备区不明显；(b) 存在热储备区

（3）图4-6进一步对炉内铁氧化物还原反应过程进行分解，炉料在炉身上部的低温区高价氧化铁 Fe_2O_3 迅速分解成 Fe_3O_4；紧接着，随着温度的上升，在炉身中部 Fe_3O_4 还原成 FeO。Fe_3O_4 转变为 FeO 的需要更高的还原势，而在热储备区的温度下，溶损反应逐渐结束，FeO 与 $CO/(CO+CO_2)$ 趋于平衡（这由吸热、放热反应决定），因而出现了反应的迟缓区。在高炉中下部 FeO 进一步进行间接还原。而在块状带的高温区域，矿石表面开始出现熔融的渣相，气相还原反应速度下降。图中分别将上述三个还原阶段分解开来，就不难解释三个还原阶段之间存在两个反应迟缓区了，只是 Fe_3O_4 转变为 FeO 比较明显。

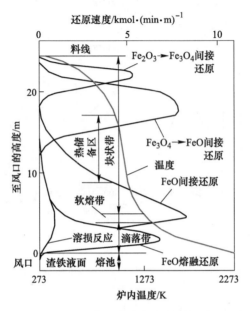

图 4-6 高炉炉内温度和各级氧化铁还原过程的分布

　　虽然图 4-5 的炉身取样器只是安装在炉喉的边缘，测量范围在 1200℃ 以内，只能研究从料面至炉身下部区域的煤气组成、温度和煤气压力等炉内局部轴向的变化，可是由这些测量值可以求得溶损反应、石灰石分解反应、铁矿石间接还原反应等的反应速度，而且同时也对温度曲线和炉内透气性等进行了研究，能得到较为精确反应炉内实际状况的有价值数据。

　　在高炉解剖调查中，确认了软熔带的存在，块状带中煤气流与矿石间的还原反应，进而弄清了高炉下部的炉料状态及热状态，与软熔带形状之间存在着密切的关系。由于炉顶设备的限制只能用垂直取样器测量高炉径向某个位置的块状带的温度和煤气组成。考虑在高炉径向和高度方向块状带过程参数：（1）高炉炉料径向下降速度分布和煤气流速分布；（2）高炉径向和高度上煤气组成分布、温度分布和矿石还原率的分布；（3）软熔带外侧形状。曾经在实际高炉上采用炉顶取样器、炉身中部取样器和数学模型，由炉顶取样器的温度分布和炉身取样器的温度分布、煤气组成分布以及炉料下降速度分布和矿石和焦炭各层厚度的分布，推算炉顶径向煤气流速的分布和流量、炉料下降速度的分布，由此推算块状带中的温度、煤气组成和还原率各过程参数[3]。

　　在炉内开始形成软熔层的温度，一般按矿石的软化开始温度 950~1100℃。

洞冈 4 号高炉解剖调查时，在高炉上分布的倒 "V" 形软熔带占据着高炉相当高的高度，根据第 3 章的推算炉腹煤气量指数越大其高度越高。软熔带的高度还受热流比的影响。在高炉横向断面上热流比之差越大，软熔带高度越高。在热流比高的炉墙边缘热储备区高，反之块状带缩小。

在软熔带附近外侧的温度迅速上升，软熔带外侧温度超过1200℃，温度迅速上升的理由可以做如下推论。亦即，由软熔带内面通过软熔带焦炭窗内煤气温度至少在矿石熔点以上，例如，推测在1500℃以上的高温。由于在软熔层内残存着未还原的 FeO，产生 CO 与 FeO 的间接还原反应生成 CO_2。估计在软熔带内活跃地进行着的溶损反应再立即转变成 CO，即两者的耦合反应，一般认为发展溶损反应对降低燃料比不利，因为耦合反应的结果是 FeO 的直接还原反应。直接还原反应是大量吸热的反应，在软熔带内侧有1500℃以上的高温，在软熔带内部温度迅速下降，在外侧降低到约1000℃。由于进行溶损反应的温度在 800~1200℃，几乎进行到软熔带外侧，因此，可以用煤气中开始出现 CO_2 来推测软熔带外侧的位置，假定软熔带外侧只取决于 CO_2 浓度为0%的位置。而在1000℃以下进行的溶损反应能够充分利用高炉高温区的热量，补充煤气中的 CO 使间接还原持续地进行。因此对气相还原反应来说，期望溶损反应在更低的温度持续进行。

图 4-7 表示炉顶煤气的流速的推算值与炉顶取样器测量的温度值的关系。由图可知，两者有正相关关系，特别是在边缘温度稍微上升，煤气流速就有明显增加，这点值得关注。

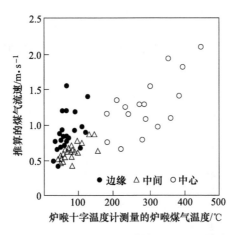

图 4-7　炉顶煤气流速与炉顶煤气温度之间的关系[2]

按照堺厂 2 号炉容2797m³高炉典型的Ⅰ、Ⅱ和Ⅲ三种操作条件，利用系数分别为 1.24t/(m³·d)、1.36t/(m³·d) 和 1.27t/(m³·d)，燃料比分别为513kg/t、477kg/t 和 443kg/t，其中条件Ⅲ：喷油 28kg/t；烧结矿率分别为70.1%、64.8%和77.6%；球团矿率分别为 19.1%、34.6%和18.6%；煤气利用

率分别为47.5%、51.6和53.5%。块状带的推算结果：在操作条件Ⅰ的情况下，CO还原（η_{CO}）迟缓的区域，在FeO向Fe还原过程中的还原率为40%以上的位置。在操作条件Ⅰ和Ⅱ的情况下，由于边缘温度低从Fe_3O_4向FeO还原过程中，迟缓的区域在还原率20%以下的位置。其次，在操作条件Ⅰ、Ⅱ和Ⅲ下，H_2浓度的实测值在高度方向没有变化，在炉身下端H_2的浓度仍有约3%，块状带的温度约在850℃以下的区域H_2几乎不参与还原反应。

　　在低燃料比条件下，炉墙附近增加了出现低温热储备区的可能性。这个低温热储备区出现的理由如下：在顶层由于煤气与炉料的热交换，炉料急剧升温；当煤气与炉料的温差变小时，则生成热储备区。这时炉料达到的最高温度由炉顶煤气与炉料的温度差和热流比决定。因而，一般高炉中心部位的煤气温度高的位置在800℃以上，由于炉墙到中间区域的煤气温度低，估计升温还达不到700℃。换言之，炉墙到中间区域，一般来说是热流比大的区域，煤气与炉料的温差小，热流比与温差两者相乘的结果，生成了低温热储备区。在低温热储备区，从Fe_2O_3向Fe_3O_4还原过程的还原率达到11%时，产生大量热量，随着煤气逐渐上升煤气温度下降，随之炉料的温度也下降。因而，在热流比很高的边缘部位，在料层下5m左右，有可能暂时出现煤气温度小于炉料温度的状况。可是由于在中心部位的升温速度快，达到11%还原率的时间很短，如上所述的温度逆转现象不会发生。接着，在还原率11%~33%从Fe_3O_4向FeO的吸热反应过程中，经常是炉料温度低于煤气温度，在下部的温度是上升的，当这个吸热反应终了时，两者没有温度差，因而出现高温热储备区。

　　图4-8表示软熔带根部的上端位置与下料速度的关系。软熔带根部位置与矿石的还原程度有关，其变动与炉温波动相关，因此软熔带根部位置可以作为判断高炉炉况的重要指标。

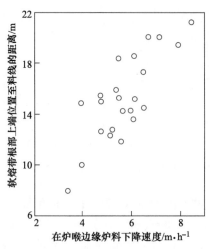

图4-8　高炉边缘炉料下降速度与软熔带位置之间的关系[2]

　　图 4-9 表示高炉垂直取样的实例，使用的垂直取样器可以测量高炉中心、中间部位和边缘部位的煤气温度、组成和煤气压力等数据[2]。图中表示铁的氧化物、$CO/(CO+CO_2)$ 与温度的关系，可以看出低燃料比操作的高炉炉身效率在 94%~98%，具有很高的反应效率，而且炉料和煤气的分布相对偏差不大，热流比相关不大。从炉内的炉料和煤气运动情况来看，矿石和煤气流主要集中于炉墙附近，炉顶边缘的温度也低。煤气成分已经接近 "A" 点温度的 FeO-Fe 平衡状态，接近理想的炉身效率，还原反应变得相当迟缓。而高炉中心部位的炉顶温度和 $CO/(CO+CO_2)$ 则比较高，高炉中间部位在两者之间。

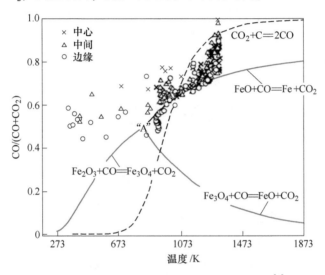

图 4-9　使用高炉垂直取样器测量的还原状况[2]

　　而在高炉中心部位具有较旺盛的中心气流，距离 FeO-Fe 的平衡气相还比较远。为了提高高炉炉身效率必须提高中心部位的煤气利用率。如果从这个意义上来看，提高炉身高度增加煤气与矿石的接触时间具有一定的意义。

　　苏联 1954 年出版 Б. И. Китаев 的《竖炉热交换》[5]，是一本从热交换的角度详细论述在高炉中形成热储备区的参考书。由于它是从热交换角度进行的研究。通过对书中论述的对象和现象可以发现，这本书并没有对热储备区中矿石的还原进行研究。这就不能从减少煤气阻力的角度盲目推理，误解为温度的停滞就是还原反应的"空区"，因而可以缩短热储备区，缩减高炉炉身高度。

　　高炉内还原煤气上升与炉料逆向流动，矿石在二氧化碳含量持续升高的情况下将氧分解出来。由图 4-5 使用高炉垂直取样器测量的还原状况图中可知，从 Fe-O-C 平衡图来看，由于二氧化碳的持续增长而还原能力减小时，氧元素的量就会升高。

　　关于热储备区和反应过渡区的存在已经进行了广泛的研究，是高炉炼铁的重大发现，是高炉炼铁基本理论的基础，如 Rist 模型、最低理论燃料比等都是建立在热储备区的基础之上。然而目前我国一些炼铁技术人员对热储备区有许多不同的看法，为明确热储备区在高炉中的作用，本书将系统地进行分析。在高炉炉内在 950~1000℃左右生成热储备区，在 Rist 线图（第 2 章图 2-9）中把此温度作为 W（浮氏体–铁的还原平衡点）时的炉身效率，只有在低的风口耗氧量时，才能达到。

图 4-9 中气体的还原能力不仅取决于一氧化碳和二氧化碳的含量，而且与温度和铁氧化物的赋存状态有关。当气体温度为 1000℃或高于 1000℃时，煤气中 $CO/(CO+CO_2)$ 含量为低于 0.8 时，煤气不能把浮氏体还原成铁；而当气体温度低于 1000℃时，则能够还原成铁。因此，在炼铁生产和研究中集中分析了 900℃和间接还原反应。在氧化铁的还原过程中，如何提高煤气利用率，使之达到极限值，是当今高炉炼铁的重大课题。

4.2.2 炉内热交换和炉身矿石含氧与煤气中 CO 的分布

4.2.2.1 炉内热交换

为了求得炉内温度在高度 z 方向和径向 r 分布，首先要考虑反应速度和反应热、传热机理、物理特性常数的变化等，并分析各反应的效果，方能计算炉内热储备区域的变化，以及各部的温度和径向、纵向温度分布。如果断面上温度不均匀，则在微小高度上的某一点的热量平衡为：

$$G_g c_g \mathrm{d}t_g = h_p a(t_g - t_s)\mathrm{d}z\mathrm{d}r + q_i \mathrm{d}z\mathrm{d}r \tag{4-1a}$$

各断面温度均匀时，在微小高度上 $\mathrm{d}z$ 的热量平衡为：

$$G_g c_g \mathrm{d}t_g = h_p a(t_g - t_s)\mathrm{d}z + q_i \mathrm{d}z \tag{4-1b}$$

式中 G_g, G_s——分别为煤气和炉料的质量速度，kg/（m²·h）；

  c_g, c_s——分别为煤气和炉料的比热容，kJ/（kg·℃）；

  t_g, t_s——分别为煤气和炉料的温度，℃；

  h_p——煤气与炉料之间的热交换系数，kJ/（m²·h·℃）；

  a——填充层炉料的比表面积，m²/m³；

  q_i——反应热和热损失之和，kJ/m。

我们习惯假定各断面的温度均匀时的边界条件为：

当 $z=0$ $t_g = t_{g0}$, $t_s = t_{s0}$

当 $z=z$ $t_g = t_g$, $t_s = t_s$

此外，没有考虑物理特性随温度的变化，取定值，在 $z = 0 \sim z$ 之间的热平衡为：

$$G_g c_g (t_g - t_{g0}) = G_s c_s (t_s - t_{s0}) + Q_i \tag{4-2}$$

式中

$$Q_i = \int_0^z q_i \mathrm{d}z$$

由式（4-1b）和式（4-2）：

$$\frac{\mathrm{d}t_g}{\mathrm{d}z} = \frac{h_p a}{G_g c_g}\left(1 - \frac{G_g c_g}{G_s c_s}\right)t_g + \frac{1}{G_g c_g}\left[h_p a\left(\frac{G_g c_g}{G_s c_s}t_{g0} - t_{s0} - \frac{Q_i}{G_s c_s}\right) + q_i\right] \quad (4\text{-}3)$$

与下部炉料与渣铁之间传热量比较起来，如果忽略氧化铁间接还原反应热、水分蒸发热、各种化合物的分解热以及炉体热损失等可以得到下式：

$$\frac{\mathrm{d}t_g}{\mathrm{d}z} = \frac{h_p a}{G_g c_g}\left(1 - \frac{G_g c_g}{G_s c_s}\right)t_g + \frac{h_p a}{G_g c_g}\left(\frac{G_g c_g}{G_s c_s}t_{g0} - t_{s0}\right) \quad (4\text{-}4)$$

将它积分：

$$t_g = t_{g0}\mathrm{e}^{-bz} + \frac{d}{b}(1 - \mathrm{e}^{-bz}) \quad (4\text{-}5)$$

式中　$\dfrac{c_s G_s}{c_g G_g} = \dfrac{c_s \rho_s V_s}{c_g \rho_g V_g}$——热流比；

ρ_g，ρ_s——分别为煤气和炉料的密度，$\mathrm{kg/m^3}$；

V_g，V_s——分别为煤气和炉料的体积，$\mathrm{m^3}$；

$$b = \frac{h_p a}{G_g c_g}\left(\frac{G_g c_g}{G_s c_s} - 1\right) \quad (4\text{-}6)$$

$$d = \frac{h_p a}{G_g c_g}\left(\frac{G_g c_g}{G_s c_s}t_{g0} - t_{s0}\right) \quad (4\text{-}7)$$

取热储备区的温度为 t_r，则式（4-5）中 $z \to \infty$ 时，$t_g \to t_r$。

$$t_r = \frac{d}{b} = \frac{G_g c_g t_{g0} - G_s c_s t_{s0}}{G_g c_g - G_s c_s} = \frac{t_{g0} - t_{s0}}{1 - \dfrac{G_s c_s}{G_g c_g}} + t_{s0} \quad (4\text{-}8)$$

将式（4-5）写成如下简单的形式：

$$\frac{t_r - t_g}{t_r - t_{g0}} = \mathrm{e}^{-bz} \quad (4\text{-}9)$$

式（4-9）中的值为由高炉操作条件决定的常数，如果高炉操作条件一定的话，则 $\ln[(t_r - t_g)/(t_r - t_{g0})]$ 与高度 z 可以表示成直线关系。

根据垂直取样器进行炉内调查期间千叶1号高炉的操作条件没有明显变化，得到的数据可以满足上述要求。图 4-10 表示其中比较好的呈直线的一部分实例。根据热储备区域的温度常数 b 变化，当 $t_r = 700 \sim 710$℃ 时，$b = 0.45$；当 $t_r = 800 \sim 820$℃ 时，$b = 0.21$。式（4-9）是忽略了反应热、热损失等条件下得到的，如图所示的直线关系比较多，亦即从料面到达热储备区域的范围内，气体向炉料的传热

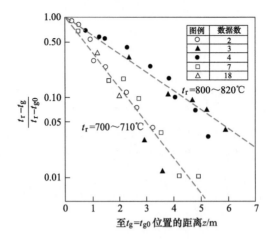

图 4-10　高炉炉身上部的温度分布

比反应热、热损失要大，决定了炉身上部的温度曲线。

　　如前所述，存在热储备区、化学反应不活跃区域与石灰石分解区域之间的关系很重要。关于其范围及能否向低温区域移动，必须考虑煤气与炉料的热流比、以及其他吸热反应，例如 Fe_3O_4 还原成 FeO 等。

　　根据取样器得到的数据，只能限定在此取样器通过的附近状况，作为与整个高炉平均的指标只能是相对的关系。因而，在 500℃ 左右位置的吨铁煤气量 $V(m^3/t)$ 和煤气组成只能由物料平衡求得，以此用来研究此热储备区域的长度与温度的关系。图 4-11 表示对热储备区域高度的影响。在此热储备区的某部分高度上温度变化了 100℃ 以内。由图可知，吨铁煤气流量增加，则热储备区缩短。

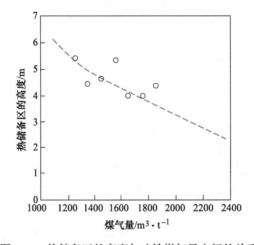

图 4-11　热储备区的高度与吨铁煤气量之间的关系

此外煤气流量与热储备区温度之间的关系会有波动，煤气流量增加则温度升高。

如上所述，热储备区的温度和高度受煤气流量的影响，炉内透气性是影响炉内气流分布的重要因素，在这些关系中炉料的各种性质、填充层的状况、送风条件、以及炉型等重要因素必须进一步研究。

4.2.2.2 炉身矿石含氧与煤气中CO的分布

式（4-1a）给出了在高炉高度和断面上温度不均匀时，在微小高度和断面半径上的某一点的热量平衡式。并给出了热流比 $\dfrac{c_s G_s}{c_g G_g} = \dfrac{c_s \rho_s V_s}{c_g \rho_g V_g}$ 的计算式，已经被广泛运用。在高炉高度和断面上热流比和式中所有参数都是不均匀的、变化的。其中 V_g 包括煤气中的各种组成的体积，也包含 CO 的体积，而在炉身煤气中的 N_2 体积基本不变；当溶损反应停止后 CO_2+CO 体积也不再发生变化，而只是 CO_2 置换 CO，使还原能力下降。在 $\rho_s V_s$ 包含了各种炉料的重量，也包含了铁矿石的重量。而且，矿石的重量占其中的 80% 左右。在矿石中的氧量不断被 CO 夺走，含氧量下降，氧化程度下降，要夺取其中的氧的难度增加。炉内还原势发生变化。

在一定程度上，热流比能够代表矿石中的含氧量与煤气中的 CO 量之间的比例关系。热流比可以代表炉身内矿石中的含氧量 $O_{2,ore}$ 与煤气中的 CO_g 量之比 $O_{2,ore}/CO_g$。只要计算各部热流比，从而就可以估计 $O_{2,ore}/CO_g$ 的分布，进而估计出炉身各部还原势的分布。

在高炉生产中不可能使横断面上的 O/C 均匀分布，为了达到充分利用煤气中的化学能和物理热，使得在横断面上热流比趋于均匀却是提高煤气利用率要认真考虑的。例如在边缘，由于边缘的炉料受炉墙的影响，煤气流较易通过，边缘煤气可能比较旺盛，有较多的煤气流过边缘，携带的 CO 较多；那么，可以增加边缘的 O/C 比，在提高煤气的通过能力，同时增加矿石携带的氧量。

4.2.3 热储备区与铁碳平衡及矿石的还原过程

高炉炼铁取得最高的能源利用效率、最高的煤气利用率、最低的燃料比，是长期以来炼铁科技人员梦寐以求的目标。可是要实现这个目标必须具备下列条件：

（1）最大限度地接近由物料平衡、热平衡决定的最低燃料比；

（2）充分利用煤气的还原能力，达到最高限度的煤气利用率；

（3）高炉操作应提供充分的气体力学、传热和化学反应动力学的条件。

4.2.3.1 物料平衡、还原能力与煤气利用率的极限

氧化物的分解反应发生在所有具有还原性气体的区域，并且当温度较高时，

还原反应 $FeO+CO = Fe+CO_2$ 和溶损反应 $CO_2+C = 2CO$ 同时发生。这两个同时发生的耦合反应可以写为由固体碳使得矿石中氧元素的减少的直接还原反应，即 $FeO+C = Fe+CO$。

在 800℃ 到 1000℃ 之间的高炉高度上存在温度稳定的区域，格外值得注意。由于热力学、气体动力学和反应动力学的原因，在 800℃ 到 1000℃ 溶损反应停止，还原反应 $FeO+CO = Fe+CO_2$ 所需的 CO，只有依靠由高炉下部更高的温度区域来供应。

在热储备区中 FeO 还原阶段，煤气利用率的极限平衡值——简写为 η'_{CO}，煤气还原 FeO 的利用率简写为 η_γ。[6]

由图 4-9 可知，虽然高温时的煤气成分相同，而随着煤气上升进行高价氧化铁的还原，在炉顶的煤气利用率 η_{CO} 与热储备区温度 T_r 时，煤气达到 Fe-FeO 平衡点的煤气利用率 η'_{CO} 密切相关。

如果高炉热储备区温度 $T_r = 900℃$ 时，Fe 与 FeO 的间接还原反应气相平衡 CO_2 为 31%，而在 FeO 与 Fe_3O_4 平衡时 CO_2 为 80%，在 Fe_3O_4 与 Fe_2O_3 的平衡中 CO_2 含量甚至被允许达到 100%。在上升气流中，CO_2 含量不断增长，还原能力被 FeO、Fe_3O_4、Fe_2O_3 逐级耗尽，达到了极限。

在 1430kg 的 Fe_2O_3 中铁含量为 1000kg，在逐级分解时共产生 430kg 的氧气。其中由 Fe_2O_3 分解成 Fe_3O_4 阶段产生 48kg 氧气，由 Fe_3O_4 转变为 FeO 阶段产生 80kg，剩余 302kg 由 FeO 转变到 Fe 的过程中产生。现分为三种情况进行讨论：

（1）全部直接还原：铁矿石中氧全部用碳直接还原，生成 CO 量为 602m³。由于矿石中的全部氧已被碳夺取完，CO 没有形成 CO_2，产生的 CO 的还原能力始终没有被利用。

（2）从 Fe_2O_3 全部间接还原（$\eta_{\gamma,430} = 100\%$）。分解的氧需要 602m³ 的 CO，产生相同体积的 CO_2。并且在逐级还原中，气体失去对 FeO 的还原能力。在 Fe-FeO 阶段有相当大的一部分 FeO 未被还原。

（3）适用于最大煤气利用率 $\eta_{\gamma,430} = \eta_{\gamma,430,\max}$（极限平衡值 $\eta'_{CO,FeO,302} = 31\%$ 时）。当提高直接还原反应的比重到 53.6%，由碳素直接夺取 231kg 氧，使 CO 煤气量上升到 324m³ 时，这种情况能够避免各种困难，使还原性的煤气分解剩余 FeO 中的氧元素达到 71kg，刚好能够达到 $\eta'_{CO,FeO,302}$ 的极限值，而煤气利用率 $\eta_{\gamma,430}$ 达到 86.6%，并具有最低的碳素消耗量。

在上述逆流还原过程中，对含有 430kg 氧的 Fe_2O_3 而言，间接还原程度 r_{CO} 和煤气利用率 η_γ 与分解的氧量有关。实际上，很少使用纯 Fe_2O_3，而经常每 1000kgFe 元素含有 400kg 氧。

当然，上面只是粗略地说明了，要达到最低燃料比必须向热储备区提供必要的 CO 量、吨铁风口耗氧量、吨铁炉腹煤气量，而不是越多越好。

由于炉顶煤气中 CO_2 的来源主要是由 CO 还原铁氧化物产生。由于全部间接还原需要消耗 $422.8m^3$ 的 CO 来分解 302kg 的氧，产生这些 CO 需要消耗 453kg 的碳量。气体（$CO+CO_2$）量与间接还原比例的关系，能够通过第 2 章最低燃料比图表中的等煤气利用率的直线得到。在图中的直线束的原点始终位于图的下部间接还原为零的角落里，此处的间接还原率是以 Fe_2O_3 中可分解出 430kg 的氧气为基础的，如果矿石中铁的氧化物并不是全部以 Fe_2O_3 形态存在，则零点会发生变化。而图中通过最低燃料比的最高利用率 $CO/(CO+CO_2)\%$ 直线，是以位于图 4-9 可能进行还原反应 $FeO+CO \Longrightarrow Fe+CO_2$ 温度最低的 "A" 点为基础，炉顶煤气利用率 η_{CO} 与矿石的还原性和氧化程度等有关。如果从热储备区的角度来看，"A" 点的温度太低，造成不可能发生溶损反应 $CO_2+C \Longrightarrow 2CO$，可能由于提供的 CO 不足而无法实现。随着 "A" 点温度的提高，按照还原反应 $FeO+CO \Longrightarrow Fe+CO_2$ 平衡曲线，可能的煤气利用率 η'_{CO} 将下降。

高炉最低燃料比、最佳煤气利用率并不是在尽量提高 FeO 间接还原的情况下获得。因此，高炉下部向高炉 800℃ 到 1000℃ 之间的高度区间里供应 CO 的量，应该是在接近最低燃料比时物料平衡的数量。煤气应保证具有足够还原能力，而煤气携带过多的 CO 量，则不能被充分利用，不能获得最佳的煤气利用率。低于平衡的煤气量需要 CO 量，则煤气的还原能力不足，不能将间接还原进行到最佳的程度。因此，风口燃烧碳素供应的热量和 CO 不能过多。高炉低燃料比操作必须保证在较低的风口耗氧量、吨铁炉腹煤气量和适宜热流比的工况下运行。由高炉下部供应过多的 CO 量，热储备区中的 CO 不能充分利用，η'_{CO} 低，导致炉顶 CO 也不能利用，炉顶煤气的利用率 η_{CO} 也低。造成浪费，不能取得低燃料比。在已经实施的提高炉内反应技术方面，主要是控制与炉料质量相适应的强化程度，降低风口区产生的焦粉量，提高烧结矿还原性能，以及控制炉料分布使煤气流的分布合理等。此外，为了改善矿石层高温性能，采用将小块焦混入矿石的装料技术。

在热储备区中，$CO-CO_2$ 煤气成分达到 FeO-Fe 还原平衡状态时，不发生还原反应，由于还原与气化反应处于均衡状态，由高炉下部上升的气体与出入气体的成分一致。在还原与气化的耦合反应中，依靠溶损反应向煤气补充 CO，才能使还原反应继续进行，此时，溶损反应与还原反应使气相成分达到平衡状态。

当然，过低的燃料比，如 JFE 曾经将燃料比大幅度下降至 396kg/t 时，用垂直取样器实测炉内温度分布[3]。由于热流比太高，高炉炉身中上部，炉料升温显著变慢，温度下降，使热储备区缩短至炉身下部。同时也使还原停滞，难以维持正常操作。以 Rist 模型为基础，对炉身部位和高炉分段进行详细计算高度上温度分布的结果，热流比超过 0.85，则炉身部位的升温迟缓，影响还原的进程。因此，在低燃料比操作时，向高炉 800℃ 到 1000℃ 高度区间提供的热量和 CO 十分宝贵，不但在总体上满足800℃到1000℃区间FeO间接还原的要求，而且要求在高炉横断面上的矿石含氧量与煤气中的CO量之比$O_{2,ore}/CO_g$相互匹配，热流比太低则煤气过剩或者煤气供应的CO不能够被充分利用。因此要求热流比的分布比较均匀，例如图4-9中高炉中心区、中间区和边缘的炉顶煤气的温度不同，煤气利用率也是不同的。如能提高边缘或中心区的煤气利用率，则高炉炉顶平均利用率才能得以提高，以利于热量和CO的利用，达到低燃料比。

因此，最终炉顶煤气的利用率主要取决于到达FeO到Fe的还原反应的平衡程度。在具体高炉中，煤气在炉内停留时间足够长，越接近平衡点的CO_2含量，其中剩余的CO足以还原铁的高价氧化物，则煤气利用率越高。

图4-9中FeO+CO ＝ Fe+CO_2平衡曲线还表示，间接还原反应主要发生在800℃到1000℃之间较小的温度范围内，当温度下降接近"A"点时，煤气利用率越高。因此，要想获得较低的热储备区的温度，必须控制高炉下部向800℃到1000℃区域提供的热量。

由上可知，为要实现最低燃料比、最大限度地提高煤气利用率，必须依赖在热储备区中FeO反应达到平衡的程度。为此，高炉操作者必须遵循原则是：控制风口燃烧的碳素量，降低风口耗氧量、吨铁风量、吨铁炉腹煤气量，控制对高炉下部高温区提供的热量，尽量降低热储备区的温度，才能提高煤气利用率，降低燃料比。

4.2.3.2　还原反应动力学

影响还原反应进程的因素有：温度、气相成分、时间和压力，以及矿石的物理性能、矿物赋存状态及化学组成等。前面已经讨论了影响炉内还原反应速率的一些因素，如炉内的温度场、还原气体的浓度场和压力场随时间和冶炼过程的变化。这里再补充讨论铁矿石气相还原反应的过程和反应时间。

A　铁矿石还原反应过程

研究表明，铁氧之间形成一系列氧化物：Fe_2O_3、Fe_3O_4和FeO，在还原过程中矿石颗粒首先转变成Fe_3O_4，然后又转变成FeO。尽管矿石内部还是Fe_3O_4或者Fe_2O_3，还原反应能使矿石表面很快形成FeO，甚至Fe。对还原反应而言，较早在矿石颗粒表面产生Fe，然后矿石颗粒内部较高氧化物中的氧分离，使还原逐步向矿石的深部推进，形成FeO-Fe。从Fe_2O_3还原成FeO的过程中，要求的平衡气相成分中CO的含量越来越高，而且FeO的还原消耗的CO最多、最困难。可以把矿石颗粒表层简化为只有一个FeO-Fe的边界层，以及矿石颗粒为球形建立未反应核模型。这就可以将还原过程简化为五个步骤：（1）还原气体由主流穿过气体边界层到达矿球表面的外扩散；（2）还原气体穿过多孔的还原产物层扩散到未反应核外表面的内扩散；（3）还原剂在界面上吸附并进行化学反应；（4）

气体产物在界面上解吸，并通过多孔还原产物层内扩散到矿球表面；（5）气体产物经过气体边界层的外扩散到气体的主流当中。除了还原反应逐次进行的过程要克服化学反应的阻力以外，其他各个步骤气相浓度都要依靠气相浓度与平衡浓度之差，每个扩散过程都要克服由扩散系数和扩散层厚度构成的阻力，同时，当气相浓度差越小，扩散的速率越慢，需要的时间就越长。

B 还原反应时间和速度

在不断上升的气流中，气相成分 $CO/(CO+CO_2)$ 位于 FeO 与 Fe 平衡气相时，从热力学平衡的角度来看分解氧的过程是很有可能进行，仍然有从 FeO 到 Fe 的还原反应发生，可是进行还原反应还要满足反应动力学的要求，这往往需要非常长的反应时间。当任何气体扩散和化学反应当接近平衡时，其反应速度将变得很低，而使得反应难以完成。只有当 CO 始终保持在高于图 4-9 中 FeO 与 Fe 平衡气相之上，才能获得一个比较好的还原速度，可是这将影响间接还原和煤气利用率。

在 FeO-Fe 还原的阶段，如果没有使还原反应充分进行的条件和还原时间，无法充分利用煤气的还原能力使 CO_2 上升到较高的水平，那么，过剩的 CO 可以去夺取其他铁的高价氧化物中的氧。因此氧的平均值始终大于 FeO 被还原时的氧气量 302kg，甚至可能接近 Fe_3O_4 被还原时的氧元素的值。这就不能使利用率 $CO/(CO+CO_2)$ 达到最佳值。

在温度 800℃ 到 1200℃ 时，还原反应 $FeO+CO = Fe+CO_2$ 可以依靠从高温区上升煤气中的 CO 和由溶损反应 $CO_2+C = 2CO$ 提供的 CO 进行。如前所述，为要达到低的燃料比，必须控制高温区提供的 CO 量，以期达到尽可能高的利用率 $CO/(CO+CO_2)$，必须考虑温度下降到 800℃ 以前，溶损反应提供的 CO 量来达到最佳的间接还原的需要，并使 FeO 的间接还原能在更低的温度下进行。

块焦中的碳素与上升煤气中的 CO_2 进行溶损反应时，大致与铁矿石的还原步骤相似，也要经过几个扩散的步骤，即：CO_2 气体由主流穿过气体边界层到达焦炭表面的扩散；CO_2 在焦炭表面进行溶损反应生成 CO；CO 在界面上解吸，并通过扩散到块焦表面；CO 经过气体边界层扩散到气体的主流，然后被上升煤气流带到矿石附近。在每个阶段都会遇到阻力和限制，消耗能量；并且达到平衡气相成分时，扩散的浓度差越小，需要的时间越长。

还原与气化的耦合反应的反应时间和速度与两个反应界面的接近程度有关。当碳素与氧化铁的耦合反应在密切接触的状态下进行时，不能只单纯从几何的接触面积来决定，而反应物质原子间的距离更重要。在机械研磨的接触状态下，也能做到在室温下引起化学反应的程度。在升温过程中，有很高的反应速度。

4.2.3.3　使用数学模型模拟超低燃料比操作

A　模拟条件和结果

现摘录柏谷悦章等人使用新日铁高炉 BRIGHT 数学模型对以下两个条件对高炉进行模拟计算[7]。

条件 1：现有操作条件，热储备区温度 T_r 为 950℃（速度常数等参数都与实际高炉条件一致）。

条件 2：假定使用现有炉料的超低燃料比，而热储备区温度 T_r 为 600℃操作。

还原反应按赤铁矿（H）—磁铁矿（M）—浮氏体（W）—金属铁（Fe）三个阶段进行：

$$\text{H—M}(11.11\%)：\quad Fe_2O_3 + \frac{1}{3}C = \frac{2}{3}Fe_3O_4 + \frac{1}{3}CO$$

$$\text{H—W}(33.33\%)：\quad \frac{2}{3}Fe_3O_4 + \frac{2}{3}C = 2FeO + \frac{2}{3}CO$$

$$\text{M—Fe}(100\%)：\quad 2FeO + 2C = 2Fe + 2CO$$

表 4-4 为模拟计算中各反应采用的速度常数。表 4-5 为模拟计算结果。

表 4-4　模拟高炉的速度常数[7]

化学反应	$K_c = A\exp(B - E/T)$		（cm/s）
气体扩散	$D_e = \delta C D_g$，	C_H，C_M，$C_F = 1.70\exp(-2850/T)$　　$C_W = 6.50\exp(-4000/T)$	（cm²/s）
平衡常数	$K_e = \exp(F + G/T)$		（—）

式中，A 为速度常数因数，为 0.05；D_g 为扩散因数，赤铁矿、磁铁矿、金属铁为 0.30，浮氏体为 0.15。

气体	反应步骤	速度常数		平衡常数参数	
		B	E	F	G
CO 还原	H—M	7.768	9526.7	7.260	3720
	M—W	12.180	14501.5	5.290	-4711
	W—F	12.700	15060.4	-3.127	2879
	M—F	7.768	9526.7	-1.032	981
H₂ 还原	H—M	8.336	8000	10.32	362
	M—W	7.705	9000	8.98	-8580
	W—F	12.918	14000	1.3	-2070
	M—F	9.315	8000	3.72	-4101

表 4-5 高炉操作条件和结果

参数	单位	条件 1	条件 2	参数	单位	条件 1	条件 2
炉容	m³	3273		炉顶温度	℃	197	50
日产量	t/d	7031		η_{CO}	%	49.5	78.5
利用系数	t/(m³·d)	2.15		铁水温度	℃	1506	
燃料比	kg/t	497	382	C	%	4.43	
焦比	kg/t	323	282	Si	%	0.38	
煤比	kg/t	174	100	吨铁风量	m³/t	947	813
风量	m³/min	4755		火焰温度	℃	2105	2167
富氧率	%	3.37	0	碳素溶损量	kg/t	84	58
氮气量	m³/h	0	0	炉身效率	%	95.2	99.0
湿度	g/m³	10.8	0	热损失	MJ/t	924.7	980.7
风温	℃	1127	1127	入炉 H_2	kg/t	10.5	5.52
渣量	kg/t	296		O/C		5.01	5.74

B 超低燃料比操作时的现象

在同一高炉相同的利用系数的条件下,尝试进行以低燃料比为目标的操作设计。如果操作参数按表 4-5 的条件 2 设定,则焦比为 282kg/t,燃料比大幅度下降到 382kg/t。如果假定的计算成立,则在操作上会引起如下问题:(1)O/C 大幅度升高;(2)热流比过高;(3)炉顶温度大幅度下降至露点以下。这些问题如要克服,只有通过:(1)增加高炉下部热量的储备,提高燃料比;(2)为增加鼓风带入的热量,降低富氧率;(3)鼓风中加入氮气,或者炉顶循环煤气,以提高带入的热量和降低热流比;(4)提高热风温度等措施等。

文章还提出使用含碳团块达到极限程度来实现超低燃料比,设定各还原阶段的反应速度常数因数比正常高 3.3 倍,扩散率因数高 7.0 倍;热储备区温度 T_r 下降到 600℃,炉身效率高达 99.0%。用 ESTCKR 按热储备区温度 T_r = 600℃时 W 点的煤气利用率 η'_{CO} 达到 51.4%。炉身效率为 99.0%时,炉顶煤气利用率达到 78.0%。由于这个设想还需进行许多工作只能用数学模型来预判。图 4-12 表示在高炉相同利用系数按不同操作制度时,用数学模型计算距离高炉中心 3.5m 处还原率和煤气温度的变化。

条件 1:一般高炉操作顺行,还原率也比较高,温度分布均匀,在风口以上 4m 还原结束。全部充分还原的位置在软熔带内部,亦即与熔化滴落开始的位置相一致。还原的负荷在高炉上部均匀地进行,而到下部仍在进行。

条件 2:使用与条件 1 相同的普通炉料进行超低燃料比操作,由于热量和煤气量不足,高炉上部温度升高得很慢,在炉墙部分有很大的区域温度低于

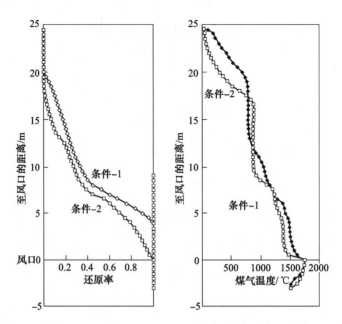

图 4-12   不同操作制度时炉内还原率和温度的分布[7]

100℃。还原过程明显变得迟缓。高炉下部温度明显低，到风口处温度才接近
1400℃。还原的开始和终了都延迟到高炉下部。高炉下部的热状态很差。图中还
原结束点拖延到了风口位置。而且在炉墙附近直到风口才达到 85%～90%，这种
现象导致未还原的 FeO 在风口处大量吸热，给操作带来很大的危险。

4.2.3.4   热储备区内矿石的还原

为了进一步研究炉内的还原过程，许多炼铁工作者进行了长期的研究。最近
的研究认为，热储备区对炉内矿石的还原关系到：高炉的能量利用、炉顶煤气利
用率 η_{CO}、在热储备区由铁与浮氏体平衡控制的煤气利用率 η'_{CO}。使用良好还原
性的含铁炉料改善炉身效率，降低热储备区温度，对提高热储备区的煤气利用率
η'_{CO}、降低燃料比具有重要的作用。

新日铁开发了绝热型模拟高炉炉内反应的装置，由两部分组成。炉子的上部
由反应管和可以沿着反应管移动的电炉群组成，可以模拟炉身部位的还原；其下
部用来研究炉料的高温性能及其经受的还原过程。其顶部相当于高炉炉顶，其底
部相当于炉内 1200℃ 的软熔带。反应管内填充矿石和焦炭，电炉由上部向下移
动，煤气从反应管上部引出，形成逆流的移动层。这个装置的作用为：（1）可
以模拟从炉顶到软熔带上表面附近的区域的焦炭与矿石反应过程，以及作为反应
和传热的结果可以对炉内温度定量化。（2）在加热炉内由于矿石的还原完毕，
可以设定与燃料比相当的炉腹煤气量和成分，能够模拟与高炉操作相对应各参数

的炉内现象[7]。

矿石和焦炭分层装入内径为 103mm、长 5.4m 的不锈钢管制成的反应管内，在下部的加热电炉群将煤气预热至高炉软熔带上部的温度（1200℃）；在加热电炉的上部装有低于煤气加热温度的绝热炉。加热炉、绝热炉分别长约 1m，绝热炉由 10 个电炉组成，绝热炉部分模拟高炉炉身部分。

绝热方法是防止热量从反应管中扩散，在反应管外壁上的接触式热电偶与反应管内部同一位置也设置了固定热电偶，测量两点的温度，电炉控制两点温度，使温度一致，不产生偏差。各电炉与反应管内外固定的热电偶同步移动。

在绝热型炉内反应模拟的实验过程中，炉内温度和煤气成分及量的变化稳定以后，随着炉内温度、出口煤气成分、溶损反应的进行，煤气的增加量（输入干煤气中 N_2 浓度/出口干煤气中 N_2 浓度：N_2^{IN}/N_2^{OUT}）接近稳定和恒定状态，亦即测量炉内温度和煤气浓度的变化，将矿石与焦炭反应过程进行定量。此外，为了得到矿石的还原率，把还原煤气切换成 N_2，冷却后，取样供化学分析，并进行显微观察。

实验是相当于燃料比 480kg/t，设定吨铁炉腹煤气量为 1363Nm³/t。还原煤气为炉腹煤气成分 CO 35.6%、H_2 4.4%、N_2 60.0% 的混合煤气。由出铁速度 P 和炉腹煤气量决定绝热模拟炉在实验时的煤气流量 V_g（NL/min）；以及与生铁生产速度相对应的电炉下降速度，从炉顶部至 1200℃ 水平的下降时间约 4h 左右，设定为 0.3m/h。装料方法为烧结矿与焦炭分层装入，设定烧结矿层厚为 40mm。表 4-6 为烧结矿和焦炭的化学组成和物理性能。由于受反应管径的限制，大块焦炭的粒度为 10~15mm，小块焦炭为 3~5mm。

表 4-6 烧结矿和焦炭的化学组成和物理性能 （%）

烧结矿	TFe	FeO	CaO	SiO₂	Al₂O₃	MgO	JIS-RI	全气孔率
	57.56	5.03	8.9	5.22	1.89	1.69	66	32
焦炭	试样	K		Na	Fe₂O₃	CaCO₃		JIS 反应性
	LC-1	0.26		0.05	0	0		22
	LC-2	1.28		0.06	0	0		50
	NC	2.08		0.15	0	0		59

根据高炉解剖调查结果可知，炉身下部的焦炭中附着 K_2O 1%~2%、Na_2O 0.5%~1.0%。在实验中也在使用的焦炭中添加了 2% 的碱金属，使热储备区的温度与实际高炉相当在 1000℃ 附近，将考虑了炉内碱金属影响后的这种焦炭作为基准。

为了观察使用普通焦炭时的还原状况，观察了试样的还原组织。图 4-13 表示了从试验装置的顶部到底部高度上的温度和还原度的变化。还原度是以煤气分析的氧平衡为基础计算的，以及各温度部位有代表性的显微还原组织[8]。

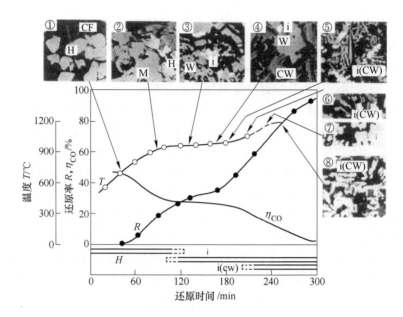

图 4-13　使用普通焦炭和烧结矿时在高度上的温度和还原度及显微结构的变化[8]

H—赤铁矿；M—磁铁矿；W—浮氏体；CW—铁酸钙-浮氏体；i—铁；

i（CW）—由铁酸钙-浮氏体成铁

　　使用普通焦炭在热储备区初期，烧结矿由赤铁矿还原到磁铁矿，炉料进一步下降，待铁矿石在热区到达稳定状态后，在烧结矿的矿相组织中，以铁酸钙和浮氏体为主，部分区域烧结矿颗粒表面和气孔周围开始看到铁的晶核，在热储备区末期的高温区域，铁酸钙的浮氏体还原物中观察到铁核。在温度1000℃附近浮氏体还原成铁，铁酸钙还原到铁的开始温度在1000~1050℃。

　　炉内反应效率高时，烧结矿还原速度的峰值向低温方向移动，从浮氏体到铁、从铁酸钙到铁的开始还原温度也向低温方向移动。

　　从到达稳定状态后，焦炭的反应量与矿石还原有关的是直接还原率和间接还原率。此外，从热储备区在1150℃区域内焦炭的反应量与到达1150℃矿石的还原率来看，直接还原率和间接还原率均在10%~20%之间。直接还原率为焦炭的溶损反应，熔融还原生成的CO对矿石还原率，间接还原相当于炉腹煤气CO对矿石的还原率。

　　一般来说，在热储备区~1150℃区域内，直接还原量比间接还原量高，其比例约1.5倍。使用普通焦炭时，在1150~1200℃的温度区间还原进行得比较缓慢，间接还原量与直接还原量之比为0.75左右，与低温区域相比，间接还原率的增加量减少了约一半。在软熔带内产生的熔融还原是直接还原。在实际高炉中，直接还原比例较实验数据更高。如上所述，在1150℃热储备区内的块状带进行焦炭的溶损反应，与矿石还原之间的耦合反应，虽然是直接还原，可是对促进矿石间接还原，对提高高炉反应效率有利。在使用高还原性烧结矿（JIS-RI70%以上）的情况下，能提高炉内反应效率，热储备区由 1000℃ 到 1150℃ 温度区间的焦炭溶损反应量，比使用普通烧结矿要高。溶损反应量增加的理由是，由于提高了矿石的还原反应速度，CO_2 的生成量增加，提高了间接还原，因此能够延续 1100℃ 到矿石软熔之间的气相还原反应，对降低燃料比起着重要作用。

为了充分利用块状带、热储备区的作用，充分发挥间接还原和耦合反应，虽然溶损反应的结果是直接还原，可是溶损反应是吸热反应，其反应的热量仍然在炉内得以利用。如果铁矿石在块状带中不能充分还原，剩余的 FeO 成为熔液而滴落进入高炉的高温区域，进行熔融还原[9~11]，消耗大量高炉下部的热量，将导致燃料比的升高。因此，必须细致地研究铁矿石进入熔液生成时影响还原的因素，从而寻找延迟或规避的办法。

4.2.3.5 充分利用块状带中矿石的还原

为了充分发挥块状带、热储备区气相还原的作用，研讨扩展块状带的功能，必须对铁矿石气相还原的终点进行详细的研讨。而铁矿石内液相的形成标志着气相还原的终结。对高温区域熔液的生成状态，以及气孔结构进行了调查。在 1100℃ 附近烧结矿就开始生成了熔液，由于生成的熔液堵塞了气孔，在 1150℃ 附近高温还原速度就开始下降，在铁酸钙组织附近生成的初期熔液特别明显[6]。

提高烧结矿的还原率，促进 1150℃ 以下温度区域的还原反应，提高熔液生成的温度，寻找引起熔液生成的原因，减少初渣量、减少铁酸钙的量，避免熔液生成的影响，也是很重要的。

铁矿石在即将进入软熔带之前，正是块状带中温度最高的部位，进行着最后的气相还原过程，在此决定铁矿石最终的气相还原率，图 4-9 中约在 1200℃ 的高温部位，煤气中的 CO 从含量很高迅速下降，也就是说在那里的气相还原反应很激烈。如果能延缓矿石的软熔，就能拓宽块状带气相还原区域。这也是评价铁矿石还原性最关键之处，因此有必要进行研讨。

使用天然块矿和实验室制作的烧结矿和球团矿，进行了矿石中的脉石和气孔对高炉还原性和透气性的影响研究，得到如下结论[12]。

在气孔直径 400μm 以下至 15μm，比表面很大的条件下，对固相还原极为有利。1μm 接近 CO-CO_2 气体的平均自由行程（0.5μm 左右），气孔中可以渗入还原气体，因此选择 1μm 以下和 15μm 以下两种气孔进行试验。图 4-14 表示碱度和 15μm 以下微小气孔量对球团矿的还原率的影响。

脉石是阻碍还原的重要因素，作为脉石的 CaO/SiO_2 的影响很大，其余的脉石影响较小。在 CaO/SiO_2 高的情况下，虽然生成的硅酸铁 $2FeO \cdot SiO_2$ 的量少，

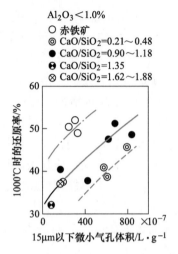

图 4-14　在 1000℃球团矿的碱度和 15μm 以下
微小气孔量与还原率的关系[12]

但脉石仍然阻碍了固相还原。

图 4-15（a）表示在 CaO/SiO_2 固定，SiO_2 含量在 2.0% 以下时，随着 SiO_2 的升高，还原率下降，如果再进一步增加 SiO_2 则几乎不变。图 4-15（b）表示随着 MgO 含量的增加，还原率上升，15μm 以下气孔有减少的趋势。矿相中铁酸镁增加，还原性上升。此外，脉石中 Al_2O_3 含量在 0.8%~2.3% 范围内对还原率几乎没有影响。

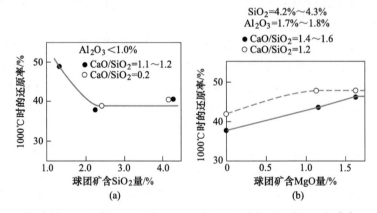

图 4-15　在 1000℃时，球团矿中 SiO_2 或 MgO 与还原率的关系[12]

在 1200℃ 以上生成熔液的情况下，还原性、透气性受 1μm 以下微小气孔量的限制。脉石是阻碍还原和透气的重要因素，作为脉石的 CaO/SiO_2 的影响也很大，比气孔的影响还要大。其他脉石 Al_2O_3、MgO 对还原也有影响。

滴落温度直接受脉石的影响，SiO_2、CaO/SiO_2、Al_2O_3、MgO 都有影响。图 4-16（a）表示 SiO_2 含量增加滴落温度下降。这是由于 $2FeO \cdot SiO_2$ 生成量的增加，并使还原率下降。单体赤铁矿在 1355～1370℃ 滴落，FeO 的熔点在 1370℃ 附近急剧地进行熔化、还原，生成金属滴落。$2FeO \cdot SiO_2$ 的熔点为 1205℃，共晶温度低达 1178℃。图 4-16（b）表示在 SiO_2 固定的情况下，CaO/SiO_2 与滴落温度的关系。图中存在极小值。

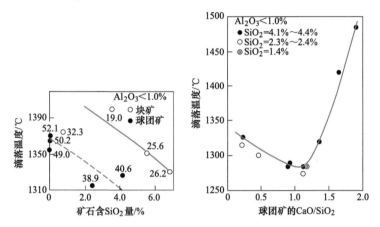

图 4-16 在 1000℃ 下，矿石中 SiO_2 含量与滴落温度和还原率（a）
以及球团矿碱度与滴落温度（b）的关系[12]

图 4-17 表示 CaO/SiO_2 固定，Al_2O_3、MgO 含量对滴落温度的影响。在 CaO/SiO_2 低时，Al_2O_3 升高滴落温度上升；在 CaO/SiO_2 高，Al_2O_3 含量低于 1.0% 时，滴落温度低，超过 2.0% 有升高趋势。对于 MgO，在 CaO/SiO_2 低时，没有变化；当 CaO/SiO_2 较高时，增加 MgO 滴落温度下降。

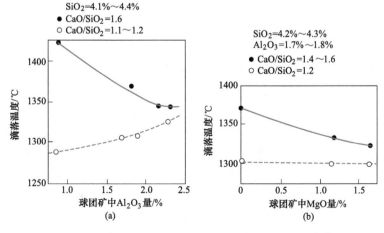

图 4-17 球团矿中 Al_2O_3 或 MgO 与滴落温度的影响[12]

在烧结矿和球团矿生产中，原料的粒度组成不同，也使气孔量和气孔直径的分布有差异。在评价脉石气孔对高炉中炉料的还原性和透气性时，有必要明了两者之间的因果关系。图 4-18 表示随着 CaO/SiO$_2$ 增加，球团矿中 1μm 以下气孔量也增加，而与 SiO$_2$ 含量的关系不大。在 CaO/SiO$_2$ 低时，气孔量与 Al$_2$O$_3$、MgO 含量的关系也不大；在 CaO/SiO$_2$ 高时，随着 Al$_2$O$_3$、MgO 含量增加而减少。这与三相状态图的共晶温度有关。

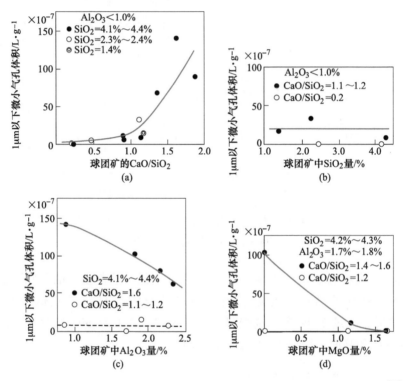

图 4-18　球团矿中碱度、SiO$_2$、Al$_2$O$_3$ 或 MgO 与 1μm 以下微小气孔量的关系[12]

在 1200℃ 以上生成熔液的情况下，脉石对还原性、透气性的影响与含 FeO 的平衡状态图有关，脉石对滴落温度影响与不含 FeO 的平衡状态图有关。由于低共晶温度生成熔液说明 1μm 以下微小气孔受脉石的影响。

烧结矿中主要矿物组织为赤铁矿和铁酸钙，在赤铁矿中大量赋存着 15μm 以下微小气孔，低 SiO$_2$/CaO、低 Al$_2$O$_3$ 的铁酸钙的烧结矿必须维持最低限度的常温强度、还原粉化率。图 4-19 表示在 800℃ 以上矿物组织层中还原率和压力损失的变化。图中在压力损失迅速上升前的固相中，还原速度的顺序为：铁酸钙最快，赤铁矿次之，实际生产的烧结矿最慢。在此区域的还原受 15μm 微细气孔的支配，铁酸钙中 15μm 微细气孔多达 802×10^{-7}L/g，赤铁矿和生产烧结矿分别为

$252\times10^{-7}L/g$ 和 $102\times10^{-7}L/g$，因而固相还原速度有差异。此外，压力损失铁酸钙最高，赤铁矿低。三种矿物中 $1\mu m$ 微细气孔：铁酸钙 $24.7\times10^{-7}L/g$，赤铁矿和生产烧结矿分别为 $49.7\times10^{-7}L/g$ 和 $80.1\times10^{-7}L/g$。赤铁矿中 $1\mu m$ 的气孔量比实际生产的烧结矿少。赤铁矿没有脉石，压力损失也最低。

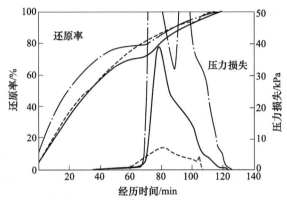

图例	矿物结构	S/kPa·min	滴落温度/℃
——	实际生产的烧结矿	679	1415
- - - -	赤铁矿	115	365
—·—	铁酸钙	1912	1480

图4-19　在负荷下矿石中不同矿物结构的高温特性的比较

图中铁酸钙（$CaO/SiO_2 = 2.65$，$Al_2O_3 = 15.0\%$）S 值为 $1912kPa·min$，而化学组成不同的铁酸钙（$CaO/SiO_2 = 2.29$，$Al_2O_3 = 7.06\%$）S 值为 $1030kPa·min$。两者 $1\mu m$ 微细气孔量分别为 $24.7\times10^{-7}L/g$ 和 $109\times10^{-7}L/g$，说明脉石量少，CaO/SiO_2 低的烧结矿压力损失低。

在上述研究的基础上，进一步从矿相组织研究开始熔化时脉石堵塞气孔对还原过程的影响。在 $FeO\text{-}SiO_2$ 系固液共存区域中，FeO 中添加 SiO_2 粉末压实体进行还原实验，并用激光显微镜和光学显微镜进行断面观察，研究气孔的堵塞状态来确认在生成熔融炉渣堵塞气孔对还原性的影响。随着渣量的增加 FeO 还原相的相变对还原性的影响以外，还研究了由于熔融炉渣堵塞气孔对还原性的影响[13]。试样分为两组：第一组 Fe_2O_3 的粒度为 $45\mu m$，试样进行预还原成 FeO 后，从 $FeO + SiO_2 = 100\%$ 按照 $0\sim1.03\%$ 分为五种，依次增加 SiO_2 含量，而 FeO 递减。第二组 Fe_2O_3 的粒度为 $75\sim150\mu m$，也依次从 $0\sim0.98\%$ 分为五种，依次增加 SiO_2 的含量。在预还原后再升温至 $1227℃$，并保温 $30min$，切换成 $1L/min$ 的 H_2 还原成 Fe。第一组试样，从 $0\sim5.56\%$ 逐次增加熔液量；第二组试样，从 $0\sim5.28\%$ 依次增加熔液量。这时，在 $FeO\text{-}SiO_2$ 系状态图中为固相 FeO 与 SiO_2 系液相共存的状态。研究了熔融炉渣量的影响，在还原实验中，渣量低时，对还原没有影响；中等含渣量时能看到速度下降；后两个渣量较高的试样速度更低。第二组的影响较缓慢，到渣量最高时还原速度才迅速下降。对于气孔大的试样，熔融炉渣堵塞了小气孔，虽然还原性有些恶化，可是由于还有大气孔可以维持还原气体的扩散，还能保持某种程度的还原性。熔融炉渣增加到大气孔都被堵塞，不能再维持还原气体的扩散时，还原性急剧恶化。熔融炉渣的量明显影响还原速度。熔融炉渣堵塞了 FeO 颗粒之间的间隙或者颗粒界面的气孔，随着渣量增加被堵塞的区域增大。这时由于初期还原的炉渣在气孔中生成致密的 Fe 阻碍了通过气孔到试样内部还原气体的扩散，以及在气孔中存在炉渣，使 FeO 及其界面上还原时生成致密的 Fe，覆盖了 FeO 的反应界面妨碍了还原气体的扩散，使得还原速度减缓。

　　从显微镜对还原试样的观察提供的大量组织照片可知，这里只能简要地叙述这些结果。当熔融炉渣量增加时气孔减少。生成的熔融炉渣浸润和渗透堵塞了气孔。气孔细而渣量少的试样还原后生成厚的铁层，此外还能看到铁膜从 FeO 剥离后破断的部分。与渣量少的试样比较，熔融渣量多的两种试样生成薄而致密的铁膜，还原曲线呈 S 形。由于试样的熔融炉渣量大，熔融炉渣渗透到 FeO 的气孔中使气孔堵塞以外，沾染、覆盖在试样表面导致还原速度急剧下降。其后，直到 FeO 与炉渣界面进行还原时，由于生成致密的铁膜的体积变化而剥落，使煤气的扩散恢复，还原继续进行。

　　为了将脉石和气孔对还原性的影响数量化，使用单一烧结试样，以了解熔液生成与还原性的关系，在初期熔液生成区域中 $FeO-CaO-SiO_2-Al_2O_3$ 烧结试样碱度对还原速度的影响[14]。用高纯净度的试剂配制成的试样，在预还原后试样的组成为 "FeO" ＝80%、Al_2O_3＝4%，其余的组成总量16%为 CaO 和 SiO_2，而碱度 $C/S＝CaO/SiO_2$ 分别为 1.0、1.5、1.8 和 2.0 四种配比。以下用 FCSA4 表示。试样的制作，取混合粉末 3g 用 20MPa 加压 3min，制成内径 15mm、高 7mm 的圆片，在空气中加热 1300℃，烧结时间为 10min，在空气中急冷。再在等温还原装置中先通入 0.5L/min 的 N_2，以 10K/min 速度升温至 900℃后，再切换成 50%CO-50%CO_2 混合气体 1.5L/min，从 Fe_2O_3 到 "FeO" 的预还原为 $FeO_{1.08}$，约 60min，还原率约 28%。然后再进行初期熔液中 FeO 还原试验，还原分两种模式：模式 1：转换成 0.5L/min 的 N_2，以 5℃/min 的升温速度到 1200℃。在 1200℃ 还原试验，使用 30%CO-70%N_2 混合气体 2.3L/min，测量试样的质量变化。然后降温。模式 2：也转换成 0.5L/min 的 N_2，以 5℃/min 的升温速度到 1000℃。然后用 30%CO-70%N_2 混合气体 2.3L/min，或者 21%CO-9%H_2-70%N_2 混合气体 2.3L/min，升温速度为 5℃/min（相当于高炉炉内的升温速度）到 1200℃ 进行 "FeO" →Fe 阶段的升温还原试验。

　　为了预测碱度对 FCSA4 试样熔液生成的温度、生成量的影响，使用化学热力学领域包含 6.0 软件的集成数据库 FactSage6.0 的计算技术。按照计算预测的结果，研究了 C/S 对 C/S=1.0～2.0 试样还原性的影响，并将结果表示在图 4-20（a）中。在预还原率为零的各种试样最终达到的还原率约为 28%。从得到的还原曲线中可以看到，随着 CaO/SiO$_2$ 升高，试样的还原性显著提高。图 4-20（b）表示不同碱度 CaO/SiO$_2$ 的 FCSA4 试样在 1200℃以 30%CO-70%N$_2$ 混合气体还原后对气孔堵塞的影响。在 1200℃以下和 CaO/SiO$_2$=1.5 以下，由于熔液的量比 CaO/SiO$_2$=1.8、2.0 多，气孔被堵塞，导致还原停滞。特别是，CaO/SiO$_2$=1.0 的试样，由于气孔被堵塞从还原初期反应就停滞。为了确认由于熔液的生成堵塞了气孔，对 CO 还原"FeO"前后各种试样的中心部位（未反应区域）的断面组织进行观察。从这些试样还原后的断面组织来看，可以观察到熔液堵塞了气孔。特别是在 CaO/SiO$_2$=1.0 时，这种现象非常明显。为了将由于熔液堵塞气孔数值化，对各种试样还原前后的断面照片进行二值化处理导出气孔率。设定气孔堵塞率 ε_c 与还原时间闭塞的气孔的比例。

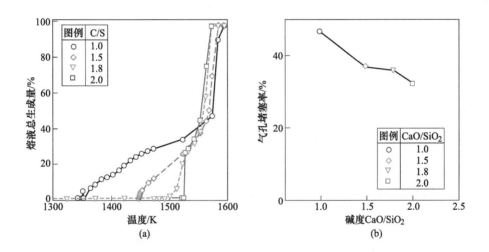

图 4-20　按照 FactSage6.0 计算 FCSA4 试样温度与熔液量（a）以及不同碱度
CaO/SiO$_2$ 的 FCSA4 试样在 1200℃以 30%CO-70%N$_2$ 还原后对气孔堵塞（b）的影响[14]

$$\varepsilon_c = 1 - \frac{还原后的气孔率\ \varepsilon_b}{还原前的气孔率\ \varepsilon_a} \qquad (4-10)$$

CaO/SiO$_2$ 最低的 CaO/SiO$_2$=1 时，为 47%，CaO/SiO$_2$ 最高 CaO/SiO$_2$=2 为 32%，确认了 CaO/SiO$_2$ 升高堵塞的气孔率减少。各试样的还原曲线算出综合反应速度 k_a，与气孔堵塞率的关系表示在表 4-7 中。

表 4-7　FCSA4 试样还原后对气孔堵塞的影响

C/S	$\varepsilon_a/\%$	$\varepsilon_b/\%$	$\varepsilon_c/\%$	k_a/s^{-1}
1.0	28	15	46	2.2
1.5	27	17	37	5.1
1.8	30	19	36	6.6
2.0	31	21	32	7.1

注：ε_a 为预还原后的气孔；ε_b 为还原后气孔；ε_c 为堵塞率。

现在，可以将气相-固相反应应用已有的一个界面未反应核模型，来计算试样碱度对表观界面化学反应速度常数 k_c，以及生成物层内的有效扩散系数 D_c 的影响。各参数表示在表 4-8 中。

表 4-8　在 1200℃ 将 "FeO" 还原至 Fe，30%CO-70%N₂ 混合气体的反应速度 k_c 和扩散速度 D_c

C/S	$k_c/m \cdot s^{-1}$	$D_c/m^2 \cdot s^{-1}$
1.0	28×10^{-3}	15×10^{-5}
1.5	27×10^{-3}	17×10^{-5}
1.8	30×10^{-3}	19×10^{-5}
2.0	31×10^{-3}	21×10^{-5}

由得到的结果，碱度 $CaO/SiO_2 = 1.8$ 以后，碱度 CaO/SiO_2 升高，试样的表观界面化学反应速度常数 k_c、生成物层内有效扩散系数 D_c 达到最大，$CaO/SiO_2 = 2.0$ 时 k_c 和 D_c 基本不变。这是由于生成层的铁膜一部分烧结，铁膜中的扩散系数低的缘故。

为了模拟烧结矿 FCSA4 的升温还原行为，在预还原结束后，切断 N₂ 气以 5℃/min 升温至 1000℃，用 30%CO-70%N₂ 的混合气体和 21%CO-9%H₂-70%N₂ 混合气体，以 5℃/min 的升温速度到 1200℃ 进行 "FeO"→Fe 阶段的升温还原。用 CO 升温还原的结果：碱度低，还原性差。这与 1200℃ 等温还原实验的结果相一致。特别是，$CaO/SiO_2 = 1.0$ 的试样在 1400℃ 附近还原曲线的斜度急剧变小，还原反应停滞。按照热力学计算软件 FactSage6.0 熔液的预测结果，在 1127℃ 熔液生成将一部分气孔堵塞。此外，添加 H₂ 的升温还原确认不存在还原停滞。由此，添加 H₂ 有可能抑制在熔液生成温度下还原性的恶化。为了解明其中的机理，对各试样在升温还原后的 "FeO"-Fe 界面附近的断面组织进行了观察。在碱度 CaO/SiO_2 低时，熔液堵塞了气孔。特别是，在 $CaO/SiO_2 = 1.0$ 时可以确认还原的停滞是由于气孔的堵塞。对 $CaO/SiO_2 = 1.0$ 的比较，CO 气体在 1100℃ 的还原率在 20% 左右，H₂ 混合气体还原率上升到 30%。由此，在 H₂ 混合气体还原时，由于低温还原速度高，试样中 FeO 的量减少，熔液的总量减少。高温还原时的熔液量少，减少了气孔的堵塞，因此没有发生停滞。

在 FCSA4M1 表示添加了 MgO 1%，FCSA4M2 为添加了 MgO 2%。此外，试样在 1050℃，经 2h 烧成。由得到的结果，FCSA4M2 的还原性最高，没有发生还原停滞。而用 FCSA4 在 1200℃ 以下发生还原停滞。对添加 MgO 的效果，观察了 FCSA4 和 FCSA4M2 还原后断面组织，发现在 FCSA4M2 中残存大量气孔。由此，由于添加 MgO 形成多孔质的组织，抑制了还原的停滞。

以上结果，在初期熔液生成领域可能由试样的碱度、MgO 量、H_2 量，从形成组织的气孔构造及熔液量方面得到控制，有可能抑制还原的停滞。其机理还需进一步研究。

图 4-21 表示在矿石还原过程中，用水银压入式细孔计测量矿石在还原过程中产生的微细气孔量的结果。表示了还原前后微细气孔量之差，在 1150℃ 以下的温度条件下，随着熔液的产生堵塞气孔的影响。随着还原率的增加，气孔量几乎成正相关增加。

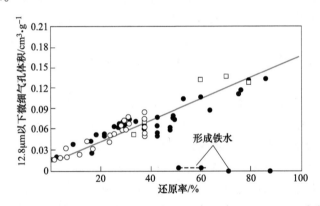

图 4-21 烧结矿还原率与还原时产生的气孔体积之间的关系[15]

对高温区域熔液的生成状态以及气孔结构进行了调查。在 1100℃ 附近烧结矿就开始生成了熔液，由于生成的熔液堵塞了气孔，在 1150℃ 附近高温还原速度就开始下降，在铁酸钙组织附近生成的初期熔液特别明显[15]。

降低热储备区的温度，FeO-Fe 还原平衡煤气的浓度向高煤气利用率 η_{CO} 方向移动，由于扩展到低温侧在 CO_2 高的气氛中，浮氏体和铁酸钙还能继续进行还原成铁的反应。

对高炉还原过程的深入研究获得的知识表明，提高炉内反应效率的机理可以归纳为：

（1）控制吨铁炉腹煤气量，即控制 CO 的供应量，力争降低热储备区的温度，扩展块状带的体积，发展间接还原，给予 FeO-Fe 还原平衡煤气的浓度向高

煤气利用率 η_{CO} 方向移动的可能性。

（2）由于在低温区域的块状带烧结矿还原成铁，能增加微细气孔量，有助于提高高温区域的间接还原速度。

（3）降低铁酸钙成铁的还原开始温度，由于铁的还原量增加，减少熔融的铁酸钙量，提高炉料透气性。

以上我们仅仅讨论了由块状带转变到软熔带，由气相还原转变到熔融还原时，矿石还原性的变化。关于在软熔带初渣的形成过程，及其对熔融还原的影响将在第 5 章中讨论。

4.3　合理的煤气流分布

合理的气流分布是炉况稳定顺行的基础，更是提高煤气利用率的基础，高炉通过上下部调剂达到炉内煤气流的合理分布，以保证高炉的稳定顺行和能量的最佳利用。煤气流的二次、三次分布受布料制度的制约；与中部冷却制度相匹配，实现软熔带呈近似于倒 "V" 形、根部较低的稳定分布；从而保持高炉整体温度场的稳定，可有效地维护高炉的合理操作内型。合理的煤气流分布还应注意炉顶温度的波动幅度与减少圆周上的温度差，透气阻力系数 K 稳定在合理水平，探尺工作正常，下料均匀，炉缸物理热充沛，减少散热损失，维持高炉各部温度正常[16,17]。

充分发挥上述布料的作用提高煤气利用率 η_{CO}，对节能减排方面有巨大的贡献。在判定合理煤气流分布的标准中，除了高炉炉况和强化冶炼的要求以外，更应注重布料手段增高煤气利用率 η_{CO} 的考量。必须在提高产量或降低燃料比、节能减排、降低成本和有效利用资源之间进行权衡，不能一味追求强化、产量，牺牲燃料比。这是因为当炉腹煤气量指数过高时，风口耗氧量和吨铁炉腹煤气量必然升高，这时风口燃烧过量的碳素，生成了超过炉内还原过程所需的煤气，如果一味强调顺行，只有排放煤气。这与改善布料降低燃料比的基本目标大相径庭。提供合理的布料应该是保证低燃料比 FR、提高煤气利用率 η_{CO}。可是为要达到上述目的，必须保证炉腹煤气量指数 X_{BG} 在合理的范围以内。在此基础上，才能发挥布料的作用。否则，为了通过过高的煤气量，就只能靠牺牲煤气利用率来保证顺行。本节将研究的问题如下：

（1）装料制度对高炉过程的影响；

（2）过高的炉腹煤气量，为了顺行被迫采取了不合理的布料手段；

（3）合适的炉腹煤气量能够充分利用高炉煤气的前提下，采取稳定炉况的装料制度和布料模式。

装料制度的作用是多方面的。应用装料制度的目的就是要达到炉喉径向 O/C 的控制，以实现合理的煤气流分布，保持高炉稳定顺行，充分利用煤气的潜热和还原能力，降低能耗，提高产量，利于高炉长寿。

高炉装料制度对高炉过程的影响巨大，本章的后面部分几乎全部是在研究装料制度，包括小块焦与矿石混合装料、矿石与焦炭混合装料和研发含碳矿石等。

4.3.1 装料制度对高炉过程的影响

装料制度对软熔带的分布、下料速度、炉内温度分布和炉体热损失，以及直接、间接还原反应的发展有很大的影响。在此，对软熔带的分布、下料速度、炉内温度分布和炉体热损失的影响进行概略的叙述。

4.3.1.1 炉料分布与炉体热损失

图 4-22 表示 4350m³ 高炉利用系数 1.6 ~ 2.38t/(m³·d)，燃料比 480~517kg/t，测量炉腹到炉身部位冷却壁的散热损失及由热平衡计算的热损失（假定热储备区的温度为 950℃）。结果显示由热平衡计算的热损失与测量的炉体散热损失有明显的相关性[16]。

图 4-23 表示高炉操作变化对热损失的影响。在利用系数一定的条件下，降低炉腹煤气量，增加热流比。采用降低燃料比来提高利用系数，并保持软熔带形状和炉内温度分布，降低铁水的热损失。在布料方面，通过优化装料制度，改善炉内气流分布，抑制边缘气流发展能降低炉体热损失，已成为高炉低燃料比生产的主要的操作方针。

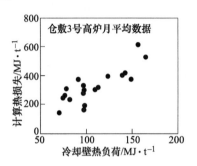

图 4-22 测量的冷却壁热负荷与计算热损失之间的关系[16]

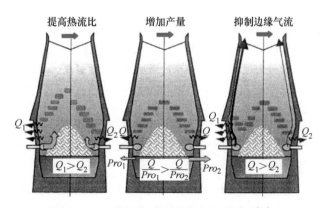

图 4-23 降低热损失的操作因素概念图[16]

按照实际操作数据分析了边缘气流与热损失的关系。图 4-24（a）表示取样器测量的半径方向各位置的 η_{CO}，在无因次半径 0.3~0.7 的区域有最大值，用以与边缘部位（无因次半径 1.0）的 η_{CO} 之差 $\Delta\eta_{CO}$ 来衡量边缘气流发展的状况。此值增大表示边缘部位的煤气量增多。图 4-24（b）表示在月平均利用系数 1.6～2.1t/(m³·d)，燃料比 497～543kg/t 的情况下，得到的热流比和热损失的关系。图 4-24（c）表示在相同的热流比条件下，$\Delta\eta_{CO}$ 与热损失的关系，可以看出热损失大体上与热流比正相关关系，如果同等的热流比，则 $\Delta\eta_{CO}$ 越高热损失越高。因而，抑制边缘气流能够降低热损失。

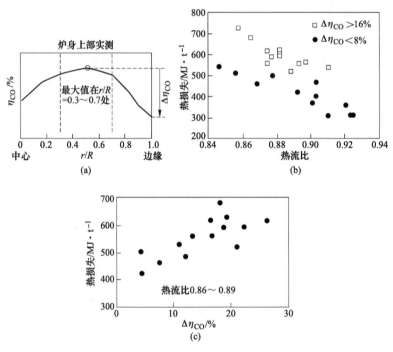

图 4-24　用 $\Delta\eta_{CO}$ 来衡量边缘气流（a）和热流比与热损失（b）、

$\Delta\eta_{CO}$ 与热损失（c）之间的关系

　　燃烧带附近、炉腹和炉腰部位的炉墙温度，以及边缘部位的相对下料速度是高炉稳定操作的重要工艺参数。为此，对炉容 4000m³ 高炉进行了可调炉喉护板布料的试验及三维半截热模型试验。当高炉利用系数 2.5t/(m³·d)，燃料比 480kg/t，循环区长度为 1.3m 的条件下，炉腹上部冷却壁温度与给水温度差 ΔB_2，不仅与边缘部位的 O/C 及下料速度有关，还受到其他操作因素的影响。高炉操作因素作为独立变量对 ΔB_2 温度影响进行了多因素回归分析，得到 ΔB_2 温度的统计式（4-11）。式中，ΔB_2 温度随燃料比 FR、重油比 OR、煤比 PCR 下降而下降，而随 O/C（$(O/C)_w$）上升而下降。

$$\Delta B_2 = 0.91(FR) - 32.38(O/C)_w + 1.121(OR) + 0.775(PCR) - 313.7$$

$$(R = 0.844) \tag{4-11}$$

4.3.1.2 高炉装料制度对软熔带、死料堆和煤气流动的影响[17]

在广畑 4000m³ 高炉布料试验中，在炉腹的边缘部位（在炉墙 50mm 的范围内）煤气流速与边缘 L_O/L_C 的影响表示在图 4-25 中。随着边缘部位 L_O/L_C 增加，边缘煤气流速降低，边缘部位的 L_O/L_C 有效地控制炉腹边缘煤气的流速。

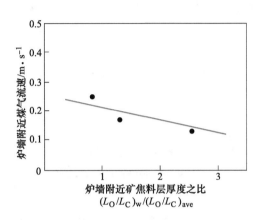

图 4-25　炉墙附近 L_O/L_C 对炉腹炉墙附近煤气流速的影响

当采用图中三种不同的炉墙附近矿焦料层厚度 $(L_O/L_C)_w$ 与平均矿焦厚度 $(L_O/L_C)_{ave}$ 之比 $(L_O/L_C)_w/(L_O/L_C)_{ave}$ 时，形成三种不同的软熔带：

（1）当 $(L_O/L_C)_w/(L_O/L_C)_{ave}=1.3$ 时，炉身下料速度基本上是均匀的，可是从炉腹上部中心部位下料速度减慢，从炉腹中段开始至炉腹下端范围内形成了死料堆。从炉身下部以下炉墙附近的区域下料速度开始减慢，在高炉下部下料的主流是，向着燃烧带的炉墙与死料堆之间的区域下降，形成倒"V"形的软熔带，从风口喷入的气体在软熔带根部迂回流入块状带，因此软熔带的透气阻力较大。

（2）当增加中心矿石较多，$(L_O/L_C)_w/(L_O/L_C)_{ave}<1.0$ 时，中间部位的下料速度加快，死料堆缩小。随之，形成"W"形的软熔带，在死料堆表面积累了未熔化的软熔层。滴落的渣铁至死料堆的距离很短，有大量未被充分还原的渣铁进入死料堆。从风口喷入的气体一部分沿炉墙流入块状带。

（3）当增加边缘矿石 $(L_O/L_C)_w/(L_O/L_C)_{ave}=2.5$ 左右时，在边缘部位存在大量的矿石，边缘的下料速度加快，炉腹煤气气流绕过软熔带根部迂回流向高炉中心，流入块状带。软熔带根部向上方扩大体积增加，变得肥大，形成倒"U"形的软熔带。由于软熔带根部肥大，未充分还原的熔物进入燃烧带，风口出现"生降"。

4.3.1.3　O/C 分布对下料速度的影响[17]

图 4-26 表示炉身部位和高炉下部边缘部位的炉料相对下料速度 v_w/v_{ave} 与 O/C 的关系。在炉身部位和高炉下部 O/C 高的区域相对下料速度也快，特别是对高炉下部的影响更大。随着边缘部位的 O/C 增加，边缘部位的相对下料速度也增大。在 O/C 高的部位，由于模拟矿石层的软化、收缩和熔化体积减少较多，因此下料速度也高。

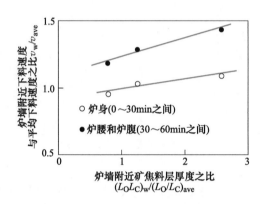

图 4-26　炉墙附近的 L_0/L_C 对炉墙附近下料速度的影响[17]

图 4-27 表示高炉炉墙边缘约 1m 范围的相对 O/C 与下料速度之间的关系。用炉顶料面形状仪测量的相对 O/C、相对下料速度。边缘部位的相对 O/C 与边缘部位相对下料速度之间的关系与高炉三维模型的实验结果相同。边缘部位的相

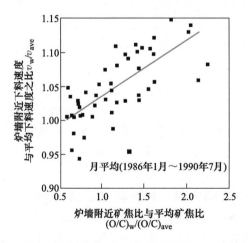

图 4-27　广畑 1 号高炉炉墙附近矿焦比与炉墙处炉料下降速度之间的关系

对 $(O/C)_w$ 与装料平均 $(O/C)_{ave}$ 之比，边缘部位的相对下料速度为边缘部位下料速度 v_w 与面积修正后求得的平均下料速度 v_{ave} 之比。两者之间的关系还可以表示成式 (4-12)，则边缘部位相对 O/C 增加 0.1，边缘部位相对下料速度增加 0.008。

$$v_w/v_{ave} = 0.954 + 0.082((O/C)_w/(O/C)_{ave}) \quad (R = 0.749) \quad (4-12)$$

也就是说，高炉边缘的 O/C 越高，边缘炉料的下降速度越快。如果边缘 O/C 过高，煤气通过矿层的量下降。在还原煤气不足、炉料下降速度又快的情况下，显然这部分炉料进入高炉下部时，还原的程度将不充分。

4.3.1.4 矿层厚度与还原率及透气性[18]

对矿层厚度 30mm、50mm 和 70mm 进行高温性能试验与实际高炉中矿层内还原率的分布的试验，进行数学模型评价对支配这些行为的主要因素进行了研讨。

(1) 矿层内产生还原率的差异与试验条件及矿层厚度有关，层厚 70mm，1200℃时还原率达 40% 左右。此外，从数学模型的评价结果来看，矿层内还原率的差异随煤气流量减少而增大。在模拟实际高炉炉内状况的条件下，不能忽视这种差异。由此，在评价炉内矿层的高温性能时，必须考虑矿层厚度及矿石层在料层内的分布。

在 1000℃ 和 1200℃ 烧结矿层几乎没有收缩，矿层还原率的分布如下。在实验条件下，1000℃ 的阶段最下部的还原率为 40%，并向上缓慢下降，从矿层的下端向上 50mm 的位置还原率停滞在 20% 左右。到达 1200℃ 最下部的还原率为 59%，往上逐渐下降，从下端往上 90mm 以上还原率停滞在 30%。1200℃ 时料层上部与下部的差异为 29%。

以实际高炉炉内的状况为模拟条件，压力为 0.3MPa、矿层厚度为 300mm，煤气的空塔流速为 0.5Nm/s 和 1.0Nm/s 变化的条件下，图 4-28 (a)、(b)、(c)分别表示在 1000℃、1100℃、1200℃时矿层内还原率的分布。矿层的最下层的还原率几乎没有受到煤气流量的影响，显示出在该条件下界膜扩散的影响小。此外，随着煤气流量减小，矿层内的还原率的差距变大。也就是说，在还原反应速度受界膜阻力的影响小的条件下，还原速度受还原煤气浓度的影响大。由于还原反应消耗了还原煤气使浓度下降，煤气流量减小，则消耗相同的还原煤气量使得还原煤气的浓度下降量增大。为此，随着煤气流量降低，矿层内的还原煤气明显下降，造成矿层内还原率相差就大。

此外，图 4-29 表示数学模型计算不同的还原煤气流速对从 1000℃ 到 1200℃ 矿层上下还原率差的关系。矿层最下层与距下层 300mm 位置还原率的差，在 1100℃ 时 1.0Nm/s 的条件下为 20.0%，在 0.5Nm/s 的条件下达到 35.7%。在 1200℃ 最下层的还原几乎已经完成，在 1.0Nm/s 的条件下为 6.1%，在 0.5Nm/s 的条件下达到 23.9%，因此矿层厚度对矿层内部的还原率的差异不能忽视。

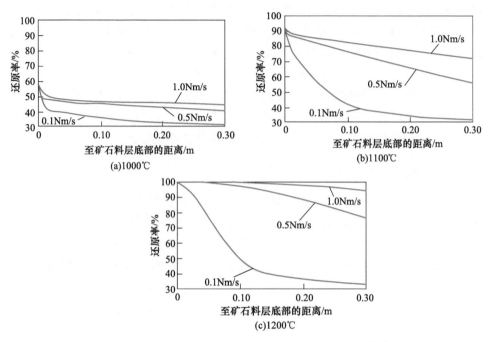

图 4-28　不同温度时煤气流量对烧结矿还原率的分布[18]

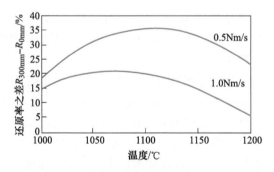

图 4-29　不同温度对矿层底部 0mm 到顶部 300mm 还原率差的影响[18]

　　在矿层厚度高及煤气流量低时，矿层上部还原速度的下降，可能影响矿石高温性能的变化，导致炉内压力损失增加，并将影响高炉的操作。为此，有必要考虑高炉炉内矿层的高温性能，需要考虑矿层厚度和矿层内的还原率分布等特性。特别是在低焦比操作时，焦层变薄和矿层变厚的情况下，更要关注还原率分布的变化对高炉带来的影响。此外，目前还没有关于实际高炉矿层内还原率的分布及其影响方面的研究。以上的分析也给炼铁生产者对炉料分布与煤气分布，即热流比的分布应有最佳的配合提供了借鉴。在高炉断面上热流比之差也应引起重视。

（2）在高温性能试验中，透气阻力升高是从矿层上层部位发生的。这是由于矿层上部的还原率低，生成以 FeO 为主体的初渣。

烧结矿和球团矿在 1200~1300℃高温性能试验中，研究了层厚与压力损失的变化，以及料层厚度对还原率的影响。随着料层厚度减薄，压力损失开始升高时的温度也升高，特别是烧结矿出现压力损失极大值时，对应的温度也高，球团矿压力损失的绝对值明显要低。

烧结矿和球团矿在料层内各位置的层厚收缩不同。在烧结矿的料层内各位置的差异大，上层收缩快，下层收缩慢。在球团矿中层内不受位置的影响。

烧结矿和球团矿在料层内各层厚高度位置上的还原率不同，下层还原速度都快，中层和上层都慢。烧结矿上层在 1260℃，中层和下层在 1300℃左右进行激烈的熔融还原。球团矿从 1330℃左右进行激烈的熔融还原，在高度方向没有明显差异，上层稍微快些。随着烧结矿中生成的含 FeO 初渣增加，从矿层中流出与焦炭接触进行熔融还原，而上层比中层和下层温度低；随着球团矿中生成含 FeO 熔液量的增加，从矿层中流出与焦炭接触进行熔融还原，矿层的温度基本相同。

烧结矿 1300℃以下的透气阻力几乎都是在上层产生，而在中层及下层几乎没有阻力。超过 1300℃，则上层透气阻力下降，转而中层、下层透气阻力上升。在 1350℃以上下层透气阻力变大，在滴落前上层透气阻力增大。在 1300℃以下球团矿上层透气阻力大，与烧结矿不同，中层也有压力损失。特别是在 1350℃以上，在中层、下层的压力损失较低，在滴落前也没有明显增加。

4.3.1.5 热流比对高炉下部温度的影响

如前所述，炉内温度分布受下料速度和煤气流速分布的影响。图 4-30 表示下料速度与煤气上升流速之比，即热流比 $= \dfrac{c_s G_s}{c_g G_g} = \dfrac{c_s \rho_s V_s}{c_g \rho_g V_g}$ 与高炉下部温度的关系[17]。

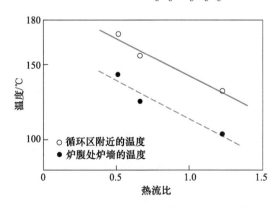

图 4-30　炉腹炉墙附近的热流比对循环区附近温度和炉墙温度的影响[17]

当炉腹部位的边缘热流比增加0.1，循环区附近温度和炉腹炉墙温度分别约下降80℃和110℃。很明显，边缘部位的热流比是支配循环区附近温度和高炉下部炉墙温度的重要因素，也是决定软熔带根部位置和矿石还原程度的重要因素。

当喷吹燃料时，风口前端附近的温度和炉身下部炉墙温度升高。而增加边缘部位的O/C和提高热流比，使边缘部位温度下降。当中心部位的O/C过高，则在死料堆表层部位有大量软熔层堆积，由于软熔层直接还原反应吸热和死料堆透气性差，使死料堆温度降低，可能使死料堆呆滞、长大。

大量喷吹煤粉时，O/C上升将使透气性恶化，可是由于下料速度（热流比）下降，使温度上升及风口前端附近温度上升，炉墙附近的熔化能力加大。而且，用增加边缘部位的O/C，减少中心部位的O/C来改善料柱的透气性。

4.3.1.6　气流分布与高炉操作的关系[16]

前面叙述了发展边缘气流分布是热损失增加、炉身效率恶化的重要原因。而在实际操作中，为了改善透气性，经常有意识地发展边缘气流。而发展边缘气流对高炉操作有重大影响。图4-31为煤气利用率的变化与炉身效率之间的关系。图4-32表示将高炉断面分成中心、中间、边缘三等分时，各区域的煤气分配比

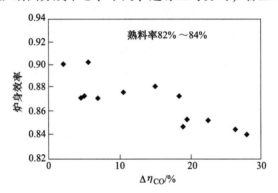

图4-31　$\Delta\eta_{CO}$与炉身效率之间的关系[16]

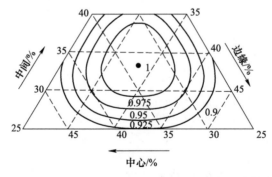

图4-32　径向煤气流分布与等压力降线之间的关系[16]

例和等压力损失曲线的关系。在任意设定的矿石层厚比分布，在满足料层中半径方向的压力梯度为零的条件下，用 Ergun 公式计算分配煤气量和炉身部分压力损失。径向煤气分布的偏差为零的点作为顶点描出等压力线。为了以等断面分割各区域，在无因次半径长度上，煤气流分布与等压力线，中心区域为 0～0.577；边缘区域为 0.816~1，相差有 3 倍之多。实际上，在进行煤气流分布控制，确定其操作范围时，调节边缘气流较容易操作。对图 4-33 的基本条件下，改变矿石料层厚度比的分布作为计算实例。在中心气流增加的例子中，相当于边缘气流增加 5%（例 1），中心气流增加 5%（例 2），必须调整整个半径方向的矿石料层厚度比，必须大幅度改变无料钟的布料模式或炉喉护板的设定位置。

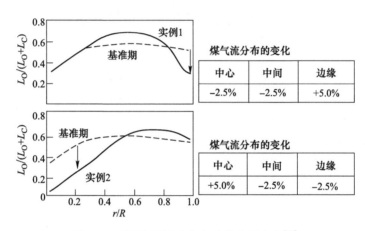

图 4-33　料层厚度分布与气流分布的变化[16]

　　一般改变布料模式，很难控制中间部位的料层厚度，提高中间气流很难改善透气性。而作为改善透气性的手段往往优先选择控制边缘气流。

4.3.2　装料制度对煤气利用率的影响

　　研究高炉装料制度的主要目标是降低燃料比、提高煤气利用率。

　　国外首先采取了合适的强化程度，为改善装料制度创造条件。在新形势下，改善装料制度提高煤气利用率的经验值得借鉴。

　　现举日本千叶 6 号高炉第 1 代（4500m³，1977 年投产），研究无料钟各种装料制度对炉内过程的影响。由表 4-9 可知，4500m³ 高炉在不富氧的情况下，风量在 6300~6900m³/min，炉腹煤气量指数在 53.0~58.4m/min 范围内，炉内煤气流速比较低，为提高煤气利用率创造了条件。在此基础上进行了多种布料试验，表中列出了高炉调整无料钟装料制度有代表的 4 个时期。各个时期的操作方针及炉况特征分列在下面[19]。

表 4-9　千叶 6 号高炉的操作结果[19]

时　　期	单位	I	II	III	IV
利用系数	t/(m³·d)	1.74	2.09	2.29	2.29
燃料比	kg/t	485.1	461.2	429.0	418.4
焦比	kg/t	441.9	416.0	382.9	381.0
油比	kg/t	43.2	45.2	46.1	37.4
风温	℃	1203	1268	1325	1312
风量	m³/min	6263	6636	6868	6894
富氧量	m³/min	0	31	0	0
鼓风湿度	g/m³	9.3	12.0	7.1	6.2
吨铁风量	m³/t	1152	1016	960	963
吨铁风口耗氧量	m³/t	243	219	202	203
炉腹煤气量 V_{BG}	m³/min	8266	8856	9118	9003
炉腹煤气量指数 χ_{BG}	m/min	52.94	56.72	58.39	57.66
风口燃烧热量收入	GJ/t	3.94	4.45	3.95	3.76
<1000℃块状带体积 $V_{<1000}$	m³	1929	2209	2412	2948
<1000℃体积/工作容积	%	55.14	63.15	68.93	83.23
煤气利用率 η_{CO}	%	46.1	50.6	53.2	54.3
装料制度		A	B	C, E	D, E, F
K		0.302	0.297	0.299	0.362
单位炉腹煤气分摊的块状带体积	m³/(m³·min)	0.233	0.249	0.265	0.327

第 I 期（中心过度发展期）：确保稳定的中心气流的主要目标是维持炉况稳定，采取了中心过度发展的装料制度，如图 4-34（a）所示。大量焦炭从高炉中心加入，中心 O/C 减少，边缘 O/C 增加。造成高炉风压、炉身压力、下料等经常失常，引起渣皮频繁脱落，发生风口曲损。在炉内温度分布 1250~1400℃ 的高温区域显示出倒 "V" 形，块状带的体积小。此外，高炉煤气利用率水平低，燃料比高。在休风时风口上部落下的矿石中 FeO 高达 30.8%，在炉墙部位的炉料直到风口上部还没有还原，导致千叶 6 号高炉开炉初期炉缸很快侵蚀[19]。

第 II 期（边缘过度发展期）：为防止风口曲损和增加边缘煤气流，装料制度进行了如图 4-34（a）的调整，由于在高炉边缘大量装入焦炭，炉墙部位的 O/C 减少，边缘气流增加，在炉墙附近的高温区大幅度上升，软熔带呈 "W" 形，初步实现了提高煤气利用率和降低燃料比的目标。可是，高炉的风压、炉身静压力波动仍然大，炉内透气性不稳定，有时出现滑料，且风口仍经常烧坏。

第Ⅲ期：根据Ⅰ、Ⅱ期的操作经验调整了炉内煤气分布的目标，改善了炉料分布。高炉风压、负荷等逐渐稳定，实现煤气利用率53.2%，月平均燃料比降低到429.0kg/t。

第Ⅳ期：为了进一步提高煤气利用率，限制中心气流在更狭窄的区域。随着吨铁风口耗氧量下降到200m³/t的水平，煤气利用率提高到54.3%，适当降低生铁含硅水平、减少炉体热损失等，月平均燃料比达到418.4kg/t。

因此，高炉操作者必须经常实时掌握炉内煤气分布，保持合适的状态。下面对6号高炉对煤气分布的合适模式和在炉身上部煤气成分分布，以及炉喉部位温度分布进行了分析。图4-35为炉喉温度分布。图4-36表示由数学模型推算的炉内温度分布的变化。

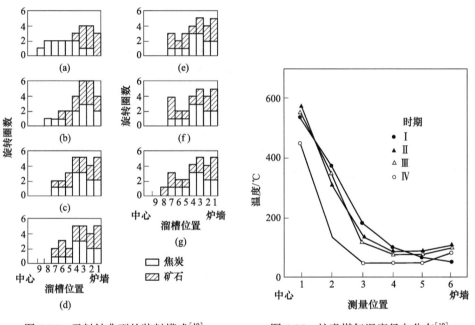

图 4-34　无料钟典型的装料模式[19]　　　图 4-35　炉喉煤气温度径向分布[19]

图 4-37 将推算的炉内温度分布结果与操作数据进行比较，可以得到块状带的体积、炉内煤气体积，即炉内煤气在块状带的停留状况与煤气利用率存在密切的关系。为方便起见，权且采用炉腹煤气量来进行比较。按图中<1000℃温度分布的块状带形状计算其体积，并研究了炉腹煤气量对煤气利用率的影响。用下式计算其间的关系[20]：

$$K = \frac{V_{<1000}}{\eta_{CO} \times \dfrac{V_{BG}}{60}} \tag{4-13}$$

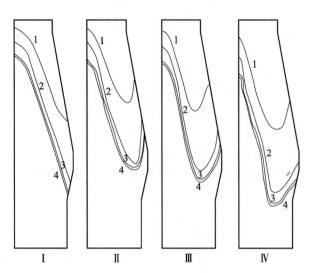

图 4-36 由高炉模型估算的炉内温度分布[19]

1—800℃；2—1000℃；3—1250℃；4—1400℃

$$\tau = \frac{60V_{<1000}}{V_{BG}} \tag{4-14}$$

式中　K——单位炉腹煤气量提高煤气利用率需要块状带中停留的时间，s；

　　$V_{<1000}$——<1000℃块状带体积，m^3；

　　V_{BG}——炉腹煤气量，m^3/min；

　　η_{CO}——炉顶煤气利用率，%。

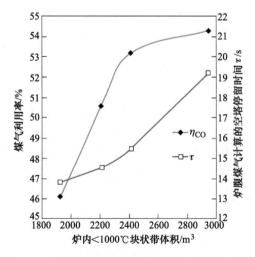

图 4-37 炉内块状带体积与煤气利用率的关系[20]

将式（4-13）和式（4-14）的计算结果作成图 4-37。为了提高煤气利用率需要增加煤气在块状带的停留时间。由图可知，试验 I、II、III 期煤气利用率在 45%~53% 之间时，煤气利用率与块状带体积存在正比例的关系，与炉腹煤气量存在反比例的关系。块状带的体积与煤气利用率的 K 值几乎在一线直线上；而 IV 期煤气利用率进一步提高达到 54.3%，这时提高煤气利用率所需的块状带体积也进一步增加，可是增加的效果比煤气利用率 45%~53% 之间时要差。而按照两个试验期之间煤气利用率之差和 <1000℃ 块状带体积之差计算，K 值随着煤气利用率的升高，<1000℃ 块状带体积增加得更多。这一现象符合还原动力学，因为煤气中的 CO 和 CO_2 越接近平衡条件反应速率也相应下降，要求的条件也越高。

国外高炉在降低燃料比的过程中，非常重视软熔带的合理分布，尽量扩大块状带的体积，如新日铁君津 3 号高炉 1974 年以降低燃料比到 430kg/t 为目标，采取了控制软熔带为基础的一系列措施。于 1975 年 3 月达到平均燃料比 430.5kg/t[21]。

过去为了保证高产和顺行，忽略了强化与降低消耗之间的矛盾，布料等操作制度均采取迁就强化的措施，而没有正确估计焦炭窗通过煤气的能力。为适应当前形势的变化，为提高资源的利用效率，为提高能源的利用效率，为减轻环境污染及降低成本的要求，不得不转变高炉生产方针和操作理念。为了充分利用炉内煤气的热能和化学能，必须控制炉腹煤气量，充分利用软熔带焦炭窗的煤气通过能力，缩小高温区体积、扩大块状带体积，以达到提高煤气利用率的目的。

4.3.3 中心加焦

在大型高炉高喷煤时，由于高炉料柱透气性变差，容易引起中心堆积，同时为了扩大焦炭窗的面积，必要时可以采用中心加焦的措施来稳定中心煤气流，这是稳定炉况的一个有效措施。在高炉中心加少量焦炭，改善料柱透气性，让煤气有一个顺畅的通道，因所占面积较边缘小，损失的煤气不多，而收到的效益较大。

4.3.3.1 合理的中心加焦[22,23]

日本神户制钢首先对中心加焦进行了大量的研究，多次对炉内温度分布进行了测量，还做了炉内解剖调查。加古川 2 号高炉（炉喉直径 10m）为钟式炉顶装料设备，由于采用大量球团矿，使得高炉中心气流发生波动，导致炉况不稳。为了稳定炉内气流、稳定炉况，另外设置了一个小的焦炭漏斗和向中心加焦的溜槽，每批焦炭向中心加焦量为 100~150kg 左右，约占全部焦炭量的 0.5%[15]。大型高炉当高喷煤比的条件下，焦炭窗面积进一步缩小，焦炭的劣化加剧，边缘气流发展，使中心气流不稳定。中心加焦使高炉中心部位的煤气流增强和稳定，减少中心焦炭的溶损，防止焦炭降解，使倒"V"形的软熔带高度（顶层–根部下端）适当加高，适当增加焦炭窗的数目，保证了炉内气流的合理分布，改善料柱透气性，稳定炉况。中心加焦有如下作用：

（1）减少高炉中心的矿焦比，稳定和加强中心气流；

（2）保证稳定的倒"V"形软熔带；

（3）中心矿石少，煤气中的 CO_2 低，降低中心带焦炭的溶损，使保持良好的粒度和性能的大块焦炭，置换死料堆内的焦炭；

（4）改善炉缸透液性和透气性，活跃炉缸。

各时期的燃料比与炉内温度分布如图 4-38 所示。

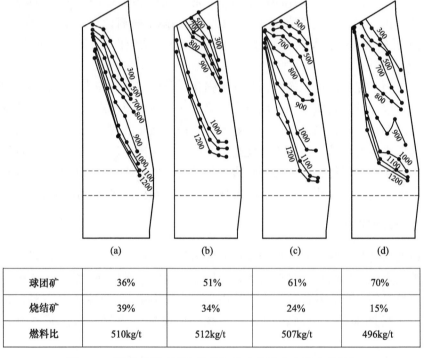

	(a)	(b)	(c)	(d)
球团矿	36%	51%	61%	70%
烧结矿	39%	34%	24%	15%
燃料比	510kg/t	512kg/t	507kg/t	496kg/t

图 4-38　随着球团矿配比的增加炉内温度分布的变化[22]

采用中心加焦时，也保持软熔带根部到顶部有合适的形状，保证有足够的块状带体积，能够充分利用煤气中的 CO 将含铁原料进行还原，以提高炉身效率；软熔带与风口循环区之间的距离是使从软熔带滴落的渣铁与赤热焦炭充分接触，将渣滴中残存的 FeO 充分还原，铁滴进行充分渗碳。高炉中心的焦炭进入炉缸加速死料堆焦炭的更新，改善死料堆的透气性和透液性。

当低燃料比操作时，提高了 O/C，特别是高炉中心的 O/C 增高，中心气流受到抑制，边缘气流发展，容易形成"W"形软熔带，会增加热损失和阻力损失。为了保证获得倒"V"形软熔带采用了中心加焦来控制炉料的分布，见图4-39[24]。

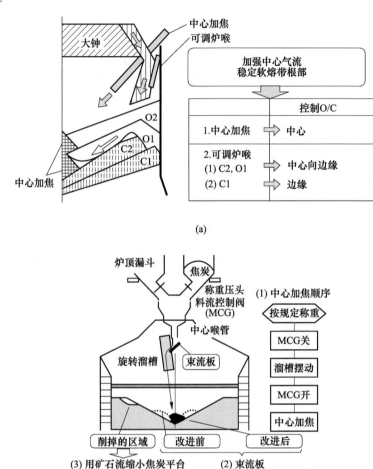

(a)

(b)

图 4-39 不同装料设备采用中心加焦控制炉料分布[24]
(a) 加古川钟式高炉；(b) 神户无料钟高炉

在加古川钟式高炉：（1）在中心加焦时形成没有矿石的焦柱；（2）同时与可调炉喉护板一起用 O1 将 C2 的"M"形焦层的尖峰削去一部分，使得从中间到边缘的 O/C 变得平坦，避免中间到边缘的热流比过高；（3）可调炉喉护板将 C2 推向中心，使边缘的 O/C 增加。

在神户无料钟高炉：（1）为了使焦炭确实装到高炉中心部位，设置束流板；（2）关闭料流控制阀，确保摆动溜槽向中心加焦；（3）同时利用加入矿石料批削平焦炭，转移焦炭混合层来防止局部 O/C 升高、热流比过高。由此在喷煤比 200kg/t、焦比 300kg/t、O/C>5 条件下，实现了形成稳定倒"V"形的软熔带。

　　住友金属鹿岛 2 号高炉的无料钟高炉，过去为抑制焦炭斜面崩落和粒度偏析，一批料采用 2 小批，焦炭与矿石几乎在相同位置装入，使用落点范围宽的平台布料，其目的是使炉喉断面上气流分布均匀来提高反应效率，可是由于透气阻力大，对高产不利。

　　为了高产和降低燃料比确保透气性采用了中心加焦，以强化中心气流和促进中心附近形成混合层，同时缩短了焦炭平台，延长斜面促进粒度偏析[25]。此外，将一批料改为 4 个小批，将矿石分别向内圈和向外圈装入，控制 O1 小批的落下位置在焦炭平台边缘附近，使焦炭斜面崩落和矿石流到中心附近形成混合层，提高了反应效率和透气性。此外，由于外圈矿石的粉末控制边缘气流，能抑制炉体热负荷。图 4-40 表示改变装料制度的概念。

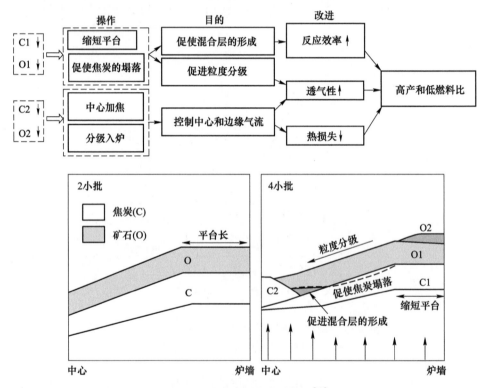

图 4-40　改变炉料分布的概念[25]

　　图 4-41 表示由于控制了中心和使边缘气流最佳化，中心附近煤气的利用率增加，能够形成尖峰状的中心气流并降低了透气阻力。

　　如上所述，图 4-42 表示改善原料性能和控制炉料分布，对高产和低燃料比的综合效果。以总热平衡为基础，在不同炉顶煤气潜热（煤气利用率）水平的条件下，分析热损失对燃料比的影响。由图可知，依靠改善原燃料和炉料分布来

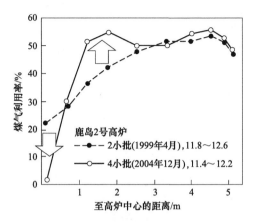

图 4-41　改变装料制度前后煤气利用率的变化

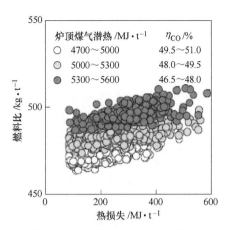

图 4-42　热损失对燃料比的影响
（鹿岛 2 号高炉 2000 年 1 月至 2007 年 5 月）

降低炉顶煤气的潜热（提高煤气利用率），同时，由于抑制了边缘气流降低热损失对燃料比也有很大的影响。在采取了提高焦炭转鼓强度、低 SiO_2 烧结和中心加焦以后，由于采取确保透气性和提高反应效率的措施，实现了高产和低燃料比的操作。

　　形成稳定的倒"V"形软熔带是中心加焦的主要目的之一。精准中心加焦是关键，如果中心加焦的量过多，将导致中心气流增大，浪费了高价的还原煤气，反而使煤气利用率下降，以及炉顶的煤气显热增加，使得热效率下降。因此，为了有效提高中心加焦的效果，使中心加入的少量焦炭，能取得最大的效果，必须控制合适的中心加焦量。

4.3.3.2　过吹型中心加焦

　　片面强调高产而采取的过量中心加焦，使得大量煤气从高炉中心逸出炉外，大幅度降低煤气的利用率，这与中心加焦的目的背道而驰。本书称这种办法为"过吹型中心加焦"，以便与上述正常的中心少量加焦相区别[26]。而关于中心加焦的争论中，往往把正常的中心加焦与过吹型中心加焦相混淆。我们认为，在生产中，为了稳定中心气流可以根据炉况采取中心加焦，但反对为了过度强化冶炼，而采取的过吹型中心加焦。过吹型中心加焦导致高炉热效率、煤气利用率、炉身效率下降，这是不合理的，应予制止。

　　作者 1987 年访问施威尔根 1 号高炉时，根据 A. Pert 博士的介绍，该高炉研究了并罐无料钟炉顶从装料漏斗中排料的规律是先下大粒度焦炭，后排出的粒度变小。（1）为了将大块焦炭布到高炉中心，摆动溜槽的工作方式采用先布中心，由内向外布料。（2）炉料先落到高炉中心，先堆积在中心，然后逐渐面向边缘，炉料在料面上滑动小。虽然无料钟炉顶可以按重量方式布料，可是由于炉料的特性是不均匀的，自学习系统只能得到过去的经验，并不能完全掌握正在布料的炉料特性。期间的误差积累到最后一圈，很难控制最后的布料重量，使得难于控制中心加焦的重量。

　　最近国内部分中小型高炉为了追求高冶炼强度，采用"W"形或倒"U"形的软熔带的分布，特别是，在倒"U"形软熔带的基础上又采取大量中心加焦，揭掉了倒"U"形软熔带的顶盖，使得大量煤气从焦炭层中通过，煤气利用率很低，燃料比上升。这种装料制度十分不合理，不能不引起重视。甚至有的中心加焦量超过全部入炉焦炭重量的1/3，大量矿石集中在边缘。图4-43表示正常中心加焦（a）与过吹型中心加焦（b）有本质的差别[6]。过吹型中心加焦是一种为了打开气流通路、排放煤气、盲目高产的方法，其后果必然招致燃料比的升高[1]。

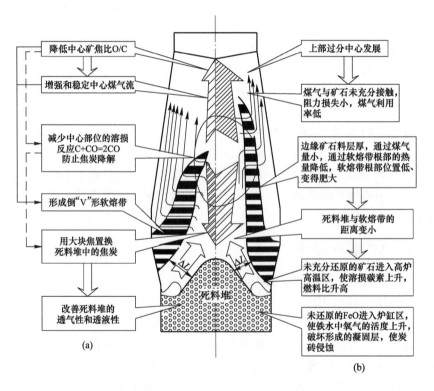

图 4-43　正常中心加焦（a）和过量中心加焦（b）效果示意图

　　由于过吹型中心加焦将焦炭集中到高炉中心，高炉中心大面积没有矿石，造成大量矿石积聚在炉墙边缘，如图4-43（b）所示。边缘部位的矿焦比O/C很高，使得软熔带高度（顶层至根部下端）增加，软熔带根部变得肥大，煤气流不能通过肥大的软熔带，使软熔带根部下移，缩短了滴落带的距离。大量煤气集中到高炉中心部位，由焦炭料柱中通过，缩小了块状带体积，将存在矿石的块状带压迫到高炉边缘，边缘透气性差，还原煤气量减少、温度过低，不利于矿石的还原。大量金属和炉渣在高炉边缘滴落，部分未还原矿石中的 FeO 进入炉缸，增加直接还原，并使炉缸温度下降。此外，对于高炉炉缸侧壁炭砖也有莫大的威胁。总的来说，过吹型中心加焦使得煤气利用率下降，燃料比上升，违背了高效、优质、低耗、长寿、环保的炼铁生产方针。

当明确了块状带的体积与煤气利用率存在密切的关系之后，应该重视软熔带和炉内温度的合理分布。采取中心过吹或发展边缘的装料制度都会压缩块状带的体积，对提高煤气利用率不利。

4.4 合适的炉腹煤气量指数创造炉内还原的有利条件

在第 3 章列举了川崎 2 号高炉和鹤见 1 号高炉利用系数在 $1.5t/(m^3 \cdot d)$ 左右，强化程度很低；小仓 2 号炉容 $1350m^3$ 高炉，停炉前高炉利用系数 $1.7t/(m^3 \cdot d)$ 左右，广畑 1 号高炉炉容 $1407m^3$，利用系数 $2.3t/(m^3 \cdot d)$，几座高炉高炉强化程度对软熔带的影响归纳为：利用系数过低，如鹤见 1 号高炉，由于炉腹煤气量太少，在风口带上方就出现了软熔带，高炉也很难操作。随着利用系数的提高，炉腹煤气量较高时，倒"V"形软熔带的高度就增加，软熔带包络的高温区域扩大，发展间接还原块状带缩小，燃料比上升。

实际上，广畑 1 号高炉的强化程度，炉腹煤气量指数为 $54.01m/min$，较我国许多高炉还低。为了说明在进一步强化时软熔带的变化，第 3 章从高炉气体力学的角度在国外高炉调查的基础上，按照广畑 1 号高炉的操作条件和解剖时，软熔带的形状计算各焦炭窗通过煤气的分配量推演了炉腹煤气量指数为 $58m/min$、$62m/min$、$66m/min$ 时，需要的焦炭窗层数、软熔带高度，以及必须采用的装料制度。当炉腹煤气量指数达到或超过 $66m/min$ 时，软熔带过高，顶层已经进入到炉身上部的低温区，为了保证软熔带顶层的稳定性，必须采用过吹型中心加焦的装料模式。风口中心至软熔带顶层的高度达到 $15.85m$；软熔带根部的高度达到 $5.57m$；块状带的体积大幅度下降至 $271.2m^3$，煤气在块状带内的停留时间缩短约一半。而且由于炉喉断面上大面积被中心加焦占据，大量矿石分布在中间和边缘，O/C 的分布极不均匀。煤气大量从中心通过，使得高炉断面上热流比的分布变坏，矿石的还原条件变差，中心的煤气没有足够的氧可以夺取，大量热能化学能未被利用，而边缘和中间带矿石的氧又没有足够的 CO 去夺取，造成未被还原的炉料直接进入炉缸，而消耗大量碳素和热量[26]。

4.4.1 炉腹煤气量与温度分布和块状带的体积

如前所述，随着炉腹煤气量指数的提高，软熔带的位置上升，软熔带内侧的

　　直径增加，使软熔带的根部变得肥大。由于炉内传热系数的增加，高炉上部炉料升温速度加快，使得软熔带的位置上升。在对流热交换中煤气流速增加，煤气在炉内的停留时间缩短，高温侧流体的煤气温度上升，作为低温侧流体的炉料温度下降。由于块状带、软熔带和滴落带的温度差增加程度不大，要达到规定的传热量所需时间相对延长。从各区域温度差增加的相对关系来看，只有压缩块状带的高度，其结果使软熔带升高，以及软熔带内侧包络的体积增大。

　　德国 D. Bülter 等人于 1971 年将高炉按煤气利用率划分为四个区域，即：预还原区高度 $H_1(\eta_{CO}>30\%)$、化学反应不活跃区的高度 $H_2(\eta_{CO} \approx 29\%)$、浮氏体还原区高度 $H_3(\eta_{CO}<29\% \sim 5\%$，温度 $>1000℃)$ 和碳素气化反应区高度 $H_4(\eta_{CO}<5\%)$。必须说明的是，由于存在化学反应的滞后，在 Б. И. Кйтаев 等人的热停滞区内，化学反应只不过不活跃而已，并没有停滞[5]，因而两者的高度并不一致。化学反应不活跃区是与直接还原、间接还原和溶损反应速度有关。

　　德国 E. Schürmann 等人在 1975 年又将浮氏体还原高度 H_3 划分为干区高度 h_{3tr} 和湿区高度 h_{3fl}（又称滴落带），并提出了计算两个区域高度的公式[6]。干区高度 h_{3tr} 包括一部分温度 1000℃ 至软熔带内侧的区域，这个区域对高炉操作的影响巨大，可是影响的因素复杂，篇幅有限在本书中不作讨论。下面对湿区即滴落带进行了物料平衡和热平衡计算。用以研究风口参数的变化对炉况的影响。

　　滴落带平均高度，假定在圆筒状滴落带是液体和煤气流呈均匀分布的逆流热交换带，可以使用 E. Schürmann 等人[6] 提出推算滴落带高度的公式：

$$h_{3fl} = \frac{\ln(\Delta t_F/\Delta t_s)v_{fl}}{k_{3fl}(B/\gamma_{Bfl})(1/W_B - 1/W_G)} \qquad (4\text{-}15)$$

式中　h_{3fl}——平均滴落带高度，m；

　　　k_{3fl}——滴落带的综合热交换系数，kJ/(m³·h·℃)；

　　　B——吨铁的炉料重量，kg/t；

　　　γ_{Bfl}——滴落带中炉料的堆密度，kg/m³；

　　　Δt_F——在滴落带下端炉料与煤气的温度差，℃；

　　　Δt_s——在滴落带上端，即在熔化水平面上炉料与煤气的温度差，℃；

　　　v_{fl}——在滴落带中炉料的下降速度（假想的几何值），m/h；

　　　W_B——炉料的热容，kJ/(t·℃)；

　　　W_G——煤气的热容，kJ/(t·℃)。

　　如果高炉处于某一稳定状态，如果使得滴落带高度 h_{3fl} 增加，而干区高度 h_{3tr} 不变，则 $h_{3tr}+h_{3fl}=H_3$ 增高，H_1 的高度减小。未被充分还原的矿石进入浮氏体还原区消耗碳素。

4.4.2　软熔带形式与炉内还原条件

　　软熔带形状和位置对高炉内煤气流的二次分布影响甚大，同时相应的装料制度决定了 O/C 的分布和三次煤气流的分布，从而决定了炉内热流比的分布。这些因素决定了炉内矿石与还原煤气之间的接触条件，以及间接还原的动力因素。

高炉横断面上 O/C 的分布越不均匀，热流比也更加不均匀。随着炉腹煤气量的增加，中心加焦的焦炭量的增加，靠近炉墙的区域焦炭量减少，焦炭层厚度减薄，软熔带根部焦炭窗变窄，通过的煤气量大幅度减少，造成该处的热流比上升。根部热流比由炉腹煤气量为 58m/min 时的 1.2 左右，上升至炉腹煤气量 66m/min 时的 3 左右。热流比的上升使得软熔带的根部变厚，而根部是由许多焦矿层所构成，且焦炭层的外侧直接与炉墙衔接，构成不通气的焦炭窗，因此软熔带根部的大小与高炉操作密切相关。在第 3 章中进行了提高炉腹煤气量指数时软熔带变化的推演，在计算中，软熔带底层的位置基本不变，而软熔带根部顶层升高。从风口中心至软熔带顶层的高度由条件 A-1 的 5.00m 增加到条件 C-1 的 6.63m；软熔带底面到顶面的高度，即软熔带根部高度由条件 A-1 的 4.17m，增加至 5.57m。软熔带不透气的部分有较大的增加。而由于软熔带至死料堆之间的焦炭床中通过煤气量增加，软熔带根部顶层的厚度由条件 A-1 的 3.22m 向炉墙缩减至条件 C-1 的 2.75m[20]。

对于条件 A-1 和 B 来说，O/C 分配合适，热流比也比较均匀；对高炉操作来说，具有适当的中心气流操作稳定，操作炉型合理，也有利于高炉长寿。显然在条件 C-1 时，由于过度的中心加焦，中心气流过强，中心没有矿石。煤气在上升过程中，接触不到矿石进行还原反应，造成未被利用的煤气从炉顶逸出。而在高炉径向的中间部位和靠近炉墙的部位，煤气流量不足，热流比很高，矿石量大，需要夺取的氧多，而还原煤气量则很少；并且进行还原需要的热量又不够，软熔带根部下垂到风口附近，造成矿石得不到充分还原就进入炉缸，对高炉炉缸寿命有不利的影响。大量矿石没有足够的煤气进行还原，导致下降到风口处的矿石还未被还原，富含 FeO 炉渣滴落进入炉缸，造成高炉下部熔融还原增加，消耗高温区大量热量，并危及炉缸炭砖。

软熔带的位置和形状还决定了 600~1000℃ 进行间接还原区域的体积。假定软熔带外侧的温度为 1000℃，则软熔带外侧与上部炉墙之间的体积即为 <1000℃ 块状带的体积，而块状带的体积与煤气利用率密切相关[2]。随着炉腹煤气量指数的增加，<1000℃ 块状带的体积不断缩小，块状带的体积由条件 A-1 的 0.192m³，缩小至条件 C-1 的 0.098m³，间接还原的空间变狭，煤气利用率也将相应下降。

以上说明，在炉腹煤气量指数 62m/min 左右，炉腹煤气量指数与燃料比的关系存在一个转折点。当炉腹煤气量指数过高时，炉内还原条件迅速变差，造成燃料比迅速增高。

从热量方面看，在风口前端产生的高温煤气，在滴落带温度下降比较迟缓，在通过软熔带时，由于熔化软熔层中直接还原和渣铁的熔化需要消耗大量热量，造成煤气在通过软熔带时温度急剧下降。在滴落带焦炭持有的显热，在广畑 1 号高炉中滴落带占有的体积比例大，因而呈现热量有富裕。而洞冈 4 号高炉的低燃料比操作，热量富裕少。当风口耗氧量增加，风口燃烧碳素量增加，风口供热高时，从热交换的角度来看，滴落带的体积必然增大。

4.5　近年来以降低热储备区温度来提高煤气利用率的研究

在高炉炉内作为热源和还原剂两方面兼备的碳素不可能改变。近年来我国大部分高炉燃料比已经降到 500kg/t 左右。而且，由于喷煤技术的推广应用，入炉原料性能和控制布料等方面有了长足的进步，目前有的先进高炉焦比达到了 300kg/t 以下，喷煤在 200kg/t 左右。

在充分利用煤气中热能、化学能的基础上，为了降低燃料比，改善矿石和焦炭的反应性能是提高高炉反应效率和提高煤气利用率的有效措施。为要进一步降低燃料比，国内外炼铁界进行了多方面长期的努力。这些努力的核心是最大限度地减少风口碳素消耗量，减少高炉下部的热需要量，以降低热储备区温度，发展热储备区的耦合反应来补偿间接还原所需 CO 量，并推动了间接还原。一般认为，耦合反应是直接还原，消耗热量。正是耦合反应在热储备区吸收了热量，利用了高炉下部剩余的热量，而耦合反应产生的 CO，补偿了煤气化学能的不足，有利于提高煤气利用率。缩小矿石颗粒与碳素颗粒之间的距离和降低热储备区的温度，特别是从原料反应性的观点来看，满足最优化的炉内条件，是今后进一步达到降低燃料比的措施。

4.5.1　小块焦与矿石混合装料

20 世纪 70 年代在广畑 3 号高炉将小块焦与矿石混合装料，从改善荷重软化特性的角度进行了操作试验，块焦的置换率达到 0.8，操作结果显示出高炉透气性也有改善。其后，名古屋 3 号高炉、君津、大分高炉也先后采用小块焦与矿石混合装料，国内也已广泛应用。

在低燃料比操作中，为了加强对炉温的控制，以确保高炉的透气性，在矿层内混装小块焦是手段之一。在矿层内混入小块焦时，由于小块焦优先进行碳素的气化反应（溶损反应），减少了大块焦的溶损反应量，有效减缓了大块焦炭粒度减小的幅度，改善了软熔带的透气性，因此大多数高炉都在矿层中混入小块焦。可是近年来小块焦的用量逐渐增加，如果在炉内碳素气化反应时，小块焦到高炉下部还不能被消耗完，残存的细粒度的小块焦就会堵塞高炉下部块焦床的空隙率，使高炉下部的透气性恶化。

小块焦与矿石混装入炉，能够缩短矿石层中还原反应 $FeO+CO = Fe+CO_2$ 产生的 CO_2 扩散至焦炭表面进行溶损反应 $CO_2+C = 2CO$ 的距离，降低扩散消耗的能量，减少气相浓度差，以利于达到还原反应 $FeO+CO \Longrightarrow Fe+CO_2$ 较理想的平衡点。焦炭溶损反应开始温度与碳素和矿石之间的距离有关，随着碳素材料与矿石距离的缩短，溶损反应温度下降。

马钢研究所的研究指出，在高温 1300℃，30%CO+70%N_2气氛下还原 3h，混有小块焦的烧结矿还原度明显提高，其滴下物和残留物中金属含 Si 量均比单一烧结矿时高。

新日铁的研究表明，在矿石料层中混装小块焦能提高矿石料层中煤气的还原能力，促进矿层上部的还原。为此进行了烧结矿的还原试验，实验结果如图 4-44 所示[27]。在矿层中，随着煤气流上升，矿石料层的上部还原率下降。当装入小块焦以后，矿石料层上部的还原率升高了，并使整个矿层的平均还原率升高。

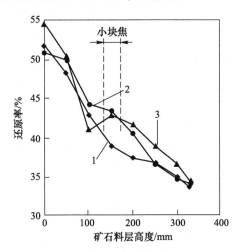

图 4-44　在矿石料层中小块焦对烧结矿还原度的影响[27]
1—未加小块焦的基础试验（平均还原度 40.5%）；
2—试验 1（平均还原度 41.7%）；3—试验 2（平均还原度 42.5%）

一般情况下，加入小块焦后炉顶煤气 CO_2 含量都有上升，约在 0.4%~0.8% 的范围。1987 年 4 月，包钢 1 高炉（1513m³）实施小块焦与烧结矿混装入炉试验，入炉小块焦 16.6kg/t，产量增加 1.63%，综合焦比降低 1.07%，透气性指数增加 5.9%，煤气中 CO_2 提高 0.43%，煤气利用率提高 1.16%，取得了良好效果。1989 年 4 月，武钢 2 号 1536m³高炉尝试小块焦，取得了煤气中 CO_2 提高 0.43%，煤气利用率提高 1.425%，小块焦置换比 0.96 的良好效果。攀钢 3 号高炉混入小块焦 19.5kg/t，高炉透气性指数较基准期提高 3.38%，料柱透气性得到改善，煤气利用率有所提高，小块焦对入炉冶金焦的置换比达到 1.1，对钛矿的还原无明显影响，高炉主要指标均接近于基准期。

1990 年 2~5 月在大分 1 号高炉实施了增加小块焦的使用量的试验[28]。小块焦的粒度为 10~25mm，比 JIS 反应性 26.2% 的大块焦的反应性高 6~11 个百分点。小块焦的最大使用约 40kg/t 的试验中，结果提高了 η_{CO}，大块焦溶损反应量下降，小块焦对大块焦的置换率为 1.13。

小块焦与冶金焦的置换比，受其入炉方式、冶炼条件、小块焦的特性等多种因素的制约。国内部分高炉的生产实践表明，小块焦与矿石混装入炉，其置换比一般在 0.9~1.25 间，且多数在 1.0 以上。所用小块焦的粒度在 5~30mm，小块焦的入炉量一般在 50~60kg/t，小高炉上有达到 113~140kg/t 的生产实例。从国外生产实际看，新日铁八幡洞冈 1 号高炉采用小块焦与矿石混装入炉，小块焦用量达到 48.4kg/t，取得了置换比 1.26 的效果。

不同体积高炉对料柱透气性要求不同，对焦炭粒度要求不同，因此对所用小块焦的粒度要求应有所不同。小块焦是焦炭槽下筛分的产物，小块焦的粒度取决于焦炭下筛网的尺寸设置。为减小因溶损粉化给高炉透气性和生产顺行带来的影响，一般 1000~3200m³ 高炉用小块焦的下限粒度应为 10mm，上限粒度 25~30mm；4000~5000m³ 高炉用小块焦的下限粒度应为 15mm，上限粒度 50mm。宝钢小块焦成分要求为：水分小于 2.5%，灰分小于 13.0%，硫含量小于 0.6%。宝钢小块焦的成分和粒度如表 4-10 所示。小块焦粒度组成以 10~50mm 为主，约占 92%~97%，平均粒度 20~22mm。根据宝钢 4000m³ 级高炉生产实绩，小块焦比由 20kg/t 增加到 60kg/t 时，CO 利用率提高 0.5%，炉顶煤气温度下降约 20~30℃，但由于小块焦粉化和块状带中大块焦炭层的厚度减小，高炉透气性会有所下降。小块焦比在 50kg/t 以下时，小块焦与大块焦置换比约为 0.85。但小块焦硫高、灰分高和灰分中的 Al_2O_3 含量偏高，使渣量增加。小块焦比由 20kg/t 提高到 60kg/t 时，燃料比约上升 2~3kg/t。小块焦的合适用量应根据厂内资源条件、炉况接受能力和焦比下降程度综合确定。料场小块焦的水分、灰分、硫含量要比高炉槽下小块焦高，粒度偏小。因此，当小块焦单耗超过 40kg/t 时，最好使用槽下循环回收设施直接输送的小块焦。

表 4-10 宝钢小块焦的成分和粒度分布   (%)

H_2O	灰分	固定碳	硫	50~25mm	25~10mm	10~6mm
0.8~2.1	11.7~12.5	83~87	0.5~0.6	20~40	55~70	0.5~1.0

在加古川 3 号高炉采用中心加焦的情况下，为增加软熔层的透气性，对矿石层中混入小块焦后炉内现象的变化做了详细的研究，将块焦与混入矿石层中改善透气的功能与维持反应的功能分开，减少了块焦的熔融还原的量，改善了炉内透气性和热平衡[28]。把研究的结果用于在 2007 年 5 月开炉的 2 号高炉，燃料比连续达到了 494kg/t，焦比 310kg/t（块焦比 280kg/t）的稳定操作。现将加古川 3 号高炉的研究简述于后。

过去，用提高焦炭强度来抑制高炉下部焦炭粒度的缩小，降低炉内阻力损失，改善透气性。然而，相对地焦炭的反应性下降，抑制了由碳素溶损反应产生的还原煤气。当煤气还原能力受限制的情况下，炉内的溶损反应是很重要的。由于在炉内溶损反应受 CO 和 CO_2 扩散的限制，通过炉料配置可以减小扩散阻力和扩散距离，能有效地促进溶损反应。由于矿石与焦炭接近配置，溶损反应的温度下降。从煤气再生的角度，向矿石料层中混入焦炭能有效地促进溶损反应。

控制块焦粒度将块焦与小块焦的功能分开：为了使还原煤气再生，由混入矿石层中的小块焦分担溶损反应来保护块焦，在降低焦比的同时可以维持炉内的透气性和透液性。此外，从进入高炉下部的焦粉的观点来看，到软熔带下面混入矿石层中的小块焦能全部消耗掉，在高炉下部没有残存的小块焦。

由控制小块焦的粒度来保护块焦的机理是基于缩小小块焦炭的粒度，反应面积比块焦大，小块焦将被优先进行溶损反应。这样就保护了块焦，抑制了块焦粒度的减小。

小块焦炭粒度的最佳化问题要从对炉内碳素溶损反应的分布进行研究：在高煤比加入小块焦比的情况下，循环区未燃煤粉有增加的趋势，在软熔带未燃煤粉优先被溶损，小块焦有难以进行溶损的情况。其结果，小块焦直到软熔带下面还没有完全消耗完，在高炉下部的焦粉可能随液流流入死料堆。

以炉内实测的煤气成分和温度为基础，求溶损反应量来研究小块焦的粒度与消耗。把表观碳素溶损反应速度用单位高度上煤气中的碳素增加量来表示，反应速度用式（4-16）表示：

$$R_s^2 = \Delta(CO\% + CO_2\%)/\Delta z = k_s \times (CO_2^s\% - CO_2\%) \tag{4-16}$$

$$R_s = 12/22.4/100 \times V \times k_s \times (CO_2^s\% - CO_2\%) \tag{4-17}$$

式中　R_s^2——溶损反应速度，（CO+CO_2）%/m；

　　　　R_s——溶损反应速度，kgC/m；

　　　　Δz——单位时间内炉料下降的距离，m/s；

　　　　k_s——溶损反应速度常数，m^{-1}；

　　$CO_2^s\%$——在溶损反应温度下的 CO_2 平衡浓度，%；

　　　　V——在计算区域内煤气的流量，Nm^3/min。

图 4-45 表示反应速度常数与温度的关系。由式（4-16）求得炉内碳素溶损反应的分布。由二维高炉煤气流模型可以算出炉内煤气流量 V 在径向的分布。

在中心加焦时，为克服炉墙边缘的热流比不足，在边缘加入小块焦增进边缘的溶损反应。按照边缘的碳素溶损反应量计算，焦炭粒度在高度方向上的分布。由图 4-46（a）可知，碳素溶损反应量在炉身中部开始增加，在炉身下部至炉腹达到最大。假定小块焦和块焦都为近似的球形，按其表面积的比例来推算粒度及分配溶损反应的碳素量。图 4-46（b）表示在小块焦量 17kg/t 时，粒度 30mm 的

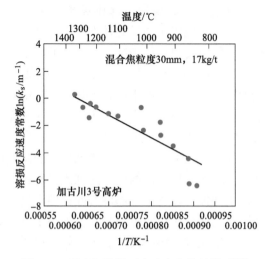

图 4-45　温度与溶损反应速度常数的关系[28]

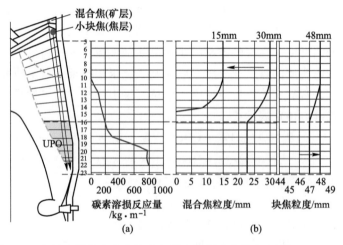

图 4-46　高炉边缘装入焦炭粒度与碳素溶损反应的分布[28]

小块焦直到炉身下部反应后，变成 23mm 的细粒焦下降到高炉下部；块焦的粒度由 48mm 缩小到 47mm。在使用粒度 15mm 的小块焦时，在炉身中部被完全消耗掉，同时，块焦与装入时的粒度几乎没有变化。

　　为了抑制高炉下部块焦粒度的缩小，对小块焦的最佳粒度进行了研究。由于在减小小块焦的粒度的同时，可能会使矿石料层的空隙率下降。通过两种颗粒随机填充空隙率模型的计算，当小块焦粒度为 21mm 时，块焦的空隙率几乎没有减小；当小块焦粒度为 12mm 时空隙率最大；在 8mm 以下空隙率迅速下降。因此，推算小块焦的粒度最好在 8~20mm。

在加古川 3 号高炉小块焦比 17kg/t 的条件下，小块焦的粒度从 30mm 改变到 15mm，其次小块焦比增加到 30kg/t 时，操作参数的变化如表 4-11 所示。随着小块焦粒度的减小煤气利用率升高，减少了碳素溶损反应量。在小块焦增加的过程中，煤气利用率一定，碳素溶损反应量有些增加。在此过程中，随着混入矿层中小块焦量的增加，炉内透气性改善，透气阻力系数下降（图 4-47）。休风时，死料堆取样的粒度的结果，粒度增大了约 2mm。

表 4-11　加古川 3 号高炉的操作数据[28]

操作时期	单位	A	B	C	D
小块焦粒度	mm	30	15	15	15
燃料比	kg/t	488	485	482	480
焦比	kg/t	328	322	330	312
块焦比	kg/t	311	305	300	282
小块焦比	kg/t	17	17	30	30
煤比	kg/t	160	163	152	168
煤气利用率	%	48.8	49.8	49.9	49.6
碳素溶损反应量	kg/t	88	81	87	91
热损失	MJ/t	1159.0	1092.0	983.2	1000.0
阻力损失	kg/cm^2	2.001	1.866	1.773	1.852

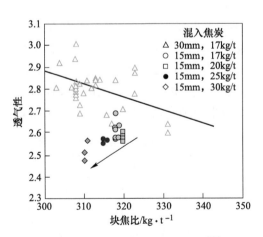

图 4-47　块焦比与透气性的关系[28]

图 4-48 表示炉内反应的变化。由于增加了小块焦的配比和缩小了粒度，增加了炉身部位溶损反应量，扩大了热储备区，特别是高炉边缘的 800~1000℃的

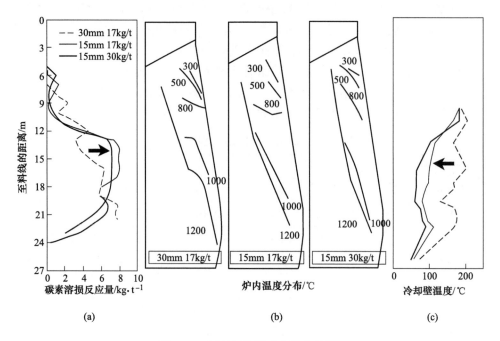

图 4-48　温度与溶损反应的变化[28]

温度区域，缩小了 1000℃ 到 1200℃ 的温度区域。此外，冷却壁的温度也下降了，炉身部位的炉体热损失有所减小。由此，在炉身部位剩余的显热可以作为溶损反应热回收，得到有效利用[29]。

　　表 4-12 表示炉内碳素溶损反应量的平衡。在 1350℃ 以下的区域碳素溶损反应量增加，取得了降低块焦反应负荷的效果，使小块焦优先反应而减少块焦的反应量，维持块焦降到高炉下部的粒度。此外，降低滴落带碳素溶损反应量，必须减小整个高炉碳素溶损反应量与炉身部位碳素溶损反应量之差。因此，在中心加焦的情况下，小块焦的效果特别明显，加入的量可达到 50kg/t。

表 4-12　高炉炉内碳素溶损反应的平衡[28]

项　目	单位	小块焦		
小块焦炭粒度	mm	30	15	15
混合重量	kg/t	17	17	30
炉内碳素溶损反应总量	kg/t	88	81	87
块状带至软熔带（<1300℃）	kg/t	73	75	82
块焦	kg/t	9	15	26
小块焦	kg/t	34	23	21

项　目	单位	小块焦		
未燃煤粉	kg/t	30	37	35
滴落带（>1300℃）	kg/t	15	6	5
煤比	kg/t	162	162	151
煤粉燃烧率	%	80	75	75

图 4-49（a）表示在高炉边缘部位碳素溶损反应速度与温度的关系。从 800℃ 到 1100℃ 温度区域的溶损反应速度增加，可以确认溶损反应的温度变低。此外，降低了 1150℃ 以上矿石软化熔化温度区间的溶损反应速度，同时显示出降低了滴落带碳素溶损反应量和减少了熔融还原。图 4-49（b）表示从氧气平衡可以确认求出的最终还原率升高。由于熔融还原减少，才能使最终气相还原率上升，因此不仅减少了高炉下部的热需要量，还通过矿石开始软化的温度上升，使得软熔带变薄。

图 4-50 表示随小块焦粒度的减小，炉内煤气成分和温度的变化。由于减小了小块焦的粒度，在炉内 900~1000℃ 温度时的 CO 百分率增加，促进了溶损反应。

图 4-51 表示减小混入小块焦的粒度，溶损反应速度常数的变化。由于缩小了小块焦的粒度和增加了配入量，提高了溶损反应的速度常数。这些数据的分布，随着小块焦粒

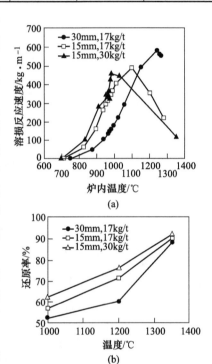

图 4-49　温度与碳素溶损反应速度（a）及还原率（b）的关系

度的缩小和配入量的增加，并与温度存在相关关系。由此，溶损反应速度升高是由于增加了反应面积，以及与矿石配置接近的结果。

关于未被溶损反应消耗掉的小块焦对高炉下部透气性的影响，应用高炉数学模型，研究了其对高炉下部的压力损失的影响，并得到以下结论[30]。

当小块焦加入量少时，混入的小块焦全部在炉内由碳素溶损反应而消失。小块焦替代了块焦的溶损反应，而块焦的碳素溶损反应量减少使高炉下部焦炭的平均粒度增大，高炉下部焦炭填充层的空隙率增加。随着小块焦的混入量增加，软熔带的压力损失下降。而且由于焦炭平均粒度增大、空隙率增加，在高炉下部焦炭填充层的压力损失也下降，从而使高炉下部的压力损失下降。

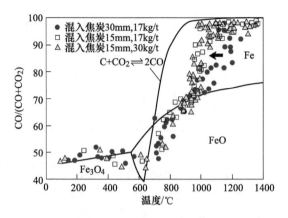

图 4-50　温度与气相组成的关系

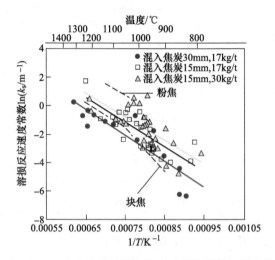

图 4-51　减小小块焦粒度与溶损反应速度常数的变化

　　当小块焦混入量多时，由于在炉内溶损反应后小块焦没有消失，残存的细粒焦末混入高炉下部的焦炭床中，使高炉下部焦炭的平均粒度减小，高炉下部焦炭床的空隙率下降。由于小块焦混入量增加使软熔带的压力损失减小，但高炉下部焦炭床的压力损失增加得多，高炉下部压力损失是增加的，透气性恶化。

　　图 4-52 表示京浜 2 号高炉未消失小块焦的碳素溶损量与高炉下部透气阻力指数 K_L 之间的关系。

　　高炉使用小块焦改善下部透气性时，小块焦在炉内碳素溶损反应消失的条件很重要，要考虑小块焦使用的合适数量。关于小块焦最佳的使用量，有必要对炉内全部碳素溶损反应量，以及碳素溶损反应中小块焦溶损反应的比例，还有炉顶装料时焦炭的性能进行综合的评价确定。

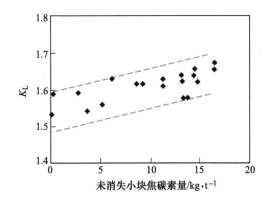

图 4-52 未消失小块焦碳素量与 K_L 之间的关系[30]

4.5.2 矿石和焦炭混合装料

由于提高矿焦比 O/C，提高了热流比，在高炉操作中产生矿石的还原迟缓、软熔带肥大和炉内透气性下降的问题，采用了在矿层中混入焦炭进行混装。

通常高炉采用矿石和焦炭的分批装料，矿石与焦炭保持间隔 1~2 批料层厚度的距离。在小块焦与矿石混合装入的基础上，为了强化焦炭混入矿石使宏观距离缩短的效果，进一步扩大焦炭混合的比例，被称为矿石和焦炭混合装料或焦矿混装。

日本在 1970 年、苏联在 1971 年进行了矿石和焦炭混合装料的试验，我国马钢、济南铁厂也进行了冶炼试验。济南铁厂 1 号 100m³ 高炉 1988 年 4~6 月进行矿石和焦炭 20%~100% 的混合装料试验的效果为煤气利用率提高约 2.8%，实际和校正焦比分别降低 29.7kg/t 和 18.89kg/t，产量平均提高 6.3%。

在矿石中混入 30% 的焦炭，约 100kg/t，已成为许多高炉的操作方法。20 世纪 90 年代日本加古川 2 号高炉混入 100kg/t，在千叶 6 号高炉混入 120kg/t 等高炉操作都提出了降低燃料比的报告。此外，2000 年统计欧洲有最大混入 125kg/t 的操作，混入焦炭与单独块焦的置换率为 1 左右，通过混入装料降低燃料比的效果很小。

千叶 6 号高炉 2002 年 4 月 3 日开始了大量焦矿混装[31]。基本的装料制度是焦炭 2 小批（C1、C2）、矿石 2 小批（O1、O2）的 4 小批装料，O2 与小块焦 45kg/t 在贮矿槽中排出时就混合了。大量焦矿混装开始时，O1 小批混入 60kg/t、O2 小批 45kg/t，合计混合量 105kg/t。然后，逐渐增加混合量，从 4 月 8 日增加到 120kg/t。发现大量焦矿混装后，风压升高。考虑到由于混合层的安息角下降，当 O2 装入时炉墙边缘的炉料向中心流动，使中间部位的焦炭料层厚减薄。采取了防止 O2 的流动，稳定焦炭料层，防止中间部位热流比的过度升高，结果炉况稳定、η_{CO} 上升。透气阻力也稳定，特别是炉身下部透气阻力大幅度改善。图 4-53 表示焦矿混装前后炉身煤气取样 η_{CO} 的分布。由于透气性的改善，煤气利用率升高。从操作数据看，由于焦矿混装炉身效率提高，当混合率 6.2% 时，燃料比约下降 10kg/t。这是由于混合焦炭的反应性提高，热储备区的温度下降，以及改善软熔带透气性和传热的结果。

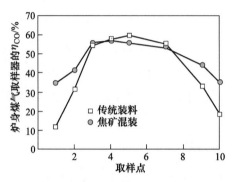

图 4-53   在大量混入焦炭前后炉身煤气取样器得到的
煤气利用率的分布[31]

在大量焦矿混装前后铁水含硅约下降 0.15%。这可能是由于开始滴落的温度上升，软熔带位置下降的缘故。表 4-13 为传统装料与焦矿混装的操作数据。

表 4-13   千叶 6 号高炉基准期与焦矿混装操作数据的比较[31]

项 目		基准期（传统装料）(2004 年 4 月 6 日~5 月 8 日)	焦矿混装期 I (5 月 10 日~6 月 21 日)	焦矿混装期 II (7 月 1 日~11 日)
操作	日产量/t · (m³ · d)⁻¹	2.06	2.18	2.39
	燃料比/kg · t⁻¹	517.8	495.8	495.7
	焦比/kg · t⁻¹	412.4	396.1	395.1
	η_{CO}/%	47.3	49.9	49.8
	炉身效率/%	87.5	91.0	90.4
	透气性指数	0.993	0.927	0.913
	冷却壁热损失/GJ · h⁻¹	40.6	31.8	29.5
炉料	熟料率/%	72.9	74.1	74.7
	自产烧结率/%	49.4	45.4	39.5
	混合的焦炭量/kg · t⁻¹	60.0	109.0	116.3
	焦炭强度 D_{-6}^{400}/%	84.4	85.3	84.9

项 目		基准期（传统装料） （2004 年 4 月 6 日~ 5 月 8 日）	焦矿混装期 I （5 月 10 日~ 6 月 21 日）	焦矿混装期 II （7 月 1 日~ 11 日）
出铁	铁水含硅/%	0.288	0.305	0.268
	（MnO）/［Mn］	1.31	1.13	1.17
	出铁次数	7.53	7.43	7.45

在基准期虽然调整了装料制度，然而高炉下部透气性始终不稳定，难于降低燃料比。此外，渣中（FeO）及（MnO）/［Mn］升高。在焦矿混装期间，上部透气阻力升高，而下部透气阻力明显下降，透气性的波动减少。此外，η_{CO} 上升，热负荷降低，燃料比下降。

由上可知，由于大量焦矿混装对高炉操作大幅度改善，显然在低熟料率、高利用系数下操作是可能的。

2004 年 6 月千叶 5 号高炉停炉后，千叶 6 号高炉的利用系数逐步增加，日产铁量达到 12000t/d。高炉操作稳定，2005 年 4 月至 6 月的平均利用系数为 2.3t/（m^3·d）、焦比 397kg/t、燃料比 498kg/t、熟料率为 74.1%。

从改善料柱透气性的观点，改善软熔带透气性的效果最大。有人通过石蜡加热实验认为，焦矿混装能使软熔带消失；有人认为铁水接触焦炭局部渗碳后，有熔化滴落形成空隙的效果；有人认为有促进炉渣还原降低 FeO 减少液泛的效果；有人指出存在高炉下部的高温区（>1100℃）阻碍还原的现象，由于混入焦炭而受到抑制；有人指出在矿层中含混入的焦炭量在 3% 以上造成直接还原增加；有人指出在混入焦炭量 5% 以上时，对降低热储备区温度效果达到了饱和；有人表明混入焦炭量超过 10% 改善高炉高温区的效果将降低。为此，尽管焦矿混装有一定的效果，但目前还没有统一对其定量化。

最近 JFE 为了改善焦矿混装的效果，对三罐并列和串罐无料钟炉顶装料都进行了中小块焦和矿石焦矿混装的高炉生产试验，以及布料模型试验和数学模型的综合研究[32~34]。中小块焦比约为 110kg/t。从贮矿槽的混合位置、装料主皮带、炉顶料罐到料罐中导料板的倾动方向对原料的粒度分布的影响进行了研究。

在福山 5 号并罐无料钟高炉进行了生产试验，试验结果表明透气阻力系数下降约 5%，煤气利用率约提高 0.4%，见图 4-54[32]。

在京浜 2 号串罐无料钟高炉研究了从矿槽、焦槽一直到炉顶下部漏斗中小块焦的排出过程，在各个漏斗中采取了防止偏析的措施[27]。在改变中小块焦炭装料的生产试验中，由于混合性的改善，下部透气性也大幅度下降，燃料比下降 1.5kg/t，炉身效率提高 0.27%。

向矿层中混入焦炭不但能够提高矿石的还原，而且还能提高料柱的透气性。

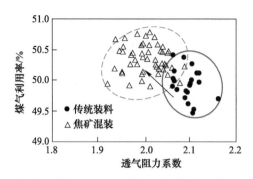

图 4-54　透气性指数与煤气利用率的关系[32]

当矿层中混入焦炭后，在焦炭周围存在局部的空隙，改善了矿石软熔时的透气性。有人提出特别是在低燃料比时，向矿层中混入 50%焦炭的料柱阻力损失最小。可是，当焦矿混装混入的焦炭量增加，软熔带中焦炭窗减薄后对炉内透气性产生影响。如室兰 2 号高炉在炉腰部位平均块焦层厚 190mm 以下时，显示出软熔带透气性恶化，表明稳定的高炉操作有必要保持一定的焦层厚度。因此，采用模拟炉内软熔带焦炭与矿石分层时，矿石还原、软化、熔融过程的荷重软化实验，并建立了数学模型。使用模型计算的结果表明，由于料层中焦炭与矿石的界面数量增加，软熔的矿石渗入焦炭的量增加，煤气容易通过的焦炭层厚减薄，焦层变薄后压力损失增加，焦层厚度应有下限[34]。

　　图 4-55 表示模拟福山 4 号高炉在焦比为 360kg/t，焦炭的混入量为 0、4%和7%时的炉腰部位焦层厚度与高炉压力损失的关系。其结果焦层厚度减薄使压力损失增加，而炉腰焦层厚度固定，焦炭混入量增加压力损失减小。当福山 4 号高炉焦炭的混入量为 4%时，炉腰焦层厚度为 260mm；当混入量增加至 7%时，炉腰焦层厚度为 230mm。当焦比固定，焦层厚度加厚，矿层厚度也加厚，矿层的还原性恶化，有可能导致燃料比上升。这说明焦层厚度应维持透气所需的最小值，即为稳定高炉操作在不提高透气性的范围内，维持矿层的还原率的条件下，来减薄焦层厚度。因此，对于福山 4 号高炉，为避免焦层减薄使透气性恶化，以及避免矿层的还原性恶化，把炉腰焦层厚度设定为 240mm。根据试验结果，在 4%的焦炭中使用了中小块焦，其他 3%混入块焦。结果利用系数稳定在 2.0t/(m³·d)。图 4-56 表示试验时焦比与压力损失的关系。表明维持焦层合适的厚度，能够保持一定的压力损失从而可以降低焦比。

　　为了使焦炭混装得到最大的效果，提出了高精度控制焦矿粒度和密度不同炉料的混合性问题，为此进行了焦矿混合装料的试验[35]。当混合好的矿石和焦炭，在装入高炉炉内料面堆积时，由于粒度差和密度差引起了偏析而分离。在粒度和密度等物理特性有差别的颗粒混合物加到料堆上时，在有一定堆角的料堆面上滚落。偏析是在滚落时料层内颗粒流动过程中产生的，流动性差的小颗粒从流动层的

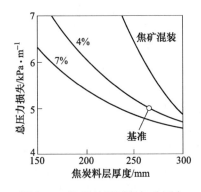

图 4-55 焦炭料层厚度与总压力
损失关系的计算结果[34]

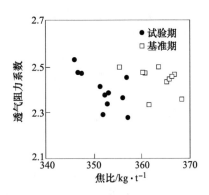

图 4-56 福山 4 号高炉基准期和试验期焦
比与透气阻力指数之间的关系[34]

上部通向下部，到达下部堆积面后导致上层部位延迟流动。如图 4-57 所示，在流动层内由于偏析颗粒（大颗粒）形成的滞留层，从大颗粒与小颗粒的混合成分中构成了偏析层，以及由混合成分中分离出的小颗粒生成了分离层。此外，在分离层移动时，小颗粒会下降填充到静止层中。将 Q 作为单位断面积小颗粒垂直方向由偏析层向分离层的移动速度；还将 P 作为单位断面积小颗粒垂直方向进入下面的静止层的移动速度。

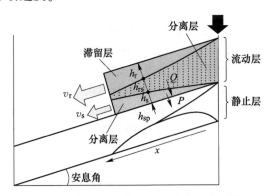

图 4-57 焦矿混合装料时形成的示意图[35]

实物模型按福山 5 号高炉的 1/17.8 制作三罐无料钟炉顶装料装置。实验条件及试样的粒度按照装料装置的比例缩小。试验材料使用实际高炉使用的烧结矿和用轻石来模拟焦炭（下称焦炭）。烧结矿的粒度固定为 0.8~1.4mm，焦炭的粒度分三种情况：情况 1 为 1.4~1.7mm，情况 2 为 2.4~2.8mm，以及情况 3 为 3.3~4.0mm；粒度比分别为 1.4、2.4 和 3.3。试验研究了焦炭与烧结矿粒度比 $D_{p,coke}/D_{p,sinter}$ 的变化对速度比的影响。其中 $D_{p,coke}$ 与 $D_{p,sinter}$ 分别为焦炭和烧结矿的算术平均粒度。在装料时，从堆积层表层流下的烧结矿和焦炭的行为用高速摄像机摄像。对高速摄像机拍摄的装料画面进行颗粒图像测速处理，算出形成料层时炉料运动达到稳定状态时的堆积面表层颗粒运动速度的分布。首先从到达稳定状态后，测量其平均值作为速度分布。其次，速度分布的测量位置为到达稳定状态时的堆积层末端位置和炉料落下位置的中点的堆积层表层，测量方向为相对于料层斜面的垂直方向。由得到的速度分布求出分离层和偏析层的速度，其比值用 R 表示。首先，实验炉料焦炭落下堆积层斜面角度开始设定为 30°。然后，按不同料斗中装填的矿石和焦炭，在焦炭层面上通过旋转溜槽同时装入。矿石和焦炭装入时旋转溜槽的倾动角固定为 52°，旋转圈数为 8 圈，溜槽的旋转速度为 42r/min。其次，当装入完毕后，测量炉料堆积层径向各位置焦炭的混合比例。在堆积面的径向插入 ϕ30mm 钢管，回收钢管内的矿石和焦炭。回收后，用碘化钠溶液将矿石与焦炭按比重分开，并分别测量重量。焦炭的混合比例用式（4-18）定义，由得到的重量算出半径方向上各个位置的混合率。

$$焦炭混合率 = \frac{W_{coke,\,i}}{W_{coke,\,i} + W_{sinter,\,i}} \tag{4-18}$$

式中，$W_{coke,i}$ 和 $W_{sinter,i}$ 分别表示半径方向各取样点 $i(i = 1 \sim 6)$ 上焦炭和矿石的重量，kg。

按上式实验设定的焦炭总重量为 0.44kg，矿石总重量为 10kg，则焦炭的混合率 0.44/（10+0.44）= 0.042。

图 4-58 表示实验得到的在矿石堆积层半径方向上焦炭混合率的分布。在本实验中由于倾动角度固定不变，炉料落下的位置固定（$r/R \approx 0.7$），在落下位置顶点的中心侧和边缘侧（炉墙）形成堆积的形状。由此从落下位置的半径方向上随距离增加产生焦炭的偏析，焦炭混合比例增加。此外，随着粒度比的降低能抑制焦炭的偏析，分布均匀，接近设定值（0.042）。根据模拟计算结果与实验结果对照粒度比的分离速度 Q。随着落下距离的增加，焦炭的混合的偏析也升高。图 4-59 表示按照调整决定的各种粒度比的分离速度 Q。随着粒度比的加大，分离速度 Q 也增加。

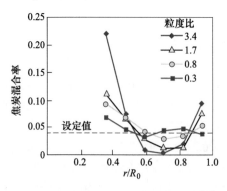

图 4-58　焦炭混合率分布的实验数据[35]

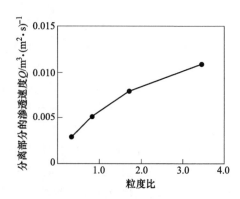

图 4-59　各种颗粒的粒度比[35]

由实验模拟炉料分布决定的速度比 R 和分离速度 Q，使用开发的模型验证矿石中小块焦混合比例分布的推算精度。此外，用与实际高炉按同样的炉料和装料模式，测量炉喉半径上小块焦混合比例的分布。表 4-14 表示在实验中使用的各种试样的装入量和装入时间。矿石和焦炭分别按全部重量分成两小批装入。先装入两小批焦炭，然后装入两批矿石，1 批料分成 3 小批。在表 4-14 中表示各装料时间（焦炭装入时：焦炭 1、2，矿石装入时：矿石 1、2）矿石、焦炭和矿石中混入小块焦 1、2 的装入量和时间。图 4-60 表示实验使用的各种试样的粒度分布。旋转溜槽的倾角与操作相适进行逐步调整。在装矿石时，角度 θ 是逐渐下降，在半径上从边缘向中心装料时（事例 1：顺倾动装入），以及角度 θ 逐渐增加，从中心向边缘装料时（事例 2：逆倾动装入）。首先，无论事例 1 和事例 2 旋转溜槽的倾动范围为 28.5° 到 50°。其次，各旋转装料完毕后再在同一个料堆面上进行下一次装料观察试样的流动和偏析。

表 4-14 装料重量和时间[35]

小批料	装料重量/kg	装料时间/s
焦炭 1	2.4	17
焦炭 2	2.4	24
矿石 1	19.2	23
小块焦 1	0.8	23
矿石 2	10.3	13
小块焦 2	0.43	13

图 4-61 表示在炉顶料面半径方向上，小块焦混合比例的实验结果和模拟炉料分布的计算结果。在顺倾动的事例 1 装料时，小块焦混合比例在中心部位升高。这是由于顺倾动装料时，炉料从边缘向中心装入，炉料向中心流动，堆积的距离长，结果烧结矿的粒度比小块焦大，偏析集中在中心部位的缘故。在事例 2

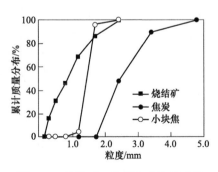

图 4-60 烧结矿、焦炭和小块焦炭的
粒度分布[35]

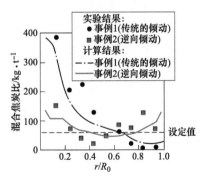

图 4-61 混合焦比的实验和计算结果[35]

逆倾动装料时，中心部位的小块焦混合比例低，在无量纲半径 0.2 以下接近设定值 67kg/t，比事例 1 顺倾动装料的炉料分布均匀。这是由于逆倾动装料时炉料从中心向边缘装入，装料中矿石向中心流动，抑制了偏析的发生。小块焦混合比例的分布均匀，并能改善中心部位的透气性，逆倾动装料能有效地取得混合装料的良好效果。

4.5.3　含碳矿石和铁焦

前述两种方法都是从高炉布料方面缩短焦炭与矿石的距离来达到减少还原剂与气相还原产物距离的目的。高炉使用含碳矿石和铁焦是从微观紧密配置缩小氧化铁与碳素材料的距离，是前述两种方法的延伸。在炉内由于矿石与碳素材料的距离缩小，使矿石还原与碳素气化两个反应活跃。与过去的层状结构比较，矿石与焦炭混合装入，矿石与碳素材料平均距离为几十厘米。而使用含碳矿石，使矿石与碳素之间的距离缩小到几十微米，由此来降低燃料比，并适应优质资源的枯竭和需求的变化。此外，厂内含铁、含碳粉尘制备含碳矿石，也是一个途径[7,36]。

4.5.3.1　含碳矿石

日本在 20 世纪 70 年代开发了以矿石为主体的含碳合成矿。当时几乎同时研究了冷固含碳球团，可是使用时强度难以维持而没有获得成功。

名古屋 1 号高炉停炉解剖调查显示含焦粉 5% 的合成球团矿在软熔带有良好的还原率。20 世纪 80 年代，名古屋 1 号高炉使用含碳 2.2%~4.7% 的合成矿80kg/t，进行了 22 天的操作，确认降低燃料比 2.3kg/t[37]。名古屋 3 号高炉用含碳约 6%~8% 合成矿、配比 20% 操作了约 1 个月，用垂直取样器确认热储备区的温度下降了 100℃[38]。Robinson 等人[32]在试验高炉上使用含碳 12% 的矿石350kg/t，热储备区的温度下降了 150℃，燃料比降低 19kg/t。Nakano 等人[33]用BIS 炉进行基础试验，使用含碳 15.4% 矿石，矿石配比 50%，显示出相当于降低热储备区温度 170℃ 的效果。

前面介绍的绝热型模拟高炉炉内反应装置，实验设定的基准条件：燃料比为480kg/t，吨铁炉腹煤气量为 1363Nm³/t；还原煤气为炉腹煤气成分 CO 35.6%、H_2 4.4%、N_2 60.0% 的混合煤气，进行使用含碳团块的研究[39,40]。实验使用的含碳团块是由高炉灰 30%、转炉灰 40% 和无机黏结剂 6% 组成，经揉捏挤压成型。实验使用的含碳团块和烧结矿的化学组成见表 4-15。

表 4-15　含碳团块和烧结矿的化学组成　　　　　　　　（%）

成分	TFe	FeO	CaO	SiO_2	Al_2O_3	MgO	CaO/SiO_2	TC
含碳团块	46.3	0	10.1	4.4	1.1	0	2.3	15.4
烧结矿	57.8	7.0	10.1	4.9	1.9	0.6	2.1	—

图 4-62 表示从炉顶到软熔带的高度上温度和还原度的变化。在设定的条件为燃料比 480kg/t，50%含碳团块和 50%烧结矿混合料与单独烧结矿时的温度曲线进行比较，显示出加入含碳团块后，热储备区温度从 1050℃ 下降到 820℃；并且还原曲线显示，50%含碳团块和 50%烧结矿混合料的还原速度比单独烧结矿快，特别是在通过热储备区时，炉顶煤气利用率 η_{CO} 从 45.5% 提高到 54.0%。

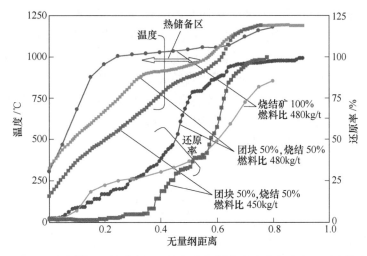

图 4-62　从试验装置顶部到达 1200℃ 的底部沿高度上的温度和还原度的变化

以测量的顶部煤气 η_{CO} 和测量的热储备区温度为基础，用炉身效率估计相应的实际燃料比。混合后改善了炉身效率 1.5%，计算在实际燃料比可降低 35kg/t。

为了验证使用混合料可降低燃料比至 450kg/t，试验了混合料在燃料比 450kg/t 时还原的温度曲线。图 4-62 显示，开始使用混合料的燃料比 480kg/t 时的还原率曲线，超过后来燃料比减少 30kg/t 后的还原率，开始由于热储备区温度下降，还原速度较缓慢，然而很快就达到了 480kg/t 的水平。因而，在燃料比 450kg/t 使用混合料的顶部煤气 η_{CO} 上升了 3.2%，估计比单独使用烧结矿可以降低燃料比 45kg/t。

使用 50%含碳团块和 50%烧结矿混合料，取样观察含碳团块从高炉炉顶到软熔带的还原过程。试验前能够看见超细的赤铁矿及水泥的粉末和焦炭颗粒。在 620℃ 时红色的混合物中的赤铁矿粉末消失了，赤铁矿还原成磁铁矿。在 860℃ 出现了金属颗粒。在 1200℃ 仍然保持直径 0.02~0.05mm 的球形金属颗粒；残存的焦炭以及类似炉渣的颗粒妨碍颗粒的聚合。在还原过程的任何阶段都没有出现还原过程的反应区。这种现象可以解释为：由于碳与氧化铁的紧密接触，碳素的溶损反应速度决定了含碳团块的还原速度，不必进行反应气体的扩散。因此，其还原性与形状无关，浮氏体还原成铁的反应速度也是如此。

在含碳团块中的复合碳有两个效果：不仅加速了含碳团块自身的还原，而且使用碳复合团块也加速了邻近烧结矿的还原，即存在自还原现象。目前的研究还没有对其机理解释清楚，可是用模拟炉身的绝热装置证实，在高炉密闭条件下混合碳素存在自还原效应。此外，还对含碳团块的反应性、荷重软化、高温收缩、高温透气性和滴落，以及对炉内反应效率进行了系统研究[30]。通过装入含碳原料，缩短碳材-矿石间距，使得表观还原速度 RI 约提高 10%。颗粒内的物质运动对提高还原速率做出了贡献。此外，气化还原反应起始温度降低的幅度，几乎与提高焦炭反应性 20% 相同。在混装 50% 的含碳团块时，在炉料收缩和熔化的终点还原度就能到 100%。高温透气阻力指数 KS 下降的原因，是由于矿石与碳素的间距缩短后提高了熔化滴落前的终点还原度，使渣铁很好地分离，以及由于有效利用焦炭混合料的骨料效果，使透气阻力下降。

高温透气阻力指数 KS 用式（4-19）表示：

$$KS = \int_{T_s}^{T_e} \frac{\dfrac{\Delta P}{\Delta L}}{\mu_g^\beta \rho_g^{1-\beta} u_g^{2-\beta}} \mathrm{d}T \qquad (4-19)$$

式中，ΔP 为压力损失；ΔL 为烧结层高度；μ_g、ρ_g、u_g 分别为气体的黏度、密度、流速，为温度的函数。从开始经过荷重收缩 100mm 的变化，此外，T_s 和 T_e 分别为从收缩开始到完毕的温度，分别为 1000℃ 和 1600℃。根据烧结矿组成与 KS 的实验为基础回归式求得，可以作为推算的软化收缩特性指标。

可是关键在于含碳团块的强度，由于强度不够的原因，担心在下料过程中产生的粉末增加、煤气流分布失常等。在高炉中必须有足够的强度成为使用含碳团块的障碍。

2012 年大分 2 号 5775m³ 高炉进行了约 80 天的操作试验[41,42]。含碳团块主要是用厂内的粉尘为原料，共生产了 21000t。为了使造球后的团块能够保持搬运时不粉化和炉内反应的强度，添加了 11% 的水泥，用盘式造球机造球。按规定时间养护后，装入高炉。试验使用的含碳团块的平均压碎强度为 115kg/块，化学组成见表 4-16。

表 4-16　试验使用含碳团块的化学组成　　　　　　　　　（%）

成分	TC	TFe	FeO	CaO	SiO₂	MgO	Al₂O₃
含量	21.3	36.6	2.6	2.6	11.4	7.6	0.9

高炉使用含碳团块前后主要指标的变化见表 4-17。使用含碳团块后取得了降低燃料比的效果。来自含碳团块的 1kg/t 碳素，可降低燃料比中 0.36kg/t 的碳素。

表 4-17　高炉使用含碳团块前后高炉指标的变化

指　标		单位	使用前	使用后	差值
产量		t/d	13554	13815	+26
燃料比 （包括含碳团块的碳素量）		kg/t	490.2	487.6	−2.6
焦比		kg/t	338.7	324.7	−14.0
煤比		kg/t	151.5	162.8	+11.3
配矿比	烧结矿	%	82.8	76.5	−6.4
	球团矿	%	1.7	4.9	+3.2
	含碳团块	%	0.0	2.1	+2.1
铁水温度		℃	1530.2	1536.7	+6.5
炉身垂直 取样器数据	温度	℃	687	672	−15.1
	$CO_2/(CO+CO_2)$	%	37.1	38.8	+1.7

图 4-63 为大分 2 号高炉含碳团块最高使用量为 54kg/t 时，用垂直取样器测量了炉内热储备区的温度，约降低了 65℃。此外，CO 升高，溶损反应下降，降低了燃料比。图 4-64 为使用含碳团块降低燃料比的效果。高炉透气性稳定，上部的透气阻力系数 K 值和炉顶炉尘量也稳定，认为粉化对炉况的影响很小。在使用期间高炉日产量超过 14000t/d，还准备进行更长期的试验。

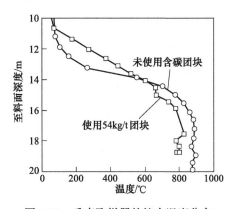

图 4-63　垂直取样器的炉内温度分布

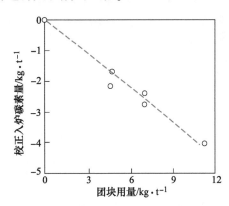

图 4-64　使用含碳团块与校正入炉碳素量的关系

此外，第 4.2.3.3 节提及的 BRIGHT 数学模型还预测使用含碳团块达到极限程度来实现超低燃料比，设定各还原阶段的反应速度常数因数比正常高 3.3 倍，扩散率因数高 7.0 倍；热储备区温度 T_r 下降到 600℃，炉身效率高达 99.0%。用 ESTCKR 按热储备区温度 $T_r=600℃$ 时，W 点的煤气利用率 η'_{CO} 达到 51.4%。炉身效率为 99.0% 时，炉顶煤气利用率达到 78.0%[7]。

4.5.3.2　铁焦

铁焦是煤和铁矿石事先粉碎、混合后，用连续式干馏炉加热，将其中的铁矿石还原成金属铁、煤炭化结焦的含碳复合炉料。铁焦可以大幅度提高弱结焦煤的使用比例。高炉使用铁焦也可以使溶损反应在较低的温度下进行，以降低热储备区的温度[43~47]。

JFE 研发的铁焦生产工艺是将 70%的煤粉与 30%的铁精矿粉混合，预热并加压成型，再经竖炉炭化，形成含有焦炭与部分还原铁的含碳复合炉料。铁焦的反应性达到 53%，抗压强度约为普通焦炭的 2 倍，其中铁的还原率超过 70%。

采用强结焦煤和非结焦煤与铁矿石配合，模拟在干馏前不成型的普通焦的生产过程，以及模拟在干馏前成型焦生产。在成型后再干馏的焦炭制造过程中，不配入铁矿石的试样膨胀大。配入铁矿石的试样，没有明显的膨胀。试验结果：随着铁矿石配比的增加，普通铁焦的冷态强度下降；而成型的铁焦强度比较高，配入 30%铁矿石后 I^{600} 保持在 80%以上。铁焦强度的下降是由于铁矿石阻碍煤颗粒的膨胀，使煤的黏结减弱所致。如果铁焦当作小块焦在高炉上使用时，则可以不考虑它的冷强度。

表 4-18 为各种铁焦的化学成分。配入铁矿石在干馏过程中还原成金属铁，含 TFe 高的铁焦金属化率约为 70%。铁焦成品中化验出的氧化铁是在冷却过程和装卸时再氧化产生。铁焦中的固定碳，考虑了金属铁和 FeO 再氧化进行修正。而随着铁矿石配比的增加，反应性 *CRI* 上升，可能是氧化铁再还原，也有可能是金属铁触媒的效果；随着铁焦中金属铁的增加，碳素消耗的开始温度下降。

表 4-18　铁焦产品的化学分析结果

试样号	单位	1	2	3	4	5	6	7
形式		普通炼焦的铁焦			成型铁焦			
		0	5%	10%	0	10%	30%	50%
TFe	%	0.3	4.4	8.5	1.5	9.1	27.0	43.2
MFe	%	0.1	1.9	6.2	0.6	6.6	19.7	28.8
FeO	%	0.1	1.2	1.2	0.5	0.9	4.3	7.8
O	%	0.1	0.9	0.8	0.3	0.9	2.7	5.3
还原率①	%	—	51.0	76.6	—	75.6	77.2	71.4
金属化率	%	—	43.8	72.9	—	73.2	73.0	66.7
灰分	%	12.2	17.9	23.6	14.6	24.8	49.1	72.5
修正灰分②	%	12.2	17.0	20.8	14.3	21.8	40.1	59.2
V_M	%	0	0	0	0	0	0	0
修正固定碳②	%	87.8	83.0	79.2	85.7	78.2	59.9	40.8
计算固定碳③	%	87.8	83.4	79.0	85.7	77.2	60.0	42.9

① 以赤铁矿为基础；

② 在氧化后测量的灰分；

③ 以混合煤为基础。

图 4-65 表示焦炭中 TFe 含量与溶损反应开始温度的关系。反应开始温度，即为在氮气中由于直接还原产生 CO 的开始温度。在 CO-CO$_2$ 中，用碳素溶损反应重量的减少速度 dW/dt 超过 $0.002min^{-1}$ 的温度来定义。

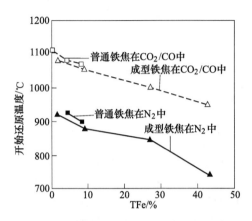

图 4-65　焦炭中 TFe 含量与溶损反应开始温度的关系[44]

随着焦炭中 TFe 增加，反应开始温度下降，含有 TFe 的铁焦，开始反应温度比普通成型焦要低 150℃。此外，直接还原温度比气化温度低 200℃。

在 800~1000℃ 温度区间，铁焦中的氧化铁还原反应量和碳素气化反应量都增加。而在 1000~1200℃ 温度区间 CO$_2$ 减少，CO 增加显示出碳素气化活跃。含有相同 TFe 的使用普通炼焦方式生产的铁焦（3 号）试样和成型后的铁焦（5 号）试样进行比较，后者的反应性高。

表 4-19 表示在模拟高炉中的铁焦的化学成分。表中随着成型铁焦中的 TFe 增加，碳素消耗显著上升。图 4-66 表示铁焦含 TFe 与碳素消耗的比例。

表 4-19　在模拟高炉中的铁焦化学分析结果

试样号		单位	1	2	3	4	5	6	7	备注
形式			普通炼焦的铁焦			成型铁焦				
反应前	TFe	%	0.3	4.7	9.5	0.9	9.8	30.0	54.2	实测值
	MFe	%	0.1	4.5	9.2	0.7	9.4	29.3	53.5	实测值
	FeO	%	0.12	0.2	0.1	0.1	0.1	0.2	0.1	实测值
	灰分	%	12.3	18.4	24.7	13.7	26.1	54.0	87.5	实测值
	修正前的固定碳①	%	87.0	83.5	79.3	86.2	77.7	58.6	35.5	$=100-V_M-$ 灰分
	还原率②	%	—	96.2	97.0	—	96.0	97.9	98.7	
	金属化率	%	—	95.1	96.6	—	95.6	97.8	98.7	

试样号	单位	1	2	3	4	5	6	7	备注
总烧损	%	2.7	3.0	4.1	2.6	6.0	9.4	13.6	实测 A
还原氧的减重	%	0	0.9	0.7	0.2	0.8	2.4	5.1	实测 O
消耗碳素减重	%	2.7	2.2	3.4	2.4	5.2	7.0	8.5	=A-O
气化反应	%	2.7	1.8	3.1	2.3	4.9	6.1	6.6	=C-O/16/2 ×12
消耗碳素的比例③	%	3.0	2.6	4.3	2.8	6.6	11.6	20.9	
总消耗 C/O（摩尔比）		—	—	6.1	—	—	3.8	2.2	

① 在氧化状态下测量的灰分；

② 以赤铁矿为基础；

③ 碳素的消耗量与反应前的含碳量之比。

　　用 BIS 炉对使用铁焦进行了评估，使用普通铁焦和成型铁焦都可能降低热储备区的温度。含有 TFe 43% 的铁焦，比不配加铁矿石的 1 号焦炭低 150℃。图 4-67 表示用 BIS 炉评估在高炉使用铁焦时，含 TFe 43% 的铁焦可以降低热储备区温度 186℃，估计炉身效率可以提高 6.8%，降低燃料比。

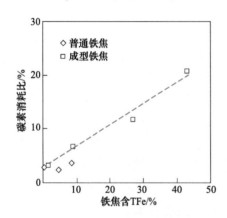

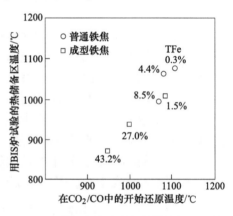

图 4-66　模拟高炉试验时铁焦含 TFe　　　图 4-67　模拟高炉试验中的热储备区温度
　　　与碳素消耗的关系[44]　　　　　　　　　与气化开始温度的关系[46]

　　可是，对铁焦的制造和使用上最合适的铁矿石配比，以及炉内铁焦的反应过程，仍然存在许多不清楚的地方。在高炉炉内铁焦能够降低热储备区的温度，是否是铁焦在冷却、运输过程中铁被氧化以后，再还原时的开始温度较低的缘故。虽然铁焦能提高煤气利用率，可是在铁焦生产过程中，已经消耗了燃料，从能量的角度来看，未必是节能的措施。

4.5.4　使用高反应性焦炭

　　我国部分焦炭的反应性较高，高炉入炉碱金属量比较高，又提高了焦炭的反应性，加速了焦炭在炉内的劣化。因此，关于高反应性焦炭课题的适用性应详细评估后进行。由于高反应性焦炭能够在炉内煤气紧缺的情况下，进一步降低燃料比，因此在世界上已经研究了几十年，主要是对高 Ca、高强度、高反应性的焦炭的研究，在这里也做些介绍。

使用前面介绍的绝热型模拟高炉炉内反应装置，研究高反应性焦炭对炉内热储备区温度和矿石还原的影响。实验使用的烧结矿与前述相同。实验设定条件燃料比为 480kg/t，吨铁炉腹煤气量为 1363Nm³/t；还原煤气为炉腹煤气成分 CO 35.6%、H_2 4.4%、N_2 60.0% 的混合煤气进行使用高反应性焦炭效果的实验研究[8]。为了研究不同 JIS 反应性的焦炭，准备了按规定量添加碱金属（K_2O、Na_2O）和 Fe_2O_3、$CaCO_3$ 生产的焦炭；表 4-20 表示供实验用焦炭的性能。为了与实际高炉相同，也在焦炭中另加了 2% 的碱金属。

表 4-20　焦炭的化学组成和反应性[8]

试样	K	Na	Fe_2O_3	$CaCO_3$	JIS 反应性
LC-1	0.26	0.05	0	0	22
LC-2	1.28	0.06	0	0	50
NC	2.08	0.15	0	0	59
HRC	4.12	0.97	0	0	93~98
Fe_2O_3-HRC	2	0	4	0	98
$CaCO_3$-HRC	2	0	0	4	95
成型焦	2	0	0	0	92

注：LC—低反应性焦炭；NC—普通焦炭；HRC—高反应性焦炭。

为了观察使用高反应性焦炭时烧结矿的还原状况，利用扫描电子显微镜观察了试样还原后的矿相组织。图 4-68 表示了各温度部位代表性的还原后的矿相组织。

虽然在热储备区，烧结矿内已经形成了以浮氏体为主的矿相组织，可是在使用高反应性焦炭时，从浮氏体还原成铁的开始温度下降到 880℃，比使用普通焦炭时下降了 120℃ 左右。从铁酸钙还原到铁的开始温度下降到 970℃ 附近，即下降了 30~80℃。

从还原后的矿相组织来看也有很大的差异。使用高反应性焦炭时，在热储备区高温侧的矿相组织中，观察到铁酸钙还原成铁的组织占多数。

图 4-69 表示使用普通焦炭和部分使用细粒高反应性焦炭时，还原速度和从铁酸钙还原生成铁的温度之间的关系。使用高反应性焦炭，使热储备区高温部位的温度低于烧结矿开始生成熔液的温度，避免了生成的熔液堵塞气孔。这在铁酸钙的浮氏体还原物组织附近生成的初期熔液表现得特别明显[36]，避免熔液影响烧结矿的还原率和减少铁酸钙的数量。

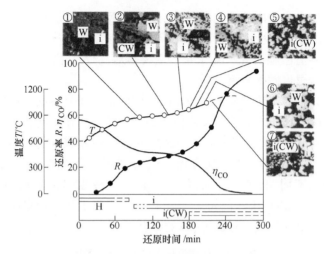

图 4-68　使用高反应性焦炭在烧结矿还原时的组织[8]

H—赤铁矿；M—磁铁矿；W—浮氏体；CW—钙-浮氏体；

i—铁；i(CW)—由钙-浮氏体成铁

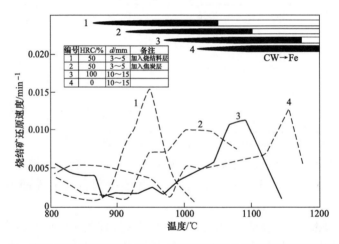

图 4-69　高反应性焦炭的混合比例、粒度和装料方法对烧结矿的还原率和

从铁酸钙-浮氏体还原到铁的开始温度的影响[8]

采用区域热和物料平衡计算的结果显示[37]，以使用普通焦炭为基准（燃料比 480kg/t）做比较，使用高反应性焦炭，燃料比可以降低 20~30kg/t。与高还原性烧结矿配合能改善炉身效率，还能降低燃料比约 10kg/t。

为了验证这个结果降低燃料比的合理性，进行了如图 4-70 所示的使用高反应性焦炭+普通烧结矿（降低燃料比 25kg/t），以及使用高反应性焦炭+高还原性烧结矿（降低燃料比 35kg/t）的实验。为了比较图中给出了使用相同烧结矿时，使用普通焦炭条件下的低燃料比操作的实验结果（燃料比 435kg/t、470kg/t）。

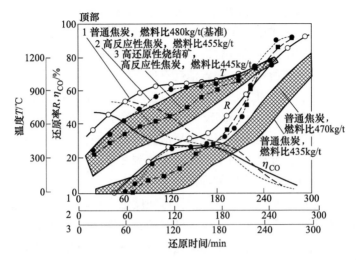

图 4-70 在低燃料比的操作条件下使用高反应性焦炭时烧结矿还原过程[8]

可是必须指出，在使用普通焦炭的条件下，过低的燃料比，使整个炉内温度下降，烧结矿还原开始的位置下移。从热储备区直到高温区域矿石的还原速度很低，与燃料比 480kg/t 的还原状态比较，陷入了还原极端不足的状态。在这种状态下，高炉不能正常操作。

从 Rist 模型来看，热储备区温度降低时，能够达到提高炉身效率的效果，并预测到炉内的反应状态有很大的变化。图 4-71 表示在高炉横断面均匀的条件下，

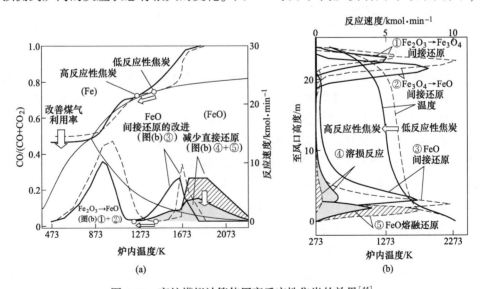

图 4-71 高炉模拟计算使用高反应性焦炭的效果[44]

(a) 高反应性焦炭对煤气利用率的影响；(b) 在高炉高度上过程参数的分布

采用模型推算把一般焦炭（*CRI* 为 30%）全部置换成高反应性焦炭（*CRI* 为 45%）时炉内状态。前述以平衡论为基础试算的结果与以速度论为基础的计算结果相同[44]。由于使用高反应性焦炭，气化反应与 FeO-C 平衡曲线的交点向低温侧移动，煤气利用率有所提高，热量消耗有所下降，直接还原状态也有变化；而碳素溶损反应上升，反之推算熔融还原反应下降，总的直接还原下降。如果图 4-71(b) 的预测正确的话，使用高反应性焦炭，除了从提高反应效率，降低燃料比的角度进行评价以外，由于焦炭气化反应的负荷增加，对焦炭在高炉内反应后强度的评价也很重要。此外，有的研究者还预测在全部使用高反应性焦炭或全部使用含碳团块的条件下，才有可能降低高炉高度[7]。

当使用高反应性焦炭时，矿石还原反应速度也会对燃料比产生影响。矿石还原反应速度是按 3 个界面未反应核模型计算的，并按浮氏体的反应速度常数值予以调整后求得。高炉内的反应效率归结为矿石和焦炭竞相并存的反应，若改变焦炭的反应性来降低燃料比，估计还要考虑并存矿石还原性的阈值。此时矿石还原反应速度对 $CO/(CO+CO_2)$ 和反应速度有很大的影响。在 Rist 线图中，改变烧结矿与焦炭的反应速度比值，则意味着 Rist 线图的炉身效率和浮氏体-铁还原的平衡点 *W* 的位置向两方面变化。

为了评价高反应性焦炭在炉内反应后强度的问题，有必要归纳高炉生产实践和焦炭的破坏机理。按照高炉解剖调查和取样分析来看，从炉身下部到软熔带的 1000~1400℃区域由于溶损反应的发展，焦炭的冷强度下降，而平均粒度没有变化。从软熔带至循环区的 1400~1600℃的区域，焦炭冷强度有些上升，而平均粒度迅速下降，焦粉率大幅度增加。由于焦炭粉化对高炉下部的透气性和透液性影响很大，焦炭强度对高炉操作十分重要。

新日铁试着把最多 8%的焦炭置换成高反应性焦炭进行了操作试验，结果与实验室试验相同，可以降低燃料比。试验和讨论的前提条件是，在高炉热流比超过 0.85，即高炉下部对间接还原区的热量和 CO 的供应已经接近最佳状态时，还原速度变得迟缓。从速度论分析增加高反应性焦炭的配比，可实现更低的燃料比，采用高反应性焦炭使反应效率提高，热储备区的温度下降，为克服矿石的还原速度下降，溶损反应能够进一步利用热量并补充 CO。

新日铁在实际高炉上进行了高反应性焦炭的试验，并使用中小块焦来缓解强度下降的限制。在高炉上使用小块焦的基础上，在 1992 年 3 月 11~15 日进行了使用 JIS 反应性 69.7%、粒度 17~19mm 高反应性小块焦的短期试验[8]。试验是将在矿石层中混合使用的 35kg/t 普通小块焦全部置换成高反应性的小块焦。图 4-72 表示在试验期间大分 1 号高炉操作的变化。将炉顶 η_{CO} 提高作为炉内反应效率的尺度，比试验前平均提高 0.2%（最高为 0.6%）。

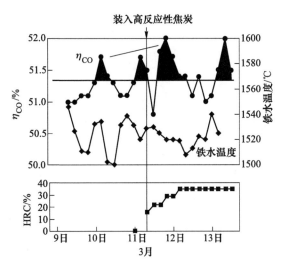

图 4-72　大分 1 号高炉在使用高反应性焦炭 HRC 期间煤气利用率（η_{CO}）的变化[8]

1994 年 3 月大分 2 号高炉月平均 454.7kg/t 的低燃料比操作期间，加入普通小块焦 26.2kg/t，最高使用高反应性小块焦 10kg/t[48]。使用垂直取样器测量的结果为，热储备区温度降低到 900℃（一般操作为 950～1000℃）。

为了验证实验室取得的效果，进行了实际高炉长期使用的操作试验[49]。表 4-21 表示操作条件。焦炭全部用高 Ca 焦炭代替。图 4-73 表示垂直取样器测得的炉内温度分布的结果。使用高 Ca 焦炭降低了热储备区的温度，软熔带的位置下降，软熔带厚度减薄。使用高 Ca 焦炭燃料比得到降低，其效果是配用 1% 高 Ca 焦炭约降低 1kg/t 燃料比。由此可以认为实际高炉使用高 Ca 高反应性的焦炭能降低燃料比。

表 4-21　高反应性焦炭的操作条件[49]

指标	单位	基础 1	试验 1	试验 2	基础 2
条件		基础焦炭	高 Ca	高 Ca	基础焦炭
		低 Al_2O_3	低 Al_2O_3	高 Al_2O_3	低 Al_2O_3
利用系数	$t/(m^3 \cdot d)$				
焦炭中高 Ca 煤配比	%	0	8	4	0
焦炭转鼓强度 DI^{150}	—	85.0	84.9	84.8	84.8

指标	单位	基础焦炭	高 Ca 焦炭
焦炭含 Ca	%	0.15	0.44
JIS 焦炭反应性	—	15.1	43.4

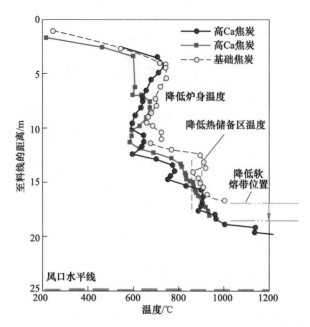

图 4-73　当高炉使用高反应性焦炭时炉内的温度分布[49]

乌克兰根据本国和俄罗斯焦炭的特点，在 2006 ~ 2010 年 OAO Arelor Mittal Krivoi Rog. 9 号 5000m³ 高炉，8 号 2700m³ 高炉和 5 号 2000m³ 高炉，对反应性为 36.2% ~ 41.9% 的焦炭进行了试验，试验期间高炉的利用系数为 1.38 ~ 1.78t/(m³·d)。提高焦炭的反应性能够降低高炉中热储备区的温度，增加上部铁氧化物的还原，并降低焦比，维持高炉操作稳定和避免炉缸堵塞。在 CRI 试验范围内，每上升 1% ，焦比平均下降 2.5% ，利用系数上升 2.2% 。当焦炭的 CRI 波动时，对炉况不会造成明显的影响，但是当焦炭的冷态强度 $M_{25} < 84\%$ 和 $M_{10} > 8\%$ 时，炉况反应强烈，变得不稳定，炉缸堵塞严重，因而不得不经常洗炉，结果导致焦比大幅度上升[50~53]。

4.6　本章小结

对于那些炉腹煤气量指数高、吨铁耗氧量高、燃料比高、有足够的 CO 供应热储备区的高炉，炉腹煤气量指数对软熔带、对块状带体积有巨大影响。有的高炉为了强化而采用发展边缘或过度中心加焦，使大量煤气顺利通过料柱逸出炉外，造成煤气与炉料分道扬镳。当务之急是调整高炉操作制度，并采用本章提出的发挥块状带和热储备区作用的方法来降低燃料比，降低吨铁炉腹煤气量来提高煤气利用率。

在热储备区 CO 供应紧缺的情况下，发展耦合反应虽然表现为消耗碳素的直接还原，可是能减少高炉下部的熔融还原和高温区的热量消耗，对降低燃料比有重大的作用。由此也可解释第 2 章提到的低燃料比的高炉直接还原度高的现象。

高炉降低燃料比的进一步发展要求缩短气相扩散距离，减少扩散能量消耗，降低热储备区温度。因此，建议采用矿石焦炭混装、含碳团块等，缩短矿石颗粒与碳素的距离，以及采用高反应性焦炭，降低煤气的扩散能量，降低热储备区的反应平衡温度，提高炉身效率。这些措施能获得降低燃料比约 20~30kg/t 的效果。

对热储备区进行过广泛的研究，是高炉炼铁的重大发现，是高炉炼铁基本理论，诸如高炉区域物料平衡和热平衡、Rist 模型、最低理论燃料比等的理论基础。总之，当今世界高炉炼铁的发展方向是充分利用热储备区对还原反应的作用，充分利用高炉煤气的热能和化学能降低燃料比。在本章的后面介绍了多种降低热储备区温度、提高煤气利用率的方法，我们并不是推荐国内高炉普遍采用这些方法，而是介绍国际上为提高煤气利用率所做的努力。图 4-74 表示采用含碳团块等技术提高煤气利用率。图中也表示了单纯从强化冶炼出发，置高炉燃料比于不顾，片面追求高利用系数，采用过高的炉腹煤气量指数，并缩短热储备区高度、降低高炉高度等办法，致使炉内煤气过剩，CO 过剩，煤气利用率下降。显然，这种只顾产量的办法与当代高炉炼铁技术发展背道而驰，也与国内外的实践相背离。如果我们能扭转片面高产的思想，选择与自身原燃料质量相适应的炉腹煤气量指数达到高产、稳产，并降低燃料比 30~50kg/t 并非难事。

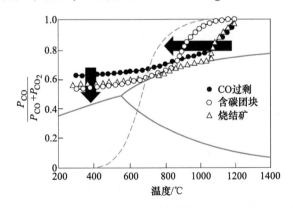

图 4-74 不同操作方式对炉内煤气利用率的影响

参 考 文 献

[1] 项钟庸，王筱留，等 . 高炉设计–炼铁工艺设计理论与实践 [M]. 2 版 . 北京：冶金工业出版社，2014.

［2］ 岡部侠儿，浜田尚夫，渡边昭嗣．垂直ゾンデによる高炉シャフト内状况の検討［J］．鉄
と鋼，1969，55（9）：764.

［3］ 田村健二，林洋一，松井正昭，彼岛秀雄，山本崇夫．块状带状况推定モデルによる高
炉内還原反応の考察［J］．鉄と鋼，1982（12）：2287.

［4］ Rahamatulla J，Angamuthu A，Vijay Krishna J. Reduction and degradatiun behaviour of sinter
under simulated vertical probe trial condition［J］．ISIJ Inter.，2008，48（7）：918.

［5］ Ки́таев Б И，Ярошенко Ю Г，Сучков В Д. Теплообмен в шахтных печах［M］．Металлургиз
дат，Свердловск，1957.

［6］ Schürmann E，Zellerfeld C，Mattheis K，Salzgitter，Bülter D. Überlegungen zum Übergangsverhalten
des Hochofens nach Stellgrößenänderungen in der Blasformenebene［J］．Arch Eisenhuttenwes，
1975，46（3）：195.

［7］ 柏谷悦章，石井邦宜，杉山乔．還元速度およびガス化速度の高速化と低還元材比操業
に向けての课题［J］．CAMP-ISIJ，2004，17（1）：22.

［8］ 内藤誠章，岡本晃，山口剛史，井上義弘．高反応性コークス使用による高炉内反应效
率向上技術［J］．鉄と鋼，2001，87（5）：357.

［9］ 斧胜也，山口良一，重见彰利，西田信直，神原健二郎．高炉装入物の溶融滴下につい
て［J］．鉄と鋼，1979，63（5）：505.

［10］ 森克己，是高良一，川合保治．升温還元时のペレット，烧结矿の软化溶融举动［J］．
鉄と鋼，1980（9）：1287.

［11］ 松村胜，星雅，川口尊三．ドロマト烧结矿における矿物组织ガ荷重软化性状および改
善被還元性ぼす效果［J］．鉄と鋼，2006（12）：865.

［12］ 山口一良．高炉の還元性，通气性に及ぼす块成矿中的脉石，气孔の影响［J］．鉄と
鋼，2001，87（5）：335.

［13］ 中本将嗣，中里英树，川端弘俊，碓井建夫．融液による气孔闭塞を伴うFeO 压粉体の
還元举动［J］．鉄と鋼，2004，90（1）：1.

［14］ 小西宏和，加藤谦吾，小野英树，川端弘俊，小泉雄一郎．初期融液领域における酸化
铁の還元举动と盐基度の影响［J］．鉄と鋼，2019，105（12）：1099.

［15］ 有山达郎，佐藤道贵，佐藤健，渡壁史朗，村井亮太．今後の高炉操業に望まれるコー
クス性状［J］．鉄と鋼，2006，92（3）：114.

［16］ 佐藤健，佐藤道贵，武田幹治，有山达郎．高炉低還元材比操業に向周边流制御原材料
品質設計［J］．鉄と鋼，2006，92（12）：1006.

［17］ 一田守政，西原一浩，田村健二，须贺田正泰，小野创．高炉内における装入物降下と
熔融举动に及 Ore/Coke 分布影响［J］．鉄と鋼，1991，77（10）：1617.

［18］ 西村恒久，桶口谦一，大野光一郎，国友和也．高温性状試驗における矿石層厚の還元
率压力损失に及ぼす影响の评价［J］．鉄と鋼，2016，102（2）：61.

［19］ 奥村和男，河合隆成，丸島弘也，高橋洋光，栗原淳作．ベルレス式大型高炉による低
燃料比操業［J］．鉄と鋼，1980，66（13）：1956.

［20］ 项钟庸，王筱留．炉腹煤气量指数与高炉过程［C］．2015 年全国大高炉炼铁学术年会论
文集，中国金属学会，柳州，2015.

[21] 研野雄二，楯岡正毅，須賀田正泰，山口一成，久米正一，山口一良，安培勲．高炉低
　　　還元材比操業［J］．鉄と鋼，1979，65（10）：1526.

[22] 上仲俊行，柚久保安正，堀隆一，宮川裕，松井良行，野間文雄．加古川第二高炉にお
　　　けるコークス中心装入試験［J］．鉄と鋼，1987，73（4）：S756.

[23] 小野玲児，后藤哲也，要口淳平，堀隆一，桑野惠二．加古川第二高炉におけるペレッ
　　　ト多配合操業［J］．鉄と鋼，1992，78（8）：1322.

[24] 宮川一也，田川智史，宮田健士郎，西口昭洋，唯井力造，門口維人．原燃料性状から
　　　見た高炉高生産低還元材比高炉操業の課題［J］．CAMP-ISIJ，2008，21（1）：14.

[25] 中野薫，砂原公平，宇治澤优，才木康寛．ベルレス高炉の高出鉄比における低還元材
　　　比操業［J］．CAMP，2008，21（1）：10.

[26] 项钟庸，银汉，王筱留，邹忠平．高炉节能减排指标与冶炼强度的讨论［C］．第十三届
　　　全国大高炉炼铁学术年会论文集，首钢迁钢，2012：1.

[27] 松崎真六，折本隆，野村诚治，桶口謙一，国友和也，内藤诚章．高炉還元材低減のた
　　　めのシャフト効率向上技術［J］．CAMP-ISIJ，2004，17（1）：10.

[28] 宮川一也，泽山宗義，松井良行．矿石コークス混合装入におけるコークス粒径変更低
　　　還元比操業［J］．CAMP-ISIJ，2009，22：1.

[29] 渡壁史朗，武田幹治，西村博文，後藤滋明，西村望，内田哲郎，木口満．高炉への鉱
　　　石・コークス多量混合装入技術の開発［J］．鉄と鋼，2006，92（12）：901.

[30] 柏原佑介，岩井佑树，佐藤健，石渡夏生，佐藤道貴．未消失混合小块コークスが高炉
　　　下部通気性におよぼす影響［J］．鉄と鋼，2016，102（12）：661.

[31] 村尾明紀，柏原佑介，大山伸幸，佐藤道貴，渡壁史朗，山本耕司，福本泰洋．ベルレ
　　　ス高炉における小中塊コークス混合制御技術の開発［J］．鉄と鋼，2016，102
　　　（11）：614.

[32] 照井光輝，柏原佑介，廣澤寿幸，野内泰平．離散要素法に基づくコークス混合装入の
　　　最適化［J］．鉄と鋼，2017，103（2）：86.

[33] 柏原佑介，岩井佑树，石渡夏生，大山伸幸，松野英寿，堀越裕之，山本耕司，桑原
　　　稔．垂直2段バンカーにおける矿石コークス混合装入技術の开発［J］．鉄と鋼，2016，
　　　102（1）：9.

[34] 市川和平，柏原佑介，大山伸幸，广泽寿幸，石井纯，佐藤道贵，松野英寿．融着帯压
　　　力损失推定モデルによる通気性に及ぼすコークス層厚の影响の评价［J］．鉄と鋼，
　　　2016，102（1）：1.

[35] 照井光輝，市川和平，柏原佑介．筛層モデルを用いた矿石ーコークス混合層内の粒子
　　　偏析挙动の推定［J］．鉄と鋼，2019，105（9）：864.

[36] Masanori N, Masaaki N, Kerichi H, Koji M. Non-spherical carbon composite agglomerates：
　　　Lab-scale manufacture and quality assessment［J］. ISIJ Inter.，2004，44（12）：2079.

[37] 横山浩一，桶口謙一，国友和也，伊藤高志，浦边理郎，大塩昭義．含炭块成砿长期使
　　　用還元材比低減効果検討［J］．CAMP-ISIJ，2012，25（1）：285.

[38] 宇野泽优，中野董，松仓良德，砂原公平，小松周作，山本高郁．高炉低還元材比向课
　　　题［J］．鉄と鋼，2006，92（12）：1015.

[39] 砂原公平，夏井琢哉，志澤恭一郎，宇治澤优．高炉融着までの帯炭·材矿石同时评价による烧结矿高温性状に及ぼすコークス反応性の影响 [J]．鉄と鋼，2012，98 (7)：331.

[40] 砂原公平，宇治澤优，村上太一，葛西栄輝．矿石·炭料の配置と反応性が高炉融着帯反应·透気特性に及ばす影响 [J]．鉄と鋼，2016，102 (9)：475.

[41] 桶口謙一，横山浩一，国友和也，右田光伸，浦边理郎，伊藤高志，大盐昭羲．含炭块成矿の短期制造、使用試驗制果 [J]．CAMP-ISIJ，2012，25：284.

[42] 桶口謙一，横山浩一，小暮聡，尾藤贵，大盐昭羲，浦边理郎．含炭块成矿による高炉還元比材の低减 [J]．CAMP-ISIJ，2013，26：17.

[43] 储满生，赵伟，柳政根，王宏涛，唐珏．高炉使用含碳复合炉料的原理 [J]．钢铁，2015，50 (3)：9.

[44] 桶口謙一，野村诚治，国友和也，横山浩一，内藤诚章．フェロコークスによる高炉内低温度域てのがス化，還元反应の促进 [J]．鉄と鋼，2012，98 (10)：517.

[45] Yamamoto T, Sato T, Fujimoto H, Anyashiki T, Fukada K, Sato M, Takeda K. Reaction behavior of ferro coke and its evaluation in blast furnace [C]. AISTech 2012 Proceedings, 2012：339.

[46] Nomura S, Higuchi K, Kunitomo K, Naito M. Reaction behaveor of formed iron coke and its effect on decreasing thermal reserve zone temperature in blast furnace [J]. ISIJ Int., 2010, 50 (10)：1388.

[47] 内田中，山崎义昭，松尾翔平，齐藤泰洋，松下洋介，表木秀之，滨口真基．酸化鉄の還元がハイパーコー配合フェロコークスの强度に及ぼす影响 [J]．鉄と鋼，2019，105 (10)：957.

[48] 宇治泽优，小野薰，松仓良德，砂原公平，小松周作，山本高郁．高炉低還元材比に向けての课题 [J]．CAMP-ISIJ，2004，17：6.

[49] 中村毅一郎，织田博史，大沼孝，鲇川佑之．原燃料改质による低還元材比操業[J]．CAMP-ISIJ，2008，21：6.

[50] Lyalyuk V P, Tarakanov A K, Kassim D A. Influence of the reactivity of coke on blast-furnace performance [J]. Coke and Chemistry, 2011, 54 (2)：47.

[51] Lyalyuk V P, Sheremet V A, Kassim D A, et al. Influence of the reactivity, strength, and wear of coke on blast-furnace performance [J]. Byul. Chern., Metall. OAO Chermtinformatsiya, 2010 (8)：14.

[52] Lyalyuk V P, Sheremet V A, Tarakanov A K, et al. Influence of the mass of iron ore supplied on blast-furnace performance [J]. Byul. Chern., Metall. OAO Chermtinformatsiya, 2010 (11)：21.

[53] Tarakanov A K, Lyalyuk V P, Kassim D A. Assessing the quality of blast-furnace coke [J]. Steel in Translation, 2011, 41 (7)：589.

5　渣铁形成和流动与炉缸寿命

一般把软熔带以下称为高炉下部。从循环区产生的高温煤气将软熔带中的矿石熔化，而软熔带的根部由于透气性差，有部分矿石直到靠近循环区的位置还未被充分加热、熔化。高炉风口循环区的状态我们已经在第 3 章全面地描述过了，这里再强调两点：（1）由于焦炭在循环区内高速运动而产生大量焦粉，在循环区前方和下部形成鸟巢，并在死料堆表面积聚；（2）由于煤气从死料堆与软熔带之间的焦炭床中通过，如果高炉过度强化和装料制度与炉料质量不匹配，那么在这个区域的煤气流量过多，而软熔带中的矿石得不到充分还原，致使软熔带的根部肥大，导致熔化的初渣含有大量 FeO，以及大量低碳铁水在边缘和中间带通过燃烧带再氧化落入炉缸。再者由于死料堆表面积聚的焦粉使得死料堆的透液性下降，部分渣铁沿着死料堆表面流向燃烧带，并与循环区吹出的渣铁在燃烧带汇合流入炉缸。图 5-1 表示高炉下部的各种现象。

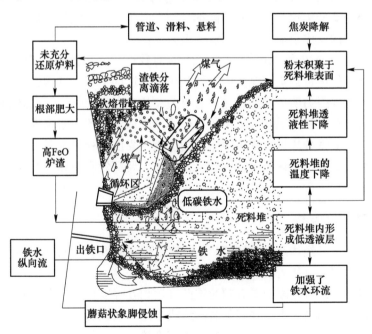

图 5-1　高炉下部渣铁形成和死料堆状态的示意图

高炉保持活跃的炉缸，死料堆的透气性和透液性能减缓炉缸渣铁环流对炉缸侧壁的侵蚀，对高炉炉缸侵蚀的发展至关重要。解剖调查表明，死料堆的形状是由焦炭的堆角决定，上部堆角约有 45° 呈馒头形；死料堆上部受到料柱的压力，随着焦炭深入铁水，死料堆内的料柱压力被铁水的上浮力平衡。根据死铁层深度不同，死料堆下部可能漂浮在铁水中呈锅底状边缘约 30°，而中心往往坐落在炉底上。在高炉中心滴落的渣铁通过死料堆的路程长，铁水被充分渗碳；而流股大的渣铁通过燃烧带被氧化，渗碳不够充分的铁水又经死料堆边缘较薄的焦炭层落入炉缸。

加深死铁层使死料堆边缘部分甚至中心漂浮在铁水中，形成无焦层。无焦层能加速死料堆内部焦炭的更新运动，有利于增加死料堆的透液性，有利于炉缸边缘低碳铁水与高炉中部通过死料堆厚焦层的高碳铁水混合，减轻周边铁水的侵蚀性。

5.1 熔融还原及滴落带

降低高炉的燃料比，特别是降低焦比，除了对块状带矿石的还原、布料等因素提出严格、精细的要求之外，同样对高炉下部矿石软熔带和滴落带也提出了苛刻的要求。低燃料比操作要求具有最高水平的技术，是炼铁水平的综合考验。焦炭在高炉内承担任务分别是：（1）热源；（2）料柱的骨架；（3）还原剂；（4）铁水渗碳。当降低焦比时，这些功能都必须在受控状态：随着高炉下部限制热量的供应及焦炭的反应负荷增加，热流比上升，促进高炉下部焦炭劣化，致使透气阻力升高。由于 O/C 增加高炉填充层的结构致密化，按照料层为层状的结构，特别是达到了软熔带焦炭窗厚度的下限和矿石厚度的上限，软熔带容易肥大，以及滴落带的透气阻力明显增加。还有必要关注从矿石的软化、熔融到滴落的高温熔体的行为。在这种情况下，软熔带中形成浮氏体和低熔点富橄榄石的初渣，金属通过渗碳，渣铁分离后，受焦炭床结构、渣铁黏度和死料堆透液性影响，增加了液体滞留量。为了实现极限的低燃料比操作，要探索掌握和控制高温熔体对炉内状况的影响。

5.1.1 软熔层的结构

前面第 3 章已经述及由于倒 "V" 形软熔带在高度的方向分布高，迎着煤气流的焦炭窗面积大，压力损失最小。

在软熔层中进行还原的矿石颗粒彼此开始相互轻度烧结，直到矿石层熔化滴落。在矿石层厚的高炉中，在解剖时固结或半固结状态的矿石层呈圆环状。圆环外侧的块状矿石层被部分软熔、内侧为矿石半熔化到熔化滴落的状态。可是各自不能明显地划分。

图 5-2（a）为上部矿石层 G-5 软熔层结构的模式图[1,2]。A、B、C、D 分别为半熔化部位、软熔部位、金属化部位和块状部位，在 A 的下部即将熔化的矿石从焦炭缝中呈"冰溜"状滴落。图 5-2（b）代表下部的软熔层，半熔化部位比软熔部位长，此外几乎没有相当于金属化部位的 C。

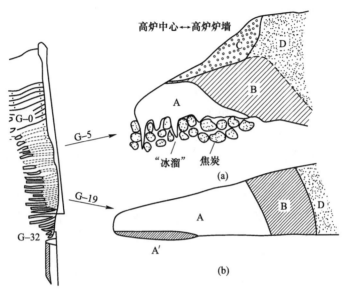

图 5-2 软熔带的结构（广畑 1 号高炉）[1,2]

A—半熔化部位；A′—熔化滴落前的半熔化部位；B—软熔部位；C，D—块状部分

在软熔部位，矿石的各个颗粒相互接触点烧结在一起，这与矿石的品种无关，在接近半熔化部位颗粒开始变形，球团矿相互呈牢固的面接触，球团矿与烧结矿接触时，后者的尖角嵌入前者烧结在一起。烧结矿几乎不变形，只限于接触点结合在一起。实验室试验也确认了这种软熔的形态，在耐软熔性方面烧结矿比球团矿优越。

软熔部位的宏观组织颗粒的种类完全可以分辨出来。烧结矿全部软熔与炉渣结合，球团矿与炉渣或金属结合。球团矿的金属化过程有 3 个步骤：（1）在颗粒内部都析出金属铁；（2）一边剩下浮氏体的核一边形成金属铁壳；（3）在颗粒内部浮氏体形成炉渣的同时，金属铁向中心发展。由于软熔层内煤气流不均匀，或各个球团矿的性能不同，这些球团矿的软熔部位并不一致。

金属化部位 C 的矿石颗粒被还原成金属化的结构，在软熔部位的上方一边与焦炭层接触，一边在较低的温度下进行还原。

半熔化部位 A 相当致密，大部分形成金属铁，炉渣少。石灰石和脉石没有被渣化。对断面组织深入研究表明，还残存着原来矿石颗粒的轮廓，从颗粒的组织特征还能够判断矿石的品种。

在半熔化部位的下方在焦炭层的间隙中金属铁呈中空的冰溜状延伸，在冰溜的内外表面残留着小滴状的炉渣。根部为蜂窝状的结构，在焦炭层中分成几种冰溜，一般呈管状的冰溜。在上面软熔层的冰溜长，最上部的 G-1 层冰溜有几十厘米，在炉身下段最多有 1~2cm，所谓冰溜是在要滴落之前液滴大量富集的状态。

洞冈 4 号高炉的软熔层基本上也有相同的结构。虽然矿层薄，但结构还是那样明显，不同点是冰溜短。

各因素对铁矿石熔融滴落的影响及其机理研究如下：

（1）铁矿石最初熔融是从金属晶面开始的。铁品位高的酸性球团，初期熔融是在金属晶链不变的情况下进行的。含铁低的烧结矿，初期熔融则向渣相发展。酸性原料和碱性原料熔融物的组成变化和熔融机理不同，熔液的组成很大程度上由 FeO 的含量决定。酸性原料中被还原的 FeO 与脉石结合成含铁橄榄石系液相；而碱性原料吸收 FeO 少，生成 $CaO-SiO_2-Al_2O_3$ 系渣相。当两者同时存在时，酸性原料一边释放 FeO，一边吸收 CaO，液相的熔点升高。碱性原料一边吸收 SiO_2，一边增加液相量。如此进行着各种矿石之间成分的均匀化。此外，金属铁在与焦炭接触的界面上发生渗碳反应，使其熔点下降。由于金属与渣相界面之间的表面张力而进行分离、凝聚，进一步形成液滴而滴落。

（2）铁矿石的熔化温度与脉石的量和组成有密切的关系。由于这些因素的综合影响，金属渗碳或渣相熔融就成为支配全反应速度的关键，从而决定了开始滴落的温度。难还原的硅酸质矿石由于生成铁硅酸盐系渣相，在较低的温度下熔化；还原性较好的矿石，脉石的熔点越高，则矿石的熔化温度越高。

（3）铁矿石的滴落是在收缩率 70%~85% 时开始。铁矿石的碱度越高，脉石的熔点越高。理想的炉料是从熔融到滴落的温度区间较小的炉料。由于滴落时液滴的下降速度快，迅速到达炉缸，使之几乎得不到煤气的加热。从高炉下部透气性、炉温、脱硫及稳定高炉操作的角度出发，铁矿石从软熔开始到滴落的温度区间越小越好，滴落温度越高越好。在高炉生产中，研究不同熔点脉石的原料也得到了证实。

（4）矿石预还原与开始滴落温度的关系：在预还原率低时，也就是说受渣中 FeO 高的影响，使开始滴落温度下降。对于高碱度炉料，则依据预还原程度的高低，开始滴落温度存在最高值。这是由于受 FeO 使炉渣黏度降低所致，从而产生抑制金属单独凝聚的作用，使开始滴落温度提高。

（5）根据高炉解剖和实验研究，软熔层的金属中几乎不含 Si，而在滴落后快速地增硅。同时，金属的渗碳也是如此，在滴落前碳的含量仅为 1.0% 左右。在滴落时渣相中的 FeO 也只有百分之几。

5.1.2　矿石在软熔层中还原、软化、收缩和软熔的过程

块状部位 D，在 G-5 中还原率不过 10% 左右，可是在 G-19 中为 35%~41%。

在下方软熔状态的矿石还原率就更高。

还不清楚在块状带的还原率远低于软熔部位的原因，可能是在停炉时，受再氧化的影响。从炉墙的不同距离的块状部位取样进行了还原率的测定。除了接近软熔部位以外，在同一矿石层中还原率相差 12%~15%。正如第 4 章所述，随着铁矿石从块状到临近软熔状态的变化，铁矿石表面刚要产生液相，表面的气孔尚未被堵塞，并且几乎在 CO_2 浓度为 0 的气氛下，被 CO 还原，因此在炉内半径方向很短的距离内，还原率急速上升。

在下面的软熔部位烧结矿分别达到 65.6%、58.2%、66.5%。在软熔开始的高温下，能够很好地推测烧结矿的被还原性。块矿还原率为 65%，球团矿约为 80% 的高还原率。

除了靠近焦炭层下部的半熔化部位以外，由于残留原来矿石颗粒的组织，从软熔到半熔化状态转变的过程中，明显地受 CO 气体进行还原的作用。在半熔化部位的浮氏体还没有形成大的晶粒，在炉渣中分离出金属颗粒的过程中，仅仅残留着小的结晶。由洞冈 4 号高炉看到氧化铁成分的还原状态，见表 5-1，在烧结矿的还原颗粒中生成炉渣的硅酸二钙和硅酸盐玻璃相，为一般成品烧结矿中大不相同的组成，明显不是 FeO 还原时形成的。也与块矿时相同，颗粒内部生成的炉渣由铁橄榄石和硅酸盐玻璃相构成，熔液中的 FeO 很高。在半熔化物的下侧的颗粒间隙中充满着炉渣，其他硅酸盐玻璃相中 FeO 非常低。在颗粒内部最初产生的炉渣熔液中 FeO 很高。从颗粒中分离的半熔化部位的下侧滴落时，微观调查的结果显示仍然有进行还原的可能性。可是用 X 射线进行微观分析没有 Mg 和碱，而且定量值的总和超过 100% 等，因此可靠性差，从组成比例来看，炉渣的由来还没有合理的解释。

表 5-1 半熔化部位还原铁矿石颗粒中炉渣的矿相组成

样品	铁矿	矿相	氧化物/%[①]				
			CaO	FeO	Al_2O_3	SiO_2	小计
11	烧结矿	硅酸二钙	60.0	4.1	微量	36.0	100
		玻璃	37.0	12.4	15.0	27.0	91.4
13	块矿	铁橄榄石	0.9	66.3	微量	32.9	100
		玻璃	16.4	33.4	12.0	31.0	92.8
13	下侧部位的渣样	玻璃	44.0	微量	25.0	36.0	105
		玻璃	36.0	0.4	18.0	40.0	94.4

① 用 X 射线微观分析。

如前所述，高炉软熔带是影响高炉生产的关键部位，为了既实现低焦比又维持高产，必须确保透气性，弄清炉料在炉内的软熔现象，这是改善高炉操作技术不可欠缺的。

在高炉炉内气氛的条件下，炉料组成和矿相组成对熔化和还原过程都有明显的影响。为了弄清铁氧化物还原过程对平衡固相和熔点的影响，以及还原与透气阻力的相关关系，从20世纪80年代就开始了各种试验，并开发了诸如荷重软化试验，控制绝热熔融 FeO 的高速还原时试样温度停滞、还原延缓试验，细小气孔与还原关系的试验，CaO/SiO_2、SiO_2 对透气性的影响试验等。此外，还对其他氧化物 MgO、Al_2O_3 对软熔过程的影响进行了研究，这些研究主要是围绕提高软熔带的透气性。

在低碳操作时，由于焦炭窗变薄和软熔层的透气阻力增加，为了确保软熔带的透气性，我们在前面的章节已经分析了如小块焦、焦矿混装等，这里不再重复，只从软熔带本身的软化到熔融过程进行说明。使用难软化的原料，提高软化温度，缩小软化到熔融、熔化滴落的温度差，减少产生的液相，也能有效缩短这个过程。在提高软化温度时，不仅只控制矿物相间的共晶温度，还与还原性、矿相组成有关。在炉料到达软熔带之前，促进原料中铁还原以减少氧化物生成的液相。此外，降低液相的黏度促进熔化滴落，提高焦炭与液相的浸润性。因此需要深入研究从软化到滴落含有 FeO 熔融炉渣的还原与滴落的关系，特别是软熔带根部的还原到滴落的过程。

5.1.2.1　软熔层中矿石的还原、软化、收缩和软熔

以目前对高炉炉内矿石还原、软化、收缩和软熔过程的研究为基础，可以综合成图5-3。图5-3为在1000℃以上从烧结矿开始收缩和软熔的示意图。炉料中的烧结矿在1000℃时的还原率在55%~60%左右，其外覆盖着金属壳，在内部从富 FeO 低熔点的橄榄石系炉渣开始产生液相。在1200℃以上生成以浮氏体为主的熔液，随之受荷重的影响而收缩。在1250℃左右收缩率达到50%左右在矿层中的空隙消失，随之压力损失开始急剧上升。其中生成的以浮氏体为主的液相从成为矿粒外面的空隙流出开始熔融还原，金属凝聚。在1300~1350℃收缩超过70%左右出现最大的压力损失。生成的熔融金属促进了渗碳，并且进行了渣铁分离。超过1400℃由于渗碳熔点下降的金属开始滴落到焦层的空隙中，使得压力损失下降。炉渣吸收了焦炭的灰分并与 SiO_2 结合使碱度和熔点下降，达到滴落。

矿石进行到烧结和软化区域，氧化铁还原成为二价的 FeO。在块状带还原率在20%以下，在软熔带上部为40%，内部达到65%~80%。随着从固相转变成固液共存，还原率迅速上升。在软熔层中心部位观察到从炉渣中分离出致密的金属铁。温度和反应条件影响矿石还原率以及炉渣和铁水的熔点，并影响铁与炉渣的分离过程。在此，观察到半熔融状态铁和炉渣的混合物熔化滴落的现象，或者由

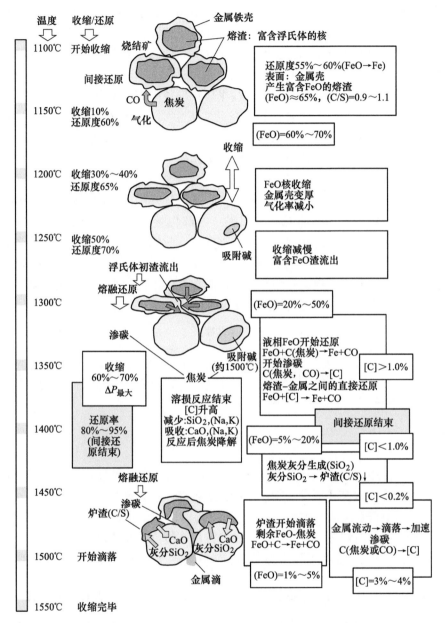

图 5-3 铁矿石还原、软化、收缩和软熔过程的示意图

于渗碳在熔融中熔化滴落的现象。在软熔带下部金属铁中的碳含量低于1%。没有进行渗碳的铁熔点高，炉渣先熔融分离，在熔融前的半熔融状态中脉石成分减少。在滴落后金属中碳含量也不超过3%。从软熔带上下还原率之差可以判断在软熔带区域内进行了激烈的还原反应[3~6]。

对于酸性球团矿，在 1000~1100℃ 和 1300~1400℃ 时，渣相主要是硅酸铁（2FeO·SiO_2）；碱性球团矿在 1100~1300℃ 为橄榄石，1300~1400℃ 时为黄长石，都可以用 FeO-Al_2O_3-SiO_2 系和 CaO-Al_2O_3-SiO_2 系相图来研究，初期熔液的组成是在共晶附近，随着温度升高向着终渣变化。

对球团矿还原过程的研究表明，在半熔化部位中有一部分中空球团矿，可能是其内部的浮氏体流出。实验室的研究证实了中空球团矿生成的可能性，此外，在 1000℃ 以下预还原率低时，在高温区形成高 FeO 的炉渣滴落。

加古川高炉使用的熟料中有烧结矿和球团矿，其中球团矿配比高，注意到了由于球团矿还原过程中产生高 FeO 炉渣流入焦炭层的现象，因此在制造和使用球团矿时进行了研究[7]。图 5-4 表示球团矿的还原从外面的周围开始，进行局部化学反应。在块状带下部外部形成金属壳，内部包裹着低熔点的氧化铁（FeO）。在软熔带由于炉内负荷的作用下金属外壳变形、收缩、破裂，内部的熔融物流出渗入填充层中，堵塞了透气的通路，使阻损升高。由此，提高球团矿的还原性，增加金属外壳的厚度，提高热强度，以控制在软熔带的收缩直到金属的熔点来防止熔融氧化铁流出，确保透气流路的畅通。

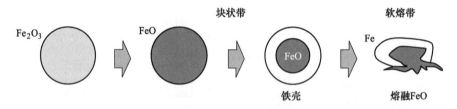

图 5-4　在炉内球团矿的还原过程

加古川使用了添加白云石（CaMg(CO_3)$_2$）的自熔性球团矿，由于球团矿高温性能的改善（提高还原性、抑制了还原的停滞、提高软化开始温度、减小收缩率等），大幅度改善了高炉操作指标。从改善球团矿的还原性的角度还研究了减小球团矿粒度对高炉透气性的影响。在加古川 2 号高炉减小球团矿的试验中，高炉上部（S2~TP）的透气阻力指数 K_U 与球团矿平均粒度 D_p 之间没有明显的差异。

减小球团矿的平均粒度与下部透气阻力指数的关系比较分散，而且有下降的趋势，是由于球团矿粒度减小有降低高炉下部压力损失的可能性。图 5-5 表示加古川 2 号高炉下部透气阻力指数 K_L 与球团矿平均粒度 D_p 的关系。

在模拟高炉的条件下，使用球团矿 28%+烧结矿 42%+块矿 30%混合试样，用大型荷重还原炉进行实验，来评价还原性与透气性。图 5-6 比较了球团矿平均粒度从 11.5mm 减小到 9.5mm 时，在 1300℃（软熔带温度区域）的还原率、收缩率、压力损失和试样断面的照片。由于减小球团矿粒度使比表面增加，混合试

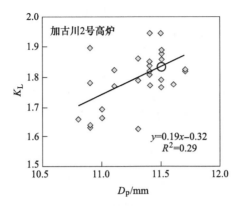

图 5-5 球团矿平均粒度 D_p 与高炉下部透气阻力指数 K_L 的关系[7]

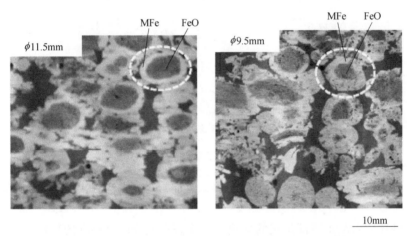

图 5-6 在 1300℃ 荷重试验中混合试样还原后的照片[7]

样的还原率由 80.8% 提高到 82.7%。从球团矿颗粒的断面照片来看，进行还原的金属外壳厚度增厚，抑制了变形。因此，矿石填充层的收缩率由 38.7% 下降到 33.3%，空隙率由 0.167 增加到 0.208。由以上大型荷重还原实验结果，确认了减小球团矿粒度能降低软熔带压力损失。

5.1.2.2 用相图和矿相组织研究初渣的生成

根据大量实验研究和 20 世纪 70 年代的高炉解剖调查，对高炉下部熔融还原过程中矿物组成的变化，已经积累了丰富的知识。一般来说，初成渣的渣系为 $CaO\text{-}FeO\text{-}Fe_2O_3\text{-}SiO_2$ 系。在还原初期 $CaO\text{-}SiO_2\text{-}Fe_2O_3$ 系的熔点高，因而，在高炉上部基本上没有熔液形成。当氧化铁进行还原逐渐成为 $CaO\text{-}SiO_2\text{-}FeO$ 系，在橄榄石的初晶区域 1100℃ 以下就形成了熔液。在橄榄石初晶的还原条件下，随着

CaO 升高达到 15%后，熔点降低，同时橄榄石中的 Fe 被 Ca 置换，与渣中 Al_2O_3 形成钙铝黄长石。在高碱度烧结矿中的铁酸钙（C_2F-SFCAM），从赤铁矿、磁铁矿、浮氏体还原的过程中，生成橄榄石、黄长石等矿物；在高炉解剖调查及模拟还原试验表明，存在硅酸系炉渣、钙铝黄长石、钙硅酸盐系的炉渣。这种难还原的硅酸盐系炉渣的行为严重影响高温透气性。图 5-7 表示在还原时在状态图上，有代表性的炉渣平均组成变化的过程[8]。在还原初期 FeO 浓度高时，生成低熔点的橄榄石系炉渣。在软熔带以下的滴落过程中，烧结矿中 $CaO/SiO_2 = 2.0$ 附近的脉石与焦炭和煤粉灰分（铝红柱石系）熔合。最终达到接近钙铝黄长石系、黄长石系平均 $CaO/SiO_2 = 1.2$ 组成的炉渣，最后达到终渣的组成。

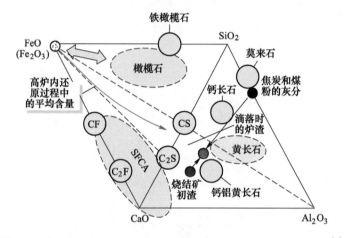

图 5-7　在 FeO-SiO_2-CaO-Al_2O_3状态图上高炉下部炉渣的平均组成[8]

　　熔融还原对高炉下部焦炭的劣化、最终铁水成分、死料堆的特性、高炉操作等都有重大影响。因此，有进一步研究的必要。

　　在矿石软熔时，生成的初渣中 FeO 和 MnO 含量较高，因为初渣是在矿石有一定程度还原的情况下脉石与 FeO 就开始形成的。加之 FeO 和 MnO 较难还原。矿石的软熔温度与脉石的组成、FeO 的含量和存在形态等因素有关，而由于条件不同，渣中 FeO 含量的变化很大。在矿石软熔之前还原率越低和高温区上升得越高，则形成的初渣中 FeO 的数量越多，由熔融还原 FeO 的数量越多，消耗的热量也越多。因此，矿石的还原过程对矿石的软熔开始温度、对熔融还原有重大影响。而且 FeO 的含量会引起初渣性能的变化，从而导致炉况不稳定。

　　A　烧结矿初期液相的生成过程

　　在模拟高炉的温度和 CO/CO_2 的条件下，加热烧结矿至 1000~1250℃ 之间，在不同温度下将试样急冷用电子探针显微分析仪（EPMA）进行组织观察，弄清初期熔液的生成过程。此外，对试样的组织，从相图进行矿相的比较研究[9]。

表 5-2 表示实验用烧结矿的组成。表中 Fe_3O_4 表示成 FeO 中 Fe^{2+} 浓度。将约 2cm 棱角的烧结矿装入用 Kanthal 铁铬铝系高电阻合金线作成的笼子中，装入电炉的均热段。将试样用调整 $CO_2/(CO+CO_2)$ 的混合比来模拟炉内的氧气分压，以 100mL/min 的 CO、CO_2 混合气流中，按 5℃/min 加热到 1000℃，为了模拟高炉的热储备区将试样在 1000℃ 保温 100min 后，以 5℃/min 升温到 1100℃；到达 1100℃ 以后，再以 2.5℃/min 的升温速度加热。确认到达目标温度之后，试样落入炉子下面设置的水槽中进行水冷。在本实验中得到了 900℃、1000℃（保持前后）、1050℃、1100℃、1120℃、1150℃、1200℃、1250℃ 急冷的试样。实验前后进行质量测量，假定减少的质量是由于氧化铁还原所致，从减少的质量求得还原率。为了研究在升温时烧结矿的相变，使用了粉末 X 射线折射装置对试样进行矿相鉴定。

表 5-2　烧结矿的化学组成[9]　　　　（质量分数,%）

TFe	SiO_2	Al_2O_3	CaO	MgO	FeO	CaO/SiO_2
55.95	5.27	1.84	11.56	1.27	8.19	2.194

研究了橄榄石熔体与 $2CaO \cdot SiO_2$ 的反应过程。将混合的粉末加压成直径 10mm，厚度约 2mm 的试样。将得到的试样中加入 SUS304 不锈钢网，在 CO、$CO_2(CO/CO_2=2)$ 的气流中，1240℃ 保持规定时间后，试样落入电炉下面设置的水槽中进行水冷。试样进行电子衍射 XRD 矿相鉴定，用 EPMA 进行断面组织观察。

据烧结矿的 XRD 断面、轮廓的衍射波峰确认赤铁矿（Fe_2O_3）、磁铁矿（Fe_3O_4）、铁酸钙（$CaO \cdot Fe_2O_3$）（下面用 CF）、（$2CaO \cdot SiO_2$）（下面用 C_2S）。此外，按照 EPMA 的扫描电镜背射电子成像 BSE 的图像烧结矿的代表性组织主要可分为 6 种：（1）赤铁矿骸晶+渣相；（2）骸晶状的赤铁矿+微细 CF+渣相；（3）针状 CF +渣相；（4）细微 CF+渣相；（5）柱状 CF+渣相；（6）块状渣相。在一部分烧结矿中存在块状渣相，块状渣相的组织为 SiO_2、MgO-SiO_2 渣相、CaO-SiO_2-Al_2O_3-MgO 系渣相。

按照急冷试样的 XRD 轮廓，在 900℃、1000℃ 保温前急冷的试样中看到 Fe_3O_4、浮氏体（FeO）、C_2S 衍射的波峰。在 1000℃、1050℃、1100℃、1120℃、1150℃ 急冷的试样中确认存在 Fe、FeO、C_2S 的波峰，在 1200℃ 和 1250℃ 急冷的试样中，除了 Fe、FeO、C_2S 之外，还存在钙铝黄长石（$CaO \cdot Al_2O_3 \cdot SiO_2$）的波峰。

在 1200℃ 以下中断的试样中，多半是由 Fe_2O_3 或 CF 还原生成 FeO 和渣相的组织，它们的外形一定程度上，在烧结矿中维持了 Fe_2O_3 或 CF 的形状。可是，在 1100℃ 以上，就没有观察到在实验前烧结矿中的球状 FeO 和渣相的组织；在 1250℃ 以上，这种特殊的组织在多个场所观察到。图 5-8 表示在 1100℃ 和在

1250℃球状 FeO 和渣相组成组织的 BSE 图像。FeO 成球可以认为是由周围的渣相熔融造成的。如图 5-8（b）所示，在 1250℃看到从渣相中析出的树枝状 FeO 晶粒。这是在试样冷却时，从熔融渣相中溶解的 FeO 析出的结晶。从试样全体组织观察的结果，在 1200℃以下温度时，如图 5-8 所示球状 FeO 只从周围熔融的渣相中分离，球状 FeO 周围的渣相可能是初期熔液。图 5-9 表示在各种温度下，球状浮氏体周围的渣相组成，假定渣相组成只有 CaO、FeO 和 SiO₂ 三种成分，可以用 CaO-FeO-SiO₂ 相图上的粗黑线表示。由图 5-9 可知，球状 FeO 周围渣相组成是低熔点的橄榄石系渣相组成的区域。此外，随着温度升高 FeO 浓度增高，组织弥散也增大。随着温度上升 FeO 浓度增加，熔融渣相溶解相邻渣相中的 FeO。此外，烧结矿组成的变化大，组织不均匀，由于与低熔点的橄榄石系的渣相组成随地点而不同，随着温度上升，各种组成的渣相熔解，液相的区域扩大。

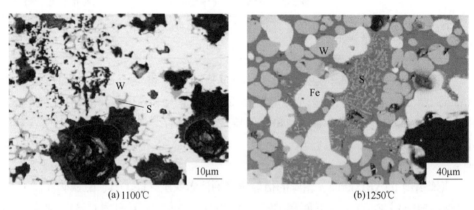

(a) 1100℃　　　　　　　　　　　　　(b) 1250℃

图 5-8　试样在 1100℃和 1250℃急冷时圆形的浮氏体和渣相的 BSE 显微组织图像[9]

W—浮氏体；S—渣相；Fe—铁

图 5-10 表示在 1200℃中断的试样中，浮氏体和两相渣相组织的 BES 图像。FeO 浓度低的渣相（最暗的部分）的平均组成为 66.3% CaO-3.43% FeO-30.1% SiO₂-0.121% Al₂O₃-0.0208% MgO，由 C₂S 固溶了 FeO 生成。由于高 FeO 浓度渣相（C₂S 明亮部分）区域太小，没能进行组成的定量分析。可是，能看到被高 FeO 浓度的渣相浸润了与之相邻的浮氏体和球状 C₂S，考虑有可能被高 FeO 浓度渣相溶解。此外，由 BSE 图像的对比度，考虑高 FeO 浓度渣相为含钙浮氏体系的熔液，可能高 FeO 浓度渣相是橄榄石系的渣相。可是，按照 CaO-FeO-SiO₂ 相图，FeO、C₂S 及橄榄石的共晶温度为 1223℃，假定 FeO、C₂S 及橄榄石三相平衡的话，在 1200℃橄榄石应为固相。因而，一度熔化的高 FeO 浓度渣相，亦即橄榄石系渣相可能是 C₂S 因平衡而凝固。这种橄榄石系渣相可能在 1223℃的共晶温度以上再熔化。

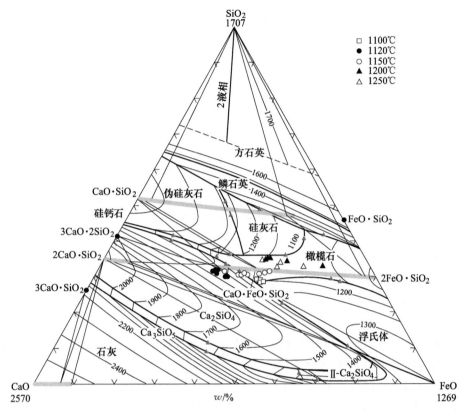

图 5-9　在 CaO-FeO-SiO$_2$ 三元相图上圆形浮氏体周围渣相的化学组成[9]

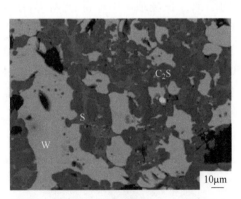

图 5-10　试样在 1200℃ 急冷时浮氏体（W）、C$_2$S 和高 FeO 浓度的
渣相（S）显微组织的 BSE 图像[9]

　　图 5-11 表示在 1250℃ 急冷的试样中，球状 FeO 与渣相组织的 BSE 图像。渣相的平均组成为 63.7%CaO-7.93%FeO-28.1%SiO$_2$-0.0868%Al$_2$O$_3$-0.199%MgO，

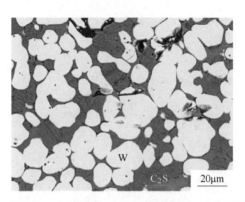

图 5-11　试样在 1250℃ 急冷时球形浮氏体（W）和周围渣相的
显微组织 BSE 图像[9]

由 C_2S 固溶了 FeO 生成。可是与图 5-10 不同，这个组织没有看到橄榄石系渣相。FeO 与 C_2S 的共晶温度为 1280℃，假定与原来一样是 FeO 和 C_2S 的组织，不生成熔液，则 FeO 难以形成球状。由 $2CaO \cdot SiO_2\text{-}2FeO \cdot SiO_2$ 相图可知，C_2S 与橄榄石存在宽阔的固溶区域。图 5-11 的组织与图 5-10 相同，生成 FeO、C_2S 及橄榄石系渣相熔液，由于橄榄石系渣量少，橄榄石系渣相熔液全部固溶到 C_2S 中。其结果，只有球状 FeO 和 C_2S 的组织可以存在的可能。实际上，在 1240℃ 橄榄石熔液与 $2CaO \cdot SiO_2$ 固体接触加热实验，在 10min 以内橄榄石固溶到 C_2S 中直到固溶的极限。图 5-10 和图 5-11，可能是一度生成的熔液在平衡反应的过程中又再凝固。这样，在升温过程中渣相存在反复熔融与再凝固的可能性。

　　按照 EPMA 绘制的图像，在烧结矿中一部分 Al_2O_3 存在于 CF 和渣相中。在 1000℃ 保温后急冷的试样中，CF 还原生成含钙浮氏体（CW）不含 Al_2O_3，而存在于渣相中。这样，直到到达此温度，Al_2O_3 从 CF（或 CW）排出到渣相中。

　　图 5-12 为在 1250℃ 急冷的试样中的共晶组织的 BSE 图像。由 BSE 图像，图

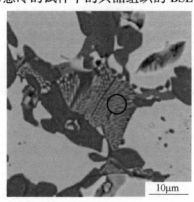

图 5-12　浮氏体、C_2S 和 $2CaO \cdot FeO \cdot SiO_2$ 三相共晶结构的 BSE 图像[9]

5-12 的组织是由不同 FeO 浓度的三相组成，测量了图中圆圈直径 5μm 点的组成为 46.8%FeO-28.0%CaO-11.6%SiO$_2$-13.2%Al$_2$O$_3$-0.349%MgO。从以上结果，由 FeO、C$_2$S 和 2CaO·Al$_2$O$_3$·SiO$_2$（以下用 C$_2$AS）的三相共晶温度为 1250℃。图中为 FeO、C$_2$S 和 C$_2$AS 三相共晶组织，可能是由共晶组织生成的熔液。从 X 射线衍射鉴定确认在 1200℃ 和 1250℃ 急冷的试样中存在 C$_2$AS 的尖峰，估计 C$_2$AS 是由原本在 CF 中存在的 Al$_2$O$_3$，被排挤到 C$_2$S 中而生成的。

橄榄石系渣相熔液与 C$_2$AS 相邻时，由相图可知，由于 C$_2$AS 不存在橄榄石的固溶区域，所以我们可以认为橄榄石系熔液不会固溶到 C$_2$AS 中，而始终以熔液状态存在。为此，橄榄石系熔液与 C$_2$AS 相邻时比较熔液量是增加的。考虑这也是烧结矿中 Al$_2$O$_3$ 含量增加，熔液量增加使得软化熔化温度下降的原因之一。

我们可以由上述内容简要地归纳为：

（1）在 1100℃ 以上，局部生成作为初期熔液的低熔点橄榄石系渣相。随着温度上升，橄榄石系渣相形成 FeO 浓度高、C/S 低、渣相组成弥散大的熔液。溶解了相邻渣相的 FeO，随着温度上升熔融渣相的 FeO 浓度也上升。此外，组成弥散大时，烧结矿的组织不均匀，由于在各处橄榄石系渣相组成的差别，由橄榄石系渣相形成的液相，随位置不同，熔化温度也有差异，随着温度上升液相区域扩大，各种各样组成的炉渣才能熔化。

（2）初期熔液的低熔点橄榄石系渣相的熔液量少，而且与 C$_2$S 相邻时，在 C$_2$S 中固溶的熔液再凝固[9,10]。一方面，如果橄榄石系渣相熔液多，没有完全固溶 C$_2$S 的橄榄石系渣相的 FeO、C$_2$S 和橄榄石的共晶温度为 1223℃ 以上才熔化。另一方面，橄榄石系渣相熔液与 C$_2$AS 相邻时，由相图可知，不会固溶到 C$_2$AS，直到熔化都是以熔液的状态存在。

（3）在 1250℃，存在部分 FeO·2CaO·SiO$_2$、2CaO·Al$_2$O$_3$·SiO$_2$ 的共晶组织。考虑这种共晶反应是由于烧结矿中 Al$_2$O$_3$ 含量增加而引起熔液量增加的原因，与上面（2）所述的 C$_2$S 和 C$_2$AS 的橄榄石熔液固溶限界存在差别。

B 球团矿初期液相的生成过程

对酸性球团矿和橄榄石球团矿的初期液相的生成过程进行了研究。表 5-3 为两种球团矿的化学成分和碱度[11]。

表 5-3 球团矿形成的炉渣化学组成（%）和碱度[11]

球团矿	TFe	FeO	MgO	Al$_2$O$_3$	SiO$_2$	CaO	K$_2$O	Na$_2$O	S	渣量	CaO/SiO$_2$
橄榄石	66.8	0.4	1.3	0.36	1.84	0.41	0.019	0.039	0.001	3.97	0.22
酸性	65.4	1.4	0.16	0.29	5.27	0.49	0.111	0.052	0.01	6.37	0.09

为了模拟高炉炉身部位的还原条件对两种球团矿进行预还原，预还原率 50%～70% 的球团矿再在惰性气氛下对软化过程进行了实验室研究。实验室的研

究结果与芬兰 SSAB、Raahe 钢铁厂使用负荷下填充层还原软化 Advanced
Reduction Under Load（ARUL）试验装置用同样的球团矿的工业试验进行了比较。
在工业试验结果显示出不同球团矿种的软化过程有明显的差异。关于球团矿变形
导致的各种现象，通过球团矿内显微组织观察来研究。按照化学热力学领域的数
据库 FactSage 使用主要更新 FToxid 数据平台制作 $FeO-SiO_2-CaO-MgO$ 四元系状态
图和进行液相率的计算，了解球团矿内部的相变化。

　　两种球团矿都经过预还原。由控制预还原阶段的时间 10min、40min、70min
来达到不同还原率，得到还原率 50%、60%、70% 的球团矿。

　　两种球团矿的试验结果显示出在惰性气氛下具有不同的软化过程。酸性球团
矿在 1150℃ 急剧软化，在 1200℃ 达到约 40% 的收缩率。按照 MASSIM 法同样的
酸性球团矿用 ARUL 的工业填充层还原软化试验中，观测到在 1140℃ 急剧软化的
同时压力损失明显增加。软化过程与压力损失有明显的关联性，压力损失是由于
球团矿初期变形引起的。橄榄石球团矿在 1150℃ 慢慢软化，在 1350℃ 收缩率达
到 30%。按照 MASSIM 法同样的酸性球团矿用 ARUL 对橄榄石球团矿研究，发生
软化和明显的压力损失是在 1252℃ [12]。对球团矿软化过程受还原率和化学组成
的影响进行讨论。

　　（1）还原率的影响。在 1100℃ 预还原的球团矿试样，由多孔质的金属铁壳
和未还原氧化物的核组成。金属铁壳的厚度和未还原氧化物核的组成由还原率和
球团矿的化学组成决定。在模拟高炉的条件下，预还原率 50%~70% 的酸性球团
矿与预还原率 50%~65% 的橄榄石球团矿比较，软化过程有明显的不同。两种球
团矿都显示出还原率最低的球团矿收缩率最大，这是由于存在未还原氧化物的
核。高还原率的球团矿有高的金属化率，二价铁（Fe^{2+}）的含量少。还原率高的
球团矿对球团矿的软化影响不明显，可能是受金属铁壳构造的影响。

　　（2）化学组成的影响。球团矿未还原的核对软化过程有重大的影响。软化
的球团矿的核主要由浮氏体和含镁 FeO 相组成。含镁 FeO 相分别固溶了酸性球
团矿中约 0.5%~2% CaO 和 0.5%~1.5% MgO，在橄榄石球团矿中分别固溶了
约 4% MgO 和 5% CaO。此外，橄榄石球团矿中浮氏体相固溶了 1% MgO。这显
示出橄榄石球团矿优良的高温特性，以及酸性球团矿在高温的不稳定性。其他
研究也看到了酸性球团矿和橄榄石球团矿不同。橄榄石球团矿优良的特性原因
是，还原性高与 MgO 含量多、渣相成分和浮氏体的熔融温度上升。酸性球团
矿软化特性差是由于在较早的阶段软化，渣相的熔点高使还原性高和熔化滴落
温度上升。添加 CaO 球团矿优良的高温特性是由于优良的还原性和低 SiO_2 含量
的缘故。

　　为了弄清软化的机理，本研究用球团矿矿物组成的状态图来讨论。在 CaO 和
MgO 浓度一定的条件下，使用 FactSage V6.4 的 FToxid 数据平台 [12] 的 $FeO-SiO_2-$

CaO-MgO 四元系状态图进行了计算。在表 5-3 中表示了由球团矿化学组成决定的 SiO_2、MgO、CaO 含量。在计算中，假定预还原球团矿含有的铁全部以浮氏体（FeO）存在。由于还原率对球团矿的软化过程有显著的影响，可以忽略成分对软化过程的影响。由于碱性成分和氧化铝含量很少，忽略对固相线温度和液相线温度的影响。图 5-13 和图 5-14 表示计算用的 $FeO-SiO_2-CaO-MgO$ 四元系状态图。液相生成量与温度的关系也使用 FactSage 进行计算。其结果表示在图 5-15 中。

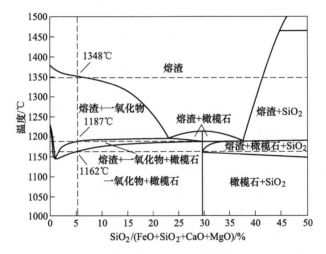

图 5-13　用垂直虚线标示组成的酸性球团矿 $FeO-SiO_2-CaO-MgO$ 图实用的计算[12]

一氧化物—$(Fe,Mg)O$；橄榄石—$(Fe,Mg,Ca)_2SiO_4$

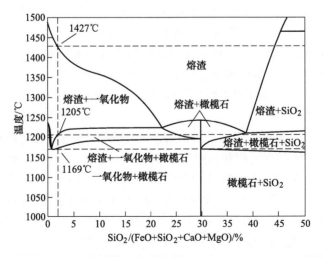

图 5-14　用垂直虚线标示组成的橄榄石熔剂性球团矿 $FeO-SiO_2-CaO-MgO$ 图实用的计算[12]

一氧化物—$(Fe,Mg)O$；橄榄石—$(Fe,Mg,Ca)_2SiO_4$

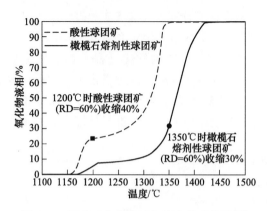

图 5-15　温度对氧化物液相率变化的推算[12]

（3）酸性球团矿矿相组成的影响。在 1100℃ 预还原的酸性球团矿由金属铁和浮氏体组成。由图 5-13 的 FeO-SiO_2-CaO-MgO 四元系（在固定 CaO 为 0.5%，MgO 为 0.15% 时）中，虚线表示含有 5.27% 的酸性球团矿。在固相线温度 1162℃ 处生成初期熔液。温度从 1162℃ 升高到 1187℃，含有 MgO 的 FeO 炉渣被橄榄石相溶解。由图 5-15 可知，在 1162℃ 酸性球团矿中的氧化物熔液的比例迅速上升到 20%。这显示浮氏体被渣相固溶。由图 5-13 可知，在 1187℃ 以上这种炉渣与含镁浮氏体共存。用场发射枪的扫描电子显微镜 FESEM 解析确认，大部分纯的浮氏体相存在于酸性球团矿的核心部分。图 5-15 表示从 1187℃ 到 1300℃，含镁浮氏体被溶解，渣相熔液的比例缓慢地增加。在 1300℃ 以上，熔液再次快速增长，在 1348℃ 到达了炉渣的液相线温度。

在 1100℃ 预还原的球团矿在 1200℃ 软化后球团矿之间最显著的结构变化，50μm 以下的浮氏体被炉渣覆盖，变成点状分散的颗粒。这显示出渣相大量固溶了浮氏体。其结果是，到达了酸性球团矿的固相线温度，由于浮氏体被大量生成熔融含 MgO 的 FeO 渣相所固溶，对软化过程有重要的影响。单个球状浮氏体（<50μm），不具有阻碍球团矿变形的效果。在 1200℃ 时，酸性球团矿收缩率达到了 40% 迅速软化。

（4）橄榄石球团矿矿相组成的影响。在 1100℃ 预还原的橄榄石球团矿由金属铁、浮氏体、橄榄石颗粒和含镁的 FeO 组成。通常在 1100℃ 橄榄石颗粒是不熔化的。图 5-14 的 FactSage 状态图中固相线温度为 1169℃。含镁 FeO 的熔化滴落与橄榄石相溶解，如图 5-15 所示在 1169～1205℃ 的温度范围内生成的炉渣熔液的比例增加到了 5%。熔融 MgO 生成了含镁 FeO 炉渣和浮氏体炉渣溶解了橄榄石颗粒，使固相线温度升高。在 1205～1310℃ 温度范围内，生成了含镁浮氏体炉渣，渣熔液的比例缓慢地增加。在 1310℃ 以上，生成炉渣的速度增加，在 1427℃ 达到了液相线温度。

橄榄石球团矿的软化是在 1150℃ 开始,直到 1350℃ 仍慢慢地进行。当到达初期熔液生成的固相线温度时,不会迅速软化。这时炉渣不可能溶解大量的浮氏体,就不能生成低熔点的含镁 FeO 炉渣。由图 5-15 可知,在橄榄石球团矿炉渣中熔融炉渣的比例明显比酸性球团矿低。计算在 1340℃ 橄榄石球团矿炉渣熔液的比例不超过 20%,球团矿的收缩率达到了 30%~35%。而酸性球团矿炉渣熔液的比例在 1200℃ 就超过了 20%,收缩率达到 40%。在 1350℃ 渣相周围的浮氏体颗粒尺寸为 50~100μm。对 CaO 和 MgO 起熔剂作用来说,渣相中 SiO$_2$ 的量少是推迟橄榄石球团矿软化的原因。

5.1.3 渣铁分离和汇集

为了掌握高炉中心部位软熔层中金属铁的熔化滴落过程,必须了解半熔化部位的变化过程[13]。半熔化部位的含碳量在 0.2% 左右,上面低、下面高。除了半熔化部位与焦炭层接触的部分以外,考虑是渗碳的作用。由含碳量推算金属铁熔化滴落的温度为 1500℃ 左右,也符合紧接其下方靠近软熔层半熔化部位,由焦炭的石墨化程度推算的温度。由于与焦炭接触渗碳,冰溜的含碳量有些升高。半熔化部位下部的平均含碳量为 0.13%;离开焦炭层一点的内侧为铁素体,与其接触的部分为珠光体,估计含碳量在 1% 左右,有些地方可以看到渗碳体。

可是,在软熔层上方,推算高炉中心半熔化部位的温度为 1350~1400℃,与金属铁的熔点将近差 100℃。由于在此水平的熔化滴落,预还原率低的铁矿石软熔层进入高温区域,生成的金属铁粒滴落时,被炉渣包裹着。在上部水平面形成达几十厘米长的冰溜就是一个证据。

以上概括了铁水的分离,在较低的温度区域从金属铁粒与炉渣混合物形成冰溜到熔化滴落的过程,有两步:与焦炭接触的部分渗碳;在接近 1500℃ 时一举熔化滴落。

渣铁的滴落过程中首先熔化的渣铁液滴汇集成冰溜,向下流动。在流动过程中,煤气流对液流的流动滴落状态会产生影响。可是在解剖调查时不可能看到,只有借助考虑存在煤气横向流过焦炭窗的条件下,液滴的汇集和流动的数学模型和冷态实验来说明。

图 5-16 为模拟软熔带渣铁熔化滴落量的分布。模拟计算假定高炉中的软熔层为均匀的倒“V”形分布,炉料的下降速度为 0.1852m/s,以 100m/h 的空气代替煤气,在此条件下液流流速分布的计算结果。图中表内的数字为对应区域的流体流速。由于软熔层之间通过的煤气流速的水平分量大,从各软熔层滴落的一部分液体受煤气流的影响,而有向边缘集中的趋势;在风口处又由于强烈的气流作用,将渣铁熔化滴落物推向离风口有一定的距离。此外,在软熔层上面形成滴落的空隙,这种现象在冷态模型中用着色水流也能观察到。这样,在风口附近及

软熔带之间煤气水平方向的流速大的地方，液体流动受到的影响大，在其他区域较小。图 5-17 表示无量纲半径与炉缸部位液体量分布的实验测量值与数学模型的计算值比较，两者基本一致。此例表示了在高炉滴落带中包含气流交叉流动的流体流动，并在风口燃烧带的上方形成流股向下灌注。

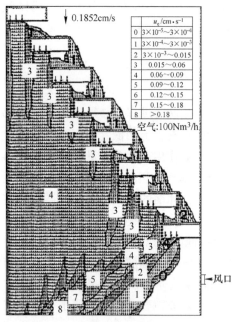

图 5-16   由液体流动数学模型模拟的结果[13]

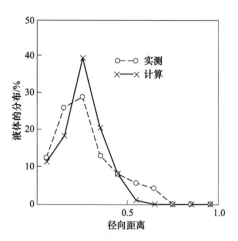

图 5-17   用实验模拟炉缸部位的
液体流量分布[13]

古伯塔（Gupta）等人在模型中用 X 射线观察液体的流动得出[14]，循环区的高气流速度使得在风口上方和前方形成了干区。在此区域中高速气流以很高的气体曳力把液体从这个区域推出。在循环区上方，气流垂直向上，直接对抗液体向下穿过的重力。在干区，气体的曳力超过了重力并使液体不能向下渗透。在干区上面，有一个液体滞留量很高的区域，那里气体曳力与其他的力平衡。液体进入这个区域有很长的停滞时间，这个区域对应于高炉的高温区域。曳力的作用也使液体离开循环区朝向死料堆流动，这里也有一个很长的停滞时间。

以上只是叙述了在正常操作时的铁水流动状态，想必在炉腹煤气量指数过高的情况下，边缘热流比过高，软熔带根部肥大、下垂，渣铁将更集中到炉墙边缘。

近来有许多研究者用离散数学模型计算渣铁在滴落带的行为[15~17]。

5.2 渣铁的滴落

5.2.1 渣铁滴落量的分布和滴落高度

渣铁从开始熔化的滴落高度和滴落量的分布都与炉料分布和软熔带的分布有关。炉渣和铁水在炉缸断面上的分布并不均匀，大量渣铁集中在风口前端的燃烧带滴落。在风口前端渣铁的滴落量与高炉半径方向上矿石的分布、死料堆的透液性等因素有关。

5.2.1.1 风口平面渣铁量的分布

如前所述，在模型计算和实验观察中，渣铁向循环区前端的燃烧带集中的现象，也被许多高炉风口取样所证实。日本钢管公司炉缸直径 14.4m 的高炉上，采用插入风口和死料堆 4m 长的取样器取渣铁样进行了研究[18]。

图 5-18 表示取样器插入推力和测量的温度。在循环区推力小，推力在风口前面约 1m 处开始上升，在 1.6~2.0m 变缓，在 2m 处再次上升。这反映了炉内炉料的填充状况。炉内的温度分布可以分为五个区域：（1）风口前至 0.9m 为焦炭急速回旋区，1800~2400℃ 的高温区域；（2）0.9~1.3m 处为焦炭缓慢运动的区域，温度急剧下降；（3）1.3~1.6m 为大量渣铁滴落的区域，在此区域燃烧带焦炭几乎静止不动，除了焦炭的气化反应以外，有大量渣铁，同时存在大量吸热的熔融还原反应，温度继续快速下降；（4）在全焦冶炼时，1.6~2.3m 处观察到有少量铁水和炉渣滴落；（5）2.3~3.0m 为 1200~1400℃ 的低温区域，这里几乎没有观察到有铁水和炉渣滴落。

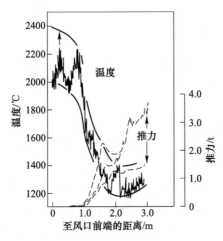

图 5-18　风口取样器的推力和测得的温度变化[18]

取样器的取样盒容积31cm³，由目测和粉碎磁选分别对炉渣和铁滴重量进行测定，其风口径向分布表示在图5-19中。当全焦冶炼时，在风口前端1.3m内滴落大量铁水，在深度2.7m处，采集的铁量减少，炉渣量较多。

当高炉喷煤时，由于死料堆的透气性下降，炉内煤气趋向边缘，为了保持倒"V"形软熔带，加重边缘的矿焦比；炉缸死料堆表面被未燃煤粉污染，使得铁水沿死料堆表面汇集到风口前端；最大铁水量的位置更向风口前端靠近，几乎全部铁水都集中到燃烧带落下。当采用过吹型中心加焦时，更加重了边缘的矿焦比。由此，风口前端的渣铁量也会相应增加。此外，图5-20下面表示Al_2O_3浓度的分布，由于焦炭灰分进入炉渣，在风口前端0.9m焦炭循环区内的（Al_2O_3）显著比终渣高，达30%左右。估计焦炭循环区边沿的炉渣中约有80%是焦炭灰分；在风口前端1.3m处，（Al_2O_3）浓度的变化大，为13%～18%，焦炭灰分混入的最高比例估计近40%。往1.5m至死料堆最深处接近终渣的成分。

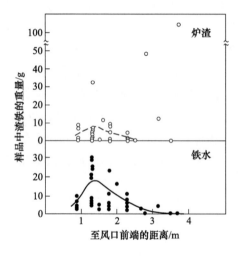

图5-19 喷油时风口平面渣铁
滴落量的分布[18]

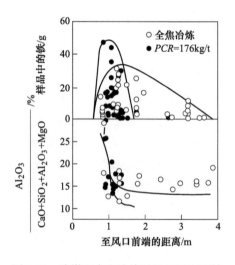

图5-20 喷煤和全焦冶炼对风口平面渣铁
滴落量分布和炉渣成分的影响[18]

图5-21表示德国Thyssen施威尔根1号高炉，利用系数1.96t/（m³·d），日产8800t/d，喷煤120～169kg/t，风口风速230～240m/s，使用10组不同质量焦炭的情况下，风口平面上渣铁量分布[19]。表5-4列出了10组焦炭的数据和煤比。图5-21（a）表示最高焦粉-6.3mm量与铁水量的关系。由图5-21（b）看出在距离风口约1.2～1.7m的死料堆外表面铁水的分布量达到最大。图5-21（c）显示炉渣也在距离风口1.5～1.8m的死料堆外表面有最大量。可是在死料堆内渣比铁水多。研究还指出，在焦粉-6.3mm最高的位置也正是铁水最高的位置。

表 5-4　不同焦炭数据和煤比[19]

试验编号	焦炭级别	灰分/%	S/%	转鼓指数/%	粒度组成/%			稳定性/%	CSR/%	煤比/kg·t⁻¹
					10mm	40mm	80mm			
17	AT	9.4	0.82	80.5	2.5	34.8	97.3	98.7	59	120
18	RAG I	8.7	0.76	82.4	2.1	24.8	89.5	89.7	52	169
19	RAG I	8.7	0.76	79.9	1.5	25.0	89.8	89.7	58	169
20	RAG I	9.0	0.77	80.9	1.9	23.7	87.7	89.7	51	169
21	RAG II	9.8	0.74	79.6	1.5	16.1	83.8	85.3	62	148
22	RAG II	9.8	0.73	79.3	2.3	15.7	79.2	85.3	61	148
23	RAG II	9.6	0.79	81.7	1.5	10.2	82.9	85.3	62	148
24	RAG II	9.5	0.78	82.6	1.2	9.3	79.6	85.3	61	148
25	AT	9.4	0.79	78.9	3.3	33.8	98.4	98.7	59	120
26	AT	9.2	0.78	79.4	3.2	28.9	94.8	98.7	59	120

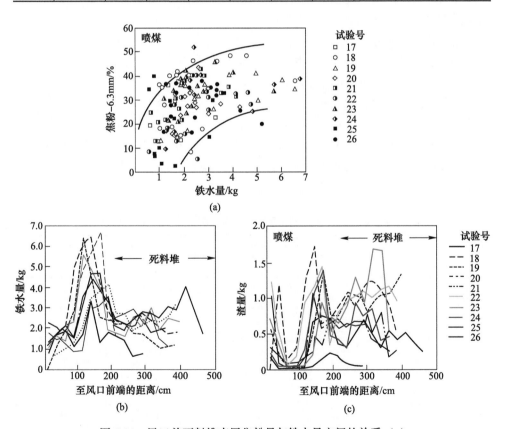

图 5-21　风口前死料堆表层焦粉量与铁水量之间的关系（a）
以及风口平面上渣铁量（b,c）[19]

Thyssen 还研究了不喷煤时的情况，风口平面上渣铁的分布以及焦粉的量都有明显的平缓和减少。最大铁水量和最大渣量只有喷煤时的一半，并且最高点更远离风口前端，移动到接近 2m 处。焦粉最高点也有所下降，并向风口远端移动。这个试验说明，不但炉内煤气流动将渣铁集中到燃烧带，而且死料堆表层的透液性也对渣铁的集中起到了重要的作用。

上述高炉的强化程度都比较低，风口鼓风动能和风速适中，如果采用高风速，边缘区域的炉料下降速度加快的话，则炉料的还原更不充分，循环区前端、燃烧带处的渣铁量更要增大。

5.2.1.2　渣铁滴落高度及滴落时间

图 5-22 为大分 2 号 5070m³ 高炉（第一代），炉缸直径 14.8m，在风口上方 5.6m 的炉腰处插入外径 114.3mm，插入炉内的最大深度 6.5m，倾斜角 25°的炉腰取样器，取样器上设 13 个测量点；测量功能为炉料采样、煤气温度和煤气成分、用光测量（图像纤维观察炉内，用光纤辐射高温计测量固体温度），以及微波计（用微波可以识别矿石层、焦炭层等料层）四种测量功能。此外，在风口设有 6 个测量点的风口取样器[20]。

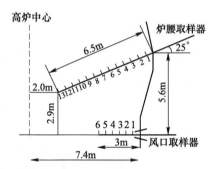

图 5-22　大分 2 号高炉设置的炉腰取样器和风口取样器测量点的配置[20]

表 5-5 列出了在生产中用炉腰取样器测量软熔带时，附带采集的熔融金属的含硅、碳浓度。用光学显微镜观察到分散在炉渣基底上熔融状态的圆形金属滴。软熔带部位 [Si] 很低，只有微量，[C] 也比较低。

表 5-5　高炉生产中于炉腰取样器采集的炉渣和金属化学成分[20]

日期		1984-03-05	1985-01-16	1985-01-31	1985-02-07
取样位置		7，8	—	6，8	8
渣铁温度/℃		1250	—	1220	1030
金属	Si/%	0.02~0.03	0.001	痕迹	0.002
	C/%	2.40	2.531	1.734	1.60
	Mn/%	痕迹	0.217	痕迹	0.228
	S/%	0.041	0.024	0.035	0.0058
炉渣	TiO₂/%	0.25	0	0	0
	CaO/%	33.2	24.1	46.6	41.2
	Na₂O/%	0.4	0	0.2	0.25

	MnO/%	0.2	0	0.5	1.0
	K_2O/%	1.23	2.7	0.4	0.3
	MgO/%	3.90	10.0	3.96	4.45
炉渣	FeO/%	19.7	0	1.0	0.2
	SiO_2/%	26.4	28.5	30.8	28.95
	Al_2O_3/%	3.68	13.7	8.50	9.1
	合计/%	89.1	80.5	92.3	85.85
	CaO/SiO_2	1.15	0.98	1.50	1.43

图 5-23 表示大分 2 号高炉炉腰取样器及风口取样器测量温度分布以及块状物、软熔物的 FeO 浓度的分布。图 5-23 （a）为"W"形软熔带对应于倾斜的根部为 3~5 测量点的部位，只有焦炭层，没有块状矿石和软熔物。死料堆的平均温度比倒"V"形软熔带（图 5-23（b））低。此外，"W"形软熔带循环区高温部位的温度较低，滴落带的升温幅度也较小。而且，软熔范围宽相当于在循环区深部第 7 个位置的软熔物中 FeO 的浓度高。按照图 5-24 中炉腰取样器推力，可以将软熔带的形状绘成示意图。炉腰取样器测量"W"形软熔带开始软熔的部位下降到炉腰取样器的下面，估计高炉中间部位的软熔带比边缘更接近风口水平面。倒"V"形软熔带的死料堆温度高。

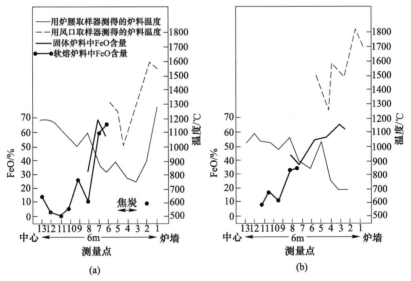

图 5-23　用炉腰取样器和风口取样器测量"W"形和倒"V"形软熔带的炉料温度和 FeO 的分布[20]

（a）"W"形软熔带（1984-11-08）；（b）倒"V"形软熔带（1984-11-21）

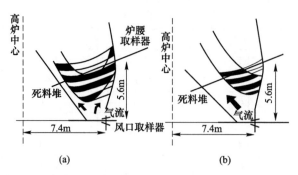

图 5-24　高炉内 "W" 形和倒 "V" 形软熔带分布示意图[20]
(a) "W" 形软熔带 (1984-11-08)；(b) 倒 "V" 形软熔带 (1984-11-21)

图 5-25 表示通过炉腰取样器插入的推力，求出从软熔带内侧 (C_x, C_y) 到风口前端 (T_x, T_y) 炉渣和铁水的平均滴落距离，并做三个假定：(1) 炉渣和铁水主要是在软熔带内侧至风口前端之间滴落；(2) 炉腰取样器测定的软熔带内侧位置能近似地表示软熔带内侧的形状；(3) 炉渣和铁水的平均滴落距离为在滴落带的断面积上，风口平面至软熔带内面的距离的加权平均值。

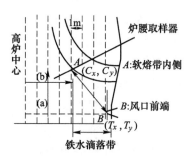

图 5-25　软熔带至风口的
平均滴落距离[20]

炉渣和铁水平均滴落距离 H_c 由下式表示：

$$H_c = \frac{\int_{T_y}^{C_y} \pi \left[\frac{T_x - C_x}{T_y - C_y} \left(Y - C_y + C_x \frac{T_y - C_y}{T_x - C_x} \right) \right]^2 \mathrm{d}y - \pi C_x^2 (C_y - T_y)}{\pi T_x^2 - \pi C_x^2} \tag{5-1}$$

假定在炉缸断面上炉渣和铁水的滴落量和焦炭粒度均匀的情况下，根据炉渣和铁水平均滴落距离 H_c 可以估计炉渣和铁水平均滴落时间如下：

$$\theta_s = \frac{62 \rho_s^{0.12} \mu_s^{0.37} H_c}{(S \eta_V V_u / d^2)^{0.49} D_c^{0.81} g^{0.44} (1 - \varepsilon)^{0.60}} = 1000 \times \frac{H_c}{(S \eta_V)^{0.49}} = 891 \times \frac{H_c}{(S \eta_A)^{0.49}} \tag{5-2}$$

$$\theta_p = \frac{62 \rho_p^{0.12} \mu_p^{0.37} H_c}{(\eta_V V_u / d^2)^{0.49} D_c^{0.81} g^{0.44} (1 - \varepsilon)^{0.60}} = 2.65 \times \frac{H_c}{\eta_V^{0.49}} = 2.36 \times \frac{H_c}{\eta_A^{0.49}} \tag{5-3}$$

式中　ρ_s, ρ_p——炉渣和铁水密度，$\rho_s = 2380 \text{kg/m}^3$，$\rho_p = 7000 \text{kg/m}^3$；

　　　　η_V——有效容积利用系数，$t/(\text{m}^3 \cdot \text{d})$；

　　　　η_A——炉缸面积利用系数，$t/(\text{m}^2 \cdot \text{d})$；

　　　　V_u——有效容积，5070m^3；

d——炉缸直径，14.8m；

g——重力加速度，$1.27 \times 10^8 \mathrm{m/h^2}$；

D_c——焦炭平均直径，0.05m；

S——渣铁比；

μ_s，μ_p——炉渣和铁水的黏度，$\mu_s = 6200 \mathrm{kg/(m \cdot h)}$，$\mu_p = 1430 \mathrm{kg/(m \cdot h)}$；

ε——焦炭床的空隙率，0.50。

在炉渣与铁水滴落高度相同的情况下，仅仅考虑了炉渣与铁水的密度和黏度不同，两者的滴落时间相差约 350~400 倍。由此可以推断，滴落带内出现液体滞留和液泛现象主要是由炉渣引起的。实际上，在炉缸断面上炉渣和铁水的滴落量极不均匀。其分布受炉料分布、鼓风动能、煤气流动、焦炭粒度、浸润性和填充床的空隙率的影响。其中前三者的影响最大。

由炉腹下部设置炉腹取样器和死料堆取样器来实测和观察从软熔带形成到铁水滴落区域的结果，初步得到生产中高炉的软熔带位置及软熔带变化与铁水含硅之间的定量关系：

（1）得到软熔带内、外位置与铁水含硅量之间的关系，软熔带内、外向高炉下部移动时铁水含硅量也下降。关于软熔带形状，"W" 形软熔带操作与倒 "V" 形相比较，渣中 FeO、铁水含硅量、铁水含碳量低。

（2）当倒 "V" 形软熔带操作时，平均铁水滴落距离缩短 0.4m，铁水含硅量下降 0.3%。

（3）作为 "W" 形软熔带操作时，铁水含硅也能低的理由，循环区深部附近的熔融物温度低、FeO 的浓度高，抑制了 SiO 气体的发生以及抑制了 Si 向铁水的转移。

（4）铁水的滴落时间还与风口前渣铁的滴落强度有关；高炉产量越高，铁水的滴落时间越短。

总之，随着高炉提高产量和铁水滴落高度减小，铁水的滴落时间缩短。

国外曾经统计了高炉强化与高炉寿命的关系。当高炉一代炉役的平均利用系数提高时，高炉寿命缩短，并存在负相关性；并且从利用系数与炉缸铁水的流动、传热和凝结层的形成和脱落等方面进行了分析。

铁水的滴落时间 θ_p 与铁水渗碳、炉渣中 Mn 的还原，以及 SiO 蒸气与铁水的接触等有关铁水成分的指标都存在相关的关系。当 SiO 蒸气与铁水接触反应时间 θ_p 缩短（$\theta_p = 0.8 \mathrm{min}$）、平均铁水滴落高度缩短 0.4m 时，可降低铁水含硅 0.3%。

与此同时，用炉腹取样器采集软熔带附近熔融金属的碳、锰、硅和硫含量。在软熔带部位，[C]、[Mn] 和 [Si] 的含量很低，当软熔带内侧向高炉下部移动时，铁水含硅量下降。这表明 SiO 蒸气与铁水的接触时间 θ_p 很短的场合，Si 的水平低。

取样器通过光纤能够直接观察软熔带及料层的结构、软熔带内面气流的状况。观察到在软熔带与死料堆之间形成的环形空间中，焦炭呈漂浮游动的流态化状态。焦炭的颗粒完整，粒度约为40mm。在软熔带内面焦炭处于通过的煤气与焦炭下降的重力互相平衡的状态，这时煤气的流速可以用最小流态化速度来计算[21]。

5.2.2　滴落时的熔融还原

一般认为，在高炉软熔带矿石中的铁已经大部分还原，初渣中FeO的含量会很低，因此高炉下部的熔融还原往往不被重视。此外还由于高炉渣铁滴落带正处于炉腹部位，在炉腹外部高炉设有热风围管、送风支管等结构，给实测滴落带渣铁成分的变化造成困难。许多风口取样的结果都证实，在循环区附近渣中FeO的含量达到2%~50%[19,22~24]。由于熔融还原消耗大量焦炭和热量，对高炉下部的状态和炉缸寿命有重大影响不得不进行研讨。

5.2.2.1　铁水滴落时成分的变化

高炉解剖调查研究证明矿石的还原中FeO的还原程度对炉腹部分其他元素的熔融还原和铁水渗碳有重大影响。图5-26[20]为试验高炉中取样分析铁水的成分与矿石还原度的关系。

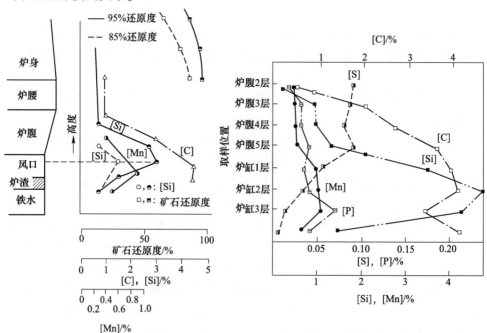

图5-26　试验高炉中金属成分的变化[20]

在低还原度矿石滴落时，依靠熔融还原大量的（FeO）。在到达风口时，生成的铁水中［Si］、［Mn］、［C］的浓度也比较低（虚线所示还原度85%的矿石对应于虚线Si浓度变化）。

（1）在低还原度矿石落下的区域中，由于炉渣中含有大量FeO，FeO的活度 a_{FeO} 高，大量进行FeO熔融还原；高炉下部高温的区域温度水平比较低。相应地铁水中的［Si］、［Mn］、［C］也比较低。以铁水中［Si］的变化最为明显，可以作为标志。由于发生SiO或SiO$_2$与含碳铁水的反应受到抑制，［Si］低。

（2）当炉渣滴落时，渣中含有大量FeO使这个区域的氧气分压 P_{O_2} 升高，引起SiO再氧化成SiO$_2$，加剧了风口平面以下［Si］的再氧化，同时也使铁水中的［C］氧化。

（3）低还原度的矿石滴落的氧化性强，反映出还原气氛也较低，除了脱除［Si］以外，Mn表现的也与Si一样被氧化成MnO。因此，为了降低［Si］而降低铁的还原率，增加熔融还原的负荷，反而会提高燃料比，对炉缸寿命极为不利，是得不偿失的。

（4）虽然在高炉内铁水含碳量在炉腹上部开始迅速增加，到达风口平面达到3%~4%，但是由于FeO熔融还原的发展也抑制了铁水的渗碳，使得铁水脱碳而影响含碳量。

因此，炉渣滴落过程，包括滴落距离、滴落时间和渣铁的数量、成分的分布对熔融还原有重大影响。

在高炉炉内渣铁滴落以前矿石的还原程度对冶炼的效果具有重大的影响。在滴落带对初渣中剩余的FeO，以及Mn、Si、S、P等元素进行熔融还原，其中对铁水含硅的过程研究得比较充分。从总体上来说，在高炉上部和软熔带矿石已经得到了较充分的还原。

5.2.2.2　FeO的熔融还原

我们可以计算一下，矿石的还原率虽然高，但是富集或全部残存的FeO重量进入到炉渣中，则初渣中的FeO含量就相当高。如果以在软熔带成渣前，矿石中残存的FeO为5%，每吨铁的矿石消耗量为1650kg/t，残存的FeO为82.5kg/t，渣量按300kg/t计算，则渣中FeO含量为27.5%，含量相当可观，因此在高炉生产中不能忽视其影响。大量的渣铁在通过风口燃烧带时被氧化，产生FeO进入炉渣，以及高炉气流变化、炉况波动，没有被加热和还原的炉料形成生降落入炉缸。特别是，在低燃料比操作和高产时，高炉下部的热储备不足，容易引发炉凉事故，因此必须予以重视。

图5-27表示广畑1号高炉生产中风口水平取样器得到的数据[25]。由循环区进入燃烧带的位置渣中FeO最高，变化范围很大，由百分之几到40%，中心渣中

FeO 降低。以至于影响到死料堆内的温度、铁水含碳量等。图中的曲线将用于以后死料堆内还原吸热及温度分布的模型计算。

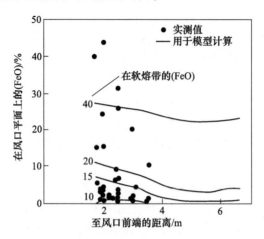

图 5-27　风口平面渣中 FeO 的含量[25]

　　福山 4 号高炉在风口前端 0.9m 焦炭循环区外面的燃烧带中，（FeO）含量为 25%~26%，明显比终渣成分 0.3%~0.5%高。在风口前端 1.3m 处（FeO）呈 2%~20%范围内巨大的变化。在这个区域达到 1500~1700℃的高温，同时由于这个区域是从氧化性气氛很高的循环区边缘到焦炭床，也就是说，在渣铁大量滴落的区域，有含（FeO）很高的炉渣进入炉缸。这也是依靠渣中（FeO）铁水中降硅的缘故。因此在低硅冶炼时，过低的 [Si] 会影响高炉寿命。

　　由于风口循环区（FeO）含量高，铁水中的 [C]、[Mn] 低，[S] 高，其分布的特征表示在图 5-28（a）中，图 5-28（b）为 [Si] 的分布[18]。

　　[C]、[Mn] 的含量，在风口前端 0.9~1.3m 的范围内，没有达到出铁时铁水的值。[Mn] 的含量明显比出铁时铁水的成分低，在距离风口前端 1.5m 以上才与出铁时铁水的含量相当。[S] 的含量，在风口平面位置比出铁铁水的值高 2 倍以上，特别是风口前端 0.9~1.3m 处明显要高。[Si] 的含量在风口前端 0.9~1.3m 处为 0.01%~1.7%，变动大；在 1.5~2.3m 处在出铁的范围内，为 0.15%~0.3%。此外，在风口前端 1.3m 处 [Si] 含量有的低于 0.1%，可能是在滴落过程中产生脱硅反应的结果；有的高达 0.8%~1.7%，与此同时取的渣样中 Al$_2$O$_3$ 的含量也高，可能是受焦炭灰分的影响。

　　从风口取样的炉渣试样中 FeO 浓度，显示出与金属中的 Si 浓度的相关性。另一方面，炉内各种反应几乎都是以氧气为媒介的氧化还原反应，将各种反应规定的氧气分压与风口平面和出铁口（出铁出渣值）之间进行对比，可以说明在软熔带-风口平面之间，以及风口平面-出铁口之间的反应进行的状况。

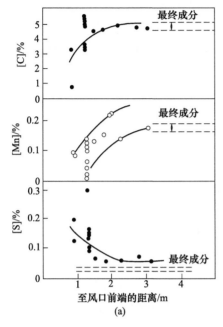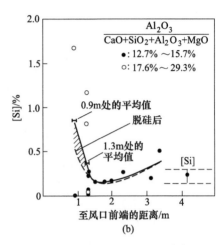

图 5-28　风口平面铁水成分 [C]、[Mn]、[S] (a) 和 [Si] (b) 的分布[18]

福山 4 号高炉对低硅冶炼时，风口平面铁水、炉渣滴落量，以及滴落炉渣中 FeO 含量进行了测量。在风口前端 0.9m 处，渣中（FeO）含量高达 25%～26%，在风口前端 1.3m 处渣中（FeO）含量在 20%～2% 之间有很大的变化，当距离大于 1.5m 时，（FeO）含量在 0～2% 变化，接近终渣中（FeO）0.4% 的含量。也就是说，在冶炼低硅生铁时，大量渣铁滴落的部位，有（FeO）含量很高的炉渣进入到炉缸，见图 5-29。

可是当有大量（FeO）存在时，对（FeO）的作用应充分考虑。过去如果风口平面检测 [Si] 最大为 1%，出铁时为 [Si]＝0.3%，脱硅效率为 20%，则假定脱除这些 Si 必须有 180kg/t 的（FeO）。炉渣中必须有 50% 以上的（FeO）。

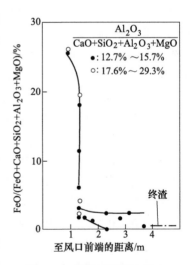

图 5-29　在风口平面上渣中 FeO 的含量[18]

为了不影响测量风口的进风量，采用从相邻风口斜插式取样器测定生产高炉燃烧带的炉渣中（FeO）大多为 15%[22]。

如前所述，在软熔带形成熔融炉渣时，由于含 FeO 高的炉渣熔点低，渣相溶解了矿石中的浮氏体而熔化，而且 FeO 含量高的炉渣流动性好，加速其流动。

图 5-30 表示在风口平面［Si］含量的分布，炉内硅的移动，以及对风口以下脱硅量的示意图。图中 A 为循环区外围从 0.9m 到 1.3m，B 为风口前端 1.5 ~ 3m 铁水的流动。

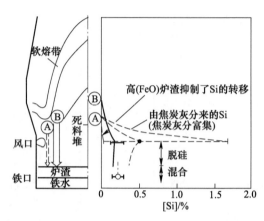

图 5-30　高炉内风口前铁水流动的两个路径中硅的变化示意图[18]

从软熔带到风口之间，由于 FeO 含量高，抑制了硅的转移，并且进行脱硅反应和脱碳反应，因此硅的含量波动大，在风口平面硅的平均含量为 0.51%，比出铁时的 0.23% 高，而在 B 流域平均为 0.16%，比出铁时低。在风口以下，渣中高浓度 FeO 的存在，使得在 A 流域进行脱硅反应，使硅的浓度下降了 0.35%。由于 B 流域（FeO）含量不到 2%，脱硅量在 0.02% 以下。在喷油的情况下，A 流域铁水的滴落量占全部的 30%，最终在炉缸内与 B 流域低硅铁水混合达到出铁时的含量。在炉缸中终渣的 FeO 平均含量为 0.4%，而（FeO）含量在 0.2% 以下脱硅反应就很难进行。

在生产的高炉中，液相的稳定流动也是维持高炉炉况稳定的重要因素之一。一般高炉下部铁水和炉渣呈液滴或流柱状通过焦炭层。铁水及炉渣分别具有不同的密度、黏度、表面张力。典型的表面张力分别为 1.1N/m 和 0.4N/m，差别很大。两者不同的表面张力，在通过焦炭层时就会有不同的行为[26]。

以熔融炉渣来说，含有不同 FeO 其黏度之差也很大。图 5-31 表示由正常操作状态时软熔带滴落的炉渣中 FeO 为 15%，到渣中 FeO 为 40% 的不稳定状态，渣中（FeO）40% 比渣中（FeO）15% 黏度低，滴落速度快。图中的曲线将用于以后死料堆温度分布的模型计算。

当炉身部位还原差时，软熔带滴落的渣中 FeO 含量升高，导致铁水温度急剧下降。正常操作时渣中 FeO 为 15%，当滴落的炉渣中 FeO 升高时死料堆的温度发生变化，出铁时炉渣和铁水温度也随之下降。

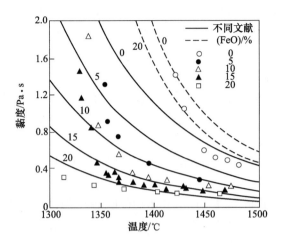

图 5-31 炉渣的黏度与 FeO 含量的关系

当采用过吹型中心加焦时，炉内 O/C 不均匀性非常严重，大量煤气集中到中心逸出炉外，边缘和中间部位的热流比很高；炉内软熔带形状变成揭掉顶盖的倒"U"形，根部高度增高，炉内气流分布和软熔带的形状会变得不合理；<1000℃块状带的范围变小，温度场变差，煤气与矿石的接触变差；炉墙和中间部位存在大量还原率低的矿石，不可避免地有大量高（FeO）炉渣进入炉缸，以及没有充分渗碳的铁水流入炉缸。

在过吹型中心加焦的高炉中，经常能够发现风口生降，在休风时发现风口处还有没有熔化的矿石，以及有的高炉发生软熔带根部的渣皮滑落使风口曲损等现象，这都可以证明存在未被充分还原的矿石直接进入炉缸的状况。特别是，过吹型中心加焦加重了边缘的矿石负荷，中心煤气过旺而边缘煤气不足，更增加了边缘矿石不能充分还原，使含有大量（FeO）的炉渣和含碳量低的铁水沿炉缸侧壁流入炉缸，远远超过图 5-21 喷煤采用正常装料制度时的渣铁流量。铁水流状态的改变，使铁水与焦炭的接触变差，铁水与焦炭的相对浸润面积缩小，渗碳条件变差。

5.2.2.3 高炉炉内硅的还原反应

控制高炉生铁含硅量十分重要，应该选择合适的铁水含硅量。铁水含硅量由多方面的因素确定：降低入炉原燃料中带来的 SiO_2 含量的可能性；优化操作参数（如降低风口前的理论燃烧温度等）；在低燃料比、低焦比操作时，为了确保高炉稳定顺行必须保证一定的热量储备，减少炉温的波动；减少高 FeO 的炉渣进入炉缸，以保证高炉炉缸寿命不受影响等综合性的措施。

由于铁水［Si］代表了炉温，因此对高炉下部 Si 转移进行了广泛的研究。

　　实践证明，从炉内炉腰部位下降矿石的还原度与铁水中的［Si］、［Mn］、［C］浓度之间有明显的相关性。其原因是高炉炉内的［C］、［Fe］、［Si］、［Mn］、［S］等元素的浓度是由焦炭、炉渣、铁水、煤气四者的相互反应决定的。炉内各种反应都是以氧气为媒介的氧化还原反应，反应的氧气分压 P_{O_2} 及其活度 a_{O_2} 与风口平面至出铁口（出铁出渣值）之间进行对比，可以计算出软熔带-风口平面之间，以及风口平面-出铁口之间的反应进行状况、反应进行的程度。影响铁水含 Si 量的主要因素有三个方面：

　　（1）控制硅的来源，因为硅主要来自矿石中脉石与焦炭、煤粉灰分中的 SiO_2；

　　（2）控制滴落带的高度，因为铁水中吸收的硅量是通过随煤气上升的 SiO 气体与滴落铁水中［C］发生反应而还原出来的，降低滴落带高度可以减少铁水中［C］与 SiO 相接触的机会；

　　（3）增加炉缸渣中的氧化性，提高 FeO 含量，以促进铁水脱硅反应的进行。

　　A　铁水中硅的来源及其与其他成分的关联

　　高炉炉内 Si 的源头是焦炭灰分中的 SiO_2 和炉渣中的 SiO_2。Si 的移动是受气相中 SiO 与铁水之间的反应所支配，受如下三个反应速度的限制：

$$SiO_{2\,coke} + C_{coke} = \{SiO\} + \{CO\} \tag{5-4}$$

$$(SiO_2) + C_{coke} = \{SiO\} + \{CO\} \tag{5-5}$$

$$\{SiO\} + [C] = [Si] + \{CO\} \tag{5-6}$$

式中　$SiO_{2\,coke}$——焦炭灰分中的二氧化硅；

　　$\{SiO\}$，$\{CO\}$——气相中的一氧化硅和一氧化碳；

　　［C］，［Si］——铁水中的碳和硅。

　　由于焦炭灰分中 SiO_2 的活度 a_{SiO_2} 比较高，而且与焦炭中碳的接触条件极好；硅的还原反应分为两个步骤，即在风口以上的高温区，发生了 SiO_2 的还原反应，产生的 SiO 气体；随着煤气上升，在上升过程中与滴落带不断下落碳饱和的铁水相遇，SiO 气体与铁滴中的碳参加了反应，铁滴中的［C］有所下降。从生产高炉和试验高炉的解剖调查中发现一个有趣的现象，在风口区域 SiO 分压高的地方，$\{SiO\}+[C]=[Si]+\{CO\}$ 脱碳反应比渗碳反应要快。这使得铁滴对 SiO 气体的吸收达到 70%~100%，结果是 Si 进入铁水，而铁水中的碳含量下降。随着铁滴的不断下降，铁水中的硅含量也越来越高，以致在风口上方达到最高含量。当铁水下降通过风口时，由于风口以下部位的高氧化势，使含硅量由于氧化作用而明显降低，同时铁水的含碳量也不能提高。进入炉缸后，高碱度渣降低了 a_{SiO_2}，再加上渣中 MnO、FeO 的氧化作用，反应式为：

$$2(MnO) + [Si] = (SiO_2) + 2[Mn] \tag{5-7}$$

$$2(FeO) + [Si] = (SiO_2) + 2[Fe] \tag{5-8}$$

使生铁中的含硅量进一步降低，达到了出铁时的含硅量。因而，炉渣起到了脱硅和脱碳的作用。铁水中含硅量变化见图 5-32[27]。

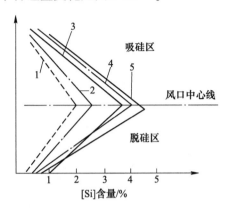

图 5-32 高炉铁水 [Si] 含量在炉内的变化[27]

1—杭钢 3 号高炉；2—涟钢 4 号高炉；3—湘钢 2 号高炉；4—承钢 2 号高炉；5—太钢 4 号高炉

可以看出，铁水中 [Si] 含量在风口水平面处达到最高，故可以这样来划分；在风口水平面以上，主要是硅的还原，铁水 [Si] 含量不断升高的过程，因此称为硅的还原区，铁水吸硅区又叫做增硅区；在风口水平面以下，由于各种氧化作用的结果，铁水 [Si] 含量不断减少，形成一个脱硅过程，因此可以叫做硅的氧化区，铁水脱硅区又叫做降硅区。

B　风口区域的氧势

由于风口循环区内的氧化性气氛使得炉缸内具有一定的氧化势，使滴落的渣铁被氧化，并在炉缸内重新提高还原势。

为了大致了解 C-O-Si 系，图 5-33 表示了 C-O-Si 系的 $\log P_{O_2}$-T 的关系，并且图中还包含了 SiO_2、SiO、SiC 存在的区域，C 的等活度线和 Si 的等活度线，以及等 P_{CO_2}/P_{CO} 线，还表示了其间的共存关系[28]。

在图右方的阴影区域表示为存在 SiO 气相 $10^{-3} \sim 10^{-2}$atm（$10^2 \sim 10^3$Pa）的区域。从这个区域向右方的两个箭头对应于炉内产生 SiO 转移的过程。其中区域 I 表示 SiO 气体与铁水接触在低温下向铁水转移，用碳素还原成 Si 的区域；区域 II 为 Si 气体又被氧化的区域。此外，I 与 II 两个区域的分界线权且选定在铁水中 Si 的平衡浓度为 0.15% 临界值。而且，附加了 $a_C = 10^{-2}$ 以上的条件。通过区域 I 的 SiO 气体比例增加，则 SiO 气体溶入铁水中的量也增加。

C　风口区域硅还原反应速度

从高炉解剖调查和试验炉取样分析，高炉风口周围都是处于化学反应动力学区域，各种反应并没有达到平衡。

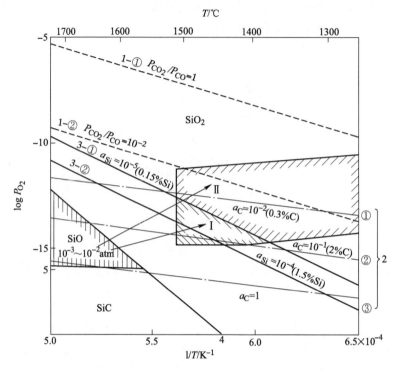

图 5-33　C-O-Si 系的 $\log P_{O_2}$-T 图（1atm$=10^5$Pa）[28]

　　名古屋 1 号（第二代）2518m³ 高炉，炉缸直径 11m，大修停炉时利用系数 1.71t/(m³·d)，燃料比 470kg/t，O/C 为 3.77。停炉休风后在炉顶和风口通氮 1 个月[29]。图 5-34 表示高炉下部解剖调查的结果[30,31]。

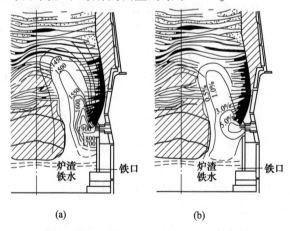

图 5-34　名古屋 1 号高炉解剖调查的高炉下部温度（a）和铁水含硅（b）的分布[30,31]

由图可以了解高炉下部整个剖面上的温度分布与炉内 Si 的分布存在良好的对应关系,很明显 [Si] 受温度的影响很强。从等温曲线和铁水等含硅曲线来看,在风口前端的循环区是炉内温度最高的区域,同时也是铁水 [Si] 最高的区域。随着煤气上升温度逐步下降,含硅量下降,这符合风口循环区产生的煤气进入燃烧带后被还原和温度下降的规律。可以说明燃烧带与软熔带,特别是与软熔带根部之间可能相互衔接。如前所述,软熔带内面就是疏松的焦炭,因而不能确定燃烧带上部有没有边界存在,其间的变化对炉况稳定有重大的影响。

铁水通过风口前端循环区以后,铁水脱硅、脱碳,其中的 [Si] 再次减少,低硅曲线一直延伸到炉缸出铁口平面,在高度方向呈狭长分布。靠近炉墙侧,由于倒"V"形软熔带的根部透气性差,煤气的流量小,热流比高,炉料温度低,使得铁水等硅线梯度下降得很快,这还受软熔带根部存在大量未被还原的炉料的影响,氧化势高,铁水降硅和脱碳。

高炉中心受死料堆透气性、透液性的影响,以及大量铁水沿死料堆表面流动的影响,煤气温度很快下降,铁水增硅的作用明显降低。

由于风口循环区的高温,在风口前端形成大量 SiO 气体,铁水中的 Si 急剧上升。可是从风口平面到炉缸,一度升高的 [Si] 又下降。其原因是随着温度下降、P_{CO} 变化,渣铁之间的平衡向降低 [Si] 方向移动。休风后铁水长时间滞留,由于 P_{CO} 降低,Si 浓度将上升,并预计其绝对值有必要进行调整,特别是在高温部位没有得到高浓度的 [Si]。

根据高炉炉内温度分布、煤气流速分布、液体流速分布等信息,结合反应动力学中的反应速度和物质移动建立 Si 移动模型[30]。

沿着煤气流线计算 SiO 的产生和吸收反应,从液体流动模型计算沿着铁水的流线按照吸收的 Si 积分推算铁水中的 [Si]。在 1600℃ 计算反应的平衡 [Si] 为 $\Delta G = 20700 - 14.55T$ 应达到 17%,炉内铁水中的 [Si] 并没有达到增硅反应的平衡。由图 5-35 可知,在正常的软熔带根部,风口理论燃烧温度为 2325℃,死料堆空隙率 0.36 时,风口周围深入到死料堆内部,上至软熔带,下至炉缸下部都受反应速度的限制(见图 5-35(a)和(b))动力学控制的范围接近风口的炉墙部位。特别是风口理论燃烧温度为 2157℃ 时,铁水等 [Si] = 0.1 线一直延伸到渣铁熔池中,动力学控制的范围也应一直延伸到渣铁熔池表面。

在生产高炉中,用倾斜取样器取铁水样的 [Si] 分布与模型计算很好地一致。在风口理论燃烧温度为 2325℃ 情况下,出铁时的 [Si] 为 0.53%。从高炉炉内的等含 [Si] 量曲线来看,在循环区前端的浓度为 1.0% 左右,越靠近风口前端 [Si] 越低。而高 [Si] 浓度区域是在循环区前方的死料堆内。其理由是死料堆内滴落的铁水少,带有 SiO 的煤气量多能够充分地增硅。不过这部分高浓度 [Si] 铁水量少,对出铁值的影响不大。循环区内和沿死料堆表面的铁水量大,

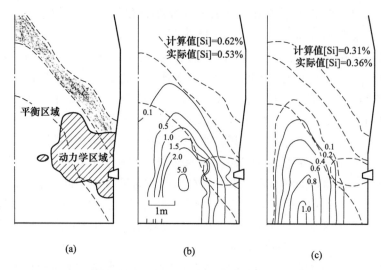

图 5-35　风口反应动力学区域（a）和等［Si］线的分布（b，c）[30]

风口理论燃烧温度：（a）（b）2325℃；（c）2157℃

对铁水增［Si］的影响大。

D　合适的铁水硅含量

高炉内硅的反应机理和硅的迁移表明，铁水中含硅量高低主要受循环区产生的 SiO 气体反应的影响，其次受炉内滴落带和死料堆内渣中 FeO 与铁水之间化学反应的影响。因此，在高炉实际操作中有效降低铁水含硅量的条件有：

（1）降低焦比、焦炭灰分和降低烧结矿 SiO_2 含量，特别要降低焦炭灰分。SiO 气体来源于焦炭和渣中的 SiO_2，由于焦炭和煤灰分中 a_{SiO_2} 提高时，促进了 SiO 气体的挥发，提高了硅的吸收量。

（2）降低风口循环区的火焰温度，减少 SiO 气体生成量；降低铁水温度，减少吸硅。

（3）减少高炉高温区体积，扩大炉内中、低温区的范围。控制好软熔带的形状和位置，降低软熔带的高度，减少铁水与 SiO 气体的接触时间；渣铁液滴的滞留时间越长，所吸收的硅就越多。

（4）优化炉渣性能，降低渣中 a_{SiO_2} 有利于降硅。提高渣的碱度，特别是由于形成硅酸钙等化合物降低了 a_{SiO_2}，有利于铁水中［Si］的氧化。适当的 MgO 含量有利于改善炉渣的流动性与稳定性。

当采用低硅冶炼时，应该注意实效，并注意对高炉寿命的影响：

（1）铁水含硅量低时，碳素的饱和浓度低，溶解碳素的能力强。

（2）如果依靠降低软熔带或根部肥大来降低含硅量，则将导致进入渣中的 FeO 升高，提高了炉缸内熔融还原的负荷，高炉下部热量消耗高，应综合考量能否降低燃料比。

（3）高 FeO 炉渣和低 Si 铁水进入炉缸后，强化了对炉缸炭砖的侵蚀作用。

（4）如果采用"W"形软熔带来降低含硅量，将导致边缘煤气流发展，引起煤气利用率下降，也将导致炉体热负荷的升高。

因此，从 20 世纪 90 年代开始，为了降低铁水含硅量大都采用炉前脱硅或者由炼钢处理。

5.2.3　熔融还原对焦炭劣化的影响

前面我们已经介绍了溶损反应和风口前鼓风对焦炭的破坏作用，不过在讨论熔融还原对焦炭劣化的影响之前，还要强调焦炭质量与炉缸状态有密切的关系。无论是焦炭冷强度、反应后强度都对炉缸状态有很大的影响。湛江 1 号 5050m³ 高炉，炉缸直径 14.5m，死铁层深度 3.6m，死铁层深度约为炉缸直径的 25%。通常炉底温度可以反映炉缸透液性，当炉缸活跃、透液性较好时，炉底中心温度相对较高。焦炭 CSR 对炉底中心温度影响不明显的原因可能有如下两个方面：

（1）湛江高炉焦炭 CSR 较高，基本在 71% ~ 76% 之间波动，对炉底中心的铁水流影响不大。

（2）虽然焦炭反应性 CRI 变差，死料堆的透液性会变差，可是由于死铁层较深，死料堆漂浮在炉缸中，只是增加铁水从死料堆下面流过的量，增强了铁水在整个炉缸中的流动，容易维持炉缸的活跃状态，减缓了铁水对侧壁的冲刷，因此并没有对侧壁的温度产生影响。

（3）当焦炭反应后强度 CSR 下降时，进入炉缸的焦炭粒度下降，死料堆透液性、炉缸的活性下降，导致铁水环流增强，炉缸侧壁温度上升。

焦炭反应性 CRI 与反应后强度 CSR 对炉底中心温度的影响比较小。随着焦炭 CRI 的提高，炉缸侧壁温度有上升趋势。焦炭 CRI 的提高会加速焦炭的溶损，导致进入炉缸的焦炭粒度下降，死料堆透液性和活性下降，铁水环流增强，炉缸侧壁温度上升[32]。

在高炉解剖调查时，焦炭的粒度从炉身下部进入炉腰逐渐缩小，到达炉腹以下的风口区域很快地变小。炉身下部的焦炭由于溶损反应劣化，而在软熔带、滴落带和死料堆焦炭的劣化是由于焦炭与 FeO 之间的反应及铁水渗碳反应等所致。熔融还原以及铁水的渗碳和脱碳反应很复杂，其机理还不十分清楚。由于熔融还原是 FeO 与碳素之间的反应，因此反应后焦炭的劣化也是十分关注的问题。

焦炭进入软熔带以后，由于熔融 FeO 及铁水渗碳等作用，粒度明显减小。焦炭与熔融 FeO 反应的形式与溶损反应不同。熔融 FeO 对焦炭的劣化作用与 FeO 的量（O/C）及炉渣中 FeO 的浓度有关。

曾经对熔融 FeO 的反应量对焦炭劣化量（粒度缩小、焦粉产生量）进行过研究[33,34]。图 5-36 比较了与 CO_2 气体劣化的不同：气化反应的界面积大、形成的劣化层厚（图 5-36（a））。熔融 FeO 与焦炭反应的反应界面积小、局限于表面的反应、反应层薄（图 5-36（b））。熔融 FeO 与焦炭反应，焦粉的产生率低，容易产生细粉，提高冷强度可以有效抑制粉化率。

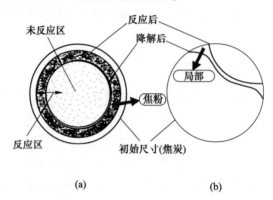

(a)　　　　　　　　　　　(b)

图 5-36　焦炭劣化反应模型的图解[34]

(a) CO_2 气化反应；(b) 与 FeO 的熔融还原

　　虽然增加焦炭与熔融 FeO 的反应量会使产生的粉末增加，可是分摊到块焦的重量上却较小。图 5-37 为炉渣中 FeO 浓度对焦粉率和焦炭劣化的影响。图 5-38 为矿焦比 O/C 对焦炭劣化的影响。

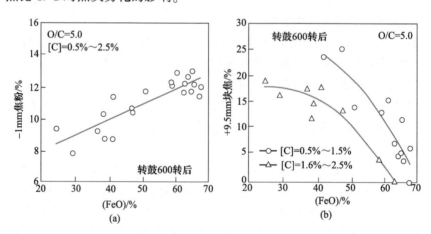

图 5-37　炉渣中 FeO 的浓度对焦粉率（a）和焦炭劣化（b）的影响[34]

　　关于死料堆中焦粉的来源有各种不同的议论，有从循环区产生的焦粉向死料堆扩散的说法，有死料堆中焦粉由上部焦炭一起下降进入死料堆的说法等。支持死料堆中的焦粉是由循环区扩散来的依据是，取样分析死料堆中的焦粉的石墨化程度比较高，其经历的温度比死料堆中块焦要高。

　　在实验室进行了熔融 FeO 对焦炭粉化的研究[35]。在内径 70mm 的坩埚内填充焦炭，在其上部的坩埚中半连续地投入含铁 60.3% 的烧结矿，烧结矿的 FeO 为 66.1%，通入 2.0L/min 的氮气，并迅速加热至 1400~1600℃ 熔化，炉渣由底部的小孔中排出。按照实际高炉中炉渣空塔流速约为 $3.8 \times 10^{-3} \sim 5.3 \times 10^{-3}$ cm/s，设定几种反应温度和滴落的熔融物的空塔流速。反应后焦炭层厚下沉了约 10~30mm，由于坩埚内存在径向的偏差，将其在高度方向分成几个区域，图 5-39 表示分别计算各区域的重量和粒度分布的结果。横坐标以开始时的粒度为基准的无量纲粒度，η 为滴落熔融 FeO 的焦炭反应的面积与填充层内焦炭的总表面积之比。

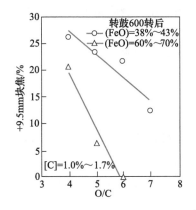

图 5-38　矿焦比 O/C 对焦炭劣化的影响[34]

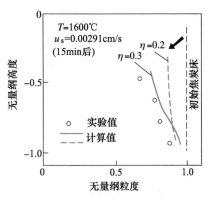

图 5-39　在坩埚内高度与焦炭粒度关系的
实验数据与计算结果的比较[35]

　　图 5-40 表示焦炭填充层高度方向的粒度分布，以及滴落熔融炉渣中 FeO 浓度的分布。横坐标以焦炭的初始粒度为 35mm 为基准的无量纲粒度，纵坐标为距离填充层上部的距离。图为从滴落开始 1 天、7 天和 10 天以后焦炭粒度的分布。

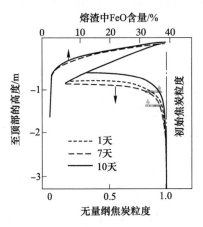

图 5-40　高度上焦炭粒度与 FeO 浓度的分布[35]

开始熔融 FeO 与最上部的焦炭层反应，在 FeO 浓度下降的同时焦炭细化。由于在上部供应焦炭，在最上部经常保持初始的焦炭粒度。由于反复在上部供应焦炭，从填充层上部约 1.0m 的位置焦炭耗尽，以后未还原的 FeO 浓度稀薄，几乎为零，因此在深部没有进行反应，在 10 天以上粒度几乎不变。

在填充层上部焦炭的细化受温度、矿石滴落时的还原率、利用系数的变更而变化。当温度下降时，反应速度慢，滴落的炉渣中 FeO 的消耗也慢，由于未被还原的 FeO 滴落到焦炭层的深部，影响到焦炭细粒化的范围，细粒化的深度也变深。矿石滴落时，由于还原率低，滴落的炉渣中 FeO 浓度增加，反应使焦炭细化的影响扩大。此外，由于利用系数与渣有关，当利用系数降低时，与焦炭的反应得到缓解。

铁水渗碳主要取决于环境气氛、铁水流股状态和铁水与焦炭的浸润面积等铁水与焦炭的接触条件。而铁水对焦炭的浸润性是比较差的。

5.3　死料堆及其对铁水流动的影响

目前还没有能够直接检测死料堆和铁水流动状态的方法。公认的间接检测炉缸状态的指标也很少，一般通过观测铁水碳的饱和度、炉底温度和炉缸侧壁温度来间接判断炉缸的状态。由于炉缸状态事关高炉的安全和长寿，因此保证炉缸状态的长期稳定是高炉生产的重点。

5.3.1　死料堆及焦炭的运动和更新

高炉炉缸内死料堆的结构是决定高炉下部气体、固体和液体流动的重要因素。由于死料堆结构受焦粉和滴落渣铁的滞留等影响，因此研究死料堆的运动及死料堆内焦粉的积蓄和更新十分重要。由于直接观察炉缸内部的难度很大，只有采用数学模型模拟或冷态模型实验进行研究。图 5-41 表示死料堆反复上浮和下沉运动和更新。

5.3.1.1　死料堆内焦炭的更新

图 5-41 为高炉半截冷模型实验结果的示意图[36]。图中综合了高炉下部焦炭的行为，表示了死料堆中焦炭随铁水面上浮、下沉运动的轨迹，以及随之死料堆中焦炭的更新。死料堆底面上浮高度，随实验中加水的水位而变化，焦炭的上浮速度与其所在炉底的位置无关，整体呈平面运动。当送风气流速度高，炉体填充的颗粒密度大时，无焦层的高度 H_f 增加。在模型中加水、排水时，焦炭随之上下运动。一般焦炭运动的路径和更新是：（1）从死料堆表面挤出，沿死料堆表面与焦炭主流合一，向风口循环区移动；（2）经死料堆向下，并由下方向循环区移动。死料堆内焦炭更新的区域主要在风口循环区的下方高度 $L = H_f$，平面 AB

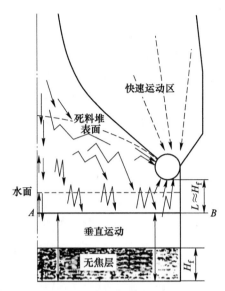

图 5-41　水经过储存或排出死料堆颗粒反复上浮和下沉运动和更新的示意图[36]

上方的区域，与无焦层的高度存在相关关系。而使用炉内四种流体运动的二维模型，计算的死料堆底部呈倒锥形，无焦层的形状呈浅的"V"形[37]。表 5-6 对两个结果进行了比较，表中还列出了风口的气流速度。

表 5-6　二维模型与冷模型的比较[37]

模型	二维模型	半截冷模型
风速/m·s^{-1}	89	36~64.5
死料堆底部形状	浅的"V"形	平底
焦炭范围	整个死料堆	随无焦层高度而定

　　二维模型的特征是循环区的焦炭呈强烈的循环运动。在二维模型中加水的速度超过排水，使死料堆上浮，由于在整体模型中考虑了炉体料柱的垂直荷重，浮力与炉墙摩擦力平衡，在风口上方死料堆形成不动的区域。而浮力将炉底的焦炭推出，向循环区强制移动。此时，浮力使循环区下部成为焦炭的主要消耗区域，使炉缸全部运动和更新。这也是形成"V"形无焦层的原因。

　　另一个实验用透明的丙烯制成高炉下半截的冷模型，以测量死料堆内焦炭的运动[38]。模型底部直径为 0.24m，高度为 0.826m，从底部 0.265m 的高度上设置 8 个风口。在实验前将混入示踪颗粒从模型顶部装入，并从风口周围的侧壁排出。在模型中加入水，并从底部排出，以模拟储铁和出铁，观察和跟踪测量颗粒的运动。基准条件为：气体供应速度为 $4.0×10^{-3}$ m^3/s，固体排出速度为 $4.7×10^{-6}$ m^3/s，液体供给速度为 $2.0×10^{-6}$ m^3/s，液体排出速度为 $4.2×10^{-6}$ m^3/s，液体供给时间为 600s。在装置的垂直方向，在规定时间间隔上切出几个区域，把各个区域速度矢量的测量值用最小二乘法处理。

图 5-42 表示基准条件以及供水和排水时间只有基准条件的 0.8 倍两种情况下，死料堆内的颗粒到循环区排出所需时间的分布。在所有条件下，离循环区远、靠近中心，以及底部的颗粒排出的时间长，在装置下部靠近炉墙角部的停滞时间才延长。由两个条件比较，储水量少的条件，颗粒的停滞时间非常长，死料堆的更新速度慢。在所有条件下，当供水时死料堆的颗粒上浮，在底部形成相当于无焦层的区域。供排水时死料堆跟着上下运动，颗粒向循环区方向移动。由于死料堆上浮比开始供水的时间迟，在储水时间短的条件下，死料堆内的颗粒上下运动比储水时间缩短得更少。由此可以认为与基准条件相比，在储水量少的条件下，死料堆向循环区的平均排出速度要小，死料堆的更新速度慢。

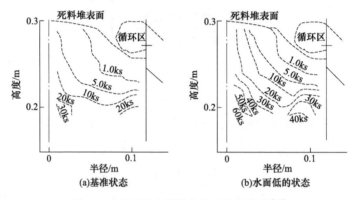

图 5-42　死料堆中颗粒停滞时间的分布[38]

为了达到观测渣铁流动受炉渣的物理特性，以及炉缸焦炭的填充状态的影响，在生产高炉上，利用了放射性同位素 ^{46}Sc 示踪剂，添加在煤粉中作为灰分，测量了焦炭的消耗状况，并用模型实验对炉缸焦炭的行为进行了研究[39]。

得到的结果是，焦炭逐渐消耗，在死料堆中消耗的时间很长（在死料堆中 7~15 天）。除了一部分焦炭上浮至循环区被燃烧以外，图 5-43 表示炉缸中焦炭的移动

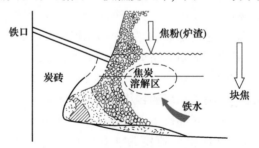

图 5-43　炉缸中焦炭移动状况的示意图[39]

状况。总之，在循环区下方由于渣铁的浮力和滴落物吸收碳素，在到达炉缸时焦炭的粒度变小。此外，炉缸边缘部位的铁口平面上，滴落的炉渣含有大量（FeO）、铁水饱和程度低，在炉缸中的渣铁交界面部位存在焦炭溶解、消蚀的区域。这个区域向下延伸的范围取决于炉渣含有（FeO）的数量和铁水饱和程度及其流股的状态。如果铁水的饱和程度高，并且能减弱铁水向下流动，使这个区域不向炉底角部延伸，那将对延长炉底寿命有莫大的好处；同时如果死料堆下部能及时向这个区域提供新的焦炭，并向循环区进行更新运动，那么对活跃炉缸，保持死料堆的透液性将起到良好的作用。此外，由死料堆中力的平衡来看，在这个区域存在无焦层，是生成铁水环流的原因之一。

为了确认死料堆的焦炭向循环区的更新运动，进行了如图 5-44 的模型实验。在矩形水槽中填充比重小于 1.0 的氧化铝球，其上施加荷重，在模拟风口循环区的部位排出小球，小球很好地移动，在死料堆的中部和炉底的移动速度很慢。

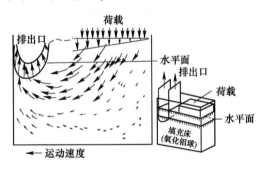

图 5-44 在炉缸模型中铝球的移动[39]

5.3.1.2 死料堆底部形状对焦炭运动和更新的影响

为了研究在炉缸内储存和排放铁水时死料堆的沉浮行为，使用三维高炉整体冷态模型进行死料堆底部形状对沉浮行为的影响[40]。模型以炉容 4250m³、炉缸直径 13.8m 的广畑 1 号高炉为对象，高炉利用系数为 2.53t/(m³·d)，风量 6660m³/min，风口风速 220m/s；实验模型与实际高炉的比例约为 1/50。模型使用透明塑料制作，底部部件制作成平坦型的 F2、锅底型 B 型和象脚型 M 型三种。用水模拟铁水，用 2.8~4.0mm 的发泡聚苯乙烯塑料模拟焦炭。在装置底部装设激光式变位传感器测量死料堆底部的位置和形状。

所有形式在加水之前死料堆底部的位置与各种形式的炉底形状相符。加水 8.3cm³/s，合计供水 5.0×10⁻³ m³ 后死料堆底部约上浮 40mm。其后虽然保持供排水 10min，实际上由于供水比排水稍少，同时从风口鼓风 0.017m³/s 以后死料堆底部几乎平行地向下移动。再后 10min 供水和排水仍按 8.3cm³/s，同时从风口水平排出颗粒 256.5g（平均 0.43g/s）后，边缘部位下沉比其他部位要少，可能是排出颗粒的影响。最后不供水和排水，只在 480s 内排出颗粒 207.6g（平均 0.43g/s）以后死料堆底部的位置几乎与前者重叠，显示出没有给排水的情况下，排出颗粒不影响死料堆底部的形状。

锅底型（B）炉底的实验中几乎按最初的炉底形状变化。其特点是：死料堆上浮有点呈阶梯状；炉墙附近的变化小。可能是炉墙附近的颗粒与炉墙摩擦的缘故。此外，没有观察到风口鼓风或颗粒排出对死料堆底部形状的影响。

当采用象脚型（M）时，水位升降对死料堆底部形状，几乎按最初炉底的形状变化。可是与锅底型比较，炉墙附近的变化不一定比中心部位小。该实验也没有观察到风口鼓风和颗粒排出的影响。

当在死料堆中央加 500g 荷重时，对死料堆上层中部约有 10mm 的下沉，而底部只有 1~2mm 的下沉。部分垂直传播到底部的荷重，去除荷重能够少许恢复；而另一部分使填充层压缩空隙率减小。

为了详细研究排出颗粒，即死料堆中焦炭更新运动时底部形状的变化进行了实验。用平坦型炉底 F2 部件，进行与前相同的实验，填充颗粒 1kg，慢慢地给水直到死料堆底部上浮约 40mm 的位置，把此状态作为开始点，并以 0.017m³/s 鼓风，同时排出颗粒和在水量平衡的条件下反复进行给排水，以改变死料堆的沉浮。大约继续给水 400s，水量只有 8.3m³/s，从死料堆上浮的时点照样给水并排水，再连续 400s 以 16.7m³/s 排水，死料堆大体上下沉到原来的水平。这样给排水一个周期大约排出 250g 颗粒。为了保持荷重恒定，从上部断续地慢慢补充颗粒来平衡排出的量，整体上保持平坦的形状，可是下沉时看到炉墙附近有稍稍倾斜的趋势。此外在下沉时的高度几乎恒定。图 5-45 表示当反复给水和排水而死料堆反复下沉和上浮时，下沉的剖面。图中 F2-06、F2-10、F2-12、F2-14 分别为反复沉浮 3、5、6、7 次以后，下沉时死料堆底部的形状。在炉墙边缘约 30mm 范围内产生平均 30°的倾斜。中心大致是平坦的，不因反复而使倾斜区变宽，中

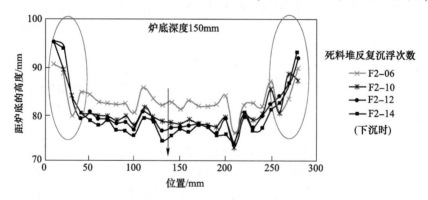

图 5-45　用平底部件 F2 反复给排水时，死料堆形状的变化[40]

心与炉墙部位的高度差也没有扩大。用液面的变化使死料堆沉浮时，由于炉墙的摩擦及剪应力，边缘比中心难沉浮，上浮时边缘的死料堆底部的位置比中心低，下沉时高。此外，排出的颗粒总是向风口上方移动，在炉墙边缘死料堆底部形状应该形成相当于安息角的倾斜。这个试验与小仓 2 号高炉等国外多座高炉停炉不放残铁的解剖调查结果相符，其中部分也被宝钢 3 号、4 号高炉炉底解剖调查所证实。

由于实际高炉上直接测量死料堆的沉浮很困难，只有根据模型实验可以研究死料堆沉浮的行为，讨论实际高炉中死料堆的浮动，希望进一步对死料堆上浮的条件和对高炉操作的影响进行研究。在这里采用实际高炉的操作数据中的荷重和浮力进行平衡计算，研究炉底中心温度与沉浮的关系。

采用广畑 1 号高炉从 1995 年 7 月至 1996 年 9 月，取 10 天的平均值为单位，死料堆沉浮指数和炉底中心炭砖中的温度作为基础。由于死料堆上浮要表现在炉底温度上会有滞后，同一时期比较没有相关性，而取前者与后者相差一个月以后的数据，表示在图 5-46 中，可以看出与炉底中心温度存在负相关关系。

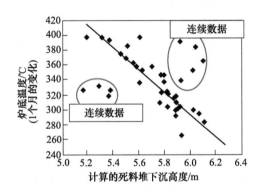

图 5-46　考虑了滞后时间的炉底温度与死料堆下沉高度之间的关系[40]

炉底中心温度与炉底部位铁水的流动有密切的关系。当死料堆从坐落状态变成漂浮状态时，在炉底可能出现无焦层，而增加通过的铁水流，温度就上升。当上浮量超过一定值后，炉底铁水的流动会变慢，温度会下降。而死料堆局部上浮，上浮的区域不同会使温度上升与死料堆沉降指数不一致。

湘钢 3 号 1800m³ 高炉炉底侵蚀成锅底状，估计生产时死料堆漂浮在铁水中，形成约 0.7m 的无焦层。停炉后对死料堆焦炭粒度和空隙率进行了测量。在炉缸直径方向上，边缘的空隙率为 0.3，中间为 0.4，中心为 0.3；在高度方向上，顶部为 0.3 往下逐渐变大，底部达到 0.5。未燃煤粉附着于死料堆的表面形成一层坚硬的壳，越到中心粉末越少，越靠近炉底压力越小；焦炭由于更新运动，粒度越大，空隙率也越大[41]。

5.3.2　FeO 对死料堆内传热的影响

近年来，随着大量喷吹煤粉以及提高利用系数，活跃死料堆成为高炉操作的重要课题。为了实现稳定操作维持死料堆的活跃，研究死料堆温度变化已成为焦点。

分析死料堆实测温度很低的原因，在周围高温包围下发生低温区域的条件，内部吸热是重要原因；从外部高温区域的传热速度慢，也是发生低温的原因。仅仅由对流和传导传热来推算死料堆内温度变化，就很难弄清死料堆温度低的原因，必须考虑由于 FeO 与固体碳还原反应吸热，使得死料堆温度低。

影响死料堆温度的主要因素为：（1）死料堆焦炭内部的传导传热；（2）在死料堆内部的辐射传热；（3）死料堆焦炭与流体的对流传热；（4）死料堆焦炭与熔融炉渣中 FeO 之间的吸热反应等。有人研究了死料堆内部没有煤气流动的条件下，弄清了熔融炉渣中 FeO 的还原反应对死料堆温度的影响非常大。此外，死料堆内部有气流时流速的影响也非常大，研究还考虑了炉渣中 FeO 的吸热速度和温度，以及反应物的浓度等因素的影响[42~44]。

在推导模型的基本公式时做了如下假定：（1）炉内的流动场和温度场是不稳定的，二维轴对称；（2）不考虑铁水与炉渣之间的相互作用；（3）对于液体，不考虑在填充层中的分散流动；（4）不考虑熔融 FeO 与死料堆焦炭的直接反应以外的反应；（5）计算对象为软熔带以下的区域。软熔带上部只考虑了透气性对高炉下部气流的影响。

计算设定了以下的边界条件：气体由风口前端供应，设定了与风速相应的风量；与利用系数相应的出铁和出渣量，并从软熔带下部按规定温度滴落；软熔带温度和位置；从软熔带滴落的炉渣成分可以任意指定。计算了铁水和炉渣到炉缸渣面，考虑了由于炉渣中残存 FeO 的熔融还原吸热使温度下降，对出铁、出渣温度进行了计算。此外，在渣面以下不能通过焦炭和气体。

使用图 5-31 中代表炉渣的黏度与 FeO 含量曲线的关系式计算炉渣的黏度。在计算中没有考虑焦炭的移动，因为它与铁水和炉渣相比非常慢。此外，关于热平衡，视炉墙和炉底为绝热系统。由于作为轴对称的二维问题，在中心轴上各物相在径向的速度都为 0，其他变量的梯度都为 0。熔融炉渣中 FeO 与死料堆焦炭进行直接还原的反应热，按炉渣：焦炭 = 1：9 的比例分配。

假定高炉容积为 4500m³ 级，出铁量为 10000t/d、焦比为 353kg/t、煤粉比为 150kg/t，风量为 6900m³/min。炉缸直径为 13.7m，从渣面到 21.1m 的高度为对象进行了计算。

图 5-47 表示计算网格。计算区域为在轴向分割为 60 份，径向分为 25 份。为了计算从软熔带以下区域，考虑了软熔带-炉顶之间的压力损失。软熔带以上区域也设定了网格，而网格的间距不等，在循环区的网格比较密。图中表示了输出计算结果的点。计算的收束时间取 100s。

表 5-7 表示计算时，设定的基本操作数据。从软熔带滴落的量为基本操作的实绩，利用系数、渣比，由渣中 FeO 求出炉料的下降速度和 O/C 分布，由物料平衡可以计算出设定的软熔带滴落炉渣的 FeO。此外，循环区产生的炉腹煤气量为 9790m³/min，循环区的煤气温度为 1750℃。

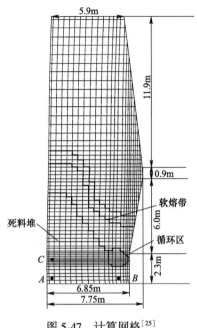

图 5-47　计算网格[25]

表 5-7　用于计算的基础条件

指标		单位	数值	指标		单位	数值
O/C			4.65	滴落温度	铁水	℃	1400
焦比		kg/t	353		炉渣	℃	1400
煤比		kg/t	150	循环区煤气量		m³/min	9790
利用系数		t/(m³·d)	2.22				
铁水温度		℃	1521	循环区煤气温度		℃	1750
渣比		kg/t	290				
炉渣碱度			1.31	初始温度	死料堆	℃	1500
焦炭粒度	死料堆	mm	30		滴落带	℃	1450
	滴落带	mm	40				

5.3.2.1　从软熔带滴落时渣中 FeO 的浓度

计算采用广畑 1 号高炉生产中风口水平取样器得到的数据，图 5-27 表示广畑 1 号高炉生产中风口水平取样器得到的渣中 FeO 数据。图中的曲线将用于以后死料堆温度分布的模型计算。从循环区进入燃烧带的位置渣中 FeO 最高，变化范围很大，由百分之几到 40%。死料堆中心渣中 FeO 降低。

　　用表 5-7 选取的各种条件和取样时的操作数据，用新日铁高炉总体模型（NBRIGHT），将软熔带的高度和形状等作为设定的边界条件，在风口水平上渣中 FeO 由 0~40%的范围内变化来计算。并将计算结果与实测值进行比较，判断合适的开始滴落时的渣中 FeO 为 15%左右。

　　从一般操作时由于炉身部位还原差，从软熔带滴落的渣中 FeO 含量高，高炉发生铁水温度急剧下降的现象。正常操作时渣中 FeO 为 15%，当滴落的炉渣中 FeO 升高时，对死料堆的温度发生变化，以及出铁时炉渣和铁水温度进行了解析。本来软熔带位置和形状会发生变化，而假定不变。

　　图 5-48 表示在正常操作状态下，软熔带滴落的炉渣中 FeO 为 15%，到渣中 FeO 为 40%的不稳定状态的计算结果。其中 0h 对应于炉渣滴落时渣中 FeO 为 15%与稳定状态。炉渣 FeO 是在滴落过程中被反应所消耗，在循环区深部的死料堆中，直到炉缸中的渣面还原才结束。在循环区下部，渣面上面还原残存 FeO 有几个百分数。在液面上以及出铁时，炉渣在半径方向的平均温度为 1530℃左右，与实际高炉操作时的渣铁温度相符。

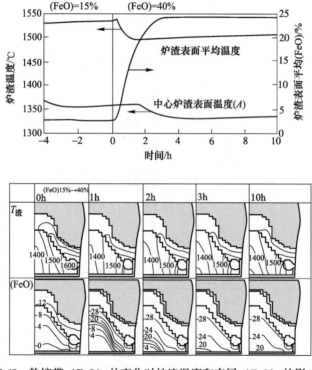

图 5-48　软熔带（FeO）的变化对炉渣温度和表层（FeO）的影响[42]

　　渣中 FeO 为 40%与渣中 FeO 为 15%比较，黏度低，滴落速度快，在 3h 后炉内的分布几乎达到了稳定。死料堆内的湿度约低 30℃，而死料堆内渣中 FeO 的还原还没有结束，到达液面时在渣中还残存 FeO 约 20%。由于在炉缸中炉渣与铁水进行还原反应及脱硅反应，温度急剧下降，预计在出铁时温度下降到 1450℃ 的水平。

在这种情况下炉渣会出现在出铁场流动困难等状况，后续操作相当困难，甚至对炉缸砖衬侵蚀，影响寿命。

图 5-49（a）（b）表示炉渣滴落时渣中 FeO 含量水平，与死料堆内还原 FeO 含量和出渣温度的变化。从软熔带滴落炉渣的 FeO，在死料堆内的反应量约为 15%；滴落炉渣的其余 FeO 量，在炉缸中参与了铁水的脱碳，以及炉渣与焦炭进行还原反应。出铁时设定炉渣、铁水温度的下限为 1450℃，则由图 5-49（b）可知，从软熔带炉渣滴落时必须控制渣中 FeO 含量在 20% 以内。

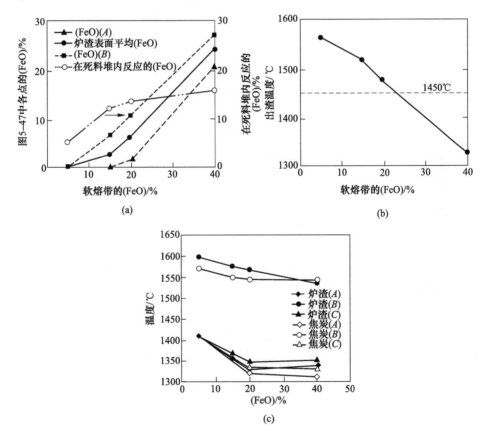

图 5-49　软熔带（FeO）对炉内各点（FeO）（a）和出渣温度（b）
以及各点炉渣和焦炭温度（c）的影响[25]

滴落炉渣 FeO 为 20% 与烧结矿及原料质量以及软熔带以前的还原状况有关，相当于滴落时的还原率约为 95%。

当高炉炉况波动大、渣皮频繁脱落时，滴落炉渣和脱落物的 FeO 含量高，不仅使滴落带和炉缸内的焦炭粒度减小，而且显著降低死料堆内的温度，降低其中炉渣的流动能力，死料堆的透液性因此下降。从宝钢 1 号高炉早期因炉体铜冷却壁渣皮频繁脱落，日崩滑料次数很多，炉况稳定性较差，炉温波动大，渣中 FeO 含量高，炉缸热状态（T_c 指数）下降，如图 5-50 所示。期间，高炉炉底温度较低，侧壁温度反而上升[45]。

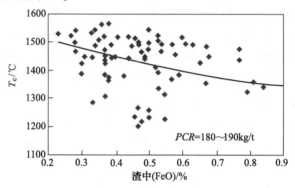

图 5-50　炉渣 FeO 含量对 T_c 值的影响[45]

5.3.2.2　渣中 FeO 含量与死料堆温度

影响死料堆内温度的因素有：从循环区产生的高温煤气向焦炭、炉渣、铁水传热，以及渣铁反应吸热等。前者受焦炭粒度和死料堆内的空隙率、炉渣的滴落量的影响；后者受滴落炉渣的 FeO 量，以及受 O/C 径向分布决定的软熔带形状的影响等。

在高炉操作中监视炉底中心部位温度的趋势，着重研讨各种因素对风口平面上死料堆的中心部位（C）及其下方渣面上（A）的焦炭、炉渣温度，以及循环区下方（B）的焦炭、炉渣温度的影响。

按照图 5-49（c）渣中 FeO 升高到 20% 时，炉缸边缘和死料堆两个部位的温度都下降。由于渣中 FeO 升高，使炉渣黏度下降，死料堆内的温度会下降，炉缸边缘温度有下降的趋势。

死料堆的温度对渣铁流入炉缸时的分布有重大影响。当死料堆的温度低于 1400℃ 时，炉渣集中流向循环区[46]。

5.3.2.3　其他因素对死料堆温度的影响

（1）焦炭粒度和死料堆空隙率。死料堆中焦炭粒度增大时，死料堆中心的焦炭和炉渣温度几乎不变，而循环区附近区域温度上升。

死料堆空隙率是影响透气性和透液性的重要因素。在死料堆内焦粉积聚空隙率下降的条件下，发现循环区附近的温度有下降的趋势，死料堆内部温度有上升的趋势。这是由于随着死料堆空隙率减小时，铁水和炉渣在死料堆表面流向循环区，流到死料堆内部的渣铁减少[46]，死料堆内炉渣滴落速度下降，到达死料堆下部的 FeO 量少，FeO 的还原反应减少的缘故。

（2）滴落炉渣、铁水温度和循环区气体温度。炉渣和铁水滴落温度上升时，炉缸边缘部位的死料堆，以及中心部位的温度也随之上升，而死料堆内部升温特别明显。

当循环区煤气的温度升高时，对循环区附近死料堆升温的效果很大。而死料堆中心的温度上升不明显。这是由于煤气流对死料堆中心温度的影响小的缘故。

（3）炉渣、铁水滴落量及半径上 O/C。改变利用系数，滴落的熔液量多时，对死料堆温度的影响小。这可能是单位吸热量没有改变的缘故。

在总的 O/C 固定的条件下，中心 O/C 越低高炉中心温度越高。

在死料堆中心（A）和（C）点，焦炭温度升高的主要因素为：1）滴落炉渣的 FeO 减少；2）软熔带滴落的炉渣温度上升；3）循环区煤气温度升高；4）中心 O/C 下降。此外，使循环区下方（B）焦炭温度升高的重要因素为：1）减少滴落炉渣中的 FeO；2）增大死料堆焦炭的粒度；3）增大死料堆空隙率；4）升高软熔带滴落炉渣的温度；5）升高循环区煤气的温度。

5.3.3 对死料堆的解剖调查和结构

我们对高炉炉缸状态的了解仅仅是从表象来观察，而缺乏深入到内部的理性分析。特别是对于高炉而言，一种操作理念和设计理念可能需要十多年的实践才能验证其可靠性。尽管高炉经历了几个世纪的演变进化，高炉操作、设计理念不断优化创新，但近 20 年以来，烧穿高炉案例依然很多，所以需要深入探究，从已有的高炉案例中总结高炉长寿的经验和吸取教训。死料堆对炉缸中铁水的集聚和流动影响甚大，有必要深入研究死料堆的结构，并对炉缸侵蚀的机理进行分析，以总结对炉缸侵蚀的规律，改进高炉的设计理念和操作理念。表 5-8 为典型长寿高炉的案例。

表 5-8　典型长寿高炉案例

高炉名称	炉容/m³	开停炉时间	利用系数 /t·(m³·d)⁻¹	寿命/年	一代炉役单位炉容产铁量/t·m⁻³
宝钢 3 号高炉	4350	1994 年 9 月~2013 年 9 月	2.27	19	15800
宝钢 2 号高炉	4063	1991 年 6 月~2006 年 9 月	2.11	15.2	11679
千叶 6 号高炉	4500	1977 年 6 月~1998 年 3 月	1.83	20.9	13386
水岛 4 号高炉	4826	1982 年 2 月~2001 年 10 月		19.8	

一批长寿高炉的炉缸、炉底耐材呈锅底状侵蚀，炉缸侧壁炭砖完好，基本上未被侵蚀。形成很深的死铁层，并在炉底底部存在一层均匀的无焦层，而在炉底

角部又不存在无焦层，死料堆焦炭刚好漂浮在炉缸中，为死料堆中焦炭的更新创造了有利条件，保持死料堆的良好透液性，使得铁水长期能够透过整个炉缸，从而减轻炉缸铁水环流，使炉缸侧壁均匀侵蚀。因此，死料堆结构及其中炉渣和铁水的运动对高炉生产有重大影响。

高炉炉缸破损情况多种多样，一般将侵蚀的形状大致归纳为三种：锅底型、象脚型和蘑菇型。锅底型的侵蚀特征是：侧壁侵蚀较少，以炉底侵蚀为主，炉底侵蚀线较深，形成锅底状；象脚型侵蚀的特征是：侵蚀主要在侧壁与炉底面的交界区，且炉底侵蚀较少、侧壁与炉底交界的角部形成象脚状侵蚀；蘑菇型侵蚀的特征是：炉底侵蚀较少，主要在铁口中心线以下 1~2m 的侧壁位置局部侵蚀，侵蚀线呈倒置蘑菇顶部的扁平形状，深入到炭砖中。从炉缸长寿角度看，锅底型侵蚀较长寿，而蘑菇型侵蚀寿命短。

高炉寿命与炉墙侧壁的侵蚀相关。在高炉生产实践中，炉底锅底状侵蚀的特点是侵蚀主要向炉底下部发展，在炉底形成"锅底形"状的深坑，炉底侵蚀严重；有减轻炉缸环流的作用，对侧壁侵蚀较少，使高炉炉底、炉缸有较长的寿命，这是人们希望的[47~52]。图 5-51（a）为君津 3 号第一代炉容 4063m³ 高炉生产 11 年后的侵蚀状况。

20 世纪 80 年代后，高炉普遍喷煤，象脚侵蚀有增加的趋势。这可能与焦炭在高炉下部的停留时间延长粉化和铁水更加集中于燃烧带滴落有关。其特点是炉缸侧壁和炉底中心都有侵蚀，而主要影响寿命的仍然是炉缸侧壁。如扇岛 1 号高炉炉容 4052m³ 等[53~61]。图 5-51（b）是生产了 12 年后，君津 2 号 2700m³ 高炉炉底炉缸侵蚀的剖面图。

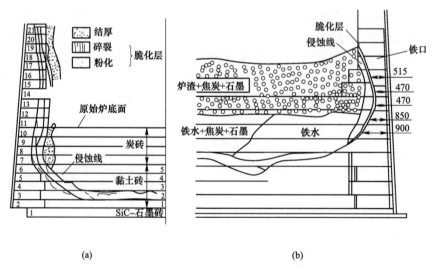

(a)　　　　　　　　　　　(b)

图 5-51　君津 3 号高炉炉缸炉底的锅底型（a）和君津 2 号高炉的蘑菇型（b）侵蚀[49]

5.3.3.1 宝钢高炉炉底解剖调查

近年来，宝钢高炉不放残铁，炉底采用整体移动的大修方式，尽可能保持生产时的状态，为详细研究炉底、炉缸侵蚀机理创造了极为有利的条件。

A 宝钢3号高炉解剖调查

宝钢3号高炉（第一代）炉缸直径14.0m，死铁层深度为炉缸直径的22%。在高炉安装炉顶装料设备时，炉顶旋转溜槽密封水槽灌水到炉内，把炭砖浸泡在水中约0.5m深。开炉后铁口、炉底灌浆孔冒水达半月有余。居然高炉寿命能达19年，实属不易。炉缸解剖调查采用芯钻和耐材解剖取样分析的方法，调查重点在侧壁温度最高位置和铁口区，并对死料堆沉浮状态和炉底侵蚀状况也做了解剖。高炉侵蚀最严重的部位是在1号铁口下方1.5m处残余炭砖厚度为230mm。图5-52为宝钢3号高炉炉缸解剖调查的结果[62]。从炉底死料堆解剖的总体来看，炉缸侧壁比较完好，没有大量粉焦集聚在炉底中心，形成低透液层堵塞炉底的铁水流，产生强大的环流；可是，从3号高炉死料堆的沉浮状态来看，在炉底中心区域充填着焦炭的死料堆，生产中死料堆基本坐落在炉底面上，炉底中心基本未被侵蚀，还有陶瓷垫存在；而靠侧壁的拐角区炉底环带有显著的侵蚀。靠炉底周边环带上的残铁底部存在铁水无焦层，因而炉底很少有铁水流动，故侵蚀很小，这与3号高炉一代炉龄19年中炉底中心温度一直很低相吻合。这可能是炉底没有形成如图5-51（a）所示的锅底状，仍存在"象脚"侵蚀倾向的原因。

(a) (b)

图5-52 宝钢3号高炉炉缸解剖图[62]

B 宝钢4号高炉解剖调查

宝钢4号高炉第一代炉容4747m³，设计死铁层深度为炉缸直径的22%。投产两年多就发现铁口下方1.0~2.0m处温度过高，生产仅9年，于2014年9月1日停炉。停炉时未放残铁，并将炉底整体移出解剖调查。炉缸采用芯钻和解剖取样分析的方法，对 4 号高炉铁口区及相邻铁口夹角区、铁口以下 1.0~2.0m 环带炭砖侵蚀情况进行了详细调查，最小炭砖残余厚度为 290mm。图 5-53 为 4 号高炉 2 号铁口的纵剖面[63]。

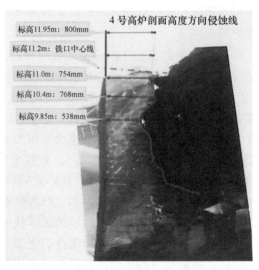

图 5-53   宝钢 4 号高炉第一代 2 号铁口左侧炉缸侵蚀纵剖面图[63]

对移出的炉缸解剖调查发现，即使铁口下方温度过高，可是在铁口下方的铁、焦混合物（含铁死料堆）的外面与紧靠炭砖之间仍然有一层具有一定厚度的高含铁凝结层，如图 5-54 所示。图 5-55（a）为拆除外面的炭砖后，裸露的含铁死料堆外面有大面积的高含铁凝结层，由于凝结层比较薄，屏蔽不住向铁口汇聚铁水的高温，致使铁口下方热电偶经常报警，图 5-54（b）为芯钻的层状结构，内层为高含铁凝结层、渗铁层、脆化层，外面是完整的炭砖。对高含铁凝结层 X 射线衍射和化学成分分析，此高含铁层的成分与一般铁水的成分不同，其中除

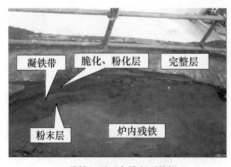

(a) 3 号铁口正下方横断面俯视

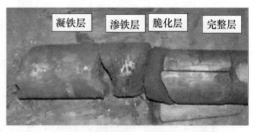

(b) 炉缸冷却壁 H2-1 位置炭砖芯钻样

图 5-54   宝钢 4 号高炉第一代炉缸解剖和芯钻取样照片[63]

高含铁凝结层

含铁死料堆

(a)　　　　　　　　　　　　　　　　(b)

图 5-55　宝钢 4 号高炉炉缸炭砖热面上的高含铁凝结层[63]

Fe、C 外，还含有较多的 Fe_2O_3 和 SiO_2，见表 5-9。渗铁层的成分除 C 外，主要含有 Fe_2O_3、ZnO。脆化层主要含有 C、ZnO 和 K_2O 等，脆化层的孔洞中 K_2O、ZnO 含量很高。说明凝结层并不能阻止有害成分向炭砖渗入，这也可能是凝结层脱落、消蚀的原因。

表 5-9　炉缸 H3 段圆周不同位置芯钻样凝结层的成分[63]　　　　（%）

除 Fe、C 以外的成分	H3-17 (240°，2 号铁口区域)	H3-28 (300°，3 号铁口区域)	H3-8 (180°，无铁口区域)
Fe_2O_3	8.681	13.02	2.334
ZnO	1.453	1.352	0.657
K_2O	0.151	0.352	0.452
Na_2O	0.072	0.089	—
CaO	0.117	0.209	0.078
SiO_2	5.89	4.28	1.68

5.3.3.2　对死料堆结构及其对铁水流动的影响

川崎水岛 4 号高炉的焦炭质量较差又采用低硅冶炼，高炉停炉大修时也不放残铁进行解剖调查[64~66]，炉缸侧壁严重被侵蚀，炉底呈蘑菇状不均匀侵蚀。在炉底死料堆下部存在一层以石墨为核心的焦粉层，越到中心焦粉层越厚。铁水很难透过此低透液区域。

当高炉大量喷吹煤粉后，在循环区前端形成透气性差的鸟巢，压迫循环区，使得循环区缩小、下料活跃的焦炭漏斗区域缩小。鸟巢堵塞了由循环区向炉缸中心方向的气流通道，容易形成边缘气流，对边缘炉料的流态化、压力降升高、下料不稳定等有很大的影响。更严重的会使向炉缸中心的供热不足，死料堆的温度降低。从软熔带滴落的炉渣在死料堆中容易黏结，不容易从炉缸中排出。从循环区附近吹出的粉末，容易集中到死料堆内形成低透液区域，以及集中到死料堆表面附近气流不活跃的固定料层中，引起粉末在死料堆的积蓄，死料堆的透气性、透液性变差，更加剧了渣铁集中地沿着死料堆的表面滴落、下降，使得进入炉缸边缘的渣铁流量增加。集中于风口前端和循环区深处的炉渣和铁水正好与煤气相冲突，招致发生局部液泛的可能性大幅度增加，使得高炉下部下料和风压不稳定，容易发生悬料、崩料、生降等故障。同时，未充分还原的炉料和大量含 FeO 的炉渣及不饱和铁水通过循环区，使炉缸边缘的氧势增加，进入炉缸后对炉缸侧壁炭砖造成伤害。

由于大型高炉的死料堆容积较中小型高炉大得多，这种现象在高喷煤的大型高炉中尤为突出，为了吹透炉缸中心往往不得不采取增加风速、增加鼓风动能的方法，力图延长循环区。可是增加风速使得焦炭在循环区内的回旋速度加快，增加了焦炭的磨损、粉化，使得粉末积聚的可能性更大。如果没有足够的焦炭强度往往不能达到预期的目的。

随着死料堆内焦炭溶解于铁水，与渣中 FeO 反应逐渐消化，死料堆表层积蓄的粉末下降污染了死料堆，使得渣铁的滞留量增加。大量喷煤使得焦比降低，焦炭在死料堆中的停留时间延长，焦炭的粉化、降解加剧，在死料堆内形成阻碍铁水流动的低透液层，同时也妨碍死料堆焦炭的更新。由于风口循环区缩小以及铁水和炉渣集中到炉缸边缘带来了两个不利因素：首先是炉缸堆积，渣铁流动性下降，加强了铁水的环流；其次是由于储铁时铁水的浮力，将炉缸内死料堆焦炭推向风口循环区作上升运动，供给风口燃烧是死料堆焦炭更新的主要途径，由于循环区缩小到炉缸边缘，焦炭上浮的区域也缩小，对炉缸铁水中无焦层的形状产生影响，将更集中到炉缸边缘，也加强了局部环流对炉缸侧壁的冲刷。

高炉停炉后，死料堆的芯钻取样样品中包含铁水和焦炭，焦炭颗粒碎裂成约 2mm 或更细的粉末。死料堆的堆密度越向下越重，空隙率很低、焦炭颗粒之间的空间小，推测死料堆的透液性很差，形成了低透液区域，阻隔了铁水的流动，这被停炉前的示踪试验和加锰矿冶炼试验所证实。

图 5-56 表示水岛 4 号高炉的解剖调查的基础上，使用缩小模型实验和有限元法分析，模拟高炉炉内焦炭床的应力场和固体流动的计算结果。图 5-56（a）表示模拟以等时间为特征的炉缸焦炭石墨化程度的分布。图 5-56（b）表示因铁水渗碳，焦炭的粒度缩小，与解剖调查相同，在炉底形成粉焦层，显示出焦炭的消耗与粒度分布相关。图 5-56（c）表示在稳定状态下，粒度分布的计算结果，由于炉底死铁层浅，没有无焦层，死料堆支承在炉底上，焦粉不能运动，经过长期滞留的焦炭粒度变细，粉焦层厚。焦炭的更新集中在炉缸边缘的铁口附近。炉

底的荷重增加到 1.5 倍，应力扩展到侧壁和炉底的焦炭床中被压实，形成很厚的低透液粉焦层。图 5-56（d）表示由于风口循环区鼓风托住了料柱的压力，以及通过风口燃烧带氧化气氛作用的渣铁，在炉缸内继续消耗焦炭。结果在炉缸侧壁处出现了无焦层，并显示无焦层是由焦炭消耗的分布所左右。炉缸中焦炭的更新和粒度变化是由于进入炉缸的炉渣中含有 FeO，以及碳不饱和铁水缓慢溶解碳素所致。图中表示无焦层及其在炉缸内长时间停滞形成的焦粉带。焦粉带阻碍了铁水的流动。当死料堆坐落在炉底时，炉缸中心焦炭不能够运动，焦粉积存得最厚，并在边缘区域焦粉更新得快，而变薄。在死铁层浅的情况下，铁水容易集中在狭窄的无焦层中，引起环流侵蚀侧壁。此外，炉顶布料也有影响，例如在矿石层与焦炭层厚度之比（L_0/L_C）最大的位置可能影响出铁出渣。

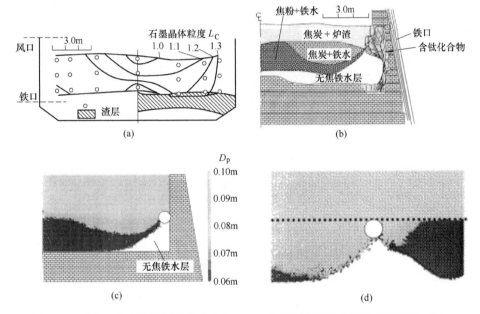

图 5-56 水岛 4 号高炉微晶的粒度分布（a）、焦炭床的结构和无焦层的形状（b）、
计算的粒度分布（c）和铁口区焦粉的流动（d）[64~66]

对水岛 4 号高炉炉底侵蚀的研究表明，焦炭质量及其在炉缸内的消耗反应的径向分布显著影响着炉缸内无焦层的形状和位置，因为不饱和铁水在死料柱中的渗碳过程是焦炭更新消耗、粒径逐渐减小的重要因素。从焦炭受力磨碎和反应粉化的角度来看，当死料堆内存在较大的焦炭负荷时，容易形成大量的焦粉，并作为炉缸侧壁凝结层的骨架。

对水岛 4 号高炉的研究认为：死铁层越浅，在炉底角部形成的无焦层中，更容易形成不饱和铁水的环流，造成"蘑菇型"侵蚀。炉底死料堆下部存在一层以石墨为核心的焦粉层，中心焦粉最厚，铁水很难透过焦粉层，在靠近炉底边缘处有一层呈圆盘状的无焦层，这与解剖调查的结论很吻合。

千叶 6 号高炉解剖调查的结果：在炉底角部为焦炭与铁水呈混合状态的区域。在炉底也发现了低透液区，并影响铁水流动[67~69]。图 5-57 为千叶 6 号高炉推测炉缸的低透液区和停炉解剖调查炉底死料堆的结构。

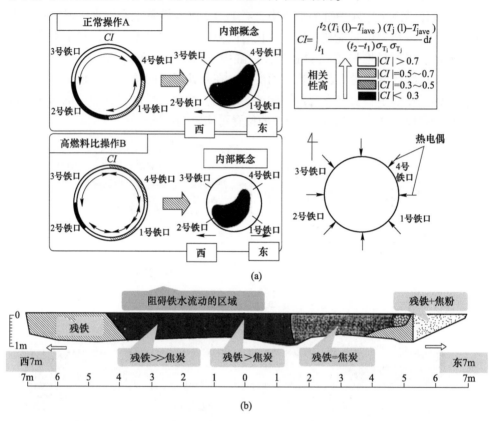

(a)

(b)

图 5-57　千叶 6 号高炉生产时炉缸热电偶温度推测的低透液区（a）
及解剖调查死料堆结构（b）[69]

1977 年川崎制铁就采用示踪原子对炉缸焦炭填充结构和砖衬的侵蚀进行过测量[70]。为了判断铁水的流动状态，从风口喷吹示踪原子 Co，测量铁水中示踪原子的浓度。实验结果，千叶 6 号高炉示踪同位素的滞留时间明显比千叶 5 号高炉短。根据放射性示踪原子 Co 尖峰出现的时间来估计炉底低透液层对铁水流动的变化。由铁水流动状况推算，低透液层大约在铁口 1.5m 下面。图 5-58 表示炉底存在低透液层时的两种流动模式。在基准条件下，铁水在铁口水平以下沿炉底流动受到水平状的低透液层的阻碍，而在水平方向流动又受到中间隆起的低透液层的阻碍。可是在整个炉底上水平状的低透液层中，靠近铁口的地方还存在空隙，允许铁水从低透液层下面流向铁口。

值得注意的是，当提高燃料比升高炉温时，隆起的低透液层消失。因此高焦比能使死料堆的透液性改善，铁水能够通过死料堆到达铁口，使得炉缸侧壁不致受环流的侵袭。这与千叶 6 号高炉后期，为了供应东京电力，采用高燃料比操作一直保持死料堆良好的透液性，而获得长寿有关。因此，在低燃料比的条件下，操作上的难度要远大于高燃料比。

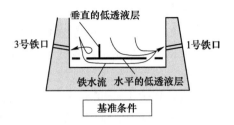

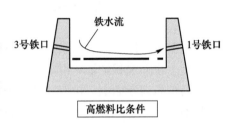

图 5-58 炉缸中铁水流动与低透液层的示意图[70]

在水岛 4 号高炉和千叶 6 号高炉解剖调查时，从铁口到炉底之间的焦炭床中，看到析出的石墨、焦炭灰分和焦炭粉末的混合层。这是炉底放残铁时见不到的。混合层中铁水中混合的石墨呈微小的颗粒，占体积大约低于 30%。在长期操作过程中得出低透液区域与原燃料条件和燃料比有关，当焦比高时低透液层会消退。

5.3.4 铁水在熔池中的运动

高炉炉缸下部的主要功能是铁水和炉渣的储存、混合和排放，并继续进行一系列物理化学变化，渣铁与焦炭之间的反应。在此过程中达到出铁、出渣的成分和温度，并且炉缸内铁水的流动对炉缸侵蚀有重大的影响。在铁水进入炉缸时，渣铁与焦炭之间的反应比较强烈，因此我们不能只重视出铁时铁水在炉缸中的流动，对炉缸内环流也不能局限于向铁口几乎呈水平状态的环流，而且要重视炉缸内铁水储存过程的纵向流动。如前所述，铁水在进入炉缸时，大部分铁水是从燃烧带滴落入炉缸的。如果不连续出铁，那么在不出铁时，应该说这时主要是托起死料堆的纵向环流，使死料堆做上浮和下沉运动[70,71]。在大型高炉采用连续出铁时，两者同时存在。我们在理解环流时，不能只理解为出铁时铁水的流动，而忽视了炉缸储存铁水时的流动。这里为强调储存铁水时产生的流动，我们把它称为纵向环流，也可以理解为环流的垂直分量，单独划分出来进行说明。

5.3.4.1 炉缸内铁水的积聚和纵向流动

高炉喷吹煤粉及提高利用系数以后，由于操作条件的变化，铁水在炉缸中的积聚也发生变化，炉底象脚侵蚀变得越来越严重，成为影响寿命的重要原因之一。对于由燃烧带下方进入炉缸低碳铁水流动的研究还很少，我们把这种纵向流动称为纵向环流。

A　铁水的积聚与铁水碳饱和度

根据川崎 3 号高炉和鹤见 1 号高炉解剖调查，风口以下至炉缸底部铁水含碳量的变化，炉缸内铁水含碳的水平在 2%~3% 的水平，边缘的含碳量更低些。另外，在试验高炉上研究 Si 和 C 的行为，在风口附近 SiO 分压高的地方，铁水 SiO+C ＝Si+CO 脱碳反应比渗碳反应快，使铁水中的含碳量大幅度下降。如前所述，出铁时铁水的饱和度是不同区域、不同成分的铁水滴落进入炉缸，在炉缸内的流动过程中进行渗碳反应，并相互混合，以及在排出过程中进一步渗碳，提高了铁水的碳饱和度。高炉铁水成分是整个炉缸断面上铁水流出铁口时的成分，在一定程度上也能窥视炉缸状况的一角。

在高炉风口断面上，炉渣和铁水的滴落状态是不均匀的，进入炉缸的炉渣和铁水量不同，化学成分也不同。在风口前端经过燃烧带有大量含高 FeO 的炉渣和大量不饱和铁水进入炉缸，对炉缸侧壁炭砖有强烈的侵蚀作用，对凝结保护层的形成及其稳定性有强烈的影响。因此，有必要对这一过程进行研究。

图 5-59 表示君津 3 号高炉解剖调查从风口到炉底的周围部位高度方向上渣中 FeO 和铁水 Si 的浓度变化非常显著。

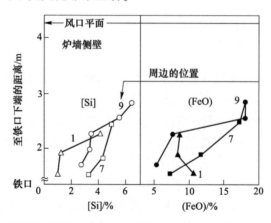

图 5-59　君津 3 号高炉解剖调查中铁口上方渣中（FeO）和铁水中［Si］的垂直变化

现在人们的共识是，未达到碳 100% 饱和度的铁水对炭砖的溶蚀是造成炉缸侧壁损坏的原因之一。生铁的饱和含碳量与铁水温度、生铁中含有的少量元素有关，最经典的表达式为：

$$[C]\% = 1.34 + 2.54 \times 10^{-3} t_{铁水} - 0.35[P] + 0.17[Ti] - 0.54[S] + 0.04[Mn] - 0.30[Si]$$

按上述计算出的铁水含碳量为 100% 饱和度的数值。高炉实际生产的生铁含碳达不到此值，更不用说高炉炉缸内的铁水是欠饱和的。研究表明，表 5-10 为部分国外高炉铁水的饱和度，一般在 93%~95%，而国内铁水饱和度更低，在

90%~92%，个别达到93%，如宝钢3号高炉的饱和度达到了93%[72]。这种现象不但反映了炉缸内各种物理化学反应和死料堆结构，也反映了高炉上部还原状况和高炉下部滴落带熔融还原的状况，应该予以重视。

表 5-10 国外部分高炉铁水碳饱和程度

高炉	炉缸直径 /m	铁水温度 /℃	铁水成分/%					$[C]_饱$ /%	饱和度 /%
			Si	Mn	S	P	C		
D4	14.0	1487	0.29	0.16	0.034	0.080	4.67	4.97	94.0
F2	11.2	1490	0.34	0.27	0.019	0.077	4.72	4.97	94.9
PM2	4.6	1445	0.20	0.22	0.115	0.064	3.96	4.21	94.1
S1	13.6	1480	0.33	0.24	0.034	0.070	4.47	4.94	90.4
H9	10.2	1485	0.32	0.27	0.046	0.079	4.44	4.95	89.6
T4	10.6	1510	0.57	0.65	0.021	0.069	4.63	4.95	93.3
T5	14.0	1512	0.43	0.61	0.025	0.070	4.63	5.01	92.5
AC	11.2	1497	0.51	0.26	0.017	1.610	4.14	4.42	93.6
I4	8.5	1485	0.60	0.57	0.036	0.066	4.54	4.88	93.1
I7	13.0	1504	0.42	0.45	0.032	0.061	4.69	4.98	94.8
R	14.0	1495	0.36	0.29	0.032	0.081	4.67	4.97	93.9
L1	7.5	1467	0.45	0.39	0.070	0.035	4.42	4.87	90.7
O4	7.6	1451	0.43	0.37	0.057	0.031	4.50	4.85	92.1

在高炉开炉阶段保护层没有完全形成时，裸露的炭砖与欠饱和的铁水接触，造成局部溶蚀，再往后的生产中很难弥补。因此我们建议，高炉开炉不要急于快速达产，希望在开炉阶段就形成稳定保护层。

高炉铁水的欠饱和度与金属铁滴在滴落过程有关，与炉缸内死料堆内的焦炭接触时间有关。接触时间越短，欠饱和度越大。我国高炉过度强化并采取了不合理的装料制度，使得软熔带根部肥大，有大量含 FeO 的炉渣进入炉缸，而且形成的铁水在炉内停留时间短，欠饱和度大，这是我国高炉铁水饱和度低的原因。而且含碳量低的铁水密度大，容易滴落进入炉缸下部象脚区域的无焦层中聚积。如果与炭砖热面直接接触将溶蚀炭砖；如果与保护层接触，会将保护层内的石墨碳溶解而渗碳。因此，低饱和度铁水也是造成炉缸寿命短的一个原因。

B　铁水的自然对流

有人提出炉底铁水自然对流模型计算铁水纵向流动时的流速和温度分布。在炉缸直径 14.6m、铁口深度 3.8m 的大型高炉上，侧壁附近形成较强的环流，其最大流速约 5cm/s。当炉缸侧壁正常冷却强度时，半年后向炉底下方的象脚侵蚀深度为 0.35m；当提高冷却强度时，侵蚀量增加至 0.5m 左右，并且侵蚀的区域扩大[73]。图 5-60 表示半年后铁水自然对流产生的纵向环流对炉底的侵蚀。

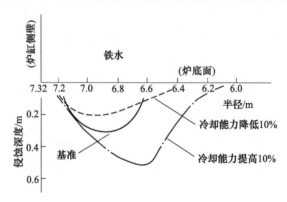

图 5-60　冷却强度与半年后由自然对流引起的侵蚀量[73]

C　储铁和铁水成分引起的纵向环流

如前所述，在燃烧带下方滴落了占全部生成熔融物 30%～80% 的铁水量和渣量，进入炉缸的高 FeO 炉渣具有脱硅、脱碳的能力。而低硅、低含碳量的铁水不但与死料堆中的焦炭反应，而且也与炉缸侧壁的炭砖反应，溶解其中的碳素；也可能与含碳的凝结层反应，使凝结层减薄或脱落。

在炉缸边缘燃烧带下方进入炉缸的铁水含碳量为 2.5%～3.5%，低碳铁水较高碳铁水的密度大，促使其下沉到炉底角部和死铁层下部。容易穿过死料堆进入炉缸下面的角部区域；并且含硅量低的铁水溶解碳素的能力较强对炭砖的侵蚀能力也较强，加速了侧壁和象脚的侵蚀。影响高炉炉缸寿命。

如果炉底中心部位存在无焦层，且死料堆中没有低透液层时，进入炉缸的铁水与炉底储存的高碳铁水混合，使得铁水的侵蚀性大幅度下降。这就是像君津 3 号高炉第一代形成锅底形后，炉缸侧壁炭砖能均匀侵蚀的重要原因之一。

比较宝钢 3 号高炉与水岛 4 号高炉炉底和死料堆结构以后，可以推想在宝钢 3 号高炉的情况下，当低碳铁水流入死铁层深部受到炉底的阻挡，由于死料堆内的焦炭完好、透液性较好，炉底角部的侧壁冷却强度较高，低碳铁水受侧壁的约束，低碳铁水流股转向死料堆，垂直的流股在透液性好的死料堆底部与高碳铁水混合、消失，降低了其侵蚀性；而且能够加热炉底，熔化底部的焦粉，活跃炉缸。宝钢 3 号高炉出铁时，铁水的含碳量也较其他高炉高，可以说明在出铁时铁水中的碳素能接近饱和，是由于高炉炉缸边缘生成的低碳铁水量较少，以及死料堆的透液性较好，周边的铁水能与炉缸中心高碳铁水混合的条件较好的缘故。

日本小仓 2 号高炉停炉解剖前，在风口前进行了同位素 Co 的跟踪实验，取得了渣铁在炉缸内的垂直纵向流动轨迹[74]。图 5-61 表示从纵向剖面看，高炉风口产生的渣铁与鼓风一起喷向燃烧带内沿着约 2m 处的死料堆外表面下降至铁水能够有效流动的炉底，然后向炉墙折返，形成了一个纵向的铁流，并且在炉底与侧壁之间的角部形成涡流[74]。

窦力威研究了某厂 1900m³ 高炉投产 7 年后，在热风围管与热风总管交接处的 10 号和 21~22 号风口入炉风量最大的方向，铁口标高下面 1.4m，也就是炉缸角部位置，两个月内炭砖最高点的温度上升至 846℃，对应位置的炉壳温度达到了 72℃，高炉处于事故状态。紧急休风，堵了 4 个风口，复风后采取降低冶炼强度和加入钒钛矿护炉等一系列措施。最高温度处的温度降低至 500℃ 以下，热流强度由 74872kJ/(m²·h) 降低至 36000 kJ/(m²·h)。高炉复风后 3 个月大修，图 5-62 表示大修时实测炉缸侧壁呈典型的蘑菇型侵蚀。由此说明堵风口降低生产的铁水纵向环流强度，能够有效地控制侧壁温度的升高[75]。

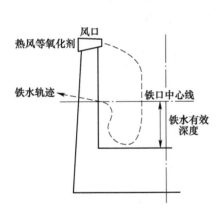

图 5-61 示踪原子显示的
铁水纵向流动[74]

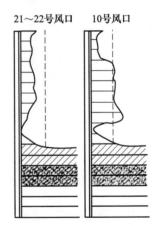

图 5-62 某厂 1900m³ 高炉 10 号和
21~22 号风口下方炉缸
侧壁侵蚀图[75]

关于堵风口能够控制炉缸角部温度的措施，不但适用于间断出铁的高炉，对于连续出铁的高炉同样适用。这已经被许多高炉的实践所证实。由此也可以推断，铁水纵向环流的普遍性。

这就启发我们加深死铁层，将不饱和铁水导向死料堆底部的无焦层中，并且有必要将低碳铁水在进入炉缸底部之前导向死料堆，提前与死料堆内焦炭反应，并与高碳铁水混合。这样就缓解了低碳铁水对炉底角部的危害。

　　两种不同侵蚀结果的原因可以归结于：低碳铁水流股穿过风口燃烧带下面的焦炭层，灌注到死料堆下面的炉缸储铁空间中形成纵向环流，将低碳铁水分配到炉底各部。由于炉底死料堆焦粉堆积的低透液区域的特性不同，由此影响低碳铁水在储铁空间中纵向环流的运动。具体的铁水纵向环流模式如下：

　　（1）当低碳铁水流股强大，死料堆底部低透液的焦粉层较厚时，铁水流遇到死料堆中低透液区的阻挡，纵向环流又受到炉底的阻挡，向炉底角部冷却薄弱的区域流动，在紧靠炉缸侧壁上形成小的环状涡流。而这个区域形成了无焦层，又没有稳定的凝结保护层，低碳铁水只有冲刷炉缸侧壁的炭砖，像水岛 4 号高炉、千叶 6 号高炉及某厂 1900m³ 高炉那样，在炉底角部炭砖加厚的情况下，也难免形成如图 5-63 （a）所示的蘑菇状侵蚀。

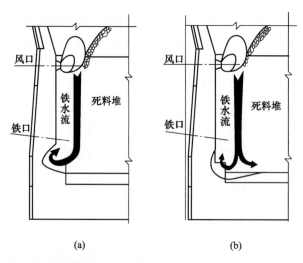

　　　　　　　　　（a）　　　　　　　　　　　　　　（b）

图 5-63　铁水纵向流动形成的蘑菇型 （a）及象脚型 （b）侵蚀机理示意图

　　（2）当焦炭质量好、操作上又重视活跃炉缸，死料堆中焦粉低透液区小或不存在时，铁水能向死料堆内流动，并得到较好的渗碳，提高了铁水的含碳量，削弱了铁水向炉底流动的强度，对炉底炭砖角部的侵蚀较小。炉缸环流的破坏作用也较弱，形成如图 5-63 （b）所示的象脚侵蚀，垂直的环流在透液性好的死料堆内消失。

　　（3）除了焦炭质量好，操作制度有利于活跃炉缸以外，当炉底侵蚀成锅底型，形成很深的死铁层之后，角部附近没有无焦层，而低碳铁水向炉底经过较厚的死铁层渗碳。当铁水含碳量提高以后，虽然炉底角部的冷却强度较弱也足够抵御铁水的侵蚀，保持炉缸侧壁和角部不被侵蚀而达到长寿。

　　（4）通过避免炉底中心堆积，保持适当的炉底中心温度，控制好铁水环流。

　　（5）此外，减少高 FeO 炉渣和低碳铁水通过燃烧带进入炉缸的量，其中更应防止未充分还原的生料进入炉缸。在高炉操作上，保持炉况稳定，避免软熔带根部肥大和炉况波动，例如生降、滑料以及软熔带根部过低、塌落等。

5.3.4.2　铁水的含碳量及其活度

图 5-64 表示 Fe-C 系中温度与 C 含量和碳活度 a_C 的关系。当 a_C 高时，铁水中的含碳量也高，而 a_{Fe} 低；此时渗碳、吸收 Mn 和从 SiO 气体还原成［Si］的能力都很强，都要有足够的含碳量为前提。

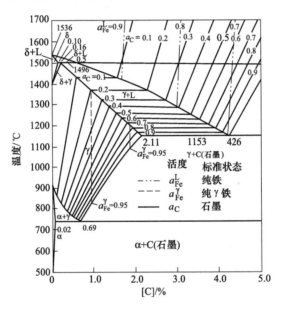

图 5-64　γ 铁–石墨系平衡的等活度线图

图中左下角表示在低温下矿石还原成铁时，含碳量很低，随着温度上升逐渐渗碳，并沿着等 a_C 线变化；铁中最高［C］沿 γ+C（石墨）的前锋线上升。高炉解剖调查可知，由于软熔带根部，特别是倒"U"形软熔带根部的透气性很差，软熔层在 1400℃ 才迅速被加热熔化而且还原程度很差。比较符合图中 $a_{Fe}^{\gamma}=0.95$ 从 830℃ 沿虚线迅速上升至 1400℃ 滴落并渗碳 $a_{Fe}^{L}=0.9$、$a_C=0.1$ 左右。

5.3.4.3　影响铁水环流的因素

我国研究者曾用有限元法模拟了死料堆上浮，或者坐落的死料堆在炉底角部形成无焦层两种情况，炉缸内铁水流动和传热进行了分析[76]。后者坐落的死料堆在边缘有 100cm 宽，上浮角度 20° 的无焦层。图 5-65（a）表示不同结构的死料堆在炉底和侧壁处铁水流动的矢量，在铁口处的铁水流速最高。当死料堆上浮时，铁水流经炉底中央。当死料堆坐落在炉底周围形成无焦层时，铁水绕到炉底

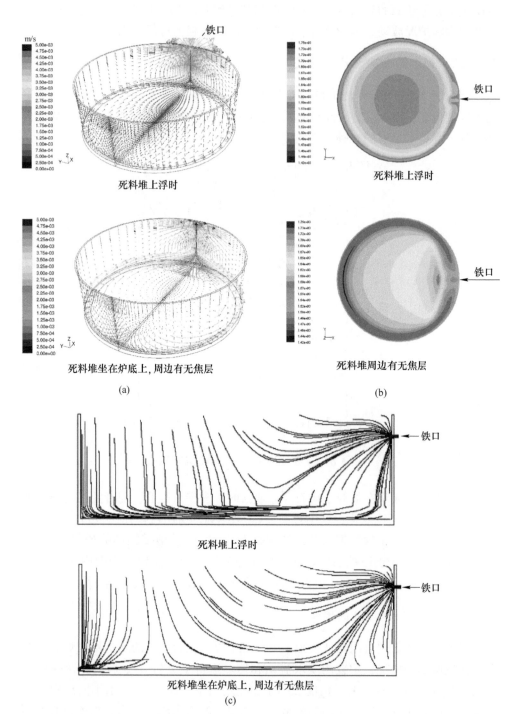

图 5-65　不同死料堆状态时的流速矢量（a）、炉底温度分布（b）和铁水流线（c）[76]

角部流通。图 5-65（b）表示炉底温度。图中后者在炉底角部形成高温区。在炉底形成象脚侵蚀。图 5-65（c）为两种情况的流线图。由图生产的铁水先纵向流向炉底汇集，再部分环流至铁口下方，然后转向铁口排出炉外。当死料堆上浮时，铁水到达铁口前流经炉底的铁水更多些，能够将更多的热量传递给死料堆，死料堆中的焦炭能更多地溶解到铁水中。

我们还要注意，铁水通过环流在炉缸角部逐渐汇聚、加强，涌向铁口下方。图 5-66（a）表示在铁口区域由于铁水汇聚、转向等不均匀流动，局部受到严重冲刷，在象脚部位的炭砖表面不容易形成凝结保护层，使凝结层脱落或溶解，炭砖裸露在铁水中，在象脚部位的炭砖迅速被溶蚀。图 5-66（b）为广畑 1 号高炉工作 12 年后，于 1998 年停炉时，在出铁口下方和 3 号、4 号铁口之间被严重侵蚀。宝钢 4 号高炉和许多高炉也有同样的遭遇。我们很注意加强炉缸的冷却，却很少关注冷却的有效性。我们在设计铁口砌砖时也加厚了铁口周围的砌筑厚度，并采用了高导热的炭砖。可是没有关注冷却能否防范侵蚀，还有侵蚀后会不会形成涡流，造成更严重的后果。

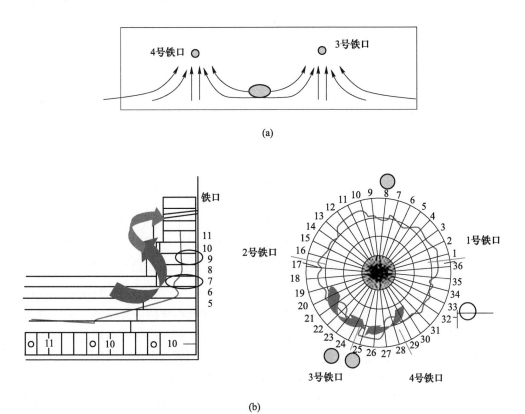

图 5-66　广畑 1 号高炉停炉铁口下方和两个铁口之间的侵蚀

　　掌握实际高炉铁水的流动状态是很困难的，详细了解死料堆结构变化对铁水流动的影响就更加困难了。借助水模型、数学模型和放射性同位素，曾经对铁水环流进行了许多研究[77~79]。对炉底有无无焦层时铁水流动差别，提出了如果存在狭窄的无焦层时，那么在无焦层中有大量铁水流动。针对低透液层对铁水流动的影响，有人通过实验和计算研究了炉底角部形成无焦层的情况下，在储存和出铁时在无焦层中有活跃的环流；滴落渣中含 FeO 及死料堆结构对传热的影响；出铁和出渣时间对渣中 FeO 和铁水含碳量的影响。

　　这里关注的是高炉炉缸填充结构与炉缸内铁水流动的关系，有人对此进行了模型实验，测量了温度和热流的分布；还用数学模型进行计算预测实际高炉炉缸铁水流动和温度分布[80]。而且，根据实验结果研讨了实际高炉上用放射性同位素（RI）测量炉缸铁水流动来判断死料堆状况。

　　铁水流动模型是计算高炉炉底储存铁水部位的三维圆筒坐标系的稳定模型。模型只考虑了铁水，没有考虑炉渣。

　　实际高炉与水模型实验以及计算条件表示在表 5-11 中。

表 5-11　计算条件

项　目	水模型条件	实际高炉的条件
计算直径和高度	$0.57m(r) \times 0.25m(z)$	$11.0m(r) \times 3.0m(z)$
死铁层高度	0.15m	2.55m
网格数	$30(\theta) \times 12(r) \times 10(z)$	$30(\theta) \times 12(r) \times 10(z)$
颗粒直径	4mm(形状系数 0.8)	40mm(形状系数 0.6)
空隙率	0.44(填充床) 1.0(无焦层)	0.4(填充床) 1.0(无焦层) 0.1(凝结层、低透液区域)
液体滴落温度	60℃水	1550℃、1350℃铁水
流体滴落速度	$6.66 \times 10^{-5} m^3/s(4L/min)$	$0.0155m^3/s(9400t/d)$
传热系数	$4.25W/(m^2 \cdot K)$	$4.25W/(m^2 \cdot K)$

　　（1）死铁层高度对上浮量的影响。由于近年来，大多数高炉的死铁层高度与炉缸直径之比已经加深到 30%或更高，为了研究死料堆的上浮量增大时，铁水流动的状况。将死料堆的上浮量设置在 0~20cm 的范围内变化，亦即实际高炉中上浮高度为 0~2.2m 处。此时，加入示踪剂从铁口排出的时间如图 5-67 所示。水位维持在炉底 35cm 处不变，以改变填充颗粒量来改变死料堆的上浮量。

　　死料堆不浮起与上浮 5cm 比较，示踪剂到达的时间都延长，填充层内的流速都下降，流路绕远。上浮量 10cm 以上，示踪剂经过炉底无焦层中的高流速区，使得到达时间缩短。上浮量越大，示踪剂越早到达。这显示出无焦层虽然变大，

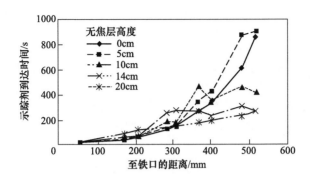

图 5-67 示踪剂到达时间（死铁层高度 25cm）

可是其中的流速也不变小，在无焦层高度上流速不均匀，死料堆正下方仍然有高速流动的铁水，而炉底底面可能存在停滞区域。

在实际高炉的铁口下方 1.2m 侧壁处，死料堆不上浮，该处的温度较低。如果存在狭小的上浮区域，这里会出现高温。如果上浮量相同，死铁层浅，铁口下面的温度高。

（2）铁水流量和填充颗粒粒度的影响。图 5-68 表示铁水流量增加和填充颗粒的粒度变小的实验结果。两者都使填充层的阻力增大，而经过透液阻力小的炉底无焦层，那部分流量增加。在填充层内，流速小的部位比流速大的部位流量增加得多，流速分布趋于均匀化。铁水流量增加和粒度缩小，都使环流发展，停滞区域缩小。

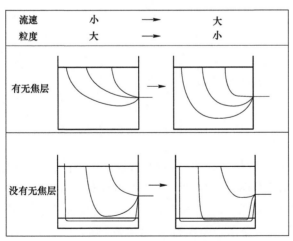

图 5-68 流速或颗粒粒度对流动的影响

如图 5-69 所示，太钢 5 号高炉使用质量较差的焦炭一段时间后，炉底温度持续下降。焦炭质量转好后一段时间后，炉底温度转为回升。

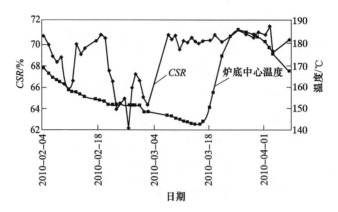

图 5-69   太钢 5 号高炉炉底温度随焦炭 CSR 的变化

日本 NKK 对京滨 1 号、2 号高炉的研究表明，随死料堆焦炭平均粒度增大，炉缸底部温度升高，说明此时有更多的铁水穿过死料堆下面流动。

图 5-70 表示宝钢 1 号高炉第三代煤比从 170kg/t 提高到 184kg/t，炉底温度（IE304016）由上升变为下降的过程。

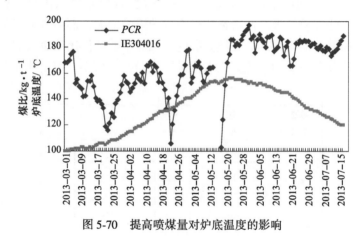

图 5-70   提高喷煤量对炉底温度的影响

（3）死料堆下部形状的影响。在实际高炉上，由于死料堆边缘受炉墙摩擦及鼓风支撑，死料堆底部呈锅底状。实验中将死料堆作成中央平坦，边缘呈 20°上翘。上翘区域离炉墙水平距离为 5cm、10 cm、20cm 三种，死料堆的上浮量分别在 0~5cm 的范围内变化。图 5-71 表示示踪剂到达铁口的时间。图 5-71（a）为炉底中央下沉边缘上浮时，与死料堆完全坐落在炉底上相比，炉底角部环流活跃。图 5-71（b）为死料堆上浮量 5cm 时，在死料堆同炉底无焦层中央部位流速非常慢，从靠近铁口侧的倾斜区域开始形成流速慢的区域，铁水围绕死料堆，容易形成环流。

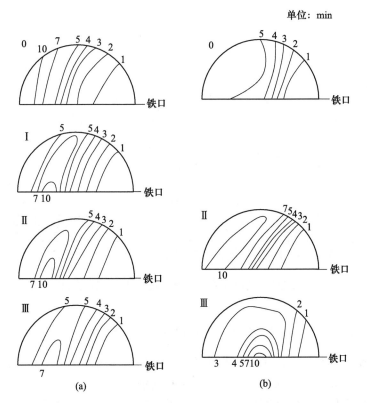

图 5-71　死料堆不上浮（a）与上浮 5cm（b）时示踪剂到达的等时间图

（0、Ⅰ、Ⅱ、Ⅲ分别为死料堆角部上翘区域离炉墙水平距离为 0cm、5cm、10cm、20cm）

铁水环流最后汇集到铁口附近向铁口流动有一个转向铁口的过程，使得铁口附近及铁口下方的炭砖侵蚀。即使加厚铁口区域的炭砖也无济于事。这是因为炭砖厚度增加以后，无法有效地冷却到炭砖热面，热面很快被侵蚀，反而增强了铁水转向的破坏力。

有人研究了炉底隆起和低透液区域对铁水环流和出渣的影响[81,82]。

（4）提高鼓风动能。宝钢高炉通过适当增加风量，并调整上部布料，确保较强且稳定的中心气流，提高死料堆内部的温度，减少渣铁滞留，以活跃炉缸。由图 5-72 可见，随着鼓风动能 E_k 的提高，炉底中心温度（IE304016）快速升高。

近些年来，唐钢、湘钢、太钢、莱钢、重钢等高炉借鉴学习宝钢技术，重视监视炉底温度和炉缸活性状态的变化，积极通过适当增加风量、确保足够的鼓风动能、发展中心气流，活跃炉缸，防止炉底温度过低，取得了控制炉缸侧壁温度升高、减轻炉缸侧壁侵蚀和适应焦炭质量波动、稳定炉况等良好成效。可是正如第 3 章所述，在增加鼓风动能时，应注意与焦炭质量相匹配，在这方面宝钢的生产实践可以借鉴。

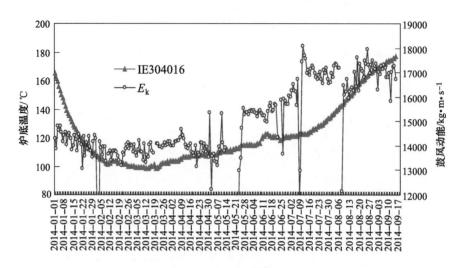

图 5-72　宝钢 1 号高炉炉底温度随鼓风动能的变化

5.3.4.4　出铁的流路对铁水含碳量和炉底温度的影响[83]

如前所述，经过风口滴落物取样调查，循环区前面存在高 FeO 炉渣和低碳铁水滴落，以及固体碳与铁水之间反应。焦炭的消耗是由于渣中 FeO 还原，由于焦炭的溶解使得焦炭的粒度缩小，使得死料堆的空隙率降低。这对出铁和出渣产生不利的影响，而且可以根据出铁和出渣的变化来推算铁水和炉渣在炉缸内流路的变化。

A　实际高炉的出铁数据

4500m³ 以上大型高炉 A 采用连续交叉出铁，图 5-73（a）表示 A 高炉的炉底温度差（ΔT）和日平均出铁时间的变化。图 5-73（b）表示出铁时间与炉底温度差（ΔT）之间的关系。两者比较，出铁时间长的时期，炉底温度有升高的趋势。与 A 高炉一样，4500m³ 以上大型高炉连续交叉出铁的 B 高炉，出铁时间与炉底温度的关系表示在图 5-74（a）中。B 高炉得到正相关的关系。其他高炉也有相同的趋势。图 5-74（b）和（c）表示 B 高炉的出铁时间与铁水含碳量与渣中 FeO 的关系。当铁水的含碳量高时，渣中 FeO 低，结果出铁时间长。铁水含碳量越高，炉底温度越高，如图 5-74（d）所示。可是如图 5-74（e）所示，炉渣 FeO 含量与炉底温度没有显著的相关关系。

图 5-75 表示 A 高炉出铁时实测出铁速度的变化。时期 1 和时期 2 分别为炉底温度高的时期和炉底温度低的时期有代表性的数据，两个时期使用同一种材质的炮泥。由图可知，炉底温度高的时期出铁时间长，这是由于出铁加速度小所致。

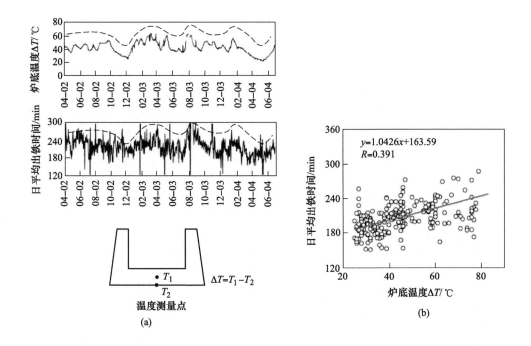

图 5-73　A 高炉出铁时间与炉底温度 ΔT 趋势（a）及其相关关系（b）[83]

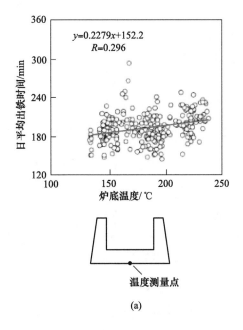

(a)

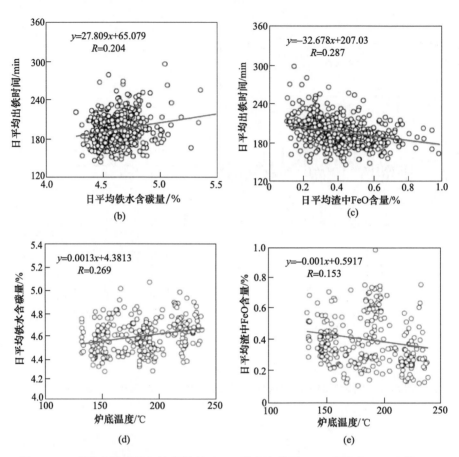

图 5-74　B 高炉出铁时间与炉底温度（a）、铁水含碳量（b）和渣中 FeO 含量（c）的关系，以及炉底温度与铁水含碳量（d）及与渣中 FeO 含量（e）的关系[83]

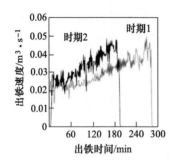

时期	时期 1	时期 2
炉底温度差 ΔT/℃	61	32
铁水温度/℃	1516	1496
铁水含碳/%	4.51	4.27
渣中 FeO 含量/%	0.28	0.32

图 5-75　A 高炉出铁速度变化[83]

B　开铁口模型

为了说明出铁速度的差别，使用熔融物流路模型进行了研讨。在模型中铁口孔为圆筒形,考虑了焦炭填充层对熔融物流速的影响。随着出铁时间的延长,焦炭被铁水溶解和参加渣中FeO的还原粒度缩小,此外,由于损耗而铁口孔扩大。在此环境下,熔融物排出速度受到焦炭粒度缩小、填充层性能变化,以及铁口孔径扩大两方面的影响。

在铁口孔附近焦炭粒度变化,不仅因在循环区燃烧而缩小,而且因其在炉缸中铁水的溶解,以及与渣中FeO反应等消耗而缩小。前面已经述及在生产高炉喷煤中加入示踪剂以及用模型实验,显示出在炉缸边缘部位铁口平面上碳素的饱和度低,存在铁水滴落与焦炭消溶的区域,以及存在无焦层。

铁水溶解碳的速度受物质移动的限制,反应的驱动力为铁水的饱和碳素量 $[C]^{sat}$ 与实际碳素含量 $[C]$ 之差,$[C]^{sat}$ 取 5.0%。死料堆内焦炭的消费是由于被渣中FeO氧化所致,根据实验求出了FeO与焦炭的综合反应常数。实验和计算都证明,焦炭中碳素的溶解使得焦炭的粒度缩小,并且使死料堆的空隙率降低。

出铁口模型为一个圆筒,其中一端填充焦炭颗粒。这个填充焦炭的部分称为焦炭过滤器。流速可以按铁口圆筒两端的压力差和压力损失计算,流入出铁口的压力按400kPa,流出压力按100kPa计算。实测B高炉由铁口孔流出的焦炭粒度,以及初期排出速度约为 $0.02m^3/s$,模型由此值得到合适的焦炭过滤器长度为80mm,铁口中焦炭的初期粒度为40mm,模型考虑了焦炭过滤器的压力损失、铁口圆筒的压力损失。模型考虑了铁口直径 d 和焦炭粒度 D 随时间变化来计算出铁速度,熔融FeO与焦炭的反应受表面反应的支配。铁水的质量移动系数取 2.86×10^{-5}。在1773K时的综合反应速度取 $5.68 \times 10^{-6}m/s$。焦炭颗粒假定为球形,由铁水的 $[C]^{sat} - [C]$,渣中FeO分率,渣比求出焦炭粒度的变化。

由于液体的流路为焦炭颗粒之间的缝隙,在流路中焦炭发生溶解反应,假定焦炭颗粒的体积减小,而流路扩大。比较了A高炉的时期出铁时的排出速度变化的观测值与计算值,铁口孔直径的扩大速度 Δd 取 $1.0 \times 10^{-6}m/s$。在计算中,$[C]^{sat} - [C]$ 取0.10%。假定出铁时焦炭过滤器内的颗粒数量固定,则焦炭过滤器内的空隙率的变化由焦炭粒度的变化计算。此外,在出铁时间内储铁和储渣的体积为产生体积与排出体积一致。

表5-12表示A高炉为计算的基准条件,以及模型中采用的B高炉计算数据。

表5-12 A、B高炉计算的基准条件

高炉日产量 /t·d^{-1}	渣比	铁口深度/m	开铁口直径/m	铁水含碳 [C]/%	渣中FeO 含量/%	炉渣黏度/Pa
10000(12500)	0.3	3.5	0.060(0.067)	4.9(4.85)	0.30	0.435

注:表中括号内为B高炉的数据,其他数据相同。

C　铁水含碳量和渣中 FeO 对出铁速度的影响

A 高炉炉底温度低的时期 2 出铁速度增加得快，出铁时间短，铁水含碳量低，与炉底温度高的时期 1 之差为 0.24%。在计算中，假定时期 1 $[C]^{sat} - [C]$ 为 0.10%，而时期 2 $[C]^{sat} - [C]$ 按 0.34% 计算，对出铁速度变化作比较。如图 5-76 所示，观测值与实测值很好地一致，两种情况，焦炭粒度都减小了 1mm 左右。

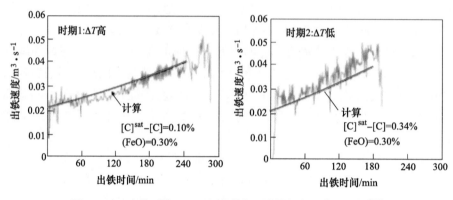

图 5-76　A 高炉时期 1、2 出铁速度观测值与实测值的比较[83]

图 5-77 表示 B 高炉渣中 FeO 含量与出铁时间的关系，并比较了实测值与计算值。B 高炉的计算参数如表 5-12 所示，与 A 高炉产量和初期开孔直径不同。渣中 FeO 含量与出铁时间变化可以从 $[C]^{sat} - [C]$ 得到说明。

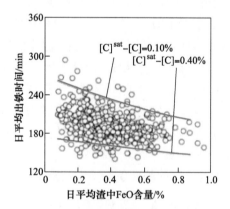

图 5-77　B 高炉出铁时间与渣中 FeO 关系[83]
（计算值与实测值的比较）

滴落炉渣中 FeO 对高炉出渣也有很大的影响[84]。滴落炉渣中 FeO 高，影响炉缸温度，炉渣黏度高，导致出渣困难。

D　炉底温度与出铁时间的关系

如前所示，铁水中的 $[C]^{sat}-[C]$ 受出铁时间的影响很大。炉底温度能够说明低透液层的生成与消蚀，铁水中的 $[C]^{sat}-[C]$ 也能够很好地反映低透液层的生成或消失。在此讨论出铁时间对炉底温度的影响。

综合前述滴落时铁水的分布、渣中 FeO 还原和焦炭劣化，死料堆内焦炭的更新运动，铁水的流动和流路的变化。图 5-78 表示炉缸有无低透液层时铁水流动的示意图。由图可知，大量铁水集中在炉缸周围的燃烧带滴落进入炉缸，然后一边抬升、一边向铁口流动。炉底有无低透液层对铁水的流路，及其在炉缸内的停留时间的影响很大。同时图中也显示出了两种情况对铁水流动的垂直分量和水平分量的影响。

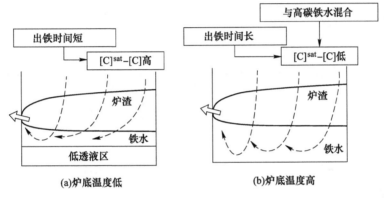

图 5-78　低透液区对铁水含碳量和炉底温度的影响的示意图[83]

炉底温度低的时期是由于炉底被低透液层覆盖，铁水层浅，环流较强，滴落的铁水到达出铁口的平均滞留时间短。由于在燃烧带中滴落铁水的饱和度差，铁水到达铁口时，碳的饱和程度低，亦即，$[C]^{sat}-[C]$ 高。炉底温度低只是其中一种反映，相应地低碳铁水对炉缸侧壁的侵蚀快，凝结层难于形成。

对于不存在低透液层炉底温度高的时期，由于滴落铁水的平均滞留时间长，虽然滴落的铁水含碳量相同，可是铁水的流路长、与炉底的高碳铁水混合的机率高，到达铁口时铁水的碳饱和程度高，同时，当铁水途经炉底时可使炉底细粒的焦炭溶解，加速更新，从而提高了炉底温度。因此，出铁时的 $[C]$ 与炉底温度呈正相关关系。

E　实例

图 5-79 为宝钢 1 号高炉（第三代）炉缸侧壁温度与炉底温度变化的推移图。可以发现，当炉底温度（炉底中心第一层炭砖上表面）下降到低位并持续一段时间后，铁口区和侧壁温度随即开始快速升高，炉缸热负荷、水温差同时升高。

此时炉前出渣铁作业开始变差和恶化。当高炉采取操作措施使炉底温度回升到一定温度（200℃以上），侧壁温度开始稳定并下降。炉底温度高的阶段，侧壁温度稳定，炉前作业正常，渣铁排放充沛，各铁口间出铁量、见渣率和铁水温度、成分的偏差较小。

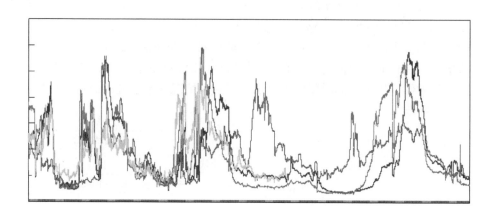

图 5-79 炉缸侧壁温度与炉底温度对应变化的推移图

宝钢 2 号高炉 2000~2002 年间，每次炉缸侧壁温度上升都发生在炉底温度显著下降之时，而炉底温度较高的时候，侧壁温度较低且稳定。从图 5-80（a）可知两者之间存在相关关系[85]，两者的关系实质上说明炉缸铁水的流动状况。当铁水环流加强，炉缸侧壁温度便上升；当铁水环流减弱、炉缸中心活跃，炉底温度就上升。

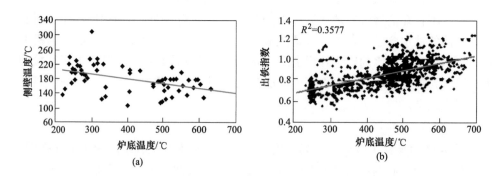

图 5-80 宝钢 2 号高炉炉底温度与侧壁温度（a）与出铁指数（b）的关系[85]

对于大型高炉，希望每次出铁的时间要长，每次铁的出铁量大，这是炉缸活跃的关键。炉底温度及炉前作业的变化，是反映死料堆透液性或炉缸工作活性变化的直接信号。以高炉平均出铁量定义为出铁指数，亦即，出铁指数为日产量除以出铁次数，再除以1000。

宝钢2号高炉2000~2002年出铁指数与炉底温度之间存在密切关系，如图5-80（b）所示[85]。当炉底温度下降时，出铁指数明显下降，即平均每次出铁量减少、日出铁次数增加。在2000年4月，由于炉底温度持续下降，高炉的炉前作业开始变差，出铁口变浅，出铁时间短，见渣晚，重叠开口增多，出铁次数由正常的10次增加到12~14次，每次的出铁时间短，打泥量少且不稳定，侧壁温度上升。

定义 T_b/T_w（炉底中心温度/侧壁薄弱点电偶温度）为炉缸环流强度指数。图5-81为宝钢2号高炉（第一代）炉底炭砖C1上中心温度IE3906与C8层炭砖90°、270°方向侧壁温度（分别为IE3961、IE3962）的比值以及出铁指数的变化，可见二者变化趋势一致，关系密切，且存在时间差。当炉底温度下降到某一很低的水平后，出铁指数开始明显降低，表现为见渣晚、重叠开口多，平均每次出铁量减少、出铁次数增加。如 T_b（炉底中心温度IE3906）下降或稳定在很低的水平，同时 T_w（侧壁薄弱点电偶温度，IE3961或IE3962）升高，则出铁指数更小。上述关系反映了炉缸死料堆活性状态对铁水环流和出铁作业的影响。

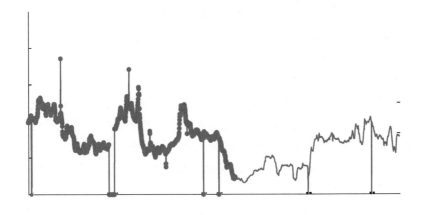

图5-81　T_b/T_w 与出铁指数的关系

澳大利亚BlueScope公司的R. J. Nightingale等，根据排放铁水的碳不饱和程度、铁水温度和炉渣碱度等高炉生产信息，用死料堆洁净指数DCI表征死料堆活性状态[86]：

$$DCI = T_{HM} + 1/(2.57 \times 10^{-3})\Delta C - [1430 - 190 \times (1.23 - C/S)]$$

式中，T_{HM} 为铁水温度，℃；C/S 为炉渣二元碱度 CaO/SiO_2；常数 2.57×10^{-3} 为单位温度下单位浓度的变化因子；1430℃ 为 C/S 为 1.23 时的炉渣温度。ΔC 为铁水饱和碳含量 C_{sat} 与实际含碳量 C_{actual} 的差值，即，$\Delta C = C_{sat}(\%) - C_{actual}(\%)$。

R. J. Nightingale 认为，死料堆内越干净（粉末越少），铁水碳饱和程度越高，死料堆活性状态就越好。

此外，还有许多研究者提出了评价死料堆活性的方法。

5.4　炉缸寿命与侧壁凝结保护层

5.4.1　炉缸侵蚀与炉缸保护凝结层的形成

5.4.1.1　炉缸侵蚀

国内外不但对残余砖衬进行了详细的研究，而且对残铁、凝结层、死料堆结构等方面进行了详细的研究。在喷煤以后，加重了边缘负荷，铁水更集中于经过燃烧带滴落，"锅底型"侵蚀目前较为少见；一部分片面高产采用过吹型中心加焦的高炉，形成"蘑菇型"和"象脚"侵蚀，甚至炉缸烧穿事故较多，影响高炉寿命。这是炉缸烧穿最主要的侵蚀特点，炉缸侧壁的侵蚀是当前高炉寿命瓶颈。如能在炉缸侧壁形成稳定的凝结保护层，炉底形成"锅底型"，则有利于一代炉役寿命的延长。高炉炉缸设计结构和炭砖质量对延长炉缸寿命非常重要，我们在《高炉设计——炼铁工艺设计理论与实践》一书中已经较系统地叙述了这方面问题，本节就不再重复。

炉缸侵蚀过程是一个长期的发展过程。高炉投产初期炉缸长寿的关键在于高炉操作应控制产量，较高的铁水含硅量，避免炉况波动，争取及早形成保护凝结层。当高炉进入正常操作后，炉缸长寿的关键在于长期保持凝结层的稳定。采取提高原料质量、合理的上下部调剂；减少 FeO 进入炉缸，活跃炉缸中心，保证死料堆的透液性，减轻铁水环流，保证凝结层的稳定，尽量避免炭砖直接接触铁水，保持残存炭砖厚度稳定。

图 5-82 为日本千叶 6 号高炉[87]和宝钢 2 号、3 号高炉炉缸侧壁的残存炭砖厚度和凝结层的变化。

这里我们再举宝钢 1 号高炉的炉缸侧壁温度与侧壁炭砖残存厚度来说明推测在侧壁炭砖上保护凝结层厚度的例子。图 5-83 为宝钢 1 号高炉第三代 2012~2014 年炉缸侧壁主要侵蚀位置炭砖电偶（插入炭砖内 150mm）温度变化推移图。侧壁 H3 段冷却壁和铁口区 H4 段冷却壁炭砖温度反复升高，而且这种反复通常表现为炉缸侧壁圆周各方向整体的温度变化。

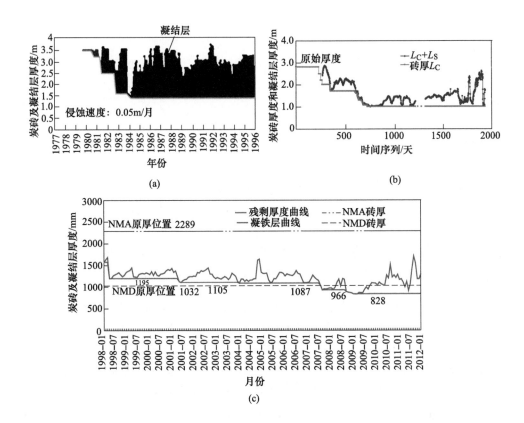

图 5-82 千叶 6 号高炉（a）[87]和宝钢 2 号高炉（b）、3 号高炉（c）的侵蚀曲线

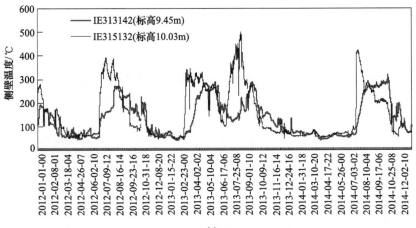

(a)

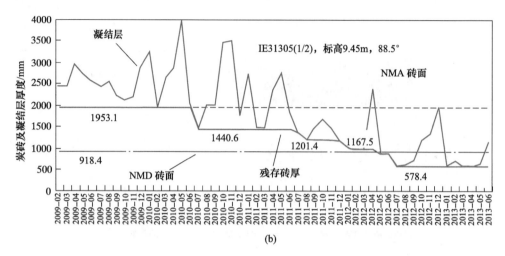

(b)

图 5-83　宝钢 1 号高炉炉缸侧壁典型温度变化（a）及炉缸侧壁
某位置炭砖残存厚度和其凝结层厚度变化（b）的推移图

根据炭砖导热系数和成对电偶温差进行简单的传热计算，得出侧壁炭砖残余厚度和炭砖热面凝结层厚度变化，如图 5-82 和图 5-83 所示。可见，每次当侧壁炭砖温度（插入炭砖内 150mm）创新高时，其热面凝结层的厚度减小为零，炭砖热面暴露在铁水中发生新的侵蚀，残厚减小。当采取措施、控制侵蚀进一步发展后，该区域侧壁内衬建立新的传热平衡，炭砖热面凝结层又重新生成并稳定，炭砖温度下降。此时，该区域侧壁炭砖保持此残厚，而凝结层的厚度因炉内铁水热流及炉缸侧壁体系传热效率的波动而变化。如果用以上 4 座高炉炭砖热面上没有凝结层时，炭砖迅速减薄来推算炭砖暴露在铁水中铁水对炭砖的溶解速度，则炭砖在铁水中的溶解速度为 13~20mm/d。

根据实验室研究，炭砖的溶解速度取决于炭砖的品质和铁水中碳的饱和度。在理想状态下，这种溶解行为将以 [Fe]-[C] 达到平衡才终止。炉缸内铁碳反应处于扩散动力学区域，而非理想状态，特别是在炉缸边缘是不饱和铁水集中滴落的区域。铁水的流动增加了碳素的扩散系数，随着铁水的流动速度的增加，表现为持续性的碳饱和铁水与碳不饱和铁水的转换，进而引起炭砖持续向铁水中溶解[88]。

此外，实验研究指出，炭砖在铁水中的溶蚀速度，随时间的增加而减缓，随着炭砖透气度的增加而降低，随着铁水流动速度的增加而成倍加剧[89]。

由图可知，千叶 6 号高炉及宝钢 2 号、3 号高炉开炉初期炭砖厚度都有快速侵蚀的阶段，千叶 6 号高炉在开炉后的 4 年间炭砖每月侵蚀约为 50mm 之多，一般要 2~4 年才能稳定，进入炉役中期。

进入炉役中期以后，所有长寿高炉侧壁都有凝结层保护。由图可见，高炉利用系数对炉缸中期侧壁的残存炭砖厚度有影响。千叶 6 号高炉利用系数低，高炉中期的残存炭砖厚度在 1.5m 左右；宝钢 2 号、3 号高炉残存厚度在 1.0~1.1m。宝钢 3 号高炉一代炉龄利用系数为世界 4000m³ 高炉级长寿高炉的首位，强化程度很高，残存厚度也薄一些。如果按照上面两个图统计的时间范围来计算在此期间炭砖的平均侵蚀速度的话，则千叶 6 号高炉的侵蚀速度为 10.1mm/月，宝钢 3 号高炉为 4.8mm/月，宝钢 1 号高炉为 25.5mm/月，宝钢 2 号高炉为 28.4mm/月，都远远小于失去凝结层、裸露炭砖的侵蚀速度。由此可见，铁水对炭砖有很强的侵蚀作用。

虽然所有高炉的炉缸侧壁凝结层厚度频繁变动，但整个中期阶段凝结层是相对稳定的，高炉长期在稳定的残存炭砖厚度下操作，炉况稳定。生产中经常发现炉底中心温度上升、侧壁温度下降的现象，这可能是死料堆的透液性改善对维持侧壁凝结层有利的缘故，同时，由于死料堆特性的变化，铁水环流的变化，以及可能在炉底边缘部位周期性地出现焦炭的无焦层，使得侧壁凝结层的厚度不断变化，导致侧壁温度波动。

无论何种炉缸传热结构体系，在高炉正常生产和炉缸炭砖温度稳定期间，炭砖热面都有稳定的凝结层存在，阻止铁水热流直接接触炭砖热面，起着保护的作用。侧壁温度升高和侵蚀是传热平衡破坏，使保护层减薄、溶解的结果。除了炭砖直接与铁水作用，被铁水溶解以外，图 5-84 展现了炭砖侵蚀过程和机理。在炉缸中铁水温度在 1450℃ 以上，炭砖表面的温度不低于 1350℃，而铁水的凝结温度 1150℃ 线必然深入到炭砖内部，因此铁水能够深入到炭砖的内部，使炭砖变质；如果存在碱金属，则碱金属蒸气渗入炭砖，并冷凝形成碱金属氧化物时体积膨胀破坏炭砖。

宝钢 3 号高炉和 4 号高炉炉缸小块炭砖的凝结层和脆化层中都有 K、Na、Zn 元素，脆化层中含量更高，如图 5-85 所示。从光学结构看，脆化层结构疏松，碎裂、粉化严重，孔洞大且多。

碱金属氧化物和 ZnO 在高炉下部、炉缸被 C 或 CO 还原，分别形成碱金属蒸气和锌液，部分锌液溶于铁水中。如图所示，由于铁水渗透和热应力的作用，炭砖渗铁层的内侧存在脆化层（800~1100℃ 的脆变区），碱蒸气和从铁水中析出的 Zn（气态）扩散进入脆化层的缝隙（微裂纹、气孔）中，降温后成为液态，然后与缝隙中的 CO、CO_2、H_2O 等气体反应生成 K_2O、Na_2O、ZnO 和 C，使炭砖发生异常膨胀、开裂、疏松甚至破碎，降低导热性能。如入炉有害元素负荷长期过高，对炭砖侵蚀的危害更大，影响炉缸寿命。

总之，长寿高炉最关键的是要尽量延长中期阶段的时间，必须采取活跃炉缸中心、减少环流的措施，炭砖的耐久性有赖于保持稳定的炉缸侧壁的凝结保护

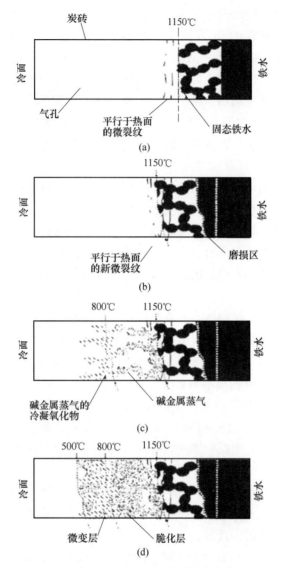

图 5-84　炉缸侧壁内衬侵蚀过程和机理示意图

图 5-85　宝钢 3 号高炉和 4 号铁口水平炭砖侵蚀结构和取样位置

层。在中期阶段残存炭砖被侵蚀到一定厚度以后，冷却的效果就更显现出来了，炭砖内的1150℃、800℃和500℃等温线变密，各侵蚀区域缩小也有利于减缓进一步侵蚀。可是如果没有凝结层，炭砖裸露在铁水中，那将很快结束炉役。

5.4.1.2　炉缸保护凝结层的形成

凝结层主要是铁和碳的凝结物，其形成是热力学和动力学因素共同作用的结果[90,91]。图5-86为炉缸凝结保护层形成的示意图。如图所示，保护凝结层由黏滞层、凝结层和不稳定凝结层组成。保护凝结层的形成时，在凝结层表面流动铁水不断加热凝结层，强烈烧蚀凝结层，而炭砖不断传递热量给冷却水。在供给热量与散发热量之间保持动态的平衡，方能维持凝结层热面的稳定。要保持热量的平衡和热面的稳定，必须保证从凝结层热面到冷却水各个环节传热的稳定。

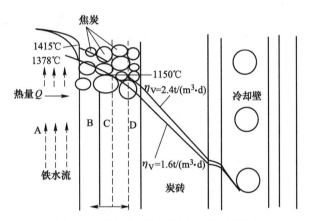

图 5-86　炉缸保护层形成机理的示意图

A—铁水流；B—不稳定的凝结层；C—在不同利用系数 η_V 时的凝结层；D—黏滞层

形成凝结层的条件和过程：

（1）足够的冷却，当炭砖厚度减薄到一定程度炭砖表面温度下降，铁水在炭砖表面的黏度逐渐增加，滞留在炭砖表面，才能创造形成黏滞层的条件。在高炉生产过程中，可靠的冷却使得与炭砖热面接触的铁水温度有所下降，黏度增加并与熔点高的化合物（例如 Ti、TiC、TiN 等）黏附在炭砖表面形成膜状的黏滞层。

（2）维持与原燃料条件相适应的高炉强化程度，死料堆的透液性好，中心没有低透液区域；在炭砖表面铁水的流速较低，环流较缓和，有利于黏滞层的形成。

（3）保证矿石在高炉上部得到充分的还原，形成的渣铁滴落量的分配适宜，使渣中的 FeO 降到最低，含硅量较高，铁水黏度较高，以及提高铁水的碳饱和度，有利于石墨碳的析出。

（4）在凝结层中往往发现焦粉作为各种凝结材料的骨料。经历一系列反应的焦炭，逐渐劣化粒度变小，一些以焦粉状态存在混合在黏滞层内。黏滞的材料与焦炭粉末胶结形成有足够抗铁水侵蚀的凝结层黏附于炉缸炭砖表面。

5.4.2　炉缸保护凝结层的显微结构

众多研究者和生产者发现在停炉大修时在炉缸炉底形成了一层隔开炉缸炭砖不被侵蚀的保护凝结层。从宏观来看凝结层结构极不均匀，由不同的物质而成，其中有大量焦粉作为骨料，且有分层的现象。

经过大量的高炉破损调研总结出四种类型：富铁层、富渣层、富石墨层和富钛层。这四种凝结层的显微结构和形成过程机理[72]描述如下：

（1）富铁层。随着高炉炉缸砖衬的逐渐侵蚀，炭砖厚度减薄，炭砖热阻减小，冷却系统与铁水之间的总热阻减小，炭砖的热面的温度随之降低。当其温度降低到铁水凝结温度时，高温熔融铁水即在炭砖热面凝结，形成富铁保护层。其显微结构示于图 5-87。

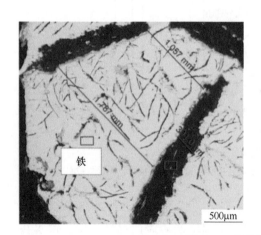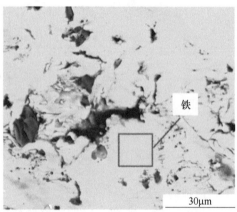

图 5-87　富铁层显微结构图

富铁层可能的形成过程：高炉炉缸炉底结构一般有两种，一种为全炭砖的炉缸炉底结构，另一种为炭砖结合陶瓷杯的复合结构。无论是哪一种结构，炉缸内垂直贯穿的砖缝均有可能渗透熔融铁水、煤气和碱金属，在有陶瓷杯存在的条件下，这些物质也可穿过陶瓷材料侵蚀其冷面的炭砖。伴随着碱蒸气等进入炭砖内部，在 750~850℃ 温度区间，碱金属、热应力等使炭砖脆化。在铁水流的冲刷条件下，脆化层热面的炭砖容易脱落，从而使得熔融铁水与脆化层处的炭砖接触，而该处的铁水温度低于铁水的凝结温度，具有一定的过冷度，此时铁水凝结，富铁层逐渐形成。富铁层的形成阻碍了高温铁水与炭砖的直接接触，同时也阻碍了碱金属等物质渗入炭砖，进而保护砖衬不受侵蚀。即使像宝钢4号高炉那样，铁口下方炭砖温度长期偏高的情况，全靠铁口下方仍保持有一层富铁层，才得以维持生产。

（2）富渣层。高炉炉缸内炉渣密度远小于铁水密度。在炉缸上部由高炉渣形成的富渣层对炭砖起着保护作用。此外，进入炉缸的不饱和铁水会与焦炭发生渗碳反应，随着炉缸内焦炭被铁水溶解，残留部分灰分，一部分上浮造渣，另一部分就有可能富集在炉缸侧壁形成富渣保护层，如图5-88所示。

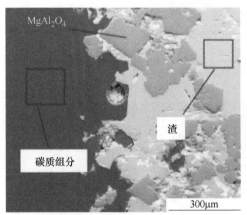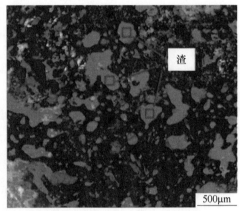

图5-88　富渣层显微结构图

（3）富石墨碳层。不同高炉的炉缸保护层中，几乎都发现了石墨碳的存在。在高炉炉缸温度波动时，砖衬热面的铁水温度低于液相线时，铁水除开始凝固外，往往还析出石墨碳。析出石墨碳的数量，主要取决于铁水析出石墨碳的速度。铁水中石墨碳的析出与铁水的含碳量和炭砖的冷却程度有密切关系。随着石墨碳的逐渐析出，析出的石墨碳不断地结晶长大，进而形成了富石墨碳层。其显微结构如图5-89所示。

（4）富钛层。在高炉的破损调查中对炉缸炉底砖衬上的保护层进行取样分析发现，含钛保护层结构较为致密，含有大量高熔点的钛化合物与金属铁和其他渣相矿物组成的一种多相物质，主要含有较多的 $Ti(C,N)$。含钛保护层显微结构如图5-90所示。

一般认为，含钛化合物的形成机理如下：含钛矿石中的 TiO_2 还原成 Ti 或直接还原成 TiC，Ti 溶于铁水，但其溶解度极低，大部分是以高熔点的 TiC 微粒悬浮于铁水中。铁水中的 Ti 与 C 和 N_2 结合形成 TiC、TiN 的结晶析出，在炉缸周边异常侵蚀区域，或在铁水流动相对较为缓慢之处，形成的 TiC 和 TiN 经过物相重

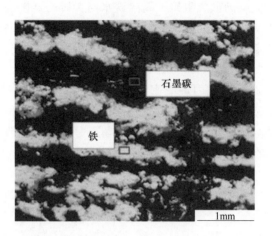

图 5-89　富石墨碳层显微结构图

图 5-90　富钛层显微结构图

构演变可形成 Ti(C,N) 固溶物。我国对钒钛矿冶炼生成以上化合物的过程进行过详细的研究，已经有许多文献可以查考，这里就不介绍了。可以简单地说，必须在强还原条件下，才能形成 TiC、TiN 和 Ti(C,N)。

　　1993 年宝钢 2 号高炉喷煤后不久曾采用钛矿护炉，发现对炉缸侧壁没有效果，而炉底却发现有垫高的现象。又如，杭钢 1250m³ 高炉 2012 年 5 月开炉生产了 4.5 年，因 Zn 害造成炉底板上翘，炉缸侧壁局部温度过高，生产中使用了大量钛矿护炉，后仍因侧壁温度过高而被迫停炉大修。炉底最上层满砌两层陶瓷垫，其下一层微孔炭砖，再下面三层半石墨炭砖，最下层为石墨炭砖，炉缸侧壁为 1060mm 环形微孔炭砖，无陶瓷杯。高炉死铁层深度较深约为 2.5m，为炉缸直径的 29%。从破损结果看，由于不适当地使用钒钛矿护炉，在完好的陶瓷垫上，死铁层被近 1000mm 厚的钒钛混合物的聚积层填充，没有形成锅底状侵蚀。侧壁侵蚀最严重处在出铁口下方 1.2m，距陶瓷垫水平面往上 1.4m 处，高度在 500~1000mm 范围的环带蘑菇状侵蚀，侵蚀最严重处小块炭砖只剩 280mm，即呈蘑菇状侵蚀[48]。

由此，在使用钛矿护炉之前应对炉缸状况进行详细评估。如果炉缸不活跃，炉底可能存在低透液层，应注意在护炉时炉底温度的变化，并应采取活跃炉缸的措施；对于死铁层深的炉缸不宜采用钛矿护炉。

5.4.3 影响侧壁凝结层形成和稳定的不利因素

5.4.3.1 高利用系数

提高铁水的流速，加剧冲刷，使炭砖表面温度升高，打破了凝结层生成和熔蚀的平衡。提高利用系数或加剧局部铁水流动速度的因素，都是凝结层形成的不利条件。

国外研讨了高利用系数造成沿炉缸侧壁铁水流量增加；沿炉缸侧壁流动的铁水温度升高；铁水对侧壁的传热增加，热流增大。图 5-91 为日本统计了 1975~1989 年投产高炉一代平均利用系数与高炉寿命的关系。得出规律是高炉一代的平均利用系数提高时，高炉寿命缩短[90,91]。图中还列入了宝钢 2 号、3 号高炉利用系数与寿命的关系。由图可知，宝钢高炉也不逊于日本长寿高炉。

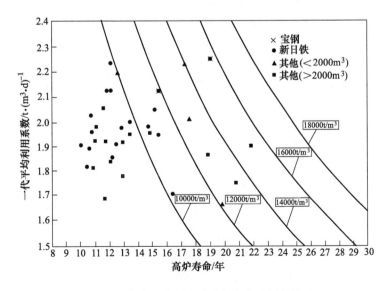

图 5-91 高炉一代利用系数与寿命之间的关系

　　国外就利用系数与高炉炉缸铁水流动对传热的影响进行了模型实验研究。图 5-92 表示模拟高炉的炉容为 4300m³，炉缸直径为 13.8m，出铁口深度为 4.5m，出铁口高度 4.05m 以及死料堆漂浮 0.6m 的计算结果。当提高利用系数时，炉缸内铁水流速、传热系数都提高了，靠近炉缸侧铁水温度相应上升。在正常状态下，仅就铁水流速和传热的角度考虑，将造成图 5-86 中铁水黏滞 D 层减薄，炭砖剩余厚度和保护凝结层厚度也相应变化。

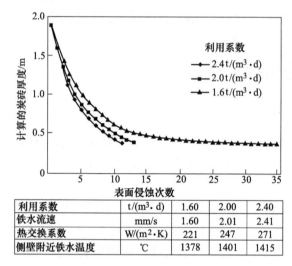

利用系数	t/(m³·d)	1.60	2.00	2.40
铁水流速	mm/s	1.60	2.01	2.41
热交换系数	W/(m²·K)	221	247	271
侧壁附近铁水温度	℃	1378	1401	1415

图 5-92　利用系数对耐材侵蚀的影响

　　当利用系数在 1.6~2.4t/(m³·d) 变化时，上述高炉铁水流动方式和流量都发生了变化。当利用系数提高时，铁水流路缩短了至出铁口的距离和时间。当死料堆漂浮时，不仅通过死料堆，而且通过炉底高速流动区域的流速也加快，这时炉底的铁水黏滞层减小，炉底象脚部位的流速和温度都上升。

　　提高高炉利用系数对炉缸内铁水流速和传热的影响：(1) 沿炉缸侧壁铁水流量增加；(2) 沿炉缸侧壁流动的铁水温度增加；(3) 铁水对侧壁和耐材的传热系数增加，通过耐材的热流增加。

　　无论模型试验和实际高炉的生产数据表明，利用系数对流速和出铁口下面的侧壁温度都有重大影响。如果考虑过吹型中心加焦对进入炉缸铁水滴落分布的变化，则对炉缸侧壁和象脚部位的影响将更为突出。

　　宝钢 1 号高炉第三代 2013 年 7~9 月实施限产，利用系数降低到 2.0t/(m³·d) 左右。期间因高炉设备检修和炼钢故障，又有 5 次临时休风和 1 次定修。减产和临时休风促进凝结层的形成和稳定，使侧壁温度呈台阶式回落，如图 5-93 所示。2013 年 10~11 月，随着炉底温度 (热电偶号 IE304016) 回升，H3~H4 段侧壁温度呈平稳和下降趋势，各点温度均下降到 200℃ 以下的安全范围。

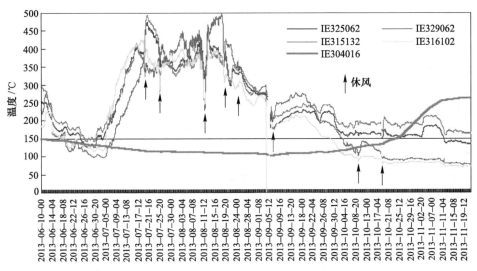

图 5-93　限产和临时休风控制 H3 段侧壁温度升高的效果

　　斯肯索普厂高炉操作实际也表明，铁水产量对凝结层厚度影响较大，产量越高，厚度减小越快。所以，在侧壁传热效果不良和炉缸铁水环流较强的情况下，高炉不能进行高产操作。尤其在炉役后期，需要降低冶炼强度，以降低炉缸铁水环流强度，抑制侧壁温度的升高和侵蚀。临时休风形成的凝结层有时是不稳固的，送风后侧壁温度会继续升高，但幅度降低。临时休风可以作为阻止炭砖过快侵蚀的应急手段。

5.4.3.2　渣中 FeO 及不饱和铁水

　　我国高炉的强化程度较高，部分高炉过分追求高产，炉腹煤气量指数高，当高炉过分强化时往往选择有利于煤气流畅的装料制度，造成局部区域热流比太高，热储备区还原气体不足，没有充分还原的炉料进入炉缸。此外，往往采用过吹型中心加焦，高炉边缘 O/C 高，将导致软熔带根部肥大，并下垂至风口附近，使得煤气很难通过，形成高热流比的区域，矿石未被充分加热和还原，形成的初渣中 FeO 含量高，铁水的不饱和程度高。一般装料制度下80%渣铁经由风口前氧化区域通过，而在过吹型中心加焦的装料制度下，通过风口区的渣铁将远高于80%，大幅度增加了渣中 FeO 的数量，并使铁水进一步脱碳，形成大量 FeO 和不饱和铁水进入炉缸，在炉缸中进行熔融还原。我国许多高炉下部的热量消耗与先进高炉相比高出很多，其中重要原因是在高炉下部熔融还原负荷过重[83]。加之炉况失常，生降、滑料、炉温低等情况，造成矿石 FeO 来不及还原就进入到炉缸，是当前国内高炉炉缸长寿的威胁。

　　图 5-94 表示通过死料堆炉渣 FeO 含量与进入炉缸后铁水含碳量的分布。左

面表示正常的状态；右面表示过吹型中心加焦的
情况下，软熔带根部肥大，且软熔带根部下降到
风口上沿与燃烧带相衔接，形成的大量渣铁流入
炉缸。渣中 FeO 含量高、铁水含碳量低，FeO 含
量高的炉渣深入到死料堆中，含碳量低的铁水深
入到了炉底角部。

　　当低燃料比操作时，炉内煤气紧俏，铁水含
硅量低，高炉下部热量储备不足，有可能使高炉
边缘和中间的矿石还原不足，使得未被加热和还
原的矿石直接落入炉缸。这也是低燃料比操作所
要解决的课题。

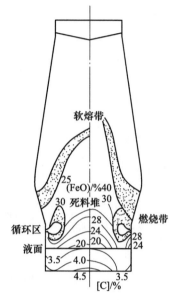

图 5-94　高炉下部渣中 FeO 和
铁水中 C 分布的示意图

5.4.3.3　铁水的碳饱和度

　　如前所述，进入炉缸铁水碳饱和度的分布是
不均匀的，在炉缸边缘经燃烧带进入炉缸的大量
铁水饱和度很低。出铁时的生铁成分是铁水在炉
缸内储存和出铁过程中，经过混合和一系列物理
化学反应的产物。

　　A　铁水含硅

　　如前所述，炉缸保护层的形成是通过冷却将靠近炉墙的铁水温度降低，黏度
增加，析出石墨碳等，铁水含 [Si] 的影响表现在含 [Si] 高的铁水易于析出石
墨。因此，在护炉时要保持稍高的铁水含硅量。例如在采用钛矿护炉时，要求提
高铁水 [Si] 含量达到 0.5% 以上，以促进 TiO_2 还原，提高钛矿护炉的效果。特
别是在低燃料比操作时，高炉下部的热量储备紧张，适当保持热量储备，保持较
高的生铁含 [Si]，可抵御炉温的波动。

　　在高炉开炉投产阶段，应冶炼一个月以上含 [Si] 高的铸造生铁。铸造生铁
中大量碳以石墨形式存在。当炉墙附近铁水遇到冷却时，析出石墨，黏稠的铁水
可以填满砖缝，并逐步形成保护层来保护炉缸。此外，采用冶炼低硅生铁以降低
燃料比时，[Si] 应控制在 0.3% 以上。过低 [Si] 和偏高 [S] 的低硅生铁，不
能析出石墨生成保护层，而且还消蚀已形成的保护层。我国有几座高炉，投产
1~2 年就出现侧壁（象脚侵蚀处）砖衬减薄，温度升高，被迫加钛矿护炉。

　　B　铁水含钛

　　利用钛及其化合物碳化钛 TiC、氮化钛 TiN 和复合物 Ti(C,N) 护炉是使之形
成古铜色的钛团，沉积在砖缝和与其他石墨等形成保护层。由于钛是难还原元
素，是高温下用碳直接还原出来的，而钛在铁水中的溶解度极低，高炉正常生产

时钛的回收率仅在1%以下。铁水中含［Ti］也极少，对护炉是不起任何作用的。真正起护炉作用的是悬浮于铁水中的高熔点TiC、TiN和Ti(C,N)化合物，由它们形成钛团。这样要求铁水中总含钛量达到0.08%~0.15%；在高炉处于濒危状态时，短时间内还应将总含量提高到0.20%~0.25%。按冶金热力学理论，钛比硅难还原，因此要获得起护炉作用的钛含量，需要铁水中有一定的硅含量。理论分析和生产实践总结的规律是［Si］在0.5%以上，这样［Si］+［Ti］应达到0.6%~0.7%。含钛化合物渗入被侵蚀的炭砖空隙中，阻止炭砖进一步侵蚀。这些钛化合物与石墨等形成黏稠的高钛保护层。

5.4.3.4 死料堆结构和铁水环流

在高炉炉缸即使加深了死铁层，如果在死料堆中心存在低透液层，仍促进铁水的环流；或者在炉缸角部的死料堆下方形成无焦层时，也将促进铁水的环流。

虽然在炉缸中形成无焦层能疏松死料堆，降低形成低透液层的风险，可是炉底角部正处于炉缸侧壁与炉底耐材的交界处，冷却条件差；容易形成无焦层，又聚集了高侵蚀性的低碳铁水，加强了炉缸环流的破坏性；在无焦层中缺乏焦粉作为凝结层的骨料，即使热力学条件能够达到形成黏滞层，可是无法抵抗炉缸内的温度波动、热量波动，无法使凝结层维持长期的稳定。这是产生"蘑菇状"和"象脚状"侵蚀的重要原因。

归纳炉缸侵蚀成"象脚状"或"蘑菇状"的原因有：

（1）高炉过度强化，采取与原燃料不相适应的送风制度、装料制度等；高炉边缘下料过快，热流比过高，使得炉料不能充分还原；软熔带根部肥大、下垂；含有大量（FeO）的炉渣和碳饱和度低的铁水进入炉缸，由于铁水的纵向流动，加剧了环流的破坏作用。

（2）高炉操作制度与原燃料条件不相适应，使得大量焦粉积聚在死料堆内，死料堆的透液性差，形成低透液区，在角部形成无焦层，炉缸内铁水环流发展，对侧壁的冲刷加强，故造成环状侵蚀，形成蘑菇状或象脚状侵蚀。

（3）在炉底死料堆阻碍了铁水流动，铁水向铁口聚集过程中，在铁口两侧的环流流量增加和流速加快，在炉底角部聚集的铁水到达铁口下方时，转向铁口产生涡流助长了环流的侵蚀作用。这已经成为当前影响高炉长寿的重要原因。

（4）在炉缸角部的冷却条件差，没有焦粉作骨料，没有形成凝结保护层的足够条件。

其他诸如冷却体系的破坏，形成气隙、浸水等，一旦炉缸气隙形成，破坏了炉缸传热体系，将使得炭砖热面温度升高，凝结层无法生成或稳定。

通过对凝结层形成的有利与不利因素分析中可以发现：当高炉高产时，在死料堆下方的炉底角部形成的无焦层中，铁水的流动快使焦粉不易滞留，铁水的交替更新、不饱和铁水的溶碳势能大，特别是出铁口下方铁水流向改变等，集中了形成凝结层的不利因素。因此，这些部位极易形成环状或局部侵蚀。

综合过去高炉炉底侵蚀的特征，在加深死铁层的同时，应该堵塞周边的无焦层，防止低碳铁水积聚，只要处理得当，加深死铁层是延长炉缸寿命的有效措施。作者建议死铁层的深度应为炉缸直径的30%，甚至更深一些；特别要加强炉底角部的冷却，堵塞角部的环流通道，阻止形成无焦层等。

当前我国大部分高炉，调整好强化程度，发挥热储备区功能，减少熔融还原，降低下部热量消耗，改善死料堆的透液性，强化风口区下降的铁水与死料堆内的铁水之间的混合，提高边缘铁水的含碳量，提高炉底角部的还原势，降低铁水对炭砖的侵蚀性，引导铁水向死料堆内高还原势的区域流动，改善对其渗碳的条件，应该作为高炉操作的指导思想。

参 考 文 献

[1] 佐佐木稔，斧勝也，鈴木明，奥野嘉雄，吉沢謙一，中村隆. 高炉融着带の形成と溶落ち（高炉解体调查-3）［J］. 鉄と鋼，1976，62（5）：559.

[2] 植田滋，三木贵博，村上太一，禁上洋，佐藤健. 低炭高炉操业の课题−鉄矿石の還元および軟化溶融举动−［J］. 鉄と鋼，2013，99（1）：1.

[3] 西村恒久，砂原公平，折本隆，野村诚治. 低コークス比操业を目指した高炉内融着现象の機構解明［J］. CAMP-ISIJ，2015，28：405.

[4] 加藤翻宪，笠井昭人，宫川一也，野澤健太郎，西口昭洋. 高炉通气性に及ぼす鉄矿石ペレット性状の影響［J］. CAMP-ISIJ，2017，30：3.

[5] 砂原公平，夏井琢哉，志澤恭一郎，宇治澤优. 高炉融着までの带炭·材矿石同時评价による烧结矿高温性状に及ぼすコークス反应性の影響［J］. 鉄と鋼，2012，98（7）：331.

[6] 砂原公平，宇治澤优，村上太一，葛西荣辉. 矿石·炭料の配置と反应性が高炉融着带反应·透气特性に及ばす影響［J］. 鉄と鋼，2016，102（9）：475.

[7] 加藤嗣宪，笠井昭人，宫川一也，野澤健太郎，西口昭洋. 高炉通气性に及ぼす鉄矿石ペレット性状影響［J］. CAMP-ISIJ，2017，30：3.

[8] 有山达郎，夏井俊悟，龟矢植田滋，菊地辰，禁上洋. 离散的手法に基づく高炉数式モデルの研究开发动向［J］. 鉄と鋼，2014，100（2）：198.

[9] 铃木恭平，前田泰宏，渡边玄，林幸. 高炉内におけゐ烧结矿の组织变化と初期融液生成［J］. CAMP-ISIJ，2014，27：7.

[10] 川口尊三，松村勝. 资源变迁に对应した烧结矿の品质と作り入み技術−烧结100年の步み，そして未来へ−［J］. 鉄と鋼，2014，100（2）：148.

[11] Kemppainen A，大野光一郎，Iljana M，Mattila O，Paananen T，Heikkinen E P，前田敬

之，国友和也，Fabritius T. 高炉内融着帯における酸性ペレットおよびオリビペレット
の軟化挙動 ［J］. 鉄と鋼，2017，103（4）：175.

[12] Iljana M，Kemppainen A，Heikkinen E P，Fabritius T，Paananen T，Mattila O. METEC and
2nd ESTAD，European Steel Technology and Application Days ［C］. Steel Institute VDEh，
Düsseldorf，2015.

[13] 大野陽太郎，近藤国弘. 高炉下部気液流れの数学モデルによる檢討（高炉滴下帯液流
研究-3）［J］. 鉄と鋼，1980，66（1）：S90.

[14] Gupta G S，Litster J D，Rudolph V R，White E T，Domanti A. Model studies of liquid flow in
the blast furnace lower zone ［J］. ISIJ Inter.，1996，36（1）：32.

[15] 夏井俊悟，曽田力央，植田滋，井上亮，有山达郎. MPS 法による融着帯下部から液滴
下モデルの構筑 ［J］. CAMP-ISIJ，2012，25：73.

[16] Meisen L，Yoshiyuki B，Kenji S，Keiji Y，Masaaki N. Liquid flow rate distribution in trickle
bed with non-uniformly packed structure ［J］. J. Chemical Engineering of Japan，2000，33
（2）：211.

[17] 川端弘俊，刘志刚，藤田文雄，礁井健夫. 液ホールドアップの特性に及ぼす充填層初
期乾湿状態の影響 ［J］. 鉄と鋼，2006，92（12）：885.

[18] 光藤浩之，櫻井雅昭，牧章，炭龟隆志，丹羽康夫. 高炉羽口レベル半径方向のスラグ・
メタル分析に基づく Si 移行挙動の推定 ［J］. 鉄と鋼，1992，78（7）：1148.

[19] Beppler E，Gerstenberg B，Janhren U，Peters M. Requirements on the coke properties espe-
cially when injecting high coal rates ［C］. 1992 Ironmaking Conference Proceedings. Toronto，
Canada，ISS，1992：171.

[20] 马场昌喜，和栗眞次郎，井上義弘，芦村敏克，内藤诚章. 稼働高炉における融着帯形
状と溶鉄 Si 挙動 ［J］. 鉄と鋼，1994，80（2）：89.

[21] 芦村敏克，森下紀夫，井上義弘，樋口宗之，马场昌喜，金森健，和栗眞次郎. 稼働大
型高炉の融着帯直接計測技術の开发と根部層構造 ［J］. 鉄と鋼，1994，80（6）：457.

[22] 武田幹治，田口整司，浜田尚夫，加藤治雄，中井岁一. 斜行羽口ゾンデによる高炉レ
ースウェイ領域の測定 ［J］. 鉄と鋼，1989，75（2）：243.

[23] 九島行正，内藤诚章，柴田清，佐藤裕二，吉田均. 高炉基 Si 移行挙動考察 ［J］. 鉄と
鋼，1989，75（8）：1286.

[24] 德田昌則，槌谷暢男，大谷正康. 高炉内の Si 移行に関する熱力学的考察 ［J］. 鉄と
鋼，1972，58（2）：219.

[25] 小林勲，稲葉晋一，堀隆一，后藤哲也，清水正腎. 高炉内降下プロープによる炉内温
度分布の測定 ［J］. 鉄と鋼，1987，73（15）：2092.

[26] JeongI-H，Kim H-S，佐佐木康. 高炉炉下部における溶鉄および溶融スラグの流下挙動
［J］. 鉄と鋼，2014，100（8）：925.

[27] 金永龙，徐南平，刘振均，朱仁良. 煤比条件下低硅冶炼的理论与实践 ［J］. 钢铁，
2004，39（1）：17.

[28] 大谷正康. 鉄冶金热力学 ［M］. 东京：日刊工业新闻社，1972.

[29] 江崎潮，阿部幸弘，岩月鋼治，今田邦弘. 名古屋第 1 高炉（2 次）の吹卸し ［J］. 鉄

と鋼，1972，68（4）：S50.

[30] 杉山乔，中川朝之，芝池秀治，小田丰. 高炉滴下带における液流れの解析 [J]. 鉄と鋼，1992，78（7）：1140.

[31] 杉山乔，松崎真六，佐藤裕二. 移动速度论による高炉内 Si 移行反应の解析 [J]. 鉄と鋼，1992，78（7）：1140.

[32] 程志杰，梁利生，沙华玮，张永新. 焦炭质量变化对高炉冶炼的影响 [J]. 炼铁，2019，38（4）：1.

[33] 绪方 勋，一田守政. 最近日本高炉操业からみたコークス品质への期待 [J]. 鉄と鋼，2004，90（9）：2.

[34] 山口一良，鹈野建夫. 高炉レースウェイ内におけるコークス劣化机構および劣化しにくい性状 [J]. 鉄と鋼，1999，85（8）：578.

[35] 笠井昭人，木口淳平，上修纲雄，清水正贤. 高炉融着带·滴下带领域での溶融酸化鉄によるコークスの劣化 [J]. 鉄と鋼，1998，84（10）：697.

[36] 砂原公平，稻田隆信，岩永佑治. 溶融 FeO との反应による高炉炉芯コークス细粒化现象 [J]. 鉄と鋼，1992，78（7）：1156.

[37] 高桥洋志，河合秀树. 高炉コールドモデルにおける炉芯充填粒子の更新运动[J]. 鉄と鋼，2001，87（5）：373.

[38] 户田勝弥，禁上洋，八木顺一郎. 高炉冷间模型による炉芯更新速度の测定[J]. CAMP-ISIJ，2002，15：123.

[39] 九岛行正，有野俊介，大野二郎，中村正各，日月应治. 高炉炉床コークス举动の推定 [J]. 鉄と鋼，1985，71（4）：S65.

[40] 篠竹昭彦，一田守政，大塚一，栗田泰司. 3 次元模型实验による高炉炉芯の下端形状と浮沉举动 [J]. 鉄と鋼，2003，89（5）：573.

[41] 刘增强，张建良，焦克新，周云花，但家云. 高炉炉缸 Ti(C,N) 保护层及死料堆行为研究 [J]. 炼铁，2019，38（3）：22.

[42] 沈宗斌，西冈浩树，西村恒久，内藤诚章，清水正贤. 液流れを考虑した炉芯の非定常传热解析 [J]. 鉄と鋼，2001，87（5）：380.

[43] 高桥洋志. 高炉内における4 流体の流动と传热 [M]. 东京：日本鋼鉄协会，1996.

[44] 柴田耕一朗，木村吉雄，清水正贤，稻葉晋一. 高炉炉床部の溶鉄流れと传热举动の解析 [J]. CAMP-ISIJ，1988，1：1073.

[45] 王波，陈永明，宋文刚，王士彬. 宝钢 1 号高炉炉缸温度升高的治理 [J]. 炼铁，2019，38（4）：19.

[46] 杉山乔，中川朝之，芝池秀治，小田丰. 高炉滴下带における液流れの解析 [J]. 1987，73（15）：2044.

[47] Panjkovic V，Truelove J S，Zulli P. Numerical modeling of iron flow and heat transfer in blast furnace hearh [J]. Ironmaking and Steelmaking，2002，29（5）：390.

[48] 项钟庸，王筱留，等. 高炉设计——炼铁工艺设计理论与实践 [M]. 2 版. 北京：冶金工业出版社，2014.

[49] 池田顺一，水原正義，堀尾竹弘，光安拓治，野濑正照，野村光男. 君津 3 高炉炉底耐

火物解体调查 [J]. 鉄と鋼, 1984, 70: S740.

[50] 研野雄二, 析岡正毅, 梅津善徳, 天野繁. 君津 3 高炉制鉄技术进步 [J]. 制鉄研究, 1982, 320: 237-250.

[51] Inada T, Kasai A, Nakano K, Kamatsu S, Ogawa A. Dissection investigation of blast furnace hearth—Kokura No. 2 blast furnace (2nd campaign) [J]. ISIJ Inter., 2009, 49 (4): 470-478.

[52] 清水文雄, 藤原稔, 盐田哲也, 小仓正美, 宫冈伸治, 藤原丰, 青山和辉. 大分第 2 高炉 (1 次) 炉体解体调查结果 [J]. CAMP, 1989, 2: 980.

[53] 横井毅, 小川明伸, 柏田昌宏, 大椒年伸. 高炉炉床损耗バターンによるぼす炉床内部状态の影響 [J]. CAMP-ISIJ, 1992, 5 (1): 153.

[54] Shinotake A, Nakamura H, Yadoumaru N, Morizane Y, Meguro M. Inveatigation of blast-furnace hearth sidewall erosion by core sample analysis and consideration of campaign operation [J]. ISIJ Inter., 2003, 43 (3): 321-330.

[55] Hebel R, Hill V. Blast furnace hearth lining and cooling concepts [J]. Iron and Steel Technology, 2008 (3): 31-38.

[56] 三轮辙, 饭山真人, 小山保二朗, 新谷一宪, 中岛龙一, 山本慎一. 福山第 5 高炉炉底解体调查 [J]. 鉄と鋼, 1985, 71: S55.

[57] 饭山真人, 小山保二朗, 深谷一夫, 牧章. 福山第 2 高炉の炉底解体调查 [J]. 鉄と鋼, 1984, 70: S67.

[58] 中岛龙一, 岸本纯幸, 饭野文吾, 木村康一, 盐原雅之, 根本谦一. 扇岛第 1 高炉 (1 次) 吹卸し操业及び解体调查 [J]. CAMP-ISIJ, 1990, 3: 22.

[59] 西田功, 太田芳男, 下村兴治、植村健一郎, 河村康之. 加古川 2 高炉における炉底耐火物状况について [J]. 鉄と鋼, 1980, 66: S124.

[60] 桑野惠二, 矢场田武, 下村兴治, 岗田利武, 落合勇司, 植村健一郎. 加古川 3 高炉 (1 次) 炉底解体调查结果 [J]. CAMP-ISIJ, 1990, 3: 23.

[61] 锴野秀行, 后藤滋明, 西村博文, 山名绅一郎, 武田干治. 高炉长寿命化技术の实績今後の展望 [J]. CAMP-ISIJ, 2001, 14: 746.

[62] 项钟庸, 林成城. 陈永明, 邹忠平. 高炉炉缸长寿技术探讨——保护 "心脏" 延年益寿 [C]. 高炉热风炉长寿会议论文集, 中国金属学会, 北京, 2013.

[63] 徐万仁, 毛晓明, 宋文虎, 华建明. Study on erosion of large blast furnace hearth and techniques to prolong compaign life of hearth (大型高炉炉缸解剖调查和炉缸长寿技术探讨) [C]. Proceedings of the 7th European Coke and Ironmaking Congress, Linz, Austria, 2016: 192-211.

[64] 澤义孝, 武田干治, 田口整司, 松本敏行, 渡边洋一, 野秀行. 高炉炉床における低通液性领域の炉底温度分布および出鉄渣におよぼす影響 [J]. 鉄と鋼, 1992, 78: 1171.

[65] 野内泰平, 佐藤健, 佐藤道贵, 武田斡治. 离散要素法に基づく高炉内コークス充填層の应力分布と固体流れの解析 [J]. 鉄と鋼, 2006, 92 (12): 955.

[66] Ueda S, Natsui S, Nogami H, Jichiro Yagi, Ariyama T. Recent progress and perspective on mathematical modeling of blast furnace [J]. ISIJ Int., 2010, 50 (7): 914.

[67] 渡壁史朗, 武田幹治, 澤义孝, 板谷宏, 后藤滋明, 河合隆成. 低透液層による高炉炉

床溶鉄流の制御と炉底長寿命化. CAMP-ISIJ, 1999, 12: 648.

[68] Matsumoto T. 千葉 6 号高炉长寿技术. 世界钢铁, 2000 (3). (原载 CSM Annual Meeting Proceeding, 1999: 75-82).

[69] 渡壁史朗, 武田幹治, 澤義孝, 河合隆成. 千葉第 6 高炉 (1 次) における炉床溶鉄流れと炉底保护机構の推定. 鉄と鋼, 2000, 86 (5): 301.

[70] 桥爪繁幸, 高桥洋光, 中川敏彦, 富田真雄, 佐藤政明, 森岡恭昭, 小板桥寿光. 高炉炉内状况装入物降下状态 (千葉 1 高炉解体调查-1) [J]. 鉄と鋼, 1978, 64 (4): S108

[71] 杨永宜. 高炉内煤气分布和炉料运动研究的新进展 [A]. 杨永宜文集 (发表于《钢铁》1983 年第 1 期) 北京, 1997.

[72] 王筱留, 焦克新, 祁成林, 项钟庸. 高炉炉缸保护层的形成机理及影响因素. 炼铁, 2017, 36 (7): 1.

[73] 吉田文明, Szekely J. 高炉炉底部の溶鉄自然対流の数学モデル化炉底れんがの侵食予测 [J]. 鉄と鋼, 1981, 67 (4): S2.

[74] Inada T, Kasai A, Nakand K, Komatsu S, Ogawa A. Dissection investigation of BF hearth-Kokura No. 2 BF (2nd campaign) [J]. ISIJ International, 2009, 49 (4): 470.

[75] 窦力威. 高炉炉缸圆周工作状态对侧壁炭砖寿命的影响 [J]. 炼铁, 2019, 38 (5): 6.

[76] Huang C E, Du S W, Cheng W T. Numerical investigation on hot metal flow in blast furnace hearth through CFD [J]. ISIJ Int., 2008, 48 (9): 1182.

[77] Steiler J M, Lao D, Lebonvallet J L, Helleisen M. Development of coal injection in the blast furnace at Usinor Sacilor, injection technology in ironmaking and steelmaking [C]. Committee in Technology, Int. Iron and Steel Institute, Brussels, 1996: 15.

[78] Negro P, Petit C, Urvoy A, Pierret H, Sert D. Characterization of permecability of the blast furnace lower part [C]. 2001 Ironmaking Conference Proceedings, 2001: 337.

[79] Negro P, Petit C, Urvoy A, Pierret H, Sert D. Assessment of coke bed permecability in the lower part of the blast Furnace [C]. 4th ECIC, Paris, 2000: 241.

[80] 篠竹昭彦, 一田守政, 大塚一, 杉崎与一. 高炉炉床部充填構造に着目した炉床部溶铣流れの检讨 [J]. 鉄と鋼, 2001, 87 (5): 388.

[81] 野内泰平, 佐藤道贵, 武田幹治. 高炉炉床の排渣性に及ぼす操业と出鉄方法の影響 [J]. 鉄と鋼, 2006, 92 (12): 961.

[82] 前田敬之, 清水正贤. 出鉄渣举动におよぼす各种炉内条件の影響 [J]. 鉄と鋼, 2006, 92 (12): 961.

[83] 饭田正和, 小仓一宽, 箱根彻意. 高炉からの溶融物排出速度の解析 [J]. 鉄と鋼, 2009, 95 (4): 331.

[84] 西岡浩树, 前田敬之, 清水正贤. 高炉の排渣性におよぼす滴下スラグ中のFeO 浓度の影響 [J]. 鉄と鋼, 2006, 92 (12): 986.

[85] 徐万仁, 朱仁良, 张龙来, 张永忠. 宝钢 2 号高炉长寿生产实践 [C]. 2005 中国钢铁年会论文集, 北京, 2005: 376.

[86] Nightingale R J, et al. Developments in blast furnace process control at Port Kembla based on

process fundamentals [J]. Metallurgical and Materials Transactions B, 2000 (10): 993-1003.

[87] 谦野秀行，后藤滋明，西村博文，山名绅一郎，武田翰治. 高炉长寿命化技术の实绩と今后の展望 [J]. CAMP-ISIJ, 2001, 14: 746.

[88] 姜华. 高炉炉缸结构维护之我见 [J]. 炼铁, 2019, 38 (12): 6.

[89] 韩其勇，韩同甫，王俭. 碳在铁水中的溶解及其扩散系数的测定 [J]. 金属学报, 1980, 12 (4): 435.

[90] Shinotake A, Otsuka H, Sasaki N, Ichida M. Durée de champagne et productiveté du haut-fourneau [J]. La Reue de Métallurgie-CIT, 2004 (3): 204.

[91] 篠竹昭彦，中村伦，大塚一，佐佐木望，栗田泰司. 高出铁比操业下での高炉长寿命化の考え方 [J]. CAMP-ISIJ, 2001, 14: 750.

6 结　语

<<<<<<<<<<<<<<<<<<<<<<<<<<<<<<<<<<<<<<<<<<<<<<<<<<<<<<<<<<<<<<<<<<<<<<<<<

　　高炉冶炼本质上就是高温还原化学反应。高炉燃料的作用是提供反应所需热量和还原剂，其中焦炭还起着炉料的骨架作用。在风口处燃料中的碳素燃烧形成具有高热、高还原能力的炉腹煤气，这是使高炉炼铁过程顺利进行的源头。高炉冶炼离不开焦炭，我国炼铁工业的发展有赖于国内、国际焦煤资源的支撑。

　　评价高炉生产效率的方法应符合国民经济可持续发展的要求，即：符合节能减排、环保的要求，符合低成本生产和长寿要求，实现高效利用资源、能源，促进炼铁技术发展。本书为解释全面贯彻"高炉炼铁应以精料为基础，全面贯彻高效、优质、低耗、长寿、环保的炼铁技术方针"进行了一部分工作。

　　(1) 本书统计分析了各级高炉的炉腹煤气量指数与燃料比、吨铁炉腹煤气量、风口吨铁耗氧量、y_E 和高温区热量消耗呈"U"形的关系，与炉缸面积利用系数和煤气利用率呈倒"U"形的关系。这些曲线几乎有相同的最高点或最低点，从而提出了合适的高炉强化范围的建议。各高炉不妨也可以按照这些简单的统计寻求自身的规律，研究本高炉所处的状况，并寻找解决生产中问题的途径。

　　(2) 炉腹煤气量指数与炉缸面积利用系数和燃料比的关系，说明高炉过度强化不但与燃料比发生矛盾，而且也影响到利用系数；分析了炉腹煤气量指数与吨铁炉腹煤气量和风口吨铁耗氧量的关系，说明强化到一定程度将增加高炉还原反应一次煤气的需求量和风口燃烧碳素的消耗量，这与炼铁热平衡和物料平衡相关，也是使得燃料比升高和利用系数下降的原因；吨铁风口耗氧量与 Rist 线图中的 y_E 有密切的关系，与风口燃烧碳素量有关联，还与高温区热消耗量相关；炉腹煤气量指数与煤气利用率的关系，表征了高炉炉内还原反应的结果，说明它与高炉炉内还原反应的热力学和动力学相关。

　　(3) 本书应用了现代高炉炼铁的研究成果，用这些关系来说明高炉炉内现象之间的内涵。可能由于不同高炉使用不同的原燃料以及冶炼条件不同，曲线的最高点或最低点的位置以及曲线两翼的曲率各不相同。可是，由于上述曲线符合高炉物料平衡和热平衡，以及高炉气体力学、热力学、化学反应动力学基本原理，因此具有普遍性。

　　(4) 由于高炉炉内过程的关系错综复杂，其中存在诸多矛盾的现象和关系，高炉能够稳定顺行和持续改善指标，其中必然有一种矛盾起着主导的、决定性的作用。我们认为，必须用矛盾的观点、辩证的思维来分析高炉内的现象、关系和过程，在解决主要矛盾的同时还要兼顾次要矛盾，并且要遵循矛盾的规律来利用各方面的关系，寻求统一的条件和平衡点。所以，高水平的生产操作要比单纯强调高产的要求高得多、精细得多，应该把生产方式从粗放型转变到集约型的轨道上来。

在寻求最佳化的过程中，需要处理好 14 个关系。本书第 1 章图 1-12 提供了这些关联因素的网络。在这些关系中，前 9 项都直接与炉腹煤气量指数、吨铁炉腹煤气量、吨铁风口耗氧量、煤气利用率等有关；后 5 项与炉腹煤气量指数也有间接的关联。对于与上述各项关系不甚密切的因素，如提高原燃料质量，在讨论高炉炉内过程时有涉及。高炉要达到高效、低耗，就要理清并处理好高炉炉内多方面的关系。

生产中，高炉的毛病全靠操作者及时去发现、调理和医治，但是操作者又缺乏足够的信息去发现、说明故障的源头。此时，除了抓住主要矛盾以外，还要考虑到高炉内存在着许多其他矛盾。在某种条件下，如果忽略了次要矛盾，它又可能转化成主要矛盾。

在解决高炉问题时，要弄清研究的对象，使用本质现象去解释各项指标。在高炉炼铁范畴内，除了使用物料平衡、能量平衡这种具有真理性的规律外，还要应用流体力学、运动力学、热力学、化学反应动力学等被反复证明了的基本规律，同时用整体的、全面的、运动发展的、平衡的、辩证的观点，用矛盾的同一性证明各种关系共处的范围。从实际与理性的联系来看，在观察高炉现象时，要透过现象，深入到炉内的过程，从本质上去寻求对策。炉腹煤气量指数作为评价高炉炼铁生产效率新方法的核心，除了证明它的正确性和可靠性以外，还必须预先估计产生偏差的可能性及其预防措施，进而把炉腹煤气量指数提升、配套成完整的体系。

（5）根据分析，高炉操作制度与原燃料质量配合得越好，炉况越稳定，"U"形曲线两翼的曲率越平坦，这时才能达到先进高炉的水平。如果"U"形曲线的两翼陡峭、最低燃料比还比较高，说明高炉尚未找到长期稳定的操作制度，还需进一步研究生产操作制度的最佳化。当然，以少量的关系曲线来确定最佳操作点是不够的，还需调整高炉操作制度来逐步适应所使用的原燃料和冶炼条件。

在使用气体力学来研究高炉强化时，本书着重于联系高炉生产实践中影响炉况最重要的软熔带的变化，从而与炉内的还原过程、渣铁形成及炉缸寿命等取得了紧密的联系；着重讨论了风口风速对焦炭的粉化作用，风口风速和鼓风动能受焦炭强度的制约，对下料和炉腹煤气的分布有重大影响，是高炉强化冶炼的重大障碍；也分析了不同炉容高炉焦炭粉化差异的原因，包括：1）大型高炉风口循环区的温度较高，焦炭的石墨化影响焦炭的强度；2）一般大型高炉焦比较低，焦炭的溶损反应负荷高,破坏焦炭基质强度,容易生成焦粉;3)由于大、中、小型高炉中形成焦粉的滞留情况不同,例如,各级高炉的死料堆体积相差悬殊,粉焦滞留量小对死料堆的透气透液性的影响小等。高炉越小,燃烧带所占的炉缸断面比例越大,而往往不重视死料堆的影响,以及最终对高炉炉缸铁水流动的影响。

在高产、低燃料比操作中,由于炉内焦炭料层减薄或焦炭质量较差,这时料柱的透气性变差,难以维持高的炉腹煤气量指数。这时操作者的惯用办法,就是疏松料柱,可是这将导致高炉炉内块状带、热储备区缩小,煤气在炉内或块状带中的停留时间缩短,煤气利用率下降。为了降低燃料比、提高煤气利用率,应该选择适宜的装料制度,扩大块状带和热储备区的体积,创造、促进炉内还原的条件,在降低燃料比的同时实现增产。

如果采用过吹型中心加焦来疏松料柱,降低料柱阻力损失,那么,高炉中心焦炭负荷很轻、热流比很低;而边缘和中间部位的矿焦比高、焦炭负荷重、热流比很高、矿石不能充分还原,将导致软熔带根部肥大、下垂,大量高 FeO 含量的炉渣滴落进入炉缸,并使铁水的碳饱和度低;降低了死料堆内部的温度,以及由于焦粉的积聚,加剧了渣铁向炉缸边缘集中,碳不饱和铁水垂直流向炉底角部;在死料堆内部生成低透液层,促使铁水环流,加剧了对炉缸的破坏。

大型高炉与中小型高炉,以及低燃料比高炉的区别,在于燃烧带占炉缸面积的比例、死料堆的体积、焦炭溶损反应负荷、风口区温度对焦炭强度、焦炭在风口粉化程度,以及形成焦粉的行为不同,两者不能简单对比。

(6)应该经常运用 Rist 线图来寻求高炉操作最佳化的途径,同时用 Rist 线图校核生产操作报表的数据。依靠炼铁热平衡和物料平衡,能够很好地了解高炉炉内过程能量和物质的变化和动向,从而找到改进操作的办法。因此被广泛地用于高炉操作数学模型,用来判断高炉状况。本书运用 Rist 线图分析了几百个生产实绩,发现吨铁炉腹煤气量高、吨铁耗氧量高时,炉内供给高于还原所需的 CO,则溶损反应下降,直接还原度下降。此时,制约燃料比的因素主要是风口燃烧过量的焦炭和辅助燃料,致使高温区的热消耗量高,制约了燃料比的降低。在低燃料比操作时,降低直接还原度有重大意义。

(7)高炉炉内的还原反应热力学能够进行定量的计算,例如,为达到反应平衡的热力学条件所需的气体供应量、需要的吨铁炉腹煤气量;而还原反应动力学的条件千差万别,为要达到高炉高效、低耗炼铁,高炉炉内的反应应该尽可能达到平衡。为此,本书把影响气固两相还原反应动力学的一些条件,结合高炉炉内的环境进行分析、讨论。

1)反应温度、反应速度,以及反应时间(即炉料或气体在炉内的停留时间)。分析了实际高炉块状带体积与煤气利用率的关系,对还原气体而言必须有足够的块状带和热储备区容积，保证煤气还原铁矿石的时间。

2）气体流速。还原气体的流速不能太快，才可保证铁矿石与还原气体有良好的接触机会。

3）在炉腹煤气不充裕的情况下，发展耦合反应，适当发展在热储备区的溶损反应，以补给还原气体。

4）在气固两相还原过程中，还原气体向铁矿石内部扩散及还原后气相产物扩散的条件，包括矿石的气孔率、气孔大小，以及阻塞气孔的因素。

5）布料对高炉断面上铁矿石与气体的分配、热流比的分配，也是影响气固两相的接触条件。

6）即使在合理的中心加焦时，由于加强了中心气流，相应地加重了中间和边缘的矿焦比，这时在中间和区域附加适量的小块焦进行溶损反应来补偿还原气体的不足。

7）在炉腹煤气量紧俏的情况下，采用小块焦、焦矿混装和含碳团块等的目的是为了降低热储备区温度，使 Rist 线图上的 W 点向右移动，提高还原反应的位势等，保证在块状带内矿石得到充分的还原。

由这些反应动力学的基本条件出发，得出一些与气体力学观点不同的看法。如：从反应动力学来看，制约高炉强化的因素是还原过程；因此必须有足够的高炉高度，以发挥还原过程中热储备区起着的重要作用；在保证顺行的条件下，合适的装料制度应该扩大块状带体积，并使各部分热流比相对均匀。

（8）本书将直接还原划分为耦合反应和熔融还原。熔融还原的发展和高 FeO 的炉渣，以及不饱和碳素的铁水进入炉缸，是影响高炉寿命的重要因素。

从软熔带开始对高炉的下部铁矿石的收缩、软熔、渣铁分离，形成初渣进行直接消耗碳素的熔融还原，消耗大量热量。分析了在滴落过程中初渣的变化；分析了含高 FeO 的炉渣进入死料堆后进行熔融还原的行为，使得死料堆的温度下降，影响死料堆的透气性和透液性，使得大量渣铁流向燃烧带；在死料堆中的熔融还原一直到炉缸中的渣面上还残存着较高的 FeO。高炉边缘和中间部位的渣铁通过量与炉料分布有关，在正常情况下，约80%的低碳铁水在边缘通过燃烧带进入炉缸。加深死铁层的目的是加速死料堆中焦炭的更新，用以改善死料堆的透液性和提高其温度；可是也要防止炉底角部形成无焦层。

加重边缘和中间部位焦炭负荷的装料制度，使得相应部位的热流比高，软熔带根部肥大、下垂，导致大量渣铁流经燃烧带，被鼓风中的氧气氧化，更增加了渣中 FeO 的含量；高 FeO 的炉渣在风口水平以下与铁水相遇，铁水脱碳；在边缘低碳的不饱和铁水进入炉缸，进入炉缸中无焦层，加强了铁水环流的破坏性，是炉缸象脚侵蚀和铁口下方侵蚀的元凶。这些过程虽然没有找到与炉腹煤气量指数直接的关系，可是有许多间接的证据说明它们与高炉强化存在相关性。

在低燃料比操作时，高炉下部容易出现热量不足，应当有适当的热量储备；而且由于焦炭在高炉上部的溶损反应负荷高，在风口循环区焦炭的粉化严重，风口碳素消耗量的减少减缓了死料堆中焦炭的更新，都将影响死料堆的透液性；还容易产生低透液区域，降低炉缸的活性。所以，在低燃料比操作时，要严密监视炉缸的侵蚀状况。

建议在高炉开炉初期维持对炉缸寿命较为有利的操作方式是，适当控制强化程度，控制较高的焦比和炉温，保证较均匀地侵蚀并能形成稳定的凝结层。

(9) 本书全面形象地描绘了高炉炉内的全景，把高炉现象与炼铁理论深入地结合起来，能够帮助读者进一步完整地理解高炉过程，全面地认识高炉强化对炉内现象的影响。预计全国高炉在精料和富氧率 3% 左右的条件下，能够全面达到面积利用系数高于 $65t/(m^2 \cdot d)$，燃料比低于 490kg/t、煤气利用率高于 50%、吨铁炉腹煤气量应小于 $1300m^3/t$、吨铁风口耗氧量小于 $260m^3/t$ 的水平。

(10) 我们以前在讨论高炉强化理论时，也偏重于气体力学方面论述，认为限制高炉强化的因素主要是液泛、流态化和管道因素等，而忽视了炉内煤气分布和软熔带的变化，忽视高炉作为还原铁矿石生产铁水的基本功能、热储备区的作用，没能追究使高炉高温区热量消耗高、燃料比高、高炉寿命短等方面落后于世界水平的原因。在新形势下，必须充实和发展高炉强化理论，通过炉腹煤气量指数的连接，可能使之成为完整的体系。

(11) 本书以大量高炉实际生产数据为依据，可以说是符合大数据的。在处理这些数据时，发现了某些高炉数据并不符合基本定律。因此，联想到今后大数据应用方面的问题，根据我们的经验，采集到的数据还应进行必要的校核，以提高其可靠性，还要使用经过反复实践的检验的模型进行处理，方可应用。

后　记

　　本书经过几年的酝酿，反复斟酌，数次修改编写提纲和书名。在开始撰写时，也没有多想最终的结果，而只是希望对高炉炼铁"十字"方针和评价高炉生产效率的指标能有全面的解读，避免读者仅仅从强化高炉冶炼片面地去理解。

　　本书在作者们的努力之下，逐步形成一个清晰的轮廓。节约资源和能源，减轻地球的环境负荷，高炉高效低耗炼铁是必须遵守的义务和应该履行的基本责任。这个意愿在书中有明确的体现。

　　本书在今年元月完成初稿和开始交给我审定稿的时候，感觉还存在一些空缺，甚至发现有些独到的论点需要进一步讨论、核算和补充材料。到春节时书稿逐渐成型，又逢我与老伴顾承华钻石婚，同舟共济、相濡以沫、荣辱与共60年，对我来说本是双喜临门。然而，期间我老伴因晚期肺癌病危、弥留、亡故。她从小在鞍山长大，经历了工业化早期的粗放型生产，理解写这本书的意义，在危亡之际仍然支持我写作。每当我坐在床前的书桌旁写作时，她就安静下来，强忍病痛静静地望着我，不打扰我工作，甚至向我一侧的臀部都长了褥疮，偶尔呛咳的浓血喷溅在我的书柜上，她仍然坚持着。我眼巴巴地看着生死别离两相分，她离开了我，失去了她的温存，失去了她的关怀，我惶恐不安，悲莫悲兮生别离。

　　出于对炼铁事业的忠诚，以及形成了对高炉炼铁过程新的感悟希望与大家分享，和强烈表达上述意愿的推动之下，我坚持了5个多月终于把延误了的书稿交付出来。莫非有忠言托付，又何须此生死一搏？"都云作者痴，谁解其中味？"《葬花词》景真意美，传之千古，其味无穷。本书何敢相比？只是尝试到了其中的一点酸甜苦辣而已！本来

"但写真情并实情，任他埋没与流传。"交稿之后，我立即离开了我俩居住的房子，以免触景生情，希望尽快恢复我的常态。可是在审查校样的时候又勾起我的思绪，提笔写了这个后记，很可能是画蛇添足吧！

本书更是包含着许多对高炉炼铁工作者的忠告。高炉的存在依赖于焦炭的支撑，高炉炼铁的持续发展也依赖于焦煤资源的存量，值得读者冷静思考。

生有涯，知无涯。特别是王筱留老师和我两位年长者，撰写本书只是想做些抛砖引玉的工作，还需后来人加倍努力，填补我国高炉炼铁的短板。

项钟庸

2020 年 11 月